普通高等教育土建学科专业"十二五"规划教材
高校工程管理学科专业指导委员会规划推荐教材
国 家 级 精 品 课 程 配 套 使 用 教 材

工程项目成本规划与控制

王雪青　主　编

陈起俊　孟俊娜　副主编

中国建筑工业出版社

图书在版编目(CIP)数据

工程项目成本规划与控制/王雪青主编. —北京:
中国建筑工业出版社,2010.10(2024.11重印)
(普通高等级教育土建学科专业"十二五"规划教材;
高校工程管理学科专业指导委员会规划推荐教材;
国家级精品课程配套使用教材)
ISBN 978-7-112-12558-6

Ⅰ.①工… Ⅱ.①王… Ⅲ.①建筑工程-成本管理
Ⅳ.①TU723.3

中国版本图书馆 CIP 数据核字(2010)第 197858 号

　　本书根据住房和城乡建设部工程管理学科专业指导委员会制定的有关大纲要求编写而成,同时参考了全国工程硕士教学指导委员会项目管理领域教育协作组对工程硕士相关课程的教学要求,全书全面系统地介绍了工程成本规划与控制的基本原理和方法,体现了工程成本规划与控制的最新政策和研究成果。

　　全书共分 10 章,主要内容包括概述、工程项目投资组成、工程定额体系和工程量清单、工程项目投资决策阶段的成本规划与控制、工程项目设计阶段的成本规划与控制、工程项目招投标阶段的成本规划与控制、工程项目施工阶段的成本规划与控制、工程项目竣工决算、工程项目成本风险分析与管理以及工程项目成本管理信息系统,体现了全寿命周期管理的思想。

　　本书可作为高等院校工程管理、土木工程、项目管理、工程造价等相关专业或领域高年级本科生或研究生的教材,也可作为造价工程师、监理工程师、建造师、咨询工程师(投资)等执业资格考试的参考书,还可供其他从事工程造价管理人员、工程咨询人员以及自学者参考使用。

　　本书配套课件、案例、习题、试卷等资源,可点击 http://jpk.tju.edu.cn(天津大学精品课程网站)浏览。

*   *   *

责任编辑:牛松　张晶　责任设计:赵明霞　责任校对:张艳侠　王雪竹

普通高等教育土建学科专业"十二五"规划教材
高校工程管理学科专业指导委员会规划推荐教材
国家级精品课程配套使用教材
工程项目成本规划与控制
王雪青　主　编
陈起俊　孟俊娜　副主编

*

中国建筑工业出版社出版、发行(北京西郊百万庄)
各地新华书店、建筑书店经销
北京千辰制版公司制版
北京市密东印刷有限公司印刷

*

开本:787×960 毫米　1/16　印张:23¾　字数:478 千字
2011 年 1 月第一版　2024 年 11 月第二十次印刷
定价:**39.00 元**(赠送课件)
ISBN 978-7-112-12558-6
(19818)

前　　言

　　建设行业是项目管理思想及方法应用最早、最为广泛、最为成熟的领域，工程项目成本规划与控制则是项目成本管理思想在建设行业的应用，同时融合了我国建设行业的法律法规与实践惯例。建设行业的蓬勃发展推动了工程项目成本规划与控制知识体系的不断完善。近年来，工程建设结构变化明显，迪拜塔、国家体育馆（鸟巢）等高大难新建筑不断涌现；工程建设技术含量不断加大，如建筑的节能、绿色、智能等；工程建设的商务条件愈加苛刻，如垫资、支付条件严格等；业主新需求不断产生，全社会对建筑产品的要求普遍提高。工程建设活动本身也是一种投资经济活动，要求充分利用各种相关资源最大限度地实现工程目标，追求投资目标与投资效益，工程项目成本的规划与控制工作越来越受到建设各方的重视。国内外的理论界都基于工程实践进行了大量的研究探索，从而推动了工程项目成本管理水平不断提高。

　　本书根据住房和城乡建设部工程管理学科专业指导委员会制定的有关大纲要求编写而成，同时参考了全国工程硕士教学指导委员会项目管理领域教育协作组对工程硕士相关课程的教学要求。《工程项目成本规划与控制》是工程管理本科专业的主干课程之一，是项目管理领域工程硕士的重要课程之一，也是监理工程师、造价工程师、房地产估价师、咨询工程师（投资）、建造师、设备监理师等执业资格考试的核心内容，本书可为读者提供基础性的知识和综合性的能力训练，从而能够胜任工程成本管理领域的相关工作。

　　经过多年建设，天津大学《工程成本规划与控制》课程于 2008 年被评为"国家精品课程"，本书在体系上体现了该课程的基本框架。由于建设行业相关政策、规范的更新，本书在编写过程中也参照了《建设工程工程量清单计价规范》（GB 50500—2008）、《建设工程项目管理规范》（GB/T 50326—2006）、《建设项目全过程造价咨询规程》（CECA/GC4—2009）、《建筑安装工程费用项目组成》（建标［2003］206 号）、《建筑工程施工发包与承包计价管理方法》（建设部第 107 号）、《建设工程价款结算暂行办法》（财建（2004）369 号）、《建设工程施工合同（示范文本）》（GF—1999—0201）和《标准施工招标资格预审文件》（2007 年版）等的相关内容。本书同时也反映了国际上项目管理的通用规范，涵盖了美国项目管理知识体系（PMBOK2008 版）、国际项目管理专业资质标准（ICB）等规范的相关知识点。

本书的主要特点是：

1. 注重基本理论和概念的阐述。书中对工程项目成本规划与控制的基本理论与概念进行了详尽的阐述，如工程成本、定额、工程量清单、估算、概算、预算、结算、决算、招标、投标、报价、风险等，以帮助读者掌握基础理论知识。

2. 体现工程成本管理领域最新政策及研究成果。我国工程成本管理领域目前正推行一系列改革，从过去的"量"、"价"、"费"定额为主导的静态模式，到"控制量"、"指导价"、"竞争费"，再到 2008 年重新修订的工程量清单计价法，本书在阐述传统工程项目成本规划与控制理论的基础上，尽力做到结合该领域最新发展动态和研究成果，并反映我国工程项目成本规划与控制领域政策法规的最新变革。

3. 注重实践性。教材在全面系统地阐述工程项目成本规划与控制的理论、方法的基础上，配备了多个实际案例，力求通过案例教学，提高学生的学习效果。

本书由天津大学管理学院王雪青主编，陈起俊（山东建筑大学）、孟俊娜副主编；各章作者如下：第 1 章杨秋波；第 2、7 章王雪青；第 3 章孟俊娜；第 4、8 章孙慧；第 5 章肖艳；第 6 章陈起俊；第 9 章刘俊颖；第 10 章习志中（广联达软件股份有限公司）。许盛夏参与编写了本书第七章的部分内容。全书由王雪青负责统稿。孟俊娜、杨秋波也为本书的统稿、编辑和校阅做了大量的工作，在此特表感谢。

作者在本书编写过程中，参阅和引用了不少专家、学者论著中的有关资料，在此一并表示衷心的感谢。

本书适合于工程管理、工程造价、项目管理专业或领域及其他土木工程类专业的老师、同学以及实践界的从业者。作者致力于向读者们奉献一本既有一定理论水平又有较高实用价值的教科书，但是限于水平和经验，错误、疏漏之处难免，恳请本书读者提出宝贵的意见，以使本书不断地完善，烦请联系：wxqtju@126.com。

此外，天津大学《工程成本规划与控制》精品课程网站上提供了课件、案例、部分课程录像、习题、试卷、专业社团组织、专业期刊、业界网站链接以及 MIT 开放式课程等资源，读者可点击 http：//jpk. tju. edu. cn（天津大学精品课程网站）进行浏览。

为支持相应课程教学，我们向授课老师赠送本书配套课件，有需要者可发邮件至 niusong2008@163. com。

目　　录

1　概述　………………………………………………………………… 1

　　1.1　工程成本的界定及特征　………………………………………… 1

　　1.2　工程成本管理的发展历程　……………………………………… 6

　　1.3　工程成本管理的内容及基本程序　……………………………… 15

　　1.4　国外的工程成本管理模式　……………………………………… 21

　　1.5　工程成本管理的行业组织与从业人员　………………………… 27

　　1.6　工程成本管理的发展趋势　……………………………………… 31

2　工程项目投资组成　………………………………………………… 35

　　2.1　概述　……………………………………………………………… 35

　　2.2　设备、工器具购置费用的组成　………………………………… 38

　　2.3　建筑安装工程费用项目的组成　………………………………… 42

　　2.4　工程建设其他费用组成　………………………………………… 51

　　2.5　预备费、建设期利息、铺底流动资金　………………………… 57

3　工程定额体系与工程量清单　……………………………………… 60

　　3.1　概述　……………………………………………………………… 60

　　3.2　建筑安装工程人工、机械台班、材料定额消耗量确定方法　… 64

　　3.3　施工定额　………………………………………………………… 76

　　3.4　预算定额　………………………………………………………… 81

　　3.5　概算定额与概算指标　…………………………………………… 85

　　3.6　投资估算指标　…………………………………………………… 88

　　3.7　工程量清单的编制及其计价　…………………………………… 90

4　工程项目投资决策阶段的成本规划与控制　……………………… 101

　　4.1　概述　……………………………………………………………… 101

　　4.2　工程项目投资决策阶段影响工程项目造价的主要因素　……… 103

　　4.3　工程项目投资估算　……………………………………………… 105

　　4.4　工程项目可行性研究与经济评价　……………………………… 119

5　工程项目设计阶段的成本规划与控制　…………………………… 132

　　5.1　概述　……………………………………………………………… 132

　　5.2　工程项目设计经济性的含义及其影响因素　…………………… 136

5.3 限额设计 ···················· 143
5.4 工程项目设计方案的比选 ···················· 147
5.5 价值工程 ···················· 154
5.6 设计概算的编制与审查 ···················· 161
5.7 施工图预算的编制与审查 ···················· 171

6 工程项目招标投标阶段的成本规划与控制 ···················· 183
6.1 概述 ···················· 183
6.2 工程项目招标的成本计划 ···················· 194
6.3 工程项目合同的计价方式 ···················· 204
6.4 工程项目投标报价 ···················· 208
6.5 投标报价的策略与技巧 ···················· 221
6.6 工程项目开标评标定标 ···················· 227

7 工程项目施工阶段的成本规划与控制 ···················· 240
7.1 概述 ···················· 240
7.2 工程项目施工方案的技术经济分析 ···················· 244
7.3 资金使用计划的编制 ···················· 249
7.4 工程计量与价款结算 ···················· 252
7.5 工程变更控制 ···················· 261
7.6 索赔管理 ···················· 270
7.7 费用偏差分析 ···················· 279

8 工程项目竣工决算 ···················· 290
8.1 概述 ···················· 290
8.2 工程项目竣工决算的内容 ···················· 292
8.3 工程项目竣工决算的编制 ···················· 302
8.4 新增资产价值的确定 ···················· 306

9 工程项目成本风险分析与管理 ···················· 312
9.1 建筑企业成本风险管理 ···················· 312
9.2 项目成本风险控制的动态过程 ···················· 315
9.3 项目的成本风险管理 ···················· 334
9.4 建设项目全生命周期成本风险管理 ···················· 335

10 工程项目成本管理信息系统 ···················· 348
10.1 概述 ···················· 348
10.2 工程项目成本（造价）管理软件 ···················· 349
10.3 项目成本管理数字化信息资源 ···················· 365

参考文献 ···················· 372

1 概　　述

【内容概述】通过本章的学习，掌握工程项目成本规划与控制的基本知识，全面了解工程成本的概念、特征与影响因素，工程成本管理的发展历程，工程成本管理的内容与基本程序，美、英、日等国的工程成本管理模式，工程成本管理的行业组织与从业人员，以及工程项目的集成化管理、全寿命周期成本管理、基于利益相关者分析的价值管理、知识管理、标杆管理和信息技术的广泛应用等发展趋势。

工程项目成本管理的核心内容是成本规划与控制，在我国也被称为工程估价与造价管理，是以工程项目各参与方为实施主体，以工程建设全过程的成本为客体，基于项目决策及实施环境的一种增值活动。工程成本规划与控制的内容与方法在建设项目生命周期的不同阶段各不相同。

1.1　工程成本的界定及特征

1.1.1　工程成本的概念

中国成本协会（China Cost Association）发布的《成本管理体系——术语》（CCA2101：2005）标准中对成本定义是：为过程增值和结果有效已付出或应付出的资源代价（第2.1.2条）。根据应用目的及学科属性的不同，会计学和经济学中成本的概念有所区别。会计学属于应用学科，其成本的概念与会计本身的应用相联系，将会计核算中应计入成本的各种消耗概括以后加以表述，其目的是直接服务于会计工作的。经济学属于理论学科，成本从耗费的角度看，是产品生产中所消耗的物化劳动和活劳动中必要劳动的价值，即 C（不变成本，生产中的非劳动力成本，如设备、原材料等）$+V$（可变成本，从事生产劳动力的工资）。

工程成本（Project Cost）是指在项目决策阶段和实施阶段为了实现项目目标所消耗各项费用的综合。广义的工程成本即通常所说的工程造价，从业主/投资者的角度来看，是指建设项目总投资，即完成一个建设项目所需投资费用的总和；从建设市场交易的角度来看，是指建筑产品的价格，即建设工程承、发包的价格。《建设项目全过程造价咨询规程》将其定义为：完成一个建设项目预期开支或实际开支的全部建设费用，即该工程项目从建设前期到竣工投产全过程所花费的费用总和。狭义的工程成本指"为履行合同所发生的或将要发生的所有合理开支，包括管理费和应分摊的其他费用，但不包括利润"❶，即承包商的成本。菲迪克（FIDIC）1999 年版《施工合同条件》中采用了狭义的工程成本概念❷。工程成本结构如图 1-1 所示。

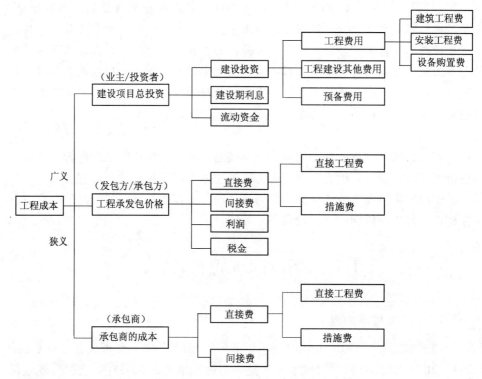

图 1-1　工程成本结构示意图

除成本、造价之外，与英文"Cost"相对应的还有费用、价格等，四者均以工程上的价值消耗为依据，实质上具有统一性，但在使用过程中又有所差别。

项目管理的过程是实现项目价值并增值的过程，充分理解成本与价值二者的关系非常重要。价值在经济中是商品的一个重要属性。价值工程（Value Engineering，VE）的创始人麦尔斯（L. D. Miles）将"价值"定义成产品或者服务的功能同其成本的比值，提高产品的功能或者减少成本都可以提高其价值。根据马

---

❶　国家发改委等九部委颁发的《中华人民共和国标准施工招标文件（2007 年版）》中 1.1.5.3，于 2008 年 5 月 1 日施行。

❷　FIDIC Conditions of Contract for Construction：1.1.4.3 "Cost" means all expenditure reasonably incurred (or to be incurred) by the Contractor, whether on or off the Site, including overhead and similar charges, but does not include profit.

克思政治经济学的观点，价值就是凝结在商品中无差别的人类劳动，价格是商品价值的货币表现。工程造价即工程价值的货币表现，包括 $C+V+M$，M 即是剩余价值，表现为利润和税金，如图1-2所示。

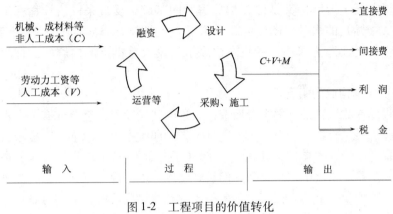

图 1-2　工程项目的价值转化

1.1.2　工程成本的特征

（1）形成过程的单件性

建筑产品地点的固定性和类型的多样性决定了产品生产的单件性。由于建设工程的使用功能、平面与空间组合、结构与构造形式等各不相同，以及所用材料的物理力学性能的特殊性，决定了其产品的特殊性。此外，各个地区工程成本构成要素方面的规定也有所差异。因此，工程成本的形成过程具有单件性，必须遵循特定的程序，就每个项目单独进行估算。

（2）表现形式的多样性

建设项目周期长、规模大，因此按照基本建设程序必须分阶段进行，期间会出现一些不可预料的变化因素对工程成本产生影响，相应地也要在不同阶段进行多次估价，以保证有效的工程项目成本管理。工程成本在不同阶段有着不同的表现形式，如投资估算、设计总概算、施工图预算、标底、投标价、签约合同价、竣工结算、竣工决算等，精确程度也逐步增加，如图1-3所示。

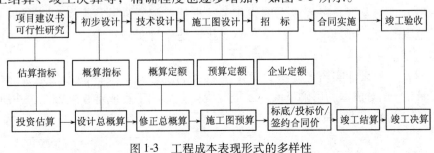

图 1-3　工程成本表现形式的多样性

（3）计价依据的复杂性

工程成本的计价依据复杂，种类繁多。不同的建设阶段有着不同的估价依据，且互为基础和指导，互相影响。如预算定额是概算定额（指标）编制的基础，概算定额（指标）又是估算指标编制的基础，反过来，估算指标又控制概算定额（指标）的水平，概算定额（指标）又控制预算定额的水平。间接费定额以直接费定额为基础，二者共同构成了建设项目投资的内容等。详见本书第3章。

（4）成本构成的组合性

工程成本的计算是分部组合而成的，这与建设项目的组合性有关。根据《建筑工程施工质量验收统一标准》（GB 50300）的有关规定，建设工程项目可分为单项工程、单位（子单位）工程、分部（子分部）工程和分项工程。单项工程是指在一个建设项目中，具有独立的设计文件，竣工后可以独立发挥生产能力或效益的一组配套齐全的工程项目。单项工程是建设项目的组成部分，一个建设工程项目可以包括一个单项工程或多个单项工程。单位工程是指具备独立施工条件并能形成独立使用功能的建筑物及构筑物。对于建筑规模较大的单位工程，可将其能形成独立使用功能的部分分为一个子单位工程。单位工程是单项工程的组成部分，分部工程是单位工程的组成部分，分部工程的划分应按专业性质、建筑部位确定。当分部工程较大或较复杂时，可按材料种类、施工特点、施工程序、专业系统及类别等划分为若干子分部工程。分项工程是分部工程的组成部分，也是形成建筑产品基本构件的施工过程。分项工程的划分应按主要工程、材料、施工工艺、设备类别等确定。计算建设工程项目投资时，往往从局部到整体，需分别计算分项工程投资、分部工程投资、单位工程投资、单项工程投资，最后汇总成建设项目总投资。

1.1.3　工程成本的影响因素

工程成本在建筑市场的交易中产生，在建筑产品物质生产的过程中最后确定。工程成本的影响因素有很多，其中主要包括项目范围、工程设计、建设模式、采购方式、工程进度、工程质量、风险及不确定性等。

（1）项目范围与工程成本密切相关，根据工程管理的国际惯例，任何有关项目范围的变更均会导致工程成本的变化，是项目实施过程中各参与方关注的重点。

（2）工程设计实质上是项目范围的具体表现形式，设计的可建造性（Constructability）对成本的影响极大。不同建设阶段影响工程成本程度如图1-4所示，其中重点在于设计阶段。

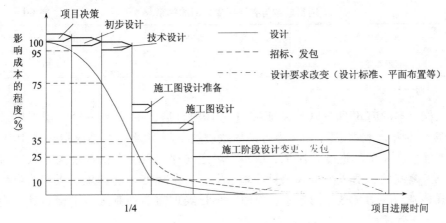

图 1-4　不同建设阶段影响工程成本程度的坐标图

（3）建设模式（project delivery system）根据"发包范围"、"承包商组织管理形式"、"合同支付类型"、"承包商选择方式"的不同可分为分体式建设模式（设计-招标-施工，DBB）、一体化建设模式（设计-建造、EPC 交钥匙总承包）和 BOT 建设模式（PPP/PFI）等，根据业主方的管理形式可分为业主方自行管理和业主方委托咨询公司管理（PMC/CM/PM/代建制）两种，各种建设模式分别采用了单价合同、总价合同或成本加成合同，因而其成本也有着较大的差异。

（4）采购方式包括公开招标采购、邀请招标采购和议标采购三种，其竞争的激烈程度不断降低，因而一般情况下其工程成本不断上升。

（5）进度、质量与成本是项目的三大约束因素，三者之间互相影响，在合理的质量目标水平下，成本与进度的关系如图 1-5 所示。美国著名项目管理"泰斗"哈罗·科兹纳（Harold Kerzner）有关项目管理的 16 条至理名言中第 5 条是：要认识到成本和进度管理是紧密相连的。加快进度时一般会造成成本上升，提高质量标准也是如此，但这种变动是非线性的。哈罗·科兹纳在其经典之作《项目管理：计划、进度和控制的系统方法》（Project Management：A System Approach to Planning, Scheduling, and Controlling）中介绍了项目成本与有形质量之间的关系，

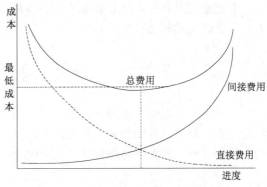

图 1-5　工程进度与成本关系

如表 1-1 所示。

<table>
<tr><td colspan="3">项目成本与有形质量之间的关系</td><td>表 1-1</td></tr>
<tr><td>项目成本</td><td>85% ~ 90%</td><td colspan="2">10% ~ 15%</td></tr>
<tr><td>有形质量</td><td>10%</td><td colspan="2">90%</td></tr>
</table>

时间————————➤

工程成本的前 85% ~ 90% 用于质量的 10% ，后面的 10% ~ 15% 用于质量的 90% ，因此，成本下降 10% 很容易导致质量下降 50% ，当然这取决于 10% 的成本发生在哪里。进度、质量、成本三者之间存在着复杂的辩证关系，如何实现三者之间的平衡成为考验项目经理水平的重要标准，也体现了成功的项目管理既是一门科学又是一门艺术。有时，项目经理需要强制进行平衡，其影响因素如图 1-6 所示。

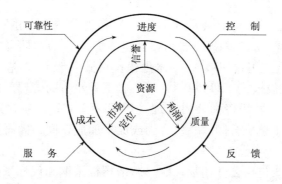

图 1-6　项目经理强制进行平衡的因素

（6）风险及不确定性的大小决定了承包商如何预留风险保证金，也影响风险管理的成本。

上述影响因素并不是互相独立的，各种影响因素也互相发生作用，如风险的大小与建设模式相关性很大等。

1.2　工程成本管理的发展历程

工程成本管理的发展历程从属于建设行业乃至人类社会的发展，体现了人类认识世界、改造世界的普遍规律与趋势，经历了从自发到自觉、从被动适应到主动干预的过程，其发展脉络如图 1-7 所示。

图 1-7　工程成本管理的发展历程

1.2.1　国际工程成本管理的发展历程

1. 工程成本管理的第一阶段

国际工程成本管理的起源可以追溯到中世纪，那时大多数的建筑都比较小，且设计简单。业主一般请当地的工匠来负责房屋的设计和建造，而对于那些重要的建筑，业主则直接购买材料，雇佣工匠或者雇佣一个主要的工匠（通常是石匠）来代表其利益负责监督项目的建造。工程完成后按双方事先协商好的总价支付，或者先确定一个单位单价，然后乘以实际完成的工程量。

现代意义上的工程成本管理伴随着资本主义社会化大生产而出现，最早产生于现代工业发展最早的英国。16 世纪至 18 世纪，技术发展促使大批工业厂房的兴建，大中型城镇不断兴起，城市化的进程推动了建筑业的蓬勃发展，新技术、新工艺、新材料不断出现，项目的复杂性和难度日益增加，建筑业中的专业分工也越来越细，设计和施工逐步分离成为独立的专业，建筑师成为一个独立的职业。工程数量和工程规模的扩大要求有专人对已完工程量进行测量、计算工料并进行估价，从事这些工作的人员逐步专门化，工料测量师（Quantity Surveyor，QS）便应运而生了，他们以工匠小组的名义与工程委托人和建筑师洽商，估算和确定工程价款。

这一阶段工料测量师的主要任务集中在工程完工以后，测算工程量并进行估价，工程成本管理处于被动状态，并不能够对设计和施工施加任何影响。

2. 工程成本管理的第二阶段

19 世纪 20 年代，英国军队为了节约建设军营的成本，特别成立了军营筹建办公室。由于工程数量多，又要满足建造速度快、价格便宜的要求，军营筹建办公室决定每一个工程由一个承包商负责，统筹工程实施中各个工种的工作，并且通过竞争报价的方式来选择承包商，这便是竞争性报价的由来。

竞争性招标需要每个承包商在工程开始前根据图纸计算工程量，然后根据工程情况做出工程估价。参与投标的承包商往往雇佣一个造价工程师为自己做此工作，而业主（或代表业主利益的工程师）也需要雇佣一个造价工程师为自己计算拟建工程的工程量，为承包商提供工程量清单。到了19世纪30年代，计算工程量、提供工程量清单发展成为业主方造价工程师的职责。所有的投标都以业主提供的工程量清单为基础，从而使投标结果具有可比性。当发生工程变更后，工程量清单就成为调整工程价款的依据与基础。

1868年，英国皇家特许测量师学会（Royal Institution of Chartered Surveyors-RICS）的前身"测量师协会（Surveyor's Institution）"成立，标志着工程成本管理成为建筑业中的一个独立的专业门类，也标志着工程成本管理第一次飞跃的完成。

至此，工程委托人能够在工程开工之前，预先了解到需要支付的投资额，但是他还不能做到在设计阶段就对工程项目所需的投资进行准确预计，并对设计进行有效的监督、控制，因此，往往在招标时或招标后才发现，根据当时完成的设计，工程费用过高、投资不足，不得不中途停工或修改设计。业主为了使投资花得明智和恰当，使各种资源得到最有效的利用，迫切要求在设计的早期阶段以至在作投资决策时，就开始进行投资估算，并对设计进行控制。

3. 工程成本管理的第三阶段

20世纪20年代，工程估价领域出版了第一本标准工程量计算规则，使得工程量计算有了统一的标准和基础，进一步促进了竞争性投标的发展。

20世纪30年代，一些现代经济学和管理学的原理被应用到了工程成本管理领域，引入了项目净现值（Net Present Value—NPV）和项目内部收益率（Internal Rate of Return—IRR）等项目评估技术方法，使得工程成本管理从简单的工程造价确定与控制开始向重视项目价值和投资效益评估的方向发展。1950年，英国的教育部为了控制大型教育设施的成本，采用了分部工程成本规划法（Elemental Cost Planning），随后英国皇家特许测量师协会（RICS）的成本研究小组（RICS Cost Research Panel）也提出了比较成本规划法等成本分析和规划方法，成本规划法的提出大大改变了估价工作的意义，使估价工作从原来被动的工作状况转变成主动，从原来设计结束后做估价转变成与设计工作同时进行，甚至在设计之前即可做出估算，并可根据工程委托人的要求使工程成本控制在限额以内。这样，从20世纪50年代开始，"投资计划和控制制度"就在英国等经济发达的国家应运而生，完成了工程估价的第二次飞跃，承包商为适应市场的需要，也强化了自身的估价管理和成本控制。

1964年，RICS成本信息服务部门（Building Cost Information Service，简称

BCIS）又在估价领域跨出了一大步。BCIS 颁布了划分建筑工程的标准方法，这样使得每个工程的成本可以以相同的方法分摊到各分部中，从而方便了不同工程的成本比较和成本信息资料的储存。

4. 工程成本管理的第四阶段

20 世纪 70 年代末以来，各国的工程成本管理机构先后开始了对于工程成本管理新模式和新方法的探索。美国国防部等政府部门从 1967 年开始探索"造价与工期控制系统的规范"（Cost/Schedule Control System Criterion—C/SCSC），后经反复修订而成为现在最新的项目挣值管理（Earned Value Management—EVM）的技术方法。这一时期，英国提出了"全寿命周期成本管理"（Life Cycle Costing Management，LCCM）的工程项目投资评估与造价管理的理论与方法。随后，以美国工程成本管理学界为代表，推出了"全面造价管理"（Total Cost Management，TCM），涉及工程项目战略资产管理、工程项目造价管理的概念和理论，包括全过程、全要素、全风险、全团队的造价管理。美国造价工程师协会为推动全面造价管理理论与方法的发展，于 1992 年更名为"国际成本管理促进协会（The Association for the Advancement of Cost Engineering International—through Total Cost Management— AACE-I）。自此，国际上工程成本管理的研究与实践进入一个全新阶段，呈现出综合集成化的趋势。

1.2.2 我国工程成本管理的历史沿革

1. 我国古代的工程成本管理

中国建筑艺术是世界三大建筑体系之一，曾经创造了长城、京杭大运河、北京故宫、布达拉宫等人类奇迹，相应也构建了成熟的工程成本管理体系。商朝的甲骨文卜辞中，已经出现"工"字，即管理工匠的官员。周朝设置"司空"的职位，专管负责营造等工作。春秋时期的《周礼·考工记·匠人》指出，匠人职司城市规划和宫室、宗庙、道路、沟洫等工程，并且记载了有关制度以及各种尺度比例的规定。唐朝开始应用标准设计计算夯筑城台的用工定额，当时称为"功"。

公元 1103 年（北宋崇宁二年），著名的土木建筑家李诚编修的《营造法式》正式刊行，这是我国建筑学史上的一部具有划时代意义的著作，也是我国工料计算方面的第一部巨著，全书共有三十四卷，分为释名、制度、功限、料例和图样五个部分，其中"功限"就是现在的劳动定额，"料例"就是材料消耗定额。第十六至二十五卷是各工种计算用工量的规定，第二十六卷至二十八卷是各工程计算用料的规定。

清代的工程成本管理则发展得较为成熟，在政府的工程管理部门中特别设立了"样式房"及"销算房"，主管工程设计及核销经费。样式房负责设计，销算房负责工程预算，实现了设计与估价的分离。❶ 样式房及销算房的工作人员在家族内部传承，如清代著名的雷氏建筑世家，先后七代工匠执掌工部"样式房"，负责故宫、颐和园、圆明园、天坛、清东陵、清西陵等工程的设计，被称为"样式雷"；销算房则有"算房刘"、"算房梁"、"算房高"等世家。清雍正十二年（1734）颁布的《工部工程做法则例》是继《营造法式》之后的又一部优秀的算工算料著作，该书由清朝工部会同内务府主编，自雍正九年开始"详拟做法工料，访察物价"，历时三年编成。该书当时是作为宫廷（宫殿"内工"）和地方"外工"一切房屋营造工程定式"条例"而颁布的，目的在于统一房屋营造标准，加强工程管理制度，同时又是主管部门审查工程做法、验收核销工料经费的文书依据。全书共七十四卷，卷四十八到卷七十四，为各项用料、各工种劳动力计算和定额。此外，清政府还组织编写了多种具体工程的做法则例、做法册、物料价值等书籍作为辅助资料。民间匠师亦留传下不少工程做法抄本，朱启钤、梁思成、刘敦桢等人将其汇编成《营造算例》一书。

2. 19 世纪末，少量的工程采用了招投标

我国现代意义上工程估价的产生应追溯到 19 世纪末至 20 世纪上半叶，当时在外国资本侵入的一些口岸和沿海城市，工程投资的规模有所扩大，出现了招投标承包方式，建筑市场开始形成。为适应这一形势，国外工程估价方法和经验逐步传入。但是，由于受历史条件的限制，特别是受到经济发展水平的限制，工程估价及招投标只能在狭小的地区和少量的工程建设中采用。

【案例】　中山陵的工程建设

项目决策

1912 年 3 月孙中山先生在紫金山上说过："待我他日辞世后，愿向国民乞一抔土，以安置躯壳尔"，去世前又留有类似遗言。1925 年 3 月 12 日孙中山逝世，4 月 10 日至 22 日，宋庆龄在孙科陪同下，三次赴紫金山踏勘墓址。4 月 23 日经总理葬事筹备委员会议决，选中紫金山中茅峰为孙中山墓址。

设计招标

鉴于中山陵的特殊意义，为慎重起见，孙中山先生葬事筹备委员会向全世界的建筑师和美术家悬奖征集陵墓设计图案。1925 年 5 月，负责工程的宋子文委托其建筑顾问赫门草拟了《陵墓悬奖征求图案条例》（类似于招标文件），经葬事筹备委员会通过后，5 月 15 日，以葬事筹备委员会的名义，公开登报悬奖征求中山陵墓设计图案。《条例》中对中山陵墓的范围、基本结构、建筑风格以及建筑材料、奖金额等都有很具体的规定。《条例》规定，陵墓必须采用中国古式而且含有特殊与纪念的性质，或根据中国建筑精神加以创新。为了广开才

---

❶　单士元. 《故宫史话·著名建筑匠师》. 北京：新世界出版社，2004.

路,《条例》规定不但建筑师可以参加应征,美术家也可以参加应征。要求设计的陵墓造价以 30 万元为限,对奖金也作了明确的规定。应征者报名交纳 10 元保证金后,由葬事筹备处提供墓地摄影 12 幅,紫金山高度地图两幅,供设计时参考。为防止评选时出现徇私舞弊,确保获奖图案的高质量,《条例》还规定所有应征图案一律不得写上自己的真实姓名,只能注明应征者的标记,另以信封记载应征者的姓名、通讯地址和标记,开奖时根据暗号核对真实姓名公布,以确保择优人选。

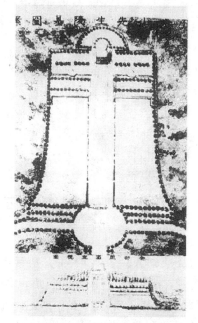

图 1-8　吕彦直设计的中山陵图案

图 1-9　南京中山陵近景

　　征求陵墓图案的期限,原定到 8 月 31 日止,后来因为海外应征者要求延期,改为 9 月 15 日截止。共收到国内外应征图案 40 多种,葬事筹备委员会专门组织了评判委员会,对全部应征图案进行评选。除葬事筹备委员和孙中山家属代表为评判委员以外,还聘请画家王一亭、德国建筑师朴士、南洋大学校长凌鸿勋和雕刻家李金发 4 位专家担任评判顾问。

　　自 9 月 16 日起,应征图案全部陈列于上海四川路大洲公司三楼陈列室,由评判顾问审阅,写出书面报告交给葬事筹备处。9 月 20 日下午,在陈列室现场召开葬事筹备委员和家属代表联席会议,对应征图案进行评选。评判结果,一致推举吕彦直设计的图案获首奖（图 1-8）,范文照获二奖,杨锡宗获三奖。南洋大学校长凌鸿勋在评判报告中称赞吕彦直的设计图案"简朴浑厚,最适合于陵墓之性质及地势之情形,且全部平面作钟形,尤有木铎警世之想。"吕彦直为留美青年建筑师,回国后在上海开设了彦记建筑事务所。会上还评出了七名名誉奖。

为广泛征求社会公众关于陵墓设计的意见，9月22日至26日，大洲公司三楼陈列室对外公开展览5天，并在上海各报上刊登广告宣传。期间，每天均有1000多人前来参观，上海中外各报还发表评论，盛赞这次征求陵墓图案是中国历史上空前的建筑设计大比赛。

9月27日下午，葬事筹备委员会对陵墓图案进行复议，会上将第一奖吕彦直的设计图和第二奖范文照的设计图，连同各人的说明书、估价表以及各方关于图案的意见，全部陈列在会场上进行研究比较。最后，一致认为吕彦直设计方案"简朴坚雅，且完全根据中国古代建筑精神"，决定采用吕彦直的设计图案，并且决定聘请他担任中山陵墓的建筑师，主持中山陵的建筑工程。

施工招标

中山陵图案确定后，葬事筹备委员会立即着手招标，准备开工建设中山陵。由于经费困难，决定工程分三部进行，首先建造墓室和祭堂。当年11月1日，葬事筹备委员会在上海的报纸上刊登了陵墓第一部工程招标广告，并说明各营造厂投标的截止日期是当年12月21日。参加投标的共有新金记康号、竺芝记、新义记、辛和记、姚新记、余洪记和周瑞记七家营造厂。新义记和竺芝记两家营造厂虽然报价最低，但它们的资历浅，资金少，不足以担当建造中山陵这样的大型工程，因而被否决了。而余洪记、周瑞记的报价太高，也被否决，剩下的三家经葬事筹备处和吕彦直研究，决定由资本殷实、经验丰富的姚新记承包。最后，经谈判，姚新记将标价降为44.3万两。

姚新记营造厂建于1899年，厂主姚锡舟是上海人，当年51岁，从事建筑已近30年。1905年，他包工承建上海电话大厦，开始在上海崭露头角，到1925年，姚锡舟已有资本100万两，先后承建了粤汉铁路、南洋劝业会、公共租界工部局、杨树浦纱厂、江苏药水厂、大中华纱厂、和记洋行、怡和洋行、法国总会、英美烟草公司等大工程。中山陵是姚锡舟承包的最后一项工程。因为陵墓工程大，所需各项建筑材料，往往需要承包商垫支经费，所以，没有20万两白银以上资本的厂家是难以承包这项工程的。而且当时南京还在军阀统治下，战事频繁，时局动荡，姚锡舟事先也估计到风险很大。他自己曾说，他承包陵墓工程，一开始就不是为了图利，而是"抱一名誉观念、义务、决心"，"当估价之初，即其一崇拜伟人观念，以故一再删削，实觉无利可图，殊与寻常营业有异。"

工程施工

陵墓工程于1926年1月15日正式破土动工，按合同规定，应该在14个月以内完成，到期如不能完工，每延迟一天，姚新记就要被罚款50两。

由于军阀割据，政局不稳，陵墓开工后遇到了很多困难，首先是交通常常受阻，建筑材料不能及时运到。由于军阀混战，陵工材料往往中途被劫，甚至押送材料的人员也被军阀拉夫。中山陵所用的石料，有的产于青岛，有的出自香港，最远的要从意大利运来，最近的也要从苏州运来。铁路、轮船等运输部门以为陵工有利可图，动辄敲诈，使姚新记蒙受很大损失。1926 年 7 月中旬，开工已半年，主要材料尚未运到，墓室、祭堂的基础工程尚未完成。材料运抵南京后，如何运到工程现场也非常困难。

1928 年 1 月南京遭遇罕见严寒，由于开工时拖延太久，工期已超过了一年，工程量尚不及一半。7 月，葬事筹备委员会召集委员、建筑师、包工联席会议，商量赶工办法，最终采纳吕彦直提出日夜施工的建议。依据合同第一部工程应于 1927 年 2 月底完工，实际却延迟至 1929 年 3 月才竣工，延期整整两年。姚锡舟承包中山陵第一部工程，吃尽千辛万苦，最后还亏本 14 万两银子。

由于第一部工程进展慢，因此，早在 1926 年 9 月，葬事筹备处便决定第二部工程招标，两部工程同时进行，以求早日完工。但各营造厂家眼看时局混乱，姚锡舟承包第一部工程吃了亏，因此都把造价定得很高，与建筑师预算相差太远，葬事筹备处只得将第二部工程无限期延期进行。1927 年春，北伐军攻入南京，此后时局趋于稳定。1927 年 10 月，葬事筹备处重新登报招标，由上海新金记康号营造厂 248084 两中标承包。第二部工程只是水沟、石阶、护壁、挖土、填土等次要工程，合同规定要在 1928 年 12 月 26 日以前完工。

新金记康号营造厂创办于 1919 年，厂主康金宝原是姚新记营造厂的一个小工头。1927 年 10 月，中山陵第二部工程在上海招标时，他以最低造价中标。由于承包的大部分是土石方工程，康金宝本人又是泥水匠出身，施工经验丰富，因而进展顺利。在姚新记承包第一部工程亏损 14 万两的情况下，还有数万两的盈利。

青年建筑师吕彦直因主持建造中山陵积劳成疾，1929 年 3 月 18 日，因患肝肠癌去世。6 月 11 日，国民政府向全国发布第 472 号褒奖令："总理葬事筹备处建筑师吕彦直，学事优良，勇于任事，此次筹建总理陵墓，计画图样，昕夕勤劳，适届工程甫竣之时，遽尔病逝，眷念劳勤，恂惜殊深，应予褒扬，并给营葬费二千元，以示优遇。此令"。1930 年 5 月 28 日，总理陵园管理委员会在中山陵祭堂西南角奠基室内为吕彦直建了一块纪念碑，纪念碑雕像出自中山陵孙中山大理石卧像的作者、捷克著名雕塑家高琪之手。碑的上部是吕彦直半身像，下部刻于右任所书的碑文："总理陵墓建筑师吕彦直监理陵工积劳病故，总理陵园管理委员会于十九年五月二十八日议决，立石纪念"。

3. 计划经济体制下的工程成本管理（国家定价）

建国初期，我国面临国民经济的恢复，在沿用过去的招标方法时，私营营造商利用国家工程估价方法不完善的弱点，一方面高估投标造价，另一方面在施工中又偷工减料，严重地阻碍了基本建设的发展。为了改变上述局面，党和国家对私营营造商进行了社会主义改造，并学习前苏联的预算作法，即先按图纸计算分项工程量，套用分项工程单价，算出直接费，再以直接费为基础，按一定费率计算间接费、利润、税金等，汇总得到建筑产品的价格，这种适应计划经济体制的概预算制度的建立，有效地促进了建设资金的合理使用，对国民经济恢复和第一个"五年计划"的顺利完成起到了积极的作用。

20 世纪 50 年代末开始，由于"左倾"错误思想的影响，工程估价基本处于瘫痪状态，设计无概算，施工无预算，竣工无决算，投资大敞口，这种状况持续了近 20 年。

20 世纪 70 年代后期，国家开始恢复重建工程造价管理机构。20 世纪 80 年代初，原国家计委成立了基本建设标准定额研究所和标准定额局，1988 年成立了建设部标准定额司，并逐级组建了各省市和专业部委自己的定额管理机构（定额管理站、定额管理总站等），全国颁布了一系列推动概预算管理和定额管理发展的文件以及大量的预算定额、概算定额、估算指标。

4. 经济转轨期间的工程成本管理（国家指导价）

党的十一届三中全会以来，随着经济体制改革的深入和对外开放政策的实施，以及社会主义市场经济体制的建立，开始建立健全适合于社会主义市场经济发展的工程成本管理体系与模式，使其趋于科学合理。1990 年中国建设工程造价管理协会成立，标志着我国工程项目成本管理一个新的阶段的出现。自 1992 年开始，我国的经济改革的力度不断增大，在工程项目成本管理的模式和方法等方面也开始了全面的变革。我国传统的工程成本概预算定额管理模式中存在着诸多计划经济的特点，越来越无法适应社会主义市场经济的需要。1992 年全国工程建设标准定额工作会议以后，我国的工程项目成本管理体制从原来"量、价统一"的工程成本定额管理模式，逐渐转向"量、价分离"，以市场机制为主导，由政府职能部门实行协调监督，与国际惯例全面接轨的工程项目成本管理模式。

90 年代后期，我国先后实施全国造价工程师执业资格考试与认证工作以及工程成本咨询单位的资质审查和批准工作，工程项目成本管理中的许多职业活动已按照国际惯例进行运作，在适应经济体制转化和与国际工程项目成本管理惯例接轨方面取得了极大的进展。

5. 加入 WTO 之后的工程成本管理改革（国家调控价）

随着我国加入 WTO，建设行业面临着日趋激烈的竞争，我国工程项目成本管理面临着极大的机遇与挑战。为此，建设部颁发了《建筑工程施工发包与承包计价管理办法》，推动了我国工程项目成本管理水平的提升。

建设部颁布了《建设工程工程量清单计价规范》（GB 50500—2003）并于 2003 年 7 月 1 日正式执行，这一举措标志着工程量清单计价方法在全国范围内的正式推行。建设部与财政部联合发出的"关于印发《建筑安装工程费用项目组成》的通知"，对建筑安装工程费用项目组成作了较大调整，也是为了适应工程计价改革工作的需要，力争与国际惯例接轨的重大改革措施。

2008 年 7 月 15 日，住房和城乡建设部发布了新修订的国家标准《建设工程工程量清单计价规范》（GB 50500—2008），自 2008 年 12 月 1 日起实施。新《规范》的条文数量由原《规范》的 45 条增加到 136 条，其中强制性条文由 6 条增加到 15 条。新《规范》的内容涵盖了工程实施阶段从招标投标开始到工程竣工结算办理的全过程，并增加了条文说明。包括工程量清单的编制，招标控制价和投标报价的编制，工程发、承包合同签订时对合同价款的约定，施工过程中工程量的计量与价款支付，索赔与现场签证；工程价款的调整，工程竣工后竣工结算的办理以及对工程计价争议的处理。新《规范》的发布施行，将提高工程量清单计价改革的整体效力，有利于工程量清单计价的全面推行，有利于规范工程建设参与各方的计价行为和合同意识，对建立公开、公平、公正的市场竞争秩序，推进和完善市场形成工程造价机制将发挥重要作用。

为规范建设项目全过程造价管理咨询操作程序和深度要求，中国建设工程造价管理协会组织有关单位编制了《建设项目全过程造价咨询规程》，自 2009 年 8 月 1 日起试行。

1.3　工程成本管理的内容及基本程序

工程成本管理本质上包括工程成本规划和工程成本控制两部分内容，二者相互交叉，前期策划阶段和设计阶段侧重于规划，施工、运营及维护阶段侧重于控制，如图 1-10 所示。

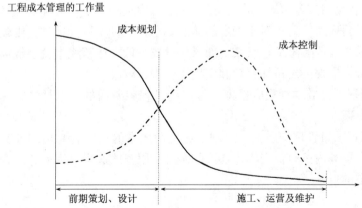

图 1-10　工程成本规划与成本控制的关系

现代工程项目中，人们更加强调积极的成本规划，但绝对不可人为降低规划成本以便立项获得批准，否则后患无穷。工程成本规划是一个渐进的过程，在工程实施过程中成本规划的精度逐步提高，成本规划只是项目前期完成的工作，不能过高估计其精确性。此外，无论项目是否超出预算，均不可直接认为成本规划是失败的，应深刻地分析其原因。

成本控制是指通过控制手段，在达到预定工程功能和工期要求的同时优化成本开支，将总成本控制在预算（计划）范围内。项目参与方对成本控制的积极性和主动性与其对项目承担责任的形式紧密相关。成本控制过程中一定要注意避免"被成本控制"。

1.3.1   工程项目成本管理的内容

从纵向来看，工程成本管理贯穿了项目生命周期的全过程；从横向来看，则包括业主、承包商、分包商、供货商等项目参与方在内。其中业主方的成本管理的重点在前期，为投资决策提供依据；承包商的成本管理则从投标报价开始。

目前，国际上工程项目实施过程中，一般由业主委托专业组织进行成本管理，专业组织包括工程咨询公司、工料测量师行、管理总承包（PMC）单位、CM 经理等；也有业主自行组织成本管理。由于工程项目从立项到建成投产分为不同的阶段，而且通常情况下各阶段工作的委托形式也不同，因此成本管理的目标和内容亦不一致，但应注意以下几点。

1）工程项目成本管理应考虑项目全过程的管理，决策和设计阶段虽然费用少，但对成本的影响起着决定性作用，应作为管理的重点。此外，同一个工程项目有若干个可选择的投资方案，这就需要进行投资效果比较，以选择最优方案。

2）工程项目成本管理应考虑项目的生命周期成本，即不局限于建设成本，还应考虑运营成本。通常对于确定的功能要求，建设质量标准高，则建设成本增加，运营成本一般会降低；反之，如果建设成本低，运营成本就会提高。可以通过工程全寿命周期的经济性比较和费用优化进行解决。

3）工程项目成本管理应根据工程实施过程中所需的资金计划，提出科学合理的融资方案。

4）工程项目管理中质量、范围、进度和成本的目标容易出现冲突，高质量的项目能在预算内按时提交满足要求的产品、服务或成果，因而，工程成本管理是一个动态的过程。

【案例】   三峡工程的成本管理

国家批准的三峡工程投资概算为 900.9 亿元（按 1993 年 5 月末的价格水平）。其中三峡枢纽工程投资 500.9 亿元，三峡水库移民费用 400 亿元。三峡工程建设工期长达 17 年，外部和内部都会发生不同程度的变化，采取了如下成本控制措施：

1）实行"静态控制、动态管理"。静态投资概算是国家批准的 900.9 亿元，

17年工期中每年物价指数都是变化的，要按照当年的物价指数与1993年的价格相比进行价差调整。建设资金中有近40%的资金来自银行贷款、发行企业债券等，17年建设期的利率也是浮动的，每年应支付利息和到期本金。这三部分为动态投资。每年需要预测未来的资金需求，实行动态管理。用静态概算控制工程的投资，优化工程管理，降低成本和移民的各种费用；用动态的价差支付和多种融资措施降低融资成本，形成了"静态控制、动态管理"的模式。1994年预测到2009年工程竣工时总投资为2039亿元，通过十一年的工程实践，现在预测到2009年全部竣工时。工程总投资可控制在1800亿元以内，完全可以控制在国家批准的概算内。

2）实行价差管理。三峡工程的主体工程合同周期较长，大部分合同实行价差调整，每年给承包商补偿，合理地解决了承包商不必要的亏损。由三峡总公司委托中介机构对全国建材、器材、各类商品、人工费等价格进行分析，提出影响三峡工程的环比和基比价差率，提出书面报告，报请国务院三峡建委会同国家发展改革委员会和中介机构的专家评审核定。每年核定上一年的价差比率，三峡总公司按承包商投标及合同当年的报价补偿其差额。

3）实行分项目设"笼子"控制概算。在国家批准的初步设计概算的总量控制基础上，通过技术设计的调整编制业主执行概算。根据分项招标合同价。编制分项合同的实施控制价，只有在发生重大设计变更才动用概算中的基本预备费。每年都要进行概算执行和控制分析，做到分项和整体的概算控制。自1993年到2005年9月底，三峡工程累计完成固定资产投资1180亿元，其中枢纽工程静态投资完成422亿元，占工程概算（静态）的84.25%；水库移民静态投资完成370亿元，占移民概算（静态）的92.5%；价差预备费216亿元。利息145亿元。库区移民概算外补偿费27亿元。从完成的枢纽工程量和列报投资匹配情况看，与概算比较，绝大部分项目的工程量完成比例高于投资完成比例。说明枢纽工程投资列报规范，控制情况较好。（更多内容请参阅：陆佑楣，长江三峡工程建设管理实践，《建筑经济》2006年第1期：5-12）

1.3.2 工程项目成本管理的基本程序

对于工程项目成本管理，不同国家、不同地区的做法有较大差别，甚至在同一国家的不同公司间也有不同之处。本书选择美国项目管理协会（PMI）和我国《建设工程项目管理规范》进行重点介绍。

1.《项目管理知识体系指南（2008年版）》中的成本管理过程

《项目管理知识体系指南》（PROJECT MANAGEMENT BODY OF KNOWLEDGE, PMBOK）是由美国项目管理协会（PMI）编写的美国国家标准（ANSI/PMI99-001-2008），在国际上有着广泛的影响。PMBOK将成本管理列为九大知识领域之一。PMBOK（2008 版）将成本定义为：项目活动或组成部分的货币价值或价格，包括为实施和完成该活动或组成部分或创造该组成部分所需要的资源的货币价值（The monetary value or price of a project activity or component that includes the monetary worth of the resources required to perform and complete the activity or component, or to produce the component. ）。

项目成本管理包括对成本进行估算、预算和控制的各过程，从而确保项目在批准的预算内完工，项目成本管理的依据、工具与技术、结果的结构如图 1-11 所示。

图 1-11   项目成本管理依据、工具与技术、结果结构图

估算成本是指对完成项目活动所需资金进行近似估算的过程，如图 1-12 所示。成本估算是在某特定时点，根据已知信息所作出的成本预测，应考虑将向项目收费的全部资源，包括人工、材料、设备、服务、设施以及一些特殊的成本种类，如通货膨胀补贴或应急成本。成本估算是对完成活动所需资源的可能成本进行量化评估。在估算成本时，需要识别和分析可用于启动与完成项目的备选成本方案；需要权衡备选成本方案并考虑风险，如比较自制成本与外购成本、购买成本与租赁成本以及多种资源共享方案，以优化项目成本。在项目生命周期中，项目估算的准确性将随着项目的进展而逐步提高。因此，成本估算需要在各阶段反复进行。例如，在启动阶段可得出项目的粗略量级估算（Rough Order of Magnitude，ROM），其区间为 ±50%；之后，随着信息越来越详细，估算的区间可缩小至 ±10%。

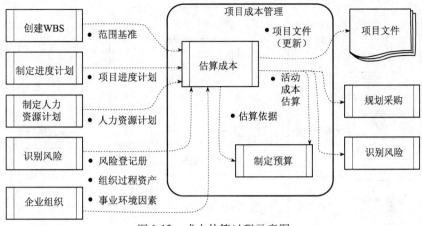

图 1-12　成本估算过程示意图

　　制定预算是汇总所有单个活动或工作包的估算成本，建立一个经批准的成本基准的过程，如图 1-13 所示。成本基准中包括所有经批准的预算，但不包括管理储备。项目预算决定了被批准用于项目的资金。将根据批准的预算来考核项目成本绩效。

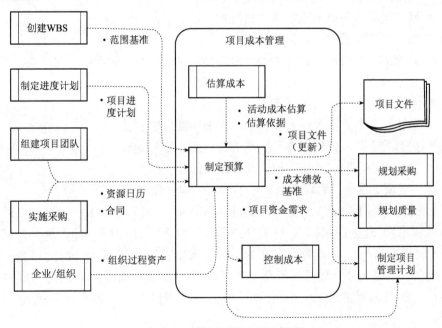

图 1-13　制定预算过程示意图

　　控制成本是监督项目状态以更新项目预算、管理成本基准变更的过程，如图 1-14 所示。在成本控制中，应重点分析项目资金支出与相应完成的实体工作之间的关系。有效成本控制的关键在于，对经批准的成本绩效基准及其变更进行管理。

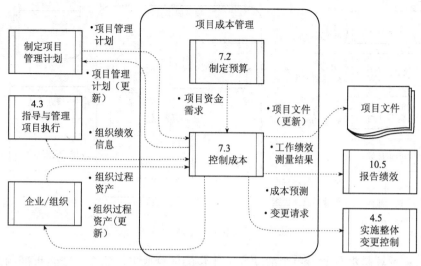

图 1-14　控制成本过程示意图

项目成本控制包括：

- 对造成成本基准变更的因素施加影响；
- 确保所有的变更请求都获得及时响应；
- 当变更实际发生时，管理这些变更；
- 确保成本支出不超过批准的资金限额，包括阶段限额和项目总限额；
- 监督成本绩效，找出并分析与成本基准间的偏差；
- 对照资金支出，监督工作绩效；
- 防止在成本或资源使用报告中出现未经批准的变更；
- 向有关干系人报告所有经批准的变更及其相关成本；
- 设法把预期的成本超支控制在可接受的范围内。

2. 《建设工程项目管理规范》中的成本管理过程

《建设工程项目管理规范》（The Code of Construction Project Management，以下简称《规范》）作为国家标准（GB/T 50326—2006），于 2006 年 12 月 1 日起实施。《规范》将项目成本管理定义为：为实现项目成本目标所进行的预测、计划、控制、核算、分析和考核等活动。《规范》界定的范围为承包商的成本管理，从工程投标报价开始，直至项目竣工结算完成为止，贯穿项目实施的全过程。

《规范》要求建筑施工企业应建立、健全项目全面成本管理责任体系，明确业务分工和职责关系，把管理目标分解到各项技术工作、管理工作中。《规范》将项目全面成本管理责任体系分为组织管理层和项目管理层两个层次。前者负责项目全面成本管理的决策，确定项目的合同价格和成本计划，确定项目管理层的成本目标；后者负责项目成本的管理，实施成本控制，实现项目管理目标责任书中的成本目标。《规范》还将成本分为"责任成本目标"和"计划成本目标"，前者反映组织对项目成本目标的要求，后者是前者的具体化，把项目成本在组织管理层和项目经理部的运行有机地连接起来。

项目经理部的成本管理是全过程的，包括成本计划、成本控制、成本核算、成本分析和成本考核。

（1）成本计划是对项目计划期内的成本水平所作的筹划，是对项目制定的成本管理目标。

（2）成本控制是在项目实施过程中，对影响项目成本的各项因素进行规划、调节，并采取各种有效措施，将实施中发生的各项支出控制在成本计划范围以内，计算实际成本和计划成本之间的差异并进行分析，通过成本控制，最终实现成本目标。

（3）成本核算是指利用核算体系，对项目实施过程中所发生的各种消耗进行记录、分类，并采用适当的成本计算方法，计算出各个成本核算对象的总成本和单位成本的过程。成本核算是对项目实施过程中所发生耗费进行如实反映的过程，也是对各种耗费的发生进行监督的过程。

（4）成本分析是揭示项目成本变化情况及其变化原因的过程。在成本形成过程中，利用成本核算的资料（成本信息），将项目实际成本与计划成本进行比较，了解成本的变动情况，系统研究成本变动的因素，寻找降低成本的途径。

（5）成本考核是指在项目完成后，对项目成本形成过程中的成本管理的成绩或失误进行总结与评价。

本书按照工程建设的基本程序，从纵向上分别对投资决策阶段（第4章）、设计阶段（第5章）、招投标阶段（第6章）、施工阶段（第7章）、竣工决算阶段（第8章）的成本规划与控制进行总结；从横向上介绍了工程项目投资组成（第2章）、定额与工程量清单（第3章）、成本风险分析与管理（第9章）和成本管理信息系统（第10章）。

1.4 国外的工程成本管理模式

在长期的工程实践中，发达国家长期在国际建筑市场上占有相当大的份额，在工程成本管理方面形成了一套相对完善的体系，其中共性的内容和程序构成了有关的国际惯例。随着我国加入WTO之后建设市场的全面对外开放以及"走出去"战略的进一步实施，必然要求全面了解国外的工程成本管理模式。

1.4.1 美国的工程成本管理模式

美国的建设工程项目分为公共工程项目与私人工程项目，前者由政府投资部门直接管理，受到相关法律和规定的限制，以保证正确的财务核算和对政府的公共资金支出的监督，除军事设施等特殊项目之外，必须按照一定的程序，采用竞争性公开采购方式；后者政府不予直接干预，但对工程的技术标准、安全、社会环境影响和社会效益等则通过法律（Act）、法规（Regulations）、技术准则（Guidance）和标准（Standard）等加以引导或限制。

美国现行的工程成本由两部分构成，一是业主经营所需费用，称之为软费用，主要包括设备购置及储备资金、土地征购及动迁补偿、财务费用、税金及其他各种前期费用；二是由业主委托设计咨询公司或者总承包公司编制的建安工程成本，一般称之为硬费用，主要包括施工所需的工、料、机消耗使用费、现场业主代表及施工管理人员工资、办公和其他杂项费用，承包商现场的生活及生产设施费用，各种保险、税金、不可预见费等。此外承包商的利润一般占建安工程成本的5%～15%，业主通过委托咨询公司实现对工程施工阶段成本的全过程管理。

美国没有统一的计价依据和标准，是典型的市场化价格。工程估算、概算、人工、材料和机械消耗定额，不是由政府部门组织制订的，而是由几个大区的行会（协会）组织，按照各施工企业工程积累的资料和本地区实际情况，根据工程结构、材料种类、装饰方式等，制订出平方英尺建筑面积的消耗量和基价。这些数据资料虽不是政府部门的强制性法规，但因其建立在科学性、准确性、公正性及实际工程资料的基础上，能反映实际情况，得到社会的普遍公认，并能顺利加以实施。但对大多数承包商而言，上述资料仅是辅助的或参考性的，主要依靠其自身所积累的工程成本数据和资料（类似于我国的企业定额）。一般在缺少资料时才考虑上述公开造价信息，也可利用公开信息匡算复核估价。

美国工程设计各阶段的成本管理如表 1-2 所示。

美国工程设计各阶段的成本管理　　　　　　　表 1-2

内容＼方法	分析估算法	设备估算法	设备详细估算法	详细估算法
对应的设计阶段	工艺设计初期	工艺设计发表——基础工程设计初期	基础工程设计完成	详细工程设计完成
对应的合同	仅用于开口价合同初期控制预算（Initial Control Estimate, ICE）	用于合同项目批准控制估算（Initial Approved Cost, IAC）	用于合同项目的首次核定估算（First Check Estimate, FCE）	用于合同项目的二次核定估算（Production Check Estimate, PCE）
编制依据	项目的规模、装置、类型等基本技术原则和要求；工程积累的数据、曲线、比值、图表等	设备一览表、工艺流程图、工艺数据、设计规格说明书、工程积累的经验数据	设备、散装材料一览表；建（构）筑图纸	设备、散装材料均已到货；各种实际费用和财务资料均已发生

续表

内容 \ 方法	分析估算法	设备估算法	设备详细估算法	详细估算法
作 用	是开口价合同项目第一次控制预算，亦是开口价合同项目最初阶段的费用控制基准	对开口价合同项目是第二次控制估算；对固定价合同项目是唯一的一次控制估算	对开口价合同项目是最后一次的控制估算；对固定价合同项目是来核对批准的控制估算和随后的变更	不是项目的控制估算，用来分析和预测竣工时最终费用并可作为工程施工结算的依据
时 间	接到中标的书面通知四周内编制，工艺设计工程中发表	工艺设计发表时编制，计划发表后两周内编完	基础工程设计完成前、后编制，PID（Piping & Instrument Diagram）流程图二版完成时编制完	详细工程设计完成时编制
偏差幅度	±（25～50）%	±（15～25）%	±（10～15）%	±5%

考虑到工程成本管理的动态性，估算允许有一定误差范围

目前，美国多数工程项目采用的分类和编码是由建筑领域的行业协会 CSI（Construction Specification Institute）编制的 MASTER FORMAT，该系统按照建筑专业和工种将建筑工程分成 16 部（Division），每一分部又由许多章（Section）组成，每一分部和章都给予一个固定不变的统一编码。16 个分部具体如下：01. 通用要求（General Requirements）；02. 场地工作（Site work）；03. 混凝土（Concrete）；04. 砖石（Masonry）；05. 金属材料（Metals）；06. 木和塑料（Wood and Plastics）；07. 保温和防水（Thermal and Moisture Protection）；08. 门窗（Doors and windows）；09. 表面材料（Finishes）；10. 特殊设备（Specialties）；11. 设备（Equipment）；12. 装饰材料（Furnishings）；13. 特殊建筑系统（Special Construction）；14. 运输系统（Conveying Systems）；15. 机械（Mechanical）；16. 电气（Electrical）。CSI 协会开发的项目分类和编码体系适用于建筑业的各个方面，包括设计、施工、供货等，而不是仅限于某一专业或行业内，它使得设计和估价有了一个信息交流平台。

美国的工程成本管理具有下述特点：

1）重视工作分解结构（WBS）和会计编码（COA）；

2）追求全寿命周期的成本最小；

3）广泛应用价值工程；

4）强调成本管理的系统性；

5）严格控制成本变更与工程结算等。

1.4.2 英国的工程成本管理模式

英国同其他西方国家一样,依据建设项目的投资来源不同,政府投资工程和私人投资工程的工程成本管理方式也不相同。政府投资的工程项目由财政部门依据不同类别工程的建设标准和造价标准,并考虑通货膨胀对造价的影响等确定投资额,各部门在核定的建设规模和投资额范围内组织实施,不得突破。对于私人投资的项目政府不进行干预,投资者一般是委托中介组织进行投资估算。

英国没有统一的定额,工程量的计算规则就成为参加工程建设各个共同遵守的计量、计价的基本准则,现行的第 7 版《建筑工程工程量标准计算规则》(Standard Method of Measurement of building works,SMM7) 由英国皇家特许测量师学会 (RICS) 于 1988 年 7 月 1 日正式推出,在英联邦国家中广泛使用。SMM7将工程量的计算划分成 23 个部分,并规定了详细的计算原则,使工程量的计算更加科学、合理。对于土木工程,应用的是英国土木工程师学会编制的《土木工程工程量标准计算规则》(CESMM3)。

在英国传统的建筑工程计价模式下,一般在招标文件中提供由业主方工料测量师编制的工程量清单,其工程量按照 SMM 规定进行编制、汇总。承包商的估价师参照工程量清单进行成本要素分析,根据其以前的经验并收集市场信息资料及厂商报价,对每一分项工程都填入单价及合价。所有分项工程合价之和,再加上开办费和指定分包工程费等,构成工程总成本。施工期间,每个分项工程都要计算实际完成的工程量,并按承包商所报单价计费。增加的工程需要重新报价,或者按类似的现行单价重新估价。在英国工程成本管理贯穿于立项、设计、招标、签约和施工结算等全过程,在既定的投资范围内随阶段性工作的不断深化使工期、质量、造价的预期目标得以实现,工程成本管理的阶段、目标、活动及偏差幅度如表 1-3 所示。

英国工程成本管理的阶段、目标、活动及偏差幅度   表 1-3

阶 段		活 动	目 的	各阶段编制的估算成品及偏差幅范围
设计任务书	1. 筹建和可行性研究阶段	编制可行性研究报告的一般工作,定出附有质量要求的成本范围或就业主的成本限额提出建议	向业主提供工程项目评价书及可行性报告	项目评价书中的成本估算是数量级估算,误差率 ≥ ±30% 可行性报告中的成本估算是评价性估算,误差率 ≤ ±30%

续表

阶　段		活　动	目　的	各阶段编制的估算成品及偏差幅范围
草图	2. 轮廓性阶段（初步方案）	按业主要求，对方案设计作出初步估算，方法是通过分析过去建筑物的各项费用并比较其要求，或按规范求得近似工程量	确保平面布置、设计和总体施工方法并取得业主对其批准	编制初步估算即预算性估算，误差率≤±20%
	3. 草图设计（方案设计）	根据由建筑师和工程师处得到的草图、质量标准说明和功能要求编制成本规划草案，以后再编制最终成本计划，提交业主批准	完成设计任务书并确定各项具体方案，包括规划布置、外观、施工方案、规划说明纲要和成本，并取得全部上述事项的批准	编制确定性估算即工程控制估算误差率≤±10%
施工图	4. 详图设计	进行成本研究和成本校核，并从专业分包人处得到报价单。将结果通知建筑师和工程师，并提出有关成本的建议	对设计、规范说明，施工和成本有关的全部事项做出最后决定，编制施工图文件	编制详细估算，即工程控制估算误差率≤±5%
	5. 工程量清单	编制工程量清单，并进行成本校核	编制和完成招标用的全部资料和安排	业主或委托有资质的咨询公司编制工程量清单，承包商依据工程量计算规制（SMM）、企业自身情况和项目具体情况自主报价
	6. 招标活动	对照标价的工程量清单校核成本规划	通过招标选择承包商	
现场施工	7. 编制工程项目计划	对中标标书编制成本分析	编制计划	
	8. 现场施工	对合同中所有财务事项进行严格审核。向设计组提出月报，工程成本变更和报价	保证有效地贯彻合同，并使合同细节在建筑施工中实现。	
	9. 竣工及反馈	编制最后结算账目、最终成本分析，并处理有关合同索赔的结算事项	完成合同，结算最终账目，从工程得到信息反馈以利于以后的设计	

　　英国有关工程成本信息和统计资料主要由贸工部（DTI）的建筑市场情报局（Construction Market Intelligence Division）和国家统计办公室（Office for National Statistics，ONS）共同收集整理并定期出版。贸工部的建筑市场情报局也定期公布有关各种建筑材料的市场价格及价格指数的波动情况。英国国家统计办公室定

期收集有关建筑工程的各种相关数据，并汇总出版。除官方发布的信息外，各咨询机构、业主、尤其是承包商也十分注重搜集整理相关信息以及保留历史数据。工程成本信息一般包括价格指数（Price Indices）和成本指数（Cost Indices），也对投资、建筑面积等信息进行收集发布。

1.4.3　日本的工程成本管理模式

日本的工程积算（Accumulated Cost）制度是一套独特的量价分离的工程成本计价模式，类似我国的定额取费模式。所谓"积算"是为了对工程成本进行事先预测而计算工程各部分的费用，最后将结果进行汇总，类似于我国的工程概预算。

政府公共工程和私人工程同时采用建筑积算研究会编制的《建筑数量积算基准》计算工程量。《建筑数量积算基准》的内容包括总则、土方工程与基础工程、主体工程、主体工程（壁式结构）、装修工程，除总则外，各部分均有各自的计量、计算规则。工程量计算以设计图及设计书为基础，对工程数量进行调查、记录和合计，计量、计算构成建筑物的各部分。

建设省制定了一整套工程计价标准——《建筑工程积算基准》，一方面规定了工程费的构成，包括直接工程费、共通费（共通临时设施费、现场管理费、一般管理费等）、消费税等；另一方面规定了上述各项费用的计算方法和具体费率标准（"建筑工程标准定额：步挂"）。如土木工程规定一般管理费以直接工程费的15%计取等。根据材料、劳务、机械器具的市场价格计算出细目的费用，可以算出整个工程的直接工程费和共通临时设施费。

为了统一建筑积算的最终工程量清单的格式，建筑积算研究会在颁布《建筑数量积算标准》的同时制定了"建筑工程工程量清单标准格式"。

另外，日本交通、电力等其他专业部门也都相应编制并发布各行业的计价依据。日本建设省官房厅营缮部除负责统一组织编制并发布计价依据以确定公共建筑、政府办公楼、体育设施、学校、医院、公寓等成本之外，还对上述公共建筑工程成本实行全过程的直接管理，具体做法如下：

1）在项目立项阶段，政府主管部门根据规划设计做出切合实际的投资估算，其中包括工程费、设计费和土地购置费，报大藏省审批。超过一定投资规模报国会讨论通过，其余由大藏省自行审批。

2）项目立项后，政府主管部门要根据批准的规划和投资估算，委托设计单位进行设计。设计单位严格在估算限额内设计，一般不得突破批准的限额。

3）设计完成之后，政府主管部门要根据不同阶段的设计对工程成本再次进行详细计算和确认（相当于我国的概算和预算），以此检查设计是否突破批准的估算所规定的限额。如未突破即以实施设计的预算作为施工发包的标底，即预定价格；如果突破了，要求设计单位修改设计，包括压缩项目的建设规模或降低建设标准。

关于其他国家工程成本管理模式，可以参考《工程项目管理的国际惯例》（何伯森等著，中国建筑工业出版社 2007 年出版）、《工程造价管理的国际惯例》（郝建新等著，天津大学出版社 2005 年出版）。

从上述国家的工程成本管理模式来看，工程成本管理均处于有序的市场运行环境，实行了系统化、规范化、标准化的管理，而在价格的确定和管理上以市场和社会认同为取向，在行业的管理归属上，民间行业协会组织发挥着巨大作用。同时，政府的宏观调控、详细的成本估算、严格准确的成本编码系统、全过程动态控制、量价分离的计价模式、发达的成本咨询服务业、完善的成本信息系统、多渠道的信息发布等，基本上代表了工程成本管理的国际惯例。

1.5 工程成本管理的行业组织与从业人员

行业组织在工程成本管理的发展过程中发挥了重要的作用。从业人员知识、能力与素质的高低直接决定了工程成本管理的绩效，因此，各国分别建立了工程成本管理的执业资格制度，有关行业组织也在其中发挥了重要作用。

1.5.1 工程成本管理的行业组织

目前，国际上有着大量的与工程成本管理有关的行业组织，根据名称大致可以分为三类：

（1）成本工程类，如：美国成本工程师协会（AACE）、巴西成本工程师学会（BICE）、加拿大成本工程师协会（AACE-Canada）、意大利成本工程师协会（AICE）、日本成本及项目工程师协会（JSCPE）、俄罗斯成本工程师协会（RICE）等；

（2）工料测量类，如英国的皇家特许测量师学会（RICS）、澳大利亚工料测量师学会（AIQS）、香港工料测量师学会（HKIS）、日本建筑预算协会（BSIJ）、新加坡测量师学会（SISV）等；

（3）项目管理类，将成本管理作为一个重要组成部分，如美国项目管理学会（PMI）、国际项目管理协会（IPMI）、奥地利项目管理协会（PMA）、丹麦项目管理协会（FDP）、芬兰项目管理协会（PMAF）、法国项目管理学会（AFITEP）、希腊项目管理学会（HPMI）、印度项目管理协会（PMAI）等。

一些国家也同时存在上述几种体系，如上面所提到的美国、日本等。尽管名称不尽相同，但职能却基本类似，都是为项目成本管理提供最有效的理论和方法支持。另外，对于每个从事工程业务的公司，一般都设有专门负责成本管理的人员和机构，并视其为一项系统工程。

1.5.2　各国的工程成本管理执业人士

不同国家对于工程成本管理从业人员的设置与要求有所不同。

美国参与工程成本管理的专业人士主要有建筑师、注册工程师、造价工程师（成本工程师）等。根据美国国际成本管理促进协会（AACE-I）的定义，成本工程师（Cost Engineer）必须具有丰富的工程理论技术与实践经验，能够处理成本估价、成本控制、商业计划、利润分析、项目管理、计划及执行等问题。美国成本工程师的从业范围十分广泛，除建筑行业外，还有石油、化工、机械、运输等。成本工程师在美国的建筑管理体系中通常处于建筑师、项目经理或者承包商之下，接受他们的雇佣或者领导。AACE-I 的认证有成本工程师（Certified Cost Engineer，CCE）和成本咨询师（Certified Cost Consultant，CCC）两种，经过考试可获得认证❶。

英国的工程成本管理中发挥核心作用的是工料测量师。工料测量师受业主的委托，参与工程项目的全过程成本管理。与美国的成本工程师不同，工料测量师在英国的建筑管理体系中几乎具有与建筑师同等重要的地位。与业主的工料测量师不同，工程估价师（Construction Estimator）一般作为承包商的雇员或者外聘人员在承包商的体系中发挥重要的作用。但两者的技术能力与所需资格并没有绝对的界限划分，比如以前为某业主代表的工料测量师，以后也可能受雇于其他承包商作为其工程估价师。工料测量师的主要任务是将工程成本控制在预算之内，随着建筑工程的日趋复杂及其规模的不断扩大，业主逐渐认识到雇佣独立的工料测量师的优越性。有时工料测量师也可以被任命为项目经理，控制工程进度及成本预算，并管理协调建筑师/工程师、总承包商和分包商的工作。有关人员在获得一定学历和实践经验之后，通过 RICS 的执业资格能力评估考试（APC），加入学会便成为特许工料测量师❷。

日本实行积算师资格认定制度。认定资格主要依据《建筑设计等关联业务知识及技术审查·证明事业认定规程》（建设省告示第 918 号，1994 年 3 月 23 日），资格认定实施工作由日本建筑积算协会负责。资格认定须参加考试，考试合格者可获得资格认定。资格认定主要是体现预算人员技术水平。建筑积算师分布在工程建设各个领域，其中主要分布在设计单位、施工单位及工程造价咨询事务所等。

德国从事工程成本管理工作必须先得到工程师资格，再参加协会组织的资格

---

❶　更多内容请参考 AACE-I 网站 http：//www.aacei.org

❷　更多内容请参考 RICS 网站 http：//www.rics.org

考试，合格后才能获得资格受聘于业主或承包商，也可在政府的公共工程部门服务。

法国通常由工料估算事务所（Agence●）编制工程量表、估价并提供其他成本建议，其提供的单价和服务因地区而异。工料估算/核算师可由建筑师/工程师或承包商雇佣。工料估算师（Metreur❷）在为工程师工作时，帮助工程师进行投标书的比较并编制成本估算和规范。为承包商工作时，按图纸测算工程量，协助进行估算，在现场为每月的估价和分包商结账而测量工程，并协助编制最终账目。工料核算师（Verficateur❸）则代表工程师等检查由承包商雇佣的工料估算师所进行的工作。从 20 世纪 70 年代始，工料估算/核算师演变为建筑经济师，1972 年法国建筑经济师联合会成立，1975 年欧洲建筑经济师联合会成立。建筑经济师的职责主要有：①协助项目经理管理账目，建筑经济师是项目经理在与工程经济有关的项目管理职责方面最有力的助手；②和建筑师、工程师一道负责施工管理；③企业财务方面的工作；④协调和其他工作。

1.5.3 我国的造价工程师执业资格制度

执业资格制度是市场经济国家对专业技术人才管理的通用规则。随着我国市场经济的进一步完善和经济全球化进程的加快，执业资格制度得到了长足的发展，其中涉及工程估价方面的执业资格主要有：造价工程师、监理工程师、建造师、咨询工程师（投资）、房地产估价师、资产评估师、设备监理师、投资建设项目管理师（职业水平）等多个执业资格。本书重点介绍造价工程师执业资格。

造价工程师执业资格制度属于国家统一规划的专业技术人员执业资格制度范围。国家在工程造价领域实施造价工程师执业资格制度。凡从事工程建设活动的建设、设计、施工、工程造价咨询、工程造价管理等的单位和部门，必须在计价、评估、审查（核）、控制及管理等岗位配套有造价工程师执业资格的专业技术人员。

1996 年，依据《人事部、建设部关于印发〈造价工程师执业资格制度暂行规定〉的通知》（人发〔1996〕77 号），国家开始实施造价工程师执业资格制度。1998 年在全国首次实施了造价工程师执业资格考试。

造价工程师执业资格考试设四个科目：《工程造价管理相关知识》、《工程造价的确定与控制》、《建设工程技术与计量》（本科目分土建和安装两个专业，可任选其一）、《工程造价案例分析》。考试以两年为一个周期，参加全部科目考试的人员须在连续两个考试年度内通过全部科目的考试。

---

❶❷❸ 法语

　　此后,《工程造价咨询单位执业行为准则》、《造价工程师职业道德行为准则》、《工程造价咨询业务操作指导规程》等文件先后出台。2006 年,《注册造价工程师管理办法》(建设部令第 150 号)出台,于 2007 年 3 月 1 日起施行,进一步完善了造价工程师执业资格制度。《办法》的第十五条规定,注册造价工程师执业范围包括:(一)建设项目建议书、可行性研究投资估算的编制和审核,项目经济评价,工程概、预、结算、竣工结(决)算的编制和审核;(二)工程量清单、标底(或者控制价)、投标报价的编制和审核,工程合同价款的签订及变更、调整、工程款支付与工程索赔费用的计算;(三)建设项目管理过程中设计方案的优化、限额设计等工程造价分析与控制,工程保险理赔的核查;(四)工程经济纠纷的鉴定。

　　各国的工程成本管理执业人士对比如表 1-4 所示。

各国的工程成本管理执业人士的比较　　　　　　　　表 1-4

类别	中国内地	美国	英国	日本
专业人士	造价工程师	认可造价工程师(CCE) 认可造价咨询师(CCC)	特许测量师(Chartered Quantity Surveyor)	建筑积算师
管理制度	政府多头管理,没有完全意义上的自律	政府宏观调控,行业高度自律		偏重于政府监控
从业范围	1)建设项目建议书、可行性研究投资估算的编制和审核,项目经济评价,工程概、预、结算、竣工结(决)算的编制和审核; 2)工程量清单、标底(或者控制价)、投标报价的编制和审核,工程合同价款的签订及变更、调整、工程款支付与工程索赔费用的计算; 3)建设项目管理过程中设计方案的优化、限额设计等工程造价分析与控制,工程保险理赔的核查; 4)工程经济纠纷的鉴定	1)建筑合同文本的服务/多种语言的造价估算服务; 2)行政控制管理; 3)建筑领域中项目控制和工程咨询; 4)建筑行业中高质量的工料测量/商务管理服务; 5)工程建设管理服务,造价估算服务,工程建设监管、进度控制、价值工程、索赔等; 6)资金项目管理; 7)企业项目管理系统,风险和索赔管理; 8)提供本国的国家造价数据; 9)全方位的工程咨询	工料测量师的工作领域包括房屋建筑工程、土木及结构工程、电力及机械工程、石油化工工程、矿业建设工程、一般工业生产、环保经济、城市发展规划、风景规划、室内设计等。服务范围有: 1)初步费用估算; 2)成本规划; 3)招标方式及合同形式的选择; 4)招标代理; 5)成本控制; 6)工程结算; 7)项目管理; 8)建筑合同纠纷仲裁,保险损失估价等服务等	1)可行性研究; 2)投资估算; 3)工程量计算; 4)单价调查; 5)工程造价细算; 6)标底价编制与审核; 7)招标代理; 8)合同谈判; 9)变更成本积算; 10)工程造价后期控制与评估

续表

类别	中国内地	美国	英国	日本
行业协会	中国建设工程造价管理协会（China Engineering Cost Association，CECA），各地设有分会	国际成本管理促进协会（AACE-I） 美国咨询工程师联合会（AECE） 美国土木工程师协会（ASCE）等	英国皇家供料测量师学会（RICS）	日本建筑积算协会（BSIJ）
性　质	具有法人资格的全国性社会团体	非营利性职业协会	非盈利性的民间社团法人	非营利性职业协会

1.6 工程成本管理的发展趋势

大量的工程实践推动了工程项目管理理论的不断完善与发展，更加深刻认识到工程项目管理的本质与规律，工程成本管理的理念、技术与工具等方面均呈现出新的发展趋势。

1.6.1 工程项目的集成化管理（Integration Management）

集成管理的实质是系统管理的思想。由于现代工程项目更加具备复杂性、不确定性和动态性特点，必然要求进行系统性、整合性、综合性和全局性的计划与控制。PMBOK2004 版中提出："项目集成管理知识领域包括：在项目全过程中识别、界定、合成、统一、协调项目管理的各种过程与工作的管理过程和工作。在整个项目管理中项目集成管理具有合成、统一、关联和集合等方面的特点，这些不仅对于项目的成功实施是至关重要的，而且对于满足项目相关利益主体的需要和管理他们的期望方面也是很重要的。"工程项目的集成化管理包括组织集成（项目业主、承包商、政府主管部门和项目所在社区等）、过程集成（规划、决策、设计、实施和运营等全寿命周期活动）和信息集成（项目成本、时间、质量、范围等要素）。集成化管理思想下的高层次的工程成本管理要求实施项目全过程、项目全要素、项目全团队和项目全风险的集成计划与控制；低层次的则要求在工程成本、质量与进度等要素之间实现集成优化。

1.6.2 全寿命周期成本管理（Life Cycle Costing Management，LCCM）

1974 年 6 月，A. Gordon 在英国皇家特许测量师学会（RICS）所主办的《建筑与工料测量》上发表《3L 概念的经济学》一文，首次提出了"全寿命周期成本管理"。1977 年，美国建筑师协会（AIA）发表了《全生命周期成本分析——建筑师指南》，提出了初步的概念、思想和基本方法。此后，在 RICS 的大力推动下，逐步形成了一种较为完善的工程成本管理理论与方法体系。

美国国家技术与标准协会的 135 号手册（The National Institute of Standards and Technology（NIST）Handbook 135）将全寿命周期成本（Life Cycle Cost，LCC）定义为：拥有、运营、维护以及拆除建筑物或建筑系统的全部贴现成本（the total discounted dollar cost of owning，operating，maintaining，and disposing of a building or a building system）。全寿命周期成本除包括建设成本等资金意义上的成本之外，还包括环境成本、社会成本等。

全寿命周期成本管理是从项目的全生命周期出发去分析和控制项目的成本，达到全生命周期成本最低的目标，其全生命周期不仅包括初始阶段、建设阶段，还包括运营维护以及翻新拆除阶段。全寿命周期成本管理包括全寿命周期成本分析（Life Cycle Costing Analysis，LCCA）和全寿命周期成本控制（Life Cycle Costing Control，LCCC）。目前，基于全寿命周期成本管理的建筑可持续发展是研究的重点之一。

1.6.3　基于利益相关者分析的价值管理（Value Management，VM）

20 世纪 40 年代，美国工程师麦尔斯（L. D. Miles）创建了价值工程法，后来演变成为价值管理。美国价值工程师协会（Society of American Value Engineers，SAVE）定义价值管理为"一种以功能分析为导向的、群体参与的系统方法，它的目的是增加产品（项目）、系统或者服务的价值，通常通过降低产品（项目）的成本或提高顾客所需的功能来实现价值的增加"。诺顿❶（Brian R. Norton，1995）认为"价值管理是一种系统化的、多专业的研究活动，通过项目的功能分析，用最低的全寿命成本最好地实现项目的价值"。价值管理（VM）是价值规划（VP）、价值工程（VE）和价值分析（VA）的联合体，是集中应用 VP/VE/VA 多种技术来保证项目增值。在项目决策阶段和方案设计阶段 VM 的主要工作就是 VP，解决"建造什么"的问题；项目实施阶段主要工作就是 VE，解决"应怎么建造"的问题；在项目投产运营阶段 VM 的主要工作 VA，即进行项目评价。

建设项目利益相关者是指项目的成功和运营环境中有既得利益的个体或团体。RK Mitchell❷ 按照合法性、权力性和紧迫性将项目利益相关者分为确定型利益相关者、预期型利益相关者和潜在利益相关者。建设项目的价值管理实质上便是以最优的资源配置有效地实现项目利益相关者（特别是关键利益相关者）的需求。在工程成本管理的各个阶段中应用价值管理，具体方法是组建由成本工程

---

❶　Brian R. Norton. Value management in construction. London：Macmillan，1995

❷　Citation：Mitchell，R. K.（2002）. Entrepreneurship and stakeholder theory. Business Ethics Quarterly "The Ruffin Series"

师、业主代表、建筑师、结构师和其他利益相关者组成的价值管理活动小组，采取集中会议式，采用头脑风暴等方法，综合考虑各利益相关者的价值所在，对项目价值进行分析，以取得项目成功。

1.6.4 知识管理（Knowledge Management，KM）

1965 年，管理学大师彼得·德鲁克（Peter F. Drucker）预言道："知识将取代土地、劳动、资本与机械设备，成为最重要的生产因素。"由于激烈的竞争、全球化以及环境的不确定性等原因，企业的成功越来越依赖于企业所拥有知识的质量，以及利用所拥有的知识为企业创造竞争优势和持续竞争优势的能力。知识管理是网络新经济时代的新兴管理思潮与方法，是指在组织中建构一个量化与质化的知识系统，让组织中的资讯与知识，透过获得、创造、分享、整合、记录、存取、更新、创新等过程，不断的回馈到知识系统内，形成永不间断的累积个人与组织的知识成为组织智慧的循环，在企业组织中成为管理与应用的智慧资本，有助于企业做出正确的决策，以应对市场的变迁。知识管理的过程如图 1-15 所示。

工程成本规划与控制中应用知识管理分为两个层面，一是企业层面，这是实施的主体，应根据组织流程将知识管理规范化起来，建立企业的工程项目数据库、投标绩效数据库、建筑材料指数数据库、工程项目管理案例库等，能够构建有效的成本管理体系，也能有效避免人员流失带来的经验损失；二是项目经理部层面，主要提供微观层面的原始数据和相关知识。然而，知识管理从知到行，决不是简单的、盲目的，而是需要涉及多个层面的综合解决方案，企业在推进知识管理过程中，只有透查现状、明确问题，才能合理设计实施路径，发挥出知识管理的真正价值。

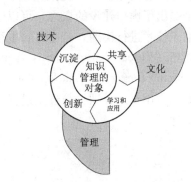

图 1-15 知识管理的框架及过程

1.6.5 标杆管理（Bench marking）

标杆管理又称基准管理，于 20 世纪 70 年代末由施乐公司创造，后经美国生产力与质量中心系统化和规范化。美国生产力与质量中心对标杆管理的定义是：标杆管理是一个系统的、持续性的评估过程，通过不断地将企业流程与世界上居领先地位的企业相比较，以获得帮助企业改善经营绩效的信息。标杆管理的基本环节是寻求"最佳实践"（Best Practices）为基准，通过资料收集、比较分析、跟踪学习、重新设计并付诸实施等一系列规范化的程序，获得改进本企业绩效的最佳策略。根据所针对企业运作层面的不同，标杆管理可分为战略层标杆管理和操作层标杆管理。对于工程成本规划与控制而言，标杆管理也相应分为企业层面的标杆管理和项目部层面的标杆管理，管理的重点也各有侧重。

1.6.6 信息技术在工程成本管理中的应用日益广泛

目前国际上建设工程领域信息技术（IT）的应用已经体现出了标准化、集成化、网络化和虚拟化等特点。随着信息技术和网络技术的发展，其在工程成本管理中的应用也越来越广泛，呈现以下几种趋势：①基于建设产品和建设过程（而非文件）的信息管理，实现建设项目全寿命期各阶段之间信息的无遗漏、无重复传递和处理；②加大模拟、虚拟和灵敏度分析技术的应用，利用可视化技术改善各阶段之间的信息/沟通；③基于 Internet 的工程项目管理。基于 Internet 的工程项目管理有两种实现方式：一种是自行设计并建立工程项目的网站同时提供相应功能；第二种是利用现有提供专门服务的商业网站；④虚拟建设（Virtual Construction，VC）。虚拟建设的概念是从虚拟企业引申而来的，只是虚拟企业针对的是所有的企业，而虚拟建设针对的是工程项目。1996 年美国发明者协会第一个提出了虚拟建设的概念，可以分为三个部分来理解：设计和施工相结合；通过电子技术进行沟通；业主方、工程项目管理方、设计方、供货方横向联系的管理技巧（Virtual Construction is a approach to the design-build process in cooperating electronic connectivity and up side-down management techniques）。总之，IT 技术将全面地应用于工程项目管理全过程，其结果将给工程项目管理带来革命性的工具和变化。

2　工程项目投资组成

【内容概述】通过本章的学习，主要熟悉我国现行的建设工程项目投资组成以及世界银行和国际咨询工程师联合会的建设工程项目投资组成，掌握设备、工器具费用的组成和计算方法，掌握建安工程费用的组成和工程建设其他费用组成，熟练掌握预备费、建设期利息的计算方法。

2.1　概　　述

2.1.1　我国现行建设工程项目投资组成

建设工程项目总投资，一般是指进行某项工程建设花费的全部费用。生产性建设工程项目总投资包括建设投资和铺底流动资金两部分；非生产性建设工程项目总投资则只包括建设投资。建设工程项目总投资的组成如表 2-1 所示。

建设工程项目总投资组成表　　　　　　　　　　　　　　　表 2-1

费用项目名称				形成资产类别
建设工程项目总投资	建设投资	第一部分 工程费用	建筑工程费	固定资产费用
			设备购置费	
			安装工程费	
		第二部分 工程建设其他费用	建设管理费	
			可行性研究费	
			研究试验费	
			勘察设计费	
			环境影响评价费	
			劳动安全卫生评价费	
			场地准备及临时设施费	
			引进技术和进口设备其他费	
			工程保险费	
			联合试运转费	
			特殊设备安全监督检验费	
			市政公用设施建设及绿化补偿费	
			建设用地费	无形资产费用
			专利及专有技术使用费	

续表

费用项目名称			形成资产类别
建设项目 总投资	建设投资	第二部分 工程建设其他费用　生产准备及开办费	其他资产费用 （递延资产）
		第三部分 预备费　基本预备费	按第一、二部分 费用比例或实际发 生情况形成相应资 产类别
		涨价预备费	
		建设期利息	固定资产
	流动资产投资——铺底流动资金		

2.1.2　世界银行和国际咨询工程师联合会建设工程项目投资组成

世界银行、国际咨询工程师联合会对项目的总建设成本（相当于我国的建设工程项目总投资）作了统一规定，其详细内容如下。

1. 项目直接建设成本

项目直接建设成本包括以下内容：

1）土地征购费。

2）场外设施费用，如道路、码头、桥梁、机场、输电线路等设施费用。

3）场地费用，包括用于场地准备、厂区道路、铁路、围栏、场内设施等的建设费用。

4）工艺设备费，包括主要设备、辅助设备及零配件的购置费用，包括海运包装费用、交货港离岸价，但不包括税金。

5）设备安装费，包括设备供应商的监理费用，本国劳务及工资费用，辅助材料、施工设备、消耗品和工具等费用，以及安装承包商的管理费和利润等。

6）管理系统费用，包括与系统的材料及劳务相关的全部费用。

7）电气设备费，其内容与第4）项相似。

8）电气安装费，包括设备供应商的监理费用，本国劳力与工资费用，辅助材料、电缆、管道和工具费用，以及安装承包商的管理费和利润。

9）仪器仪表费，包括所有自动仪表、控制板、配线和辅助材料的费用以及供应商的监理费用、外国或本国劳务及工资费用、承包商的管理费和利润。

10）机械的绝缘和油漆费，包括与机械及管道的绝缘和油漆相关的全部费用。

11）工艺建筑费，包括原材料、劳务费以及与基础、建筑结构、屋顶、内外装修、公共设施有关的全部费用。

12）服务性建筑费用，其内容与第11）项相似。

13）工厂普通公共设施费，包括材料和劳务费以及与供水、燃料供应、通风、蒸汽、下水道、污物处理等公共设施有关的费用。

14）其他当地费用，指那些不能归类于以上任何一个项目，不能计入项目间接成本，但在建设期间又是必不可少的当地费用。如临时设备、临时公共设施及场地的维持费，营地设施及其管理，建筑保险和债券，杂项开支等费用。

2. 项目间接建设成本

项目间接建设成本包括：

（1）项目管理费

项目管理费包括：

1）总部人员的薪金和福利费，以及用于初步和详细工程设计、采购、时间和成本控制、行政和其他一般管理的费用。

2）施工管理现场人员的薪金、福利费和用于施工现场监督、质量保证、现场采购、时间及成本控制、行政及其他施工管理机构的费用。

3）零星杂项费用，如返工、差旅、生活津贴、业务支出等。

4）各种酬金。

（2）开工试车费

开工试车费指工厂投料试车必需的劳务和材料费用（项目直接成本包括项目完工后的试车和空运转费用）。

（3）业主的行政性费用

业主的行政性费用指业主的项目管理人员费用及支出（其中某些费用必须排除在外，并在"估算基础"中详细说明）。

（4）生产前费用

生产前费用指前期研究、勘测、建矿、采矿等费用（其中一些费用必须排除在外，并在"估算基础"中详细说明）。

（5）运费和保险费

运费和保险费指海运、国内运输、许可证及佣金、海洋保险、综合保险等费用。

（6）地方税

地方税指地方关税、地方税及对特殊项目征收的税金。

3. 应急费

应急费用包括：

（1）未明确项目的准备金

此项准备金用于在估算时不可能明确的潜在项目，包括那些在做成本估算时因为缺乏完整、准确和详细的资料而不能完全预见和不能注明的项目，并且这些项目是必须完成的，或它们的费用是必定要发生的，在每一个组成部分中均单独以一定的百分比确定，并作为估算的一个项目单独列出。此项准备金不是为了支付工作范围以外可能增加的项目，不是用以应付天灾、非正常经济情况及罢工等情况，也不是用来补偿估算的任何误差，而是用来支付那些几乎可以肯定要发生的费用。因此，它是估算不可缺少的一个组成部分。

（2）不可预见准备金

此项准备金（在未明确项目准备金之外）用于在估算达到了一定的完整性并符合技术标准的基础上，由于物质、社会和经济的变化，导致估算增加的情况。此种情况可能发生，也可能不发生。因此，不可预见准备金只是一种储备，可能不动用。

4. 建设成本上升费用

通常，估算中使用的构成工资率、材料和设备价格基础的截止日期就是"估算日期"。必须对该日期或已知成本基础进行调整，以补偿直至工程结束时的未知价格增长。

工程的各个主要组成部分（国内劳务和相关成本、本国材料、外国材料、本国设备、外国设备、项目管理机构）的细目划分确定以后，便可确定每一个主要组成部分的增长率。这个增长率是一项判断因素，它以已发表的国内和国际成本指数、公司记录等为依据，并与实际供应进行核对，然后根据确定的增长率和从工程进度表中获得的每项活动的中点值，计算出每项主要组成部分的成本上升值。

2.2   设备、工器具购置费用的组成

2.2.1   设备购置费的组成

设备购置费是指为建设项目购置或自制的达到固定资产标准的设备、工具、器具的费用。所谓固定资产标准，是指使用年限在一年以上，单位价值在国家或各主管部门规定的限额以上。例如，1992 年财政部规定，大、中、小型工业企业固定资产的限额标准分别为 2000 元、1500 元和 1000 元以上。新建项目和扩建项目的新建车间购置或自制的全部设备、工具、器具，不论是否达到固定资产标准，均计入设备、工器具购置费中。设备购置费包括设备原价和设备运杂费，即：

设备购置费 = 设备原价或进口设备抵岸价 + 设备运杂费

上式中，设备原价系指国产标准设备、非标准设备的原价。设备运杂费系指设备原价中未包括的包装和包装材料费、运输费、装卸费、采购费及仓库保管费、供销部门手续费等。如果设备是由设备成套公司供应的，成套公司的服务费也应计入设备运杂费之中。

1. 国产标准设备原价

国产标准设备是指按照主管部门颁布的标准图纸和技术要求，由设备生产厂批量生产的，符合国家质量检验标准的设备。国产标准设备原价一般指的是设备制造厂的交货价，即出厂价。如设备系由设备成套公司供应，则以订货合同价为设备原价。有的设备有两种出厂价，即带有备件的出厂价和不带有备件的出厂价。在计算设备原价时，一般按带有备件的出厂价计算。

2. 国产非标准设备原价

非标准设备是指国家尚无定型标准，各设备生产厂不可能在工艺过程中采用批量生产，只能按一次订货，并根据具体的设备图纸制造的设备。非标准设备原价有多种不同的计算方法，如成本计算估价法、系列设备插入估价法、分部组合估价法、定额估价法等。但无论哪种方法都应该使非标准设备计价的准确度接近实际出厂价，并且计算方法要简便。

3. 进口设备抵岸价的构成及其计算

进口设备抵岸价是指抵达买方边境港口或边境车站，且交完关税以后的价格。

（1）进口设备的交货方式

进口设备的交货方式可分为内陆交货类、目的地交货类、装运港交货类。

内陆交货类即卖方在出口国内陆的某个地点完成交货任务。在交货地点，卖方及时提交合同规定的货物和有关凭证，并承担交货前的一切费用和风险；买方按时接受货物，交付货款，承担接货后的一切费用和风险，并自行办理出口手续和装运出口。货物的所有权也在交货后由卖方转移给买方。

目的地交货类即卖方要在进口国的港口或内地交货，包括目的港船上交货价，目的港船边交货价（FOS）和目的港码头交货价（关税已付）及完税后交货价（进口国目的地的指定地点）。它们的特点是：买卖双方承担的责任、费用和风险是以目的地约定交货点为分界线，只有当卖方在交货点将货物置于买方控制下方算交货，方能向买方收取货款。这类交货价对卖方来说承担的风险较大，在国际贸易中卖方一般不愿意采用这类交货方式。

装运港交货类即卖方在出口国装运港完成交货任务。主要有装运港船上交货价（FOB），习惯称为离岸价；运费在内价（CFR）；运费、保险费在内价（CIF），习惯称为到岸价。它们的特点主要是：卖方按照约定的时间在装运港交货，只要卖方把合同规定的货物装船后提供货运单据便完成交货任务，并可凭单据收回货款。

采用装运港船上交货价（FOB）时卖方的责任是：负责在合同规定的装运港口和规定的期限内，将货物装上买方指定的船只，并及时通知买方；负责货物装船前的一切费用和风险；负责办理出口手续；提供出口国政府或有关方面签发的证件；负责提供有关装运单据。买方的责任是：负责租船或订舱，支付运费，并将船期、船名通知卖方；承担货物装船后的一切费用和风险；负责办理保险及支付保险费，办理在目的港的进口和收货手续；接受卖方提供的有关装运单据，并按合同规定支付货款。

（2）进口设备抵岸价的构成

进口设备如果采用装运港船上交货价（FOB），其抵岸价构成可概括为：

$$进口设备抵岸价 = 货价 + 国外运费 + 国外运输保险费 + 银行财务费$$
$$+ 外贸手续费 + 进口关税 + 增值税$$
$$+ 消费税 + 海关监管手续费 \tag{2-1}$$

1）进口设备的货价：一般可采用下列公式计算：

$$货价 = 离岸价（FOB 价）\times 人民币外汇牌价 \tag{2-2}$$

2）国外运费：我国进口设备大部分采用海洋运输方式，小部分采用铁路运输方式，个别采用航空运输方式。

$$国外运费 = 离岸价 \times 运费率 \tag{2-3}$$

或

$$国外运费 = 运量 \times 单位运价 \tag{2-4}$$

式中，运费率或单位运价参照有关部门或进出口公司的规定。

3）国外运输保险费：对外贸易货物运输保险是由保险人（保险公司）与被保险人（出口人或进口人）订立保险契约，在被保险人交付议定的保险费后，保险人根据保险契约的规定对货物在运输过程中发生的承保责任范围内的损失给予经济上的补偿。计算公式为：

$$国外运输保险费 = （离岸价 + 国外运费）\times 国外保险费率 \tag{2-5}$$

4）银行财务费：一般指银行手续费，计算公式为：

$$银行财务费 = 离岸价 \times 人民币外汇牌价 \times 银行财务费率 \tag{2-6}$$

银行财务费率一般为 0.4% ~ 0.5%。

5）外贸手续费：是指按外经贸部规定的外贸手续费率计取的费用，外贸手续费率一般取 1.5%。计算公式为：

$$外贸手续费 = 进口设备到岸价 \times 人民币外汇牌价 \times 外贸手续费率 \tag{2-7}$$

$$进口设备到岸价（CIF）= 离岸价（FOB）+ 国外运费 + 国外运输保险费 \tag{2-8}$$

6）进口关税：关税是由海关对进出国境的货物和物品征收的一种税，属于流转性课税。计算公式为：

$$进口关税 = 到岸价 \times 人民币外汇牌价 \times 进口关税率 \tag{2-9}$$

7）增值税：增值税是我国政府对从事进口贸易的单位和个人，在进口商品报关进口后征收的税种。我国增值税条例规定，进口应税产品均按组成计税价格，依税率直接计算应纳税额，不扣除任何项目的金额或已纳税额。即：

$$进口产品增值税额 = 组成计税价格 \times 增值税率 \tag{2-10}$$

$$组成计税价格 = 到岸价 \times 人民币外汇牌价 + 进口关税 + 消费税 \tag{2-11}$$

增值税基本税率为 17%。

8）消费税：对部分进口产品（如轿车等）征收。计算公式为：

$$消费税 = \frac{到岸价 \times 人民币外汇牌价 + 关税}{1 - 消费税率} \times 消费税率 \qquad (2-12)$$

9）海关监管手续费：是指海关对发生减免进口税或实行保税的进口设备，实施监管和提供服务收取的手续费。全额收取关税的设备，不收取海关监管手续费。计算公式为：

$$海关监管手续费 = 到岸价 \times 人民币外汇牌价 \times 海关监管手续费率 \qquad (2-13)$$

4. 设备运杂费

（1）设备运杂费的构成

设备运杂费通常由下列各项构成：

1）国产标准设备由设备制造厂交货地点起至工地仓库（或施工组织设计指定的需要安装设备的堆放地点）止所发生的运费和装卸费。

进口设备则由我国到岸港口、边境车站起至工地仓库（或施工组织设计指定的需要安装设备的堆放地点）止所发生的运费和装卸费。

2）在设备出厂价格中没有包含的设备包装和包装材料器具费；在设备出厂价或进口设备价格中如已包括了此项费用，则不应重复计算。

3）供销部门的手续费，按有关部门规定的统一费率计算。

4）建设单位（或工程承包公司）的采购与仓库保管费。它是指采购、验收、保管和收发设备所发生的各种费用，包括设备采购、保管和管理人员工资、工资附加费、办公费、差旅交通费、设备供应部门办公和仓库所占固定资产使用费、工具用具使用费、劳动保护费、检验试验费等。这些费用可按主管部门规定的采购保管费率计算。

（2）设备运杂费的计算

设备运杂费按设备原价乘以设备运杂费率计算。其计算公式为：

$$设备运杂费 = 设备原价 \times 设备运杂费率 \qquad (2-14)$$

其中，设备运杂费率按各部门及省、市等的规定计取。

一般来讲，沿海和交通便利的地区，设备运杂费率相对低一些；内地和交通不很便利的地区就要相对高一些，边远省份则要更高一些。对于非标准设备来讲，应尽量就近委托设备制造厂，以大幅度降低设备运杂费。进口设备由于原价较高，国内运距较短，因而运杂费率应适当降低。

2.2.2 工具、器具及生产家具购置费的构成

工器具及生产家具购置费是指新建项目或扩建项目初步设计规定所必须购置的不够固定资产标准的设备、仪器、工卡模具、器具、生产家具和备品备件的费用。其一般计算公式为：

$$工器具及生产家具购置费 = 设备购置费 \times 定额费率 \qquad (2-15)$$

2.3 建筑安装工程费用项目的组成

建筑安装工程费，是指建设单位用于建筑和安装工程方面的投资，它由建筑工程费和安装工程费两部分组成。建筑工程费是指建设项目涉及范围内的建筑物、构筑物、场地平整、道路、室外管道铺设、大型土石方工程费用等。安装工程费是指主要生产、辅助生产、公用工程等单项工程中需要安装的机械设备、电器设备、专用设备、仪器仪表等设备的安装及配件工程费，以及工艺、供热、供水等各种管道、配件、闸门和供电外线安装工程费用等。

建筑安装工程费用由直接费、间接费、利润和税金组成，如图 2-1 所示（建标〔2003〕206 号关于印发《建筑安装工程费用项目组成》的通知）。《建设工程工程量清单计价规范（GB 50500—2008）》规定的建筑安装工程费用组成则要求满足建筑安装工程在工程交易和工程实施阶段工程造价的组价要求，包括索赔等，其内容更全面、具体，详见本书第 3 章。

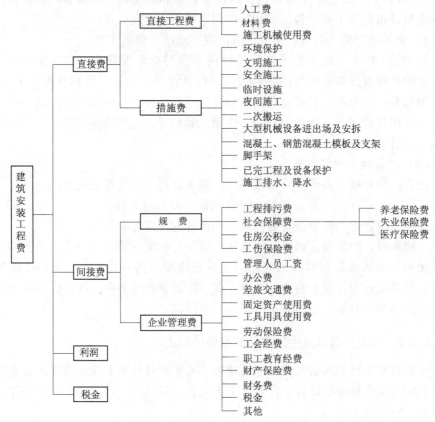

图 2-1 建筑安装工程费用项目组成

2.3.1 直接费的组成

直接费由直接工程费和措施费组成。

1. 直接工程费

直接工程费是指施工过程中耗费的构成工程实体的各项费用，包括人工费、材料费、施工机械使用费。

（1）人工费

人工费是指直接从事建筑安装工程施工的生产工人开支的各项费用，包括以下内容。

1）基本工资：是指发放给生产工人的基本工资。

2）工资性补贴：是指按规定标准发放的物价补贴，煤、燃气补贴，交通补贴，住房补贴，流动施工津贴等。

3）生产工人辅助工资：是指生产工人年有效施工天数以外非作业天数的工资，包括职工学习、培训期间的工资，调动工作、探亲、休假期间的工资，因气候影响的停工工资，女工哺乳时间的工资，病假在六个月以内的工资及产、婚、丧假期的工资。

4）职工福利费：是指按规定标准计提的职工福利费。

5）生产工人劳动保护费：是指按规定标准发放的劳动保护用品的购置费及修理费，徒工服装补贴、防暑降温费、在有碍身体健康环境中施工的保健费用等。

单位工程量人工费的计算公式为：

$$人工费 = \sum （工日消耗量 \times 日工资单价） \tag{2-16}$$

$$日工资单价 G = \sum_{i=1}^{5} G_i \tag{2-17}$$

式中　G_1——日基本工资；

G_2——日工资性补贴；

G_3——日生产工人辅助工资；

G_4——日职工福利费；

G_5——日生产工人劳动保护费。

$$日基本工资 = \frac{生产工人平均月工资}{年平均每月法定工作日} \tag{2-18}$$

$$日工资性补贴 = \frac{\sum 年发放标准}{全年日历日 - 法定假日} + \frac{\sum 月发放标准}{年平均每月法定工作日} + 每工作日发放标准 \tag{2-19}$$

$$日生产工人辅助工资 = \frac{全年无效工作日 \times （G_1 + G_2）}{全年日历日 - 法定假日} \tag{2-20}$$

$$日职工福利费 = (G_1 + G_2 + G_3) \times 福利费计提比例 \qquad (2-21)$$

$$日生产工人劳动保护费 = \frac{生产工人年平均支出劳动保护费}{全年日历日 - 法定假日} \qquad (2-22)$$

（2）材料费

材料费是指施工过程中耗用的构成工程实体的原材料、辅助材料、构配件、零件、半成品的费用，包括以下内容：

1）材料原价（或供应价格）。

2）材料运杂费：是指材料自来源地运至工地仓库或指定堆放地点所发生的全部费用。

3）运输损耗费：是指材料在运输装卸过程中不可避免的损耗。

4）采购及保管费：是指为组织采购、供应和保管材料过程中所需要的各项费用，包括采购费、仓储费、工地保管费、仓储损耗。

5）检验试验费：是指对建筑材料、构件和建筑安装物进行一般鉴定、检查所发生的费用，包括自设试验室进行试验所耗用的材料和化学药品等费用。不包括新结构、新材料的试验费和建设单位对具有出厂合格证明的材料进行检验，对构件做破坏性试验及其他特殊要求检验试验的费用。

单位工程量材料费的计算公式为：

$$材料费 = \sum (材料消耗量 \times 材料基价) + 检验试验费 \qquad (2-23)$$

$$材料基价 = [(供应价格 + 运杂费) \times (1 + 运输损耗率)] \times$$
$$(1 + 采购保管费率) \qquad (2-24)$$

$$检验试验费 = \sum (单位材料量检验试验费 \times 材料消耗量) \qquad (2-25)$$

（3）施工机械使用费

施工机械使用费是指施工机械作业所发生的机械使用费以及机械安、拆费和场外运费。单位工程量施工机械使用费的计算公式为：

$$施工机械使用费 = \sum (施工机械台班消耗量 \times 机械台班单价) \qquad (2-26)$$

$$机械台班费 = 台班折旧费 + 台班大修费 + 台班经常修理费 +$$
$$台班安拆费及场外运输费 + 台班人工费 +$$
$$台班燃料动力费 + 台班养路费及车船使用税 \qquad (2-27)$$

1）折旧费：指施工机械在规定的使用年限内，陆续收回其原值及购置资金的时间价值。

其计算公式为：

$$台班折旧费 = \frac{机械预算价格 \times (1 - 残值率)}{耐用总台班数} \qquad (2-28)$$

$$耐用总台班数 = 折旧年限 \times 年工作台班 \qquad (2-29)$$

2）大修理费：指施工机械按规定的大修理间隔台班进行必要的大修理，以恢复其正常功能所需的费用。其计算公式如下：

$$台班大修理费 = \frac{一次大修理费 \times 大修次数}{耐用总台班数} \qquad (2-30)$$

3）经常修理费：指施工机械除大修理以外的各级保养和临时故障排除所需的费用。包括为保障机械正常运转所需替换设备与随机配备工具附具的摊销和维护费用，机械运转中日常保养所需润滑与擦拭的材料费用及机械停滞期间的维护和保养费用等。

4）安拆费及场外运费：安拆费指施工机械在现场进行安装与拆卸所需的人工、材料、机械和试运转费用以及机械辅助设施的折旧、搭设、拆除等费用；场外运费指施工机械整体或分体自停放地点运至施工现场或由一施工地点运至另一施工地点的运输、装卸、辅助材料及架线等费用。

5）人工费：指机上司机（司炉）和其他操作人员的工作日人工费及上述人员在施工机械规定的年工作台班以外的人工费。

6）燃料动力费：指施工机械在运转作业中所消耗的固体燃料（煤、木柴）、液体燃料（汽油、柴油）及水、电等。

7）养路费及车船使用税：指施工机械按照国家规定和有关部门规定应缴纳的养路费、车船使用税、保险费及年检费等。

2. 措施费

措施费是指为完成工程项目施工，发生于该工程施工前和施工过程中非工程实体项目的费用，一般包括下列项目。

（1）环境保护费

环境保护费是指施工现场为达到环保部门要求所需要的各项费用。

$$环境保护费 = 直接工程费 \times 环境保护费费率 \qquad (2-31)$$

$$环境保护费费率 = \frac{本项费用年度平均支出}{全年建安产值 \times 直接工程费占总造价比例} \qquad (2-32)$$

（2）文明施工费

文明施工费是指施工现场文明施工所需要的各项费用。

$$文明施工费 = 直接工程费 \times 文明施工费费率 \qquad (2-33)$$

$$文明施工费费率 = \frac{本项费用年度平均支出}{全年建安产值 \times 直接工程费占总造价比例} \qquad (2-34)$$

（3）安全施工费

安全施工费是指施工现场安全施工所需要的各项费用。

$$安全施工费 = 直接工程费 \times 安全施工费费率 \qquad (2-35)$$

$$安全施工费费率 = \frac{本项费用年度平均支出}{全年建安产值 \times 直接工程费占总造价比例} \qquad (2-36)$$

（4）临时设施费

临时设施费是指施工企业为进行建筑安装工程施工所必须搭设的生活和生产

用的临时建筑物、构筑物和其他临时设施费用等。临时设施包括：临时宿舍、文化福利及公用事业房屋与构筑物，仓库、办公室、加工厂以及规定范围内道路、水、电、管线等临时设施和小型临时设施；临时设施费用包括：临时设施的搭设、维修、拆除费或摊销费。

$$临时设施费 =（周转使用临建费 + 一次性使用临建费）\times$$
$$（1 + 其他临时设施所占比例） \tag{2-37}$$

其中：

1）周转使用临建费

$$周转使用临建费 = \sum\left[\frac{临时面积 \times 每平方米造价}{使用年限 \times 365 \times 利用率} \times 工期（天）\right] +$$
$$一次性拆除费 \tag{2-38}$$

2）一次性使用临建费

$$一次性使用临建费 = \sum 临建面积 \times 每平方米造价 \times$$
$$（1 - 残值率） + 一次性拆除费 \tag{2-39}$$

3）其他临时设施在临时设施费中所占比例，可由各地区造价管理部门依据典型施工企业的成本资料经分析后综合测定。

在《建设工程工程量清单计价规范》（GB 50500—2008）中，将环境保护、文明施工、安全施工、临时设施合并定义为安全文明施工，见第 3 章。

（5）夜间施工增加费

夜间施工增加费是指因夜间施工所发生的夜班补助费、夜间施工降效、夜间施工照明设备摊销及照明用电等费用。

$$夜间施工增加费 = \left(1 - \frac{合同工期}{定额工期}\right) \times \frac{直接工程费中的人工费合计}{平均日工资单价} \times$$
$$每工日夜间施工费开支 \tag{2-40}$$

（6）二次搬运费

二次搬运费是指因施工场地狭小等特殊情况而发生的二次搬运费用。

$$二次搬运费 = 直接工程费 \times 二次搬运费费率 \tag{2-41}$$

$$二次搬运费费率 = \frac{年平均二次搬运费开支额}{全年建安产值 \times 直接工程费占总造价的比例} \tag{2-42}$$

（7）大型机械设备进出场及安拆费

大型机械设备进出场及安拆费是指机械整体或分体自停放场地运至施工现场或由一个施工地点运至另一个施工地点，所发生的机械进出场运输及转移费用及机械在施工现场进行安装、拆卸所需的人工费、材料费、机械费、试运转费和安装所需的辅助设施的费用。

（8）混凝土、钢筋混凝土模板及支架费

混凝土、钢筋混凝土模板及支架费是指混凝土施工过程中需要的各种钢模板、木模板、支架等的支、拆、运输费用及模板、支架的摊销（或租赁）费用。

$$模板及支架费 = 模板摊销量 × 模板价格 + 支、拆、运输费 \quad (2-43)$$

$$摊销量 = 一次使用量 × (1 + 施工损耗) × [1 + (周转次数 - 1) ×$$
$$补损率/周转次数 - (1 - 补损率) × 50\%/周转次数]$$
$$(2-44)$$

$$租赁费 = 模板使用量 × 使用日期 × 租赁价格 + 支、拆、运输费 \quad (2-45)$$

在《建设工程工程量清单计价规范》（GB 50500—2008）中，该项措施费分别列于附录 A 等专业工程中。

（9）脚手架费

脚手架费是指施工需要的各种脚手架搭、拆、运输费用及脚手架的摊销（或租赁）费用。

$$脚手架搭拆费 = 脚手架摊销量 × 脚手架价格 + 搭、拆、运输费 \quad (2-46)$$

$$脚手架摊销量 = \frac{单位一次使用量 × (1 - 残值率)}{耐用期/一次使用期} \quad (2-47)$$

$$租赁费 = 脚手架每日租金 × 搭设周期 + 搭、拆、运输费 \quad (2-48)$$

在《建设工程工程量清单计价规范》（GB 50500—2008）中，该项措施费分别列于附录 A 等专业工程中。

（10）已完工程及设备保护费

已完工程及设备保护费是指竣工验收前，对已完工程及设备进行保护所需费用。

$$已完工程及设备保护费 = 成品保护所需机械费 + 材料费 + 人工费 \quad (2-49)$$

（11）施工排水、降水费

施工排水、降水费是指为确保工程在正常条件下施工，采取各种排水、降水措施所发生的各种费用。

$$排水降水费 = \sum 排水降水机械台班费 × 排水降水周期 +$$
$$排水降水使用材料费、人工费 \quad (2-50)$$

2.3.2 间接费的组成

间接费由规费和企业管理费组成。

1. 规费

（1）规费的内容

根据建设部、财政部印发的《建筑安装工程费用项目组成》（建标［2003］206 号）的规定，规费是工程造价的组成部分。根据财政部、国家发展改革委、建设部"关于专项治理涉及建筑企业收费的通知"（财综［2003］46 号）规定的行政事业收费的政策界限："各地区凡在法律、法规规定之外，以及国务院或者财政部、原国家计委和省、自治区、直辖市人民政府及其所属财政、价格主管部门规定之外，向建筑企业收取的行政事业性收费，均属于乱收费，应当予以取消"。规费由施工企业根据省级政府或省级有关权力部门的规定进行缴纳，但在工程建设项目施工中的计取标准和办法由国家及省级建设行政主管部门依据省级政府或省级有关权力部门的相关规定制定。

规费包括：

1）工程排污费：是指施工现场按规定缴纳的工程排污费。

2）社会保障费：包括养老保险费、失业保险费、医疗保险费。其中：养老保险费是指企业按规定标准为职工缴纳的基本养老保险费；失业保险费是指企业按照国家规定标准为职工缴纳的失业保险费；医疗保险费是指企业按照规定标准为职工缴纳的基本医疗保险费。

3）住房公积金：是指企业按规定标准为职工缴纳的住房公积金。

4）工伤保险费：根据《建筑法》最新规定，建筑施工企业应当依法为职工参加工伤保险缴纳工伤保险费。鼓励企业为从事危险作业的职工办理意外伤害保险，支付保险费。

（2）规费的计算

规费的计算如下：

$$规费 = 计算基数 \times 规费费率 \qquad (2\text{-}51)$$

计算基数可采用"直接费"、"人工费和机械费合计"或"人工费"，投标人在投标报价时，规费的计算一般按国家及有关部门规定的计算公式及费率标准执行。

2. 企业管理费

（1）企业管理费的内容

企业管理费是指建筑安装企业组织施工生产和经营管理所需费用，包括以下内容。

1）管理人员工资：是指管理人员的基本工资、工资性补贴、职工福利费、劳动保护费等。

2）办公费：是指企业管理办公用的文具、纸张、账表、印刷、邮电、书报、会议、水电、烧水和集体取暖（包括现场临时宿舍取暖）用煤（燃气）等费用。

3）差旅交通费：是指职工因公出差、调动工作的差旅费，住勤补助费，市内交通费和误餐补助费，职工探亲路费，劳动力招募费，职工离退休、退职一次性路费，工伤人员就医路费，工地转移费以及管理部门使用的交通工具的油料、燃料、养路费及牌照费。

4）固定资产使用费：是指管理和试验部门及附属生产单位使用的属于固定资产的房屋、设备仪器等的折旧、大修、维修或租赁费。

5）工具用具使用费：是指管理使用的不属于固定资产的生产工具、器具、家具、交通工具和检验、试验、测绘、消防用具等的购置、维修和摊销费。

6）劳动保险费：是指由企业支付离退休职工的易地安家补助费、职工退职金、六个月以上的病假人员工资、职工死亡丧葬补助费、抚恤费、按规定支付给离休干部的各项经费。

7）工会经费：是指企业按职工工资总额计提的工会经费。

8）职工教育经费：是指企业为职工学习先进技术和提高文化水平，按职工工资总额计提的费用。

9）财产保险费：是指施工管理用财产、车辆保险费。

10）财务费：是指企业为筹集资金而发生的各种费用。

11）税金：是指企业按规定缴纳的房产税、车船使用税、土地使用税、印花税等。

12）其他：包括技术转让费、技术开发费、业务招待费、绿化费、广告费、公证费、法律顾问费、审计费、咨询费等。

（2）企业管理费的计算

企业管理费的计算主要有两种方法：公式计算法和费用分析法。

利用公式计算企业管理费的方法比较简单，也是投标人经常采用的一种计算方法，其计算公式为：

$$企业管理费 = 计算基数 \times 企业管理费费率 \tag{2-52}$$

其中企业管理费费率的计算因计算基数不同，分为三种：

1）以直接费为计算基础

$$企业管理费费率 = \frac{生产工人年平均管理费}{年有效施工天数 \times 人工单价} \times 人工费占直接费比例 \tag{2-53}$$

2）以人工费和机械费合计为计算基础

$$企业管理费费率 = \frac{生产工人年平均管理费}{年有效施工天数 \times (人工单价 + 每一工日机械使用费)} \times 100\% \tag{2-54}$$

3）以人工费为计算基础

$$企业管理费费率 = \frac{生产工人年平均管理费}{年有效施工天数 \times 人工单价} \times 100\% \tag{2-55}$$

用费用分析法计算企业管理费就是根据企业管理费的构成，结合具体的工程项目确定各项费用的发生额，计算公式为：

$$企业管理费 = 管理人员工资 + 办公费 + 差旅交通费 + 固定资产使用费 +$$
$$工具用具使用费 + 劳动保险费 + 工会经费 + 职工教育经费 +$$
$$财产保险费 + 财务费 + 税金 + 其他 \tag{2-56}$$

2.3.3   利润

利润是指施工企业完成所承包工程获得的盈利。按照不同的计价程序，利润的计算方法有所不同。具体计算公式为：

$$利润 = 计算基数 \times 利润率 \tag{2-57}$$

计算基数可采用：

1）以直接费和间接费合计为计算基础；

2）以人工费和机械费合计为计算基础；

3）以人工费为计算基础。

随着市场经济的进一步发展，企业决定利润率水平的自主权将会更大。在投标报价时企业可以根据工程的难易程度、市场竞争情况和自身的经营管理水平自行确定合理的利润率。

2.3.4   税金

税收是国家为了实现本身的职能，按照税法预先规定的标准，强制地、无偿地取得财政收入的一种形式，是国家参与国民收入分配和再分配的工具。税金是依据国家税法的规定应计入建筑安装工程造价内，由承包人负责缴纳的营业税、城市维护建设税以及教育费附加等的总称。

1. 营业税

营业税的税额为营业额的3%。计算公式为：

$$营业税 = 营业额 \times 3\% \tag{2-58}$$

其中营业额是指从事建筑、安装、修缮、装饰及其他工程作业收取的全部收入，还包括建筑、修缮、装饰工程所用原材料及其他物资和动力的价款，当安装设备的价值作为安装工程产值时，亦包括所安装设备的价款。但建筑业的总承包人将工程分包或转包给他人的，其营业额中不包括付给分包或转包人的价款。

2. 城市维护建设税

城市维护建设税是国家为了加强城乡的维护建设，扩大和稳定城市、乡镇维护建设资金来源，而对有经营收入的单位和个人征收的一种税。城市维护建设税应纳税额的计算公式为：

$$应纳税额 = 应纳营业税额 \times 适用税率 \tag{2-59}$$

城市维护建设税的纳税人所在地为市区的，按营业税的7%征收；所在地为县镇的，按营业税的5%征收；所在地为农村的，按营业税的1%征收。

3. 教育费附加

教育费附加税额为营业税的3%。计算公式为：

$$应纳税额 = 应纳营业税额 \times 3\% \tag{2-60}$$

为了计算上的方便，可将营业税、城市维护建设税和教育费附加合并在一起计算，以工程成本加利润为基数计算税金。即：

$$税金 = (直接费 + 间接费 + 利润) \times 税率 \qquad (2-61)$$

$$税率(计税系数) = \{1/[1 - 营业税税率 \times (1 + 城市维护建设税税率 + 教育费附加税率)] - 1\} \times 100\% \qquad (2-62)$$

如果纳税人所在地为市区的，则：

$$税率(计税系数) = \left(\frac{1}{1 - 3\% \times (1 + 7\% + 3\%)} - 1 \right) \times 100\% = 3.41\%$$

如果纳税人所在地为县镇的，则：

$$税率(计税系数) = \left(\frac{1}{1 - 3\% \times (1 + 5\% + 3\%)} - 1 \right) \times 100\% = 3.35\%$$

如果纳税人所在地为农村的，则：

$$税率(计税系数) = \left(\frac{1}{1 - 3\% \times (1 + 1\% + 3\%)} - 1 \right) \times 100\% = 3.22\%$$

2.4 工程建设其他费用组成

工程建设其他费用，是指未纳入设备、工器具购置费和建筑安装工程费的，根据设计文件要求和国家有关规定应由项目投资支付的为保证工程建设顺利完成和交付使用后能够正常发挥效用而发生的一些费用。包括应在建设项目的建设投资中开支的固定资产其他费用、无形资产费用和其他资产费用（递延资产）。

2.4.1 固定资产其他费用

1. 建设管理费

建设管理费是指建设单位从项目筹建开始直至工程竣工验收合格或交付使用为止发生的项目建设管理费用。费用内容包括：

（1）建设单位管理费

建设单位管理费是指建设单位发生的管理性质的开支。包括：工作人员工资、工资性补贴、施工现场津贴、职工福利费、住房基金、基本养老保险费、基本医疗保险费、失业保险费、工伤保险费，办公费、差旅交通费、劳动保护费、工具用具使用费、固定资产使用费、必要的办公及生活用品购置费、必要的通讯设备及交通工具购置费、零星固定资产购置费、招募生产工人费、技术图书资料费、业务招待费、设计审查费、工程招标费、合同契约公证费、法律顾问费、咨询费、完工清理费、竣工验收费、印花税和其他管理性质开支。如建设管理采用工程总承包方式，其总包管理费由建设单位与总包单位根据总包工作范围在合同中商定，从建设管理费中支出。

建设单位管理费以建设投资中的工程费用为基数乘以建设单位管理费率计算：

$$建设单位管理费＝工程费用×建设单位管理费费率 \qquad (2-63)$$

（2）工程监理费

工程监理费是指建设单位委托工程监理单位实施工程监理的费用。

由于工程监理是受建设单位委托的工程建设技术服务，属建设管理范畴。如采用监理，建设单位部分管理工作量转移至监理单位。监理费应根据委托的监理工作范围和监理深度在监理合同中商定或按当地或所属行业部门有关规定计算。

（3）工程质量监督费

工程质量监督费是指工程质量监督检验部门检验工程质量而收取的费用。

2. 可行性研究费

可行性研究费是指在建设项目前期工作中，编制和评估项目建议书（或预可行性研究报告）、可行性研究报告所需的费用。

可行性研究费依据前期研究委托合同计列，或参照《国家计委关于印发〈建设项目前期工作咨询收费暂行规定〉的通知》（计投资［1999］1283 号）规定计算。编制预可行性研究报告参照编制项目建议书收费标准并可适当调增。

3. 研究试验费

研究试验费是指为本建设项目提供或验证设计数据、资料等进行必要的研究试验及按照设计规定在建设过程中必须进行试验、验证所需的费用。

研究试验费按照研究试验内容和要求进行编制。

研究试验费不包括以下项目：

1）应由科技三项费用（即新产品试制费、中间试验费和重要科学研究补助费）开支的项目。

2）应在建筑安装费用中列支的施工企业对建筑材料、构件和建筑物进行一般鉴定、检查所发生的费用及技术革新的研究试验费。

3）应由勘察设计费或工程费用中开支的项目。

4. 勘察设计费

勘察设计费是指委托勘察设计单位进行工程水文地质勘察、工程设计所发生的各项费用。包括：

1）工程勘察费；

2）初步设计费（基础设计费）、施工图设计费（详细设计费）；

3）设计模型制作费。

勘察设计费依据勘察设计委托合同计列，或参照原国家计委、建设部《关于发布〈工程勘察设计收费管理规定〉的通知》（计价格［2002］10 号）规定计算。

5. 环境影响评价费

环境影响评价费是指按照《中华人民共和国环境保护法》、《中华人民共和国环境影响评价法》等规定，为全面、详细评价本建设项目对环境可能产生的污染或造成的重大影响所需的费用。包括编制环境影响报告书（含大纲）、环境影响报告表和评估环境影响报告书（含大纲）、评估环境影响报告表等所需的费用。

环境影响评价费依据环境影响评价委托合同计列，或按照原国家计委、国家环境保护总局《关于规范环境影响咨询收费有关问题的通知》（计价格〔2002〕125号）规定计算。

6. 劳动安全卫生评价费

劳动安全卫生评价费是指按照劳动部《建设项目（工程）劳动安全卫生监察规定》和《建设项目（工程）劳动安全卫生预评价管理办法》的规定，为预测和分析建设项目存在的职业危险、危害因素的种类和危险危害程度，并提出先进、科学、合理可行的劳动安全卫生技术和管理对策所需的费用。包括编制建设项目劳动安全卫生预评价大纲和劳动安全卫生预评价报告书以及为编制上述文件所进行的工程分析和环境现状调查等所需费用。

劳动安全卫生评价费依据劳动安全卫生预评价委托合同计列，或按照建设项目所在省（市、自治区）劳动行政部门规定的标准计算。

7. 场地准备及临时设施费

场地准备及临时设施费是指建设场地准备费和建设单位临时设施费。

1）场地准备费是指建设项目为达到工程开工条件所发生的场地平整和对建设场地遗留的有碍于施工建设的设施进行拆除清理的费用。

2）临时设施费是指为满足施工建设需要而供到场地界区的、未列入工程费用的临时水、电、路、讯、气等其他工程费用和建设单位的现场临时建（构）筑物的搭设、维修、拆除、摊销或建设期间租赁费用，以及施工期间专用公路或桥梁的加固、养护、维修等费用。此项费用不包括已列入建筑安装工程费用中的施工单位临时设施费用。

场地准备及临时设施应尽量与永久性工程统一考虑。建设场地的大型土石方工程应进入工程费用中的总图运输费用中。

新建项目的场地准备和临时设施费应根据实际工程量估算，或按工程费用的比例计算。改扩建项目一般只计拆除清理费。

$$场地准备和临时设施费 = 工程费用 × 费率 + 拆除清理费 \qquad (2-64)$$

发生拆除清理费时可按新建同类工程造价或主材费、设备费的比例计算。凡可回收材料的拆除工程采用以料抵工方式冲抵拆除清理费。

8. 引进技术和进口设备其他费

引进技术和进口设备其他费是指引进技术和进口设备发生的未计入设备购置费的费用，内容包括：

1）引进项目图纸资料翻译复制费、备品备件测绘费：根据引进项目的具体情况计列或按引进货价（FOB）的比例估列；引进项目发生备品备件测绘费时按具体情况估列。

2）出国人员费用：包括买方人员出国设计联络、出国考察、联合设计、监造、培训等所发生的旅费、生活费等。依据合同或协议规定的出国人次、期限以及相应的费用标准计算。生活费按照财政部、外交部规定的现行标准计算，旅费按中国民航公布的现行标准计算。

3）来华人员费用：包括卖方来华工程技术人员的现场办公费用、往返现场交通费用、接待费用等。依据引进合同或协议有关条款及来华技术人员派遣计划进行计算。来华人员接待费可按每人次费用指标计算。引进合同价款中已包括的费用内容不得重复计算。

4）银行担保及承诺费：指引进项目由国内外金融机构出面承担风险和责任担保所发生的费用，以及支付贷款机构的承诺费用。应按担保或承诺协议计取。投资估算和概算编制时可以担保金额或承诺金额为基数乘以费率计算。

9. 工程保险费

工程保险费是指建设项目在建设期间根据需要对建筑工程、安装工程、机械设备和人身安全进行投保而发生的保险费用。包括建筑安装工程一切险、进口设备财产保险和人身意外伤害险等。不包括已列入施工企业管理费中的施工管理用财产、车辆保险费。不投保的工程不计取此项费用。

不同的建设项目可根据工程特点选择投保险种，根据投保合同计列保险费用。编制投资估算和概算时可按工程费用的比例估算。

10. 联合试运转费

联合试运转费是指新建项目或新增加生产能力的工程，在交付生产前按照批准的设计文件所规定的工程质量标准和技术要求，进行整个生产线或装置的负荷联合试运转或局部联动试车所发生的费用净支出（试运转支出大于收入的差额部分费用）。试运转支出包括试运转所需原材料、燃料及动力消耗、低值易耗品、其他物料消耗、工具用具使用费、机械使用费、保险金、施工单位参加试运转人员工资以及专家指导费等；试运转收入包括试运转期间的产品销售收入和其他收入。

联合试运转费不包括应由设备安装工程费用开支的调试及试车费用，以及在试运转中暴露出来的因施工原因或设备缺陷等发生的处理费用。

不发生试运转或试运转收入大于（或等于）费用支出的工程，不列此项费用。

当联合试运转收入小于试运转支出时：

$$联合试运转费 = 联合试运转费用支出 - 联合试运转收入 \quad (2-65)$$

试运行期按照以下规定确定：引进国外设备项目按建设合同中规定的试运行期执行；国内一般性建设项目试运行期原则上按照批准的设计文件所规定期限执行。个别行业的建设项目试运行期需要超过规定试运行期的，应报项目设计文件审批机关批准。试运行期一经确定，各建设单位应严格按规定执行，不得擅自缩短或延长。

11. 特殊设备安全监督检验费

特殊设备安全监督检验费是指在施工现场组装的锅炉及压力容器、压力管道、消防设备、燃气设备、电梯等特殊设备和设施，由安全监察部门按照有关安全监察条例和实施细则以及设计技术要求进行安全检验，应由建设项目支付的、向安全监察部门缴纳的费用。

特殊设备安全监督检验费按照建设项目所在省（市、自治区）安全监察部门的规定标准计算。无具体规定的，在编制投资估算和概算时可按受检设备现场安装费的比例估算。

12. 市政公用设施建设及绿化补偿费

市政公用设施建设及绿化补偿费是指使用市政公用设施的建设项目，按照项目所在地省一级人民政府有关规定建设或缴纳的市政公用设施建设配套费用，以及绿化工程补偿费用。按工程所在地人民政府规定标准计列；不发生或按规定免征项目不计取。

2.4.2 无形资产费用

1. 建设用地费

建设用地费是指按照《中华人民共和国土地管理法》等规定，建设项目征用土地或租用土地应支付的费用。

（1）土地征用及补偿费

经营性建设项目通过出让方式购置的土地使用权（或建设项目通过划拨方式取得无限期的土地使用权）而支付的土地补偿费、安置补偿费、地上附着物和青苗补偿费、余物迁建补偿费、土地登记管理费等；行政事业单位的建设项目通过出让方式取得土地使用权而支付的出让金；建设单位在建设过程中发生的土地复垦费用和土地损失补偿费用；建设期间临时占地补偿费。

根据征用建设用地面积、临时用地面积，按建设项目所在省、市、自治区人民政府制定颁发的土地征用补偿费、安置补助费标准和耕地占用税、城镇土地使用税标准计算。

建设用地上的建（构）筑物如需迁建，其迁建补偿费应按迁建补偿协议计列或按新建同类工程造价计算。建设场地平整中的余物拆除清理费在"场地准备及临时设施费"中计算。

（2）征用耕地按规定一次性缴纳的耕地占用税

征用城镇土地在建设期间按规定每年缴纳的城镇土地使用税；征用城市郊区菜地按规定缴纳的新菜地开发建设基金。

（3）建设单位租用建设项目土地使用权在建设期支付的租地费用

建设项目采用"长租短付"方式租用土地使用权，在建设期间支付的租地费用计入建设用地费；在生产经营期间支付的土地使用费应进入营运成本中核算。

2. 专利及专有技术使用费

专利及专有技术使用费的费用内容包括国外设计及技术资料费、引进有效专利、专有技术使用费和技术保密费；国内有效专利、专有技术使用费用；商标使用费、特许经营权费等。

费用按专利使用许可协议和专有技术使用合同的规定计列；专有技术的界定应以省、部级鉴定批准为依据；项目投资中只计需在建设期支付的专利及专有技术使用费。协议或合同规定在生产期支付的使用费应在生产成本中核算。

2.4.3　其他资产费用（递延资产）

其他资产费用指生产准备及开办费，即指建设项目为保证正常生产（或营业、使用）而发生的人员培训费、提前进厂费以及投产使用必备的生产办公、生活家具用具及工器具等购置费用。包括：

1）人员培训费及提前进厂费：自行组织培训或委托其他单位培训的人员工资、工资性补贴、职工福利费、差旅交通费、劳动保护费、学习资料费等；

2）为保证初期正常生产（或营业、使用）所必需的生产办公、生活家具用具购置费；

3）为保证初期正常生产（或营业、使用）必需的第一套不够固定资产标准的生产工具、器具、用具购置费，不包括备品备件费。

新建项目按设计定员为基数计算，改扩建项目按新增设计定员为基数计算：

$$生产准备费 = 设计定员 \times 生产准备费指标（元/人）\tag{2-66}$$

可采用综合的生产准备费指标进行计算，也可以按费用内容的分类指标计算。

一般建设项目很少发生或一些具有明显行业特征的工程建设其他费用项目，如移民安置费、水资源费、水土保持评价费、地震安全性评价费、地质灾害危险性评价费、河道占用补偿费、超限设备运输特殊措施费、航道维护费、植被恢复费、种质检测费、引种测试费等，各省（市、自治区）、各部门可在实施办法中补充或具体项目发生时依据有关政策规定列入。

2.5　预备费、建设期利息、铺底流动资金

2.5.1　预备费

按我国现行规定，包括基本预备费和涨价预备费。

1. 基本预备费

基本预备费是指在项目实施中可能发生难以预料的支出，需要预先预留的费用，又称不可预见费。主要指设计变更及施工过程中可能增加工程量的费用。计算公式为：

$$基本预备费 = (设备及工器具购置费 + 建筑安装工程费 + $$
$$工程建设其他费) \times 基本预备费费率 \qquad (2-67)$$

2. 涨价预备费

涨价预备费是指建设项目在建设期内由于价格等变化引起投资增加，需要事先预留的费用。涨价预备费以建筑安装工程费、设备及工器具购置费之和为计算基数。计算公式为：

$$PC = \sum_{t=1}^{n} I_t \left[(1+f)^t - 1 \right] \qquad (2-68)$$

式中　PC——涨价预备费；

　　　I_t——第 t 年的建筑安装工程费、设备及工器具购置费之和；

　　　n——建设期；

　　　f——建设期价格上涨指数。

【例 2-1】　某建设项目在建设期初的建安工程费和设备及工器具购置费为 45000 万元。按本项目实施进度计划，项目建设期为 3 年，投资分年使用比例为：第一年 25%，第二年 55%，第三年 20%，建设期内预计年平均价格总水平上涨率为 5%。建设期贷款利息为 1395 万元，建设项目其他费用为 3860 万元，基本预备费率为 10%。试估算该项目的建设投资。

【解】　(1) 计算项目的涨价预备费

第一年末的涨价预备费 $= 45000 \times 25\% \times \left[(1+0.05)^1 - 1 \right] = 562.5$（万元）

第二年末的涨价预备费 $= 45000 \times 55\% \times \left[(1+0.05)^2 - 1 \right] = 2536.88$（万元）

第三年末的涨价预备费 $= 45000 \times 20\% \times \left[(1+0.05)^3 - 1 \right] = 1418.63$（万元）

该项目建设期的涨价预备费 $= 562.5 + 2536.88 + 1418.63 = 4518.01$（万元）

(2) 计算项目的建设投资

建设投资 = 静态投资 + 建设期贷款利息 + 涨价预备费

$\qquad = (45000 + 3860) \times (1 + 10\%) + 1395 + 4518.01 = 59659.01$（万元）

2.5.2   建设期利息

建设期利息是指项目借款在建设期内发生并计入固定资产的利息。为了简化计算，在编制投资估算时通常假定借款均在每年的年中支用，借款第一年按半年计息，其余各年份按全年计息。计算公式为：

$$各年应计利息 = (年初借款本息累计 + 本年借款额/2) \times 年利率 \quad (2-69)$$

【例 2-2】某新建项目，建设期为 3 年，共向银行贷款 1300 万元，贷款时间为：第一年 300 万元，第二年 600 万元，第三年 400 万元。年利率为 6%，计算建设期利息。

【解】在建设期，各年利息计算如下：

第 1 年应计利息 $= \dfrac{1}{2} \times 300 \times 6\% = 9$（万元）

第 2 年应计利息 $= \left(300 + 9\ \dfrac{1}{2} \times 600 \right) \times 6\% = 36.54$（万元）

第 3 年应计利息 $= \left(300 + 9 + 600 + 36.54 + \dfrac{1}{2} \times 400 \right) \times 6\% = 68.73$（万元）

建设期利息总和为 114.27 万元。

2.5.3   铺底流动资金

铺底流动资金是指生产性建设项目为保证生产和经营正常进行，按规定应列入建设项目总投资的流动资金，一般按流动资金的 30% 计算。

【案例】

某工程项目的直接工程费为 70 万元，措施费为直接工程费的 3.4%，间接费为直接费的 5%；利润为直接费和间接费总和的 4.5%；税金为直接费、间接费和利润的 3.41%，试计算该工程的含税总造价。

【解】根据已知条件，可按表 2-2 计算直接费、间接费、利润和税金等。

计算程序   表 2-2

序号	费用项目	计 算 方 法
1	直接工程费	70
2	措施费	(1) × 措施费率 = 2.38
3	小计	(1) + (2) = 72.38
4	间接费	(3) × 相应费率 = 3.619
5	利润	[(3) + (4)] × 相应利润率 = 3.42
6	合计	(3) + (4) + (5) = 79.419
7	含税总造价	(6) × (1 + 相应税率) = 82.13

每项费用具体计算过程为：

措施费 = 直接工程费 × 措施费率(%) = 70 × 3.4% = 2.38(万元)

直接费 = 直接工程费 + 措施费 = 70 + 2.38 = 72.38(万元)

间接费 = 直接费合计 × 间接费费率(%) = 72.38 × 5% = 3.619(万元)

利润 = (直接费 + 间接费) × 利润率(%) = (72.38 + 3.619) × 4.5%
  = 3.42(万元)

税金 = (直接费 + 间接费 + 利润) × 税率(%)
  = (72.38 + 3.619 + 3.42) × 3.41% = 2.71(万元)

含税工程造价 = 直接费 + 间接费 + 利润 + 税金
    = 72.38 + 3.619 + 3.42 + 2.71 = 82.13(万元)

3 工程定额体系与工程量清单

【内容概述】通过本章的学习，主要熟悉我国目前的工程定额体系，了解定额编制的基本原理和方法，掌握施工定额、预算定额、概算定额和概算指标、估算指标的区别和适用范围，熟练掌握《建设工程工程量清单计价规范》（GB 50500—2008）中工程量清单的编制方法。

3.1 概　　述

定额是指规定的额度。在工程建设领域存在多种定额，它们都是工程计价的重要依据。在市场经济条件下，现行工程建设定额在工程价格形成中仍具有重要的作用。因此，在研究工程造价的计价依据和计价方式时，有必要先对工程建设定额的原理有一个基本认识。

3.1.1 工程建设定额的概念与特点

1. 工程建设定额的概念

工程建设是物质资料的生产活动，需要消耗大量的人力、物力和资金。工程建设定额就是对这些消耗量的数量规定，即在一定生产力水平下，在工程建设中单位产品上人工、材料、机械消耗的额度，这种数量关系体现出正常施工条件、合理的施工组织设计、合格产品下各种生产要素消耗的社会平均水平。

2. 工程建设定额的特点

（1）科学性

工程建设定额的科学性，首先表现在用科学的态度制定定额，尊重客观实际，力求定额水平合理；其次表现在制定定额的技术方法上，利用现代科学管理的成就，形成一套系统的、完整的、在实践中行之有效的方法；第三，表现在定额制定和贯彻的一体化。制定是为了提供贯彻的依据，贯彻是为了实现管理的目标，也是对定额的信息反馈。

（2）系统性

工程建设定额是相对独立的系统。它是由多种定额结合而成的有机整体。工程建设定额的系统性是由工程建设的特点决定的。工程建设本身的多种类、多层次决定了以它为服务对象的工程建设定额的多种类、多层次。

（3）统一性

工程建设定额的统一性，主要是由国家对经济发展的有计划的宏观调控职能决定的。为了使国民经济按照既定的目标发展，就需要借助于某些标准、定额、参数等，对工程建设进行规划、组织、调节、控制。

工程建设定额的统一性按照其影响力和执行范围来看，有全国统一定额，地区统一定额和行业统一定额等等；按照定额的制定、颁布和贯彻使用来看，有统一的程序、统一的原则、统一的要求和统一的用途。

（4）指导性

工程建设定额的指导性体现在两个方面：一方面工程建设定额作为国家各地区和行业颁布的指导性依据，可以规范建设市场的交易行为，在具体的建设产品定价过程中也可以起到相应的参考性作用，同时统一定额还可以作为政府投资项目定价以及造价控制的重要依据；另一方面，在现行的工程量清单计价方式下，体现交易双方自主定价的特点，承包商报价的主要依据是企业定额，但企业定额的编制和完善仍然离不开统一定额的指导。

（5）稳定性与时效性

工程建设定额中的任何一种都是一定时期技术发展和管理水平的反映，因而在一段时间内都表现出稳定的状态。稳定的时间有长有短，一般在 4 年至 10 年之间。保持定额的稳定性是维护定额的权威性所必需的，更是有效的贯彻定额所必要的。工程建设定额的不稳定也会给定额的编制工作带来极大的困难。但是工程建设定额的稳定性是相对的。当生产力向前发展时，定额就会与生产力不相适应。这样，它原有的作用就会逐步减弱以至消失，需要重新编制或修订。

3.1.2 工程建设定额的分类

工程建设定额是工程建设中各类定额的总称，可以按照不同的原则和方法对它进行科学的分类。

1. 按定额反映的生产要素消耗内容分类

按定额反映的生产要素消耗内容分类，可以把工程建设定额划分为人工消耗定额、机械消耗定额和材料消耗定额三种。

（1）人工消耗定额

人工消耗定额简称人工定额（也称为劳动定额），是指完成一定数量的合格产品（工程实体或劳务）规定活劳动消耗的数量标准。为了便于综合和核算，劳动定额大多采用工作时间消耗量来计算劳动消耗的数量。劳动定额的主要表现形式是时间定额，但同时也表现为产量定额。时间定额与产量定额互为倒数。

（2）机械消耗定额

机械消耗定额是以一台机械一个工作班为计量单位，所以又称为机械台班定额。机械消耗定额是指为完成一定数量的合格产品（工程实体或劳务）所规定的施工机械消耗的数量标准。机械消耗定额的主要表现形式是机械时间定额，同时也以产量定额表现。

（3）材料消耗定额

材料消耗定额简称材料定额，是指完成一定数量的合格产品所需消耗材料的数量标准。材料是工程建设中使用的原材料、成品、半成品、构配件、燃料以及水、电等的统称。材料作为劳动对象构成工程的实体，需用数量很大，种类很多，所以，材料消耗量的多少，消耗是否合理，不仅关系到资源的有效利用，影响市场供求状况，而且对建设工程的项目投资、建筑产品的成本控制都起着决定性的影响。

2. 按定额的编制程序和用途分类

按定额的编制程序和用途分类，可以把工程建设定额分为施工定额、预算定额、概算定额、概算指标、估算指标等五种。

（1）施工定额

施工定额是以同一性质的施工过程——工序作为研究对象，表示生产产品数量与时间消耗综合关系的定额。施工定额是施工企业组织生产和加强管理在企业内部使用的一种定额，属于企业定额的性质。为了适应组织生产和管理的需要，施工定额的项目划分很细，是工程建设定额中分项最细，定额子目最多的一种定额，也是工程建设定额中的基础性定额。

施工定额本身由劳动定额、机械定额和材料定额三个相对独立的部分组成，主要用于工程的直接施工管理，以及作为编制工程施工设计、施工预算、施工作业计划、签发施工任务单、限额领料卡及结算计件工资或计量奖励工资的依据。它也是编制预算定额的基础。

（2）预算定额

预算定额是以分项工程和结构构件为对象编制的定额。其内容包括劳动定额、机械台班定额、材料消耗定额三个基本部分，是一种计价性定额。从编制程序上看，预算定额是以施工定额为基础综合扩大编制的，同时它也是编制概算定额的基础。

预算定额是在编制施工图预算阶段，计算工程造价和计算施工中的劳动、机械台班、材料需要量时使用，它是调整工程预算的重要基础，也可以作为编制施工组织设计、施工技术财务计划的参考。

（3）概算定额

概算定额是以扩大分项工程或扩大结构构件为对象编制的，计算和确定劳动、机械台班、材料消耗量所使用的定额，也是一种计价性定额。概算定额是编制扩大初步设计概算、确定建设项目投资额的依据。概算定额的项目划分粗细，与扩大初步设计的深度相适应，一般是在预算定额的基础上综合扩大而成的，每一综合分项概算定额都包含了数项预算定额。

（4）概算指标

概算指标是概算定额的扩大与合并，它是以整个建筑物和构筑物为对象，以更为扩大的计量单位来编制的。概算指标的内容包括劳动、机械台班、材料定额三个基本部分，同时还列出了各结构分部的工程量及单位建筑工程（以体积计或面积计）的造价，是一种计价定额。为了增加概算指标的适用性，也以房屋或构筑物的扩大的分部工程或结构构件为对象编制，称为扩大结构定额。

（5）估算指标

估算指标非常概略，往往以独立的单项工程或完整的工程项目为计算对象，编制内容是所有项目费用之和。它是在项目建议书和可行性研究阶段编制投资估算、计算投资需要量时使用的一种定额。估算指标往往根据历史的预、决算资料和价格变动等资料编制，但其编制基础仍然离不开预算定额、概算定额。

上述各种定额的相互联系可参见表 3-1。

各种定额间关系比较　　　　　　　　　　　　　　　　表 3-1

	施工定额	预算定额	概算定额	概算指标	估算指标
对象	工序	分部分项工程	扩大的分部分项工程	整个建筑物或构筑物	独立的单项工程或完整的工程项目
用途	编制施工预算	编制施工图预算	编制设计概算	编制初步设计概算	编制投资估算
项目划分	最细	细	较粗	粗	很粗
定额水平	平均先进	平均	平均	平均	平均
定额性质	生产性定额	计价性定额			

3. 按照主编单位和管理权限分类

按照主编单位和管理权限分类，工程建设定额可以分为全国统一定额、行业统一定额、地区统一定额、企业定额、补充定额五种。

（1）全国统一定额

全国统一定额，是由国家建设行政主管部门综合全国工程建设中技术和施工组织管理的情况编制，并在全国范围内执行的定额。

（2）行业统一定额

行业统一定额，是考虑到各行业部门专业工程技术特点，以及施工生产和管理水平编制的。一般是只在本行业和相同专业性质的范围内使用。

（3）地区统一定额

地区统一定额包括省、自治区、直辖市定额。地区统一定额主要是考虑地区性特点和全国统一定额水平作适当调整和补充编制的。

（4）企业定额

企业定额是由施工企业根据本企业具体情况，参照国家、部门或地区定额的水平编制的定额。企业定额只在企业内部使用，是企业素质的一个标志。企业定额水平一般应高于国家现行定额，才能满足生产技术发展、企业管理和市场竞争的需要。在工程量清单计价模式下，企业定额正发挥着越来越大的作用。

（5）补充定额

补充定额是指随着设计、施工技术的发展，现行定额不能满足需要的情况下所编制的定额。补充定额只能在指定的范围内使用，可以作为以后修订定额的基础。

上述各种定额虽然适用于不同的情况和用途，但是它们是一个互相联系的、有机的整体，在实际工作中应配合使用。

3.2   建筑安装工程人工、机械台班、材料定额消耗量确定方法

3.2.1   施工工作研究

施工过程就是在建设工地范围内所进行的生产过程。其最终目的是要建造、恢复、改建、移动或拆除工业、民用建筑物和构筑物的全部或一部分。根据施工过程组织上的复杂程度，可以分解为工序、工作过程和综合工作过程。在编制施工定额时，工序是基本的施工过程，是主要的研究对象。测定定额时只需分解和标定到工序为止。

3.2.2   工作时间研究

1. 工作时间分类

研究施工中的工作时间最主要的目的是确定施工的时间定额和产量定额，其前提是对工作时间按其消耗性质进行分类，以便研究工时消耗的数量和特点。工作时间指的是工作班延续时间。对工作时间消耗的研究，可以分为两个系统进行，即工人工作时间的消耗和工人所使用的机械工作时间的消耗。

（1）工人工作时间消耗的分类

工人在工作班内消耗的工作时间，按其消耗的性质，基本可以分为两大类：必需消耗的时间和损失时间。

必需消耗的时间是工人在正常施工条件下，为完成一定产品（工作任务）所消耗的时间。它是制定定额的主要依据。

损失时间，是与产品生产无关，而与施工组织和技术上的缺点有关，与工人在施工过程的个人过失或某些偶然因素有关的时间消耗。

工人工作时间的分类一般如图 3-1 所示：

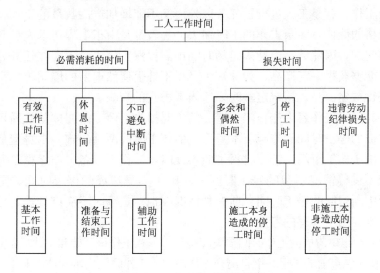

图 3-1 工人工作时间分类图

必需消耗的工作时间，包括有效工作时间、休息和不可避免中断时间的消耗。

有效工作时间是从生产效果来看与产品生产直接有关的时间消耗。其中包括基本工作时间、辅助工作时间、准备与结束工作时间的消耗。

基本工作时间是工人完成能生产一定产品的施工工艺过程所消耗的时间，如混凝土制品的养护干燥等。基本工作时间的长短和工作量大小成正比例。

辅助工作时间是为保证基本工作能顺利完成所消耗的时间。在辅助工作时间里，不能使产品的形状大小、性质或位置发生变化。辅助工作时间的结束，往往就是基本工作时间的开始。辅助工作时间长短与工作量大小有关。

准备与结束工作时间是开始工作前或工作完成后所消耗的工作时间。如工作地点、劳动工具和劳动对象的准备工作时间；工作结束后的整理工作时间等。准备和结束工作时间的长短与所担负的工作量大小无关，但往往和工作内容有关。

休息时间是工人在工作过程中为恢复体力所必需的短暂休息和生理需要的时间消耗。这种时间是为了保证工人精力充沛地进行工作，所以在定额时间中必须考虑。

不可避免的中断所消耗的时间是由于施工工艺特点引起的工作中断所必需的时间。与施工过程工艺特点有关的工作中断时间，应包括在定额时间内，但应尽量缩短此项时间消耗。与工艺特点无关的工作中断所占用时间，是由于劳动组织不合理引起的，属于损失时间，不能计入定额时间。

损失时间中包括有多余和偶然工作、停工、违背劳动纪律所引起的工时损失。

多余工作，就是工人进行了任务以外而又不能增加产品数量的工作，如重砌质量不合格的墙体。多余工作的工时损失，一般都是由于工程技术人员和工人的差错而引起的，因此，不应计入定额时间中。偶然工作也是工人在任务外进行的工作，但能够获得一定产品，如抹灰工不得不补上偶然遗留的墙洞等。由于偶然工作能获得一定产品，拟定定额时要适当考虑它的影响。

停工时间是工作班内停止工作造成的工时损失。停工时间按其性质可分为施工本身造成的停工时间和非施工本身造成的停工时间两种。施工本身造成的停工时间，是由于施工组织不善、材料供应不及时、工作面准备工作做得不好、工作地点组织不良等情况引起的停工时间。非施工本身造成的停工时间，是由于水源、电源中断引起的停工时间。前一种情况在拟定定额时不应该计算，后一种情况定额中则应给予合理的考虑。

违背劳动纪律造成的工作时间损失，是指工人在工作班开始和午休后的迟到、午饭前和工作班结束前的早退、擅自离开工作岗位、工作时间内聊天或办私事等造成的工时损失。由于个别工人违背劳动纪律而影响其他工人无法工作的时间损失，也包括在内。此项工时损失不应允许存在。因此，在定额中是不能考虑的。

（2）机械工作时间消耗的分类

机械工作时间的消耗，按其性质可作如下分类，如图3-2所示。

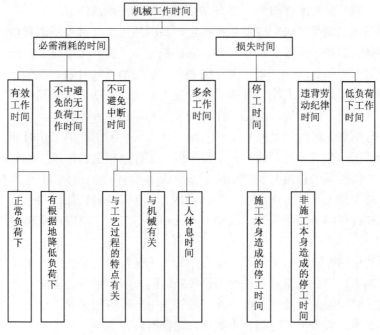

图3-2　机械工作时间分类

机械工作时间也分为必需消耗的时间和损失时间两大类。

在必需消耗的工作时间里，包括有效工作、不可避免的无负荷工作和不可避免的中断三项时间消耗。而在有效工作的时间消耗中又包括正常负荷下、有根据地降低负荷下的工时消耗。

正常负荷下的工作时间，是机械在与机械说明书规定的计算负荷相符的情况下进行工作的时间。

有根据地降低负荷下的工作时间，是在个别情况下由于技术上的原因，机械在低于其计算负荷下工作的时间。例如，汽车运输重量轻而体积大的货物时，不能充分利用汽车的载重吨位因而不得不降低其计算负荷。

不可避免的无负荷工作时间，是由施工过程的特点和机械结构的特点造成的机械无负荷工作时间。例如筑路机在工作区末端调头等，都属于此项工作时间的消耗。

不可避免的中断工作时间，是与工艺过程的特点、机械的使用和保养、工人休息有关的中断时间，所以它又可以分为 3 种。

与工艺过程的特点有关的不可避免中断工作时间，有循环的和定期的两种。循环的不可避免中断，是在机械工作的每一个循环中重复一次，如汽车装货和卸货时的停车。定期的不可避免中断，是经过一定时期重复一次，如把灰浆泵由一个工作地点转移到另一工作地点时的工作中断。

与机械有关的不可避免中断工作时间，是由于工人进行准备与结束工作或辅助工作时，机械停止工作而引起的中断工作时间。它是与机械的使用与保养有关的不可避免中断时间。

工人休息时间前面已经作了说明。这里要注意的是，应尽量利用与工艺过程有关的和与机械有关的不可避免中断时间进行休息，以充分利用工作时间。

损失的工作时间，包括多余工作、停工、违背劳动纪律所消耗的工作时间和低负荷下的工作时间。

机械的多余工作时间，是机械进行任务内和工艺过程内未包括的工作而延续的时间，如工人没有及时供料而使机械空运转的时间。

机械的停工时间，按其性质也可分为施工本身造成和非施工本身造成的停工。前者是由于施工组织得不好而引起的停工现象，如由于未及时供给机械燃料而引起的停工。后者是由于气候条件所引起的停工现象，如暴雨时压路机的停工。上述停工中延续的时间，均为机械的停工时间。

违反劳动纪律引起的机械的时间损失，是指由于工人迟到早退或擅离岗位等原因引起的机械停工时间。

低负荷下的工作时间，是由于工人或技术人员的过错所造成的施工机械在降低负荷的情况下工作的时间。例如，工人装车的砂石数量不足引起的汽车在降低负荷的情况下工作所延续的时间。此项工作时间不能作为计算时间定额的基础。

2. 测定时间消耗的基本方法

定额测定是制定定额的一个主要步骤。测定定额通常采用计时观察法。

（1）计时观察法概述

计时观察法以研究工时消耗为对象，以观察测时为手段，通过密集抽样和粗放抽样等技术进行直接的时间研究。计时观察法运用于建筑施工中时以现场观察为特征，所以也称之为现场观察法。

计时观察法能够把现场工时消耗情况和施工组织技术条件联系起来加以考察，它不仅能为制定定额提供基础数据，而且也能为改善施工组织管理、改善工艺过程和操作方法、消除不合理的工时损失和进一步挖掘生产潜力提供技术根据。计时观察法的局限性，是考虑人的因素不够。

（2）计时观察方法的分类

对施工过程进行观察、测时，计算实物和劳务产量，记录施工过程所处的施工条件和确定影响工时消耗的因素，是计时观察法的三项主要内容和要求。计时观察法种类很多，最主要的有三种：

1）测时法

测时法主要适用于测定定时重复的循环工作的工时消耗，是精确度比较高的一种计时观察法，一般可达到0.2~15s。

2）写实记录法

写实记录法是一种研究各种性质的工作时间消耗的方法。采用这种方法，可以获得分析工作时间消耗的全部资料，是一种值得提倡的方法。

写实记录法的观察对象，可以是一个工人，也可以是一个工人小组。测时用普通表进行，详细记录在一段时间内观察对象的各种活动及其时间消耗（起止时间），以及完成的产品数量。

3）工作日写实法

工作日写实法是研究整个工作班内的各种工时消耗的方法。

工作日写实法是利用写实记录表记录观察资料。记录时间时不需要将有效工作时间分为各个组成部分，只需划分适合于技术水平和不适合于技术水平两类。但是工时消耗还需按性质分类记录。

工作日写实法与测时法、写实记录法相比较，具有技术简便、费力不多、应用面广和资料全面的优点，在我国是一种采用较广的编制定额的方法。

3.2.3   确定人工定额消耗量的基本方法

1. 分析基础资料，拟定编制方案

（1）影响工时消耗因素的确定

根据施工过程影响因素的产生和特点，施工过程的影响因素可以分为技术因素和组织因素两类：

1）技术因素。包括完成产品的类别；材料、构配件的种类和型号等级；机械和机具的种类、型号和尺寸，产品质量等。

2）组织因素。包括操作方法和施工的管理与组织；工作地点的组织；人员组成和分工；工资与奖励制度；原材料和构配件的质量及供应的组织；气候条件等。

根据施工过程影响因素对工时消耗数值的影响程度和性质，可分为系统性因素和偶然性因素两类。

1）系统性因素，是指对工时消耗数值引起单一方面的（只是降低或只是增高）、重大影响的因素。如挖土过程中土壤性质的改变，混凝土施工过程中构件或构筑物类型的改变等等。这类因素在定额的测定中应该加以控制。

2）偶然因素，是指对工时消耗数值可能引起双向的（可能降低，也可能增高），微小影响的因素，如挖土过程中一定深度范围内挖土深度的改变。

因此，测定一种定额，必须考虑它的正常条件。这个正常条件也就是定额内规定生产过程的特性。

（2）计时观察资料的整理

对每次计时观察的资料进行整理之后，要对整个施工过程的观察资料进行系统的分析研究和整理。

整理观察资料的方法大多是采用平均修正法。平均修正法是一种在对测时数列进行修正的基础上，求出平均值的方法。修正测时数列，就是剔除或修正那些偏高、偏低的可疑数值。目的是保证不受那些偶然性因素的影响。

当测时数列不受或很少受产品数量影响时，采用算术平均值可以保证获得可靠的值。但是，如果测时数列受到产品数量的影响时，采用加权平均值则是比较适当的。

（3）拟定定额的编制方案

编制方案的内容包括：

1）提出对拟编定额的定额水平总的设想；

2）拟定定额分章、分节、分项的目录；

3）选择产品和人工、材料、机械的计量单位；

4）设计定额表格的形式和内容。

2. 确定正常的施工条件

拟定施工的正常条件包括：

（1）拟定工作地点的组织

工作地点是工人施工活动场所。拟定工作地点的组织时，要特别注意使工人在操作时不受妨碍，所使用的工具和材料应按使用顺序放置于工人最便于取用的地方，以减少疲劳和提高工作效率，工作地点应保持清洁和秩序井然。

（2）拟定工作组成

拟定工作组成就是将工作过程按照劳动分工的可能划分为若干工序，以达到合理使用技术工人。可以采用两种基本方法。一种是把工作过程中简单的工序，划分给技术熟练程度较低的工人去完成；一种是分出若干个技术程度较低的工人，去帮助技术程度较高的工人工作。

（3）拟定施工人员编制

拟定施工人员编制即确定小组人数、技术工人的配备，以及劳动的分工和协作。原则是使每个工人都能充分发挥作用，均衡地担负工作。

3. 确定人工定额消耗量

时间定额和产量定额是人工定额的两种表现形式。拟定出时间定额，也就可以计算出产量定额。

时间定额是在拟定基本工作时间、辅助工作时间、不可避免中断时间、准备与结束的工作时间，以及休息时间的基础上制定的。

（1）拟定基本工作时间

基本工作时间在必需消耗的工作时间中占的比重最大。在确定基本工作时间时，必须细致、精确。基本工作时间消耗一般应根据计时观察资料来确定。其做法是，首先确定工作过程每一组成部分的工时消耗，然后再综合出工作过程的工时消耗。如果组成部分的产品计量单位和工作过程的产品计量单位不符，就需先求出不同计量单位的换算系数，进行产品计量单位的换算，然后再相加，求得工作过程的工时消耗。

（2）拟定辅助工作时间和准备与结束工作时间

辅助工作和准备与结束工作时间的确定方法与基本工作时间相同。但是，如果这两项工作时间在整个工作班工作时间消耗中所占比重不超过 5%～6%，则可归纳为一项，以工作过程的计量单位表示，确定出工作过程的工时消耗。

（3）拟定不可避免的中断时间

在确定不可避免中断时间的定额时，必须注意由工艺特点所引起的不可避免中断才可列入工作过程的时间定额。

不可避免中断时间也需要根据测时资料通过整理分析获得，也可以根据经验数据或工时规范，以占工作日的百分比表示此项工时消耗的时间定额。

（4）拟定休息时间

休息时间应根据工作班作息制度、经验资料、计时观察资料，以及对工作的疲劳程度作全面分析来确定。同时，应考虑尽可能利用不可避免中断时间作为休息时间。

（5）拟定定额时间

确定的基本工作时间、辅助工作时间、准备与结束工作时间、不可避免中断时间与休息时间之和，就是劳动定额的时间定额。根据时间定额可计算出产量定额，时间定额和产量定额互成倒数。

3.2.4 确定机械台班定额消耗量的基本方法

1. 确定正常的施工条件

拟定机械工作正常条件，主要是拟定工作地点的合理组织和合理的工人编制。

工作地点的合理组织，就是对施工地点机械和材料的放置位置、工人从事操作的场所，做出科学合理的平面布置和空间安排。它要求施工机械和操纵机械的工人在最小范围内移动，但又不阻碍机械运转和工人操作；应使机械的开关和操纵装置尽可能集中地装置在操纵工人的近旁，以节省工作时间和减轻劳动强度；应最大限度发挥机械的效能，减少工人的手工操作。

拟定合理的工人编制，就是根据施工机械的性能和设计能力，工人的专业分工和劳动工效，合理确定操纵机械的工人和直接参加机械化施工过程的工人的编制人数。

2. 确定机械一小时纯工作正常生产率

确定机械正常生产率时，必须首先确定出机械纯工作一小时的正常生产效率。

机械纯工作时间，就是指机械的必需消耗时间。机械一小时纯工作正常生产率，就是在正常施工组织条件下，具有必需的知识和技能的技术工人操纵机械一小时的生产率。

根据机械工作特点的不同，机械一小时纯工作正常生产率的确定方法，也有所不同。对于循环动作机械，确定机械纯工作一小时正常生产率的计算公式如下：

$$\text{机械一次循环的正常延续时间} = \sum \left(\text{循环各组成部分正常延续时间} \right) - \text{交叠时间} \tag{3-1}$$

$$\text{机械纯工作一小时循环次数} = \frac{60 \times 60 \text{（s）}}{\text{一次循环的正常延续时间}} \tag{3-2}$$

$$\text{机械纯工作1h正常生产率} = \text{机械纯工作1h正常循环次数} \times \text{一次循环生产的产品数量} \tag{3-3}$$

对于连续动作机械，确定机械纯工作一小时正常生产率要根据机械的类型和结构特征，以及工作过程的特点来进行。计算公式如下：

$$连续动作机械纯工作一小时正常生产率 = \frac{工作时间内生产的产品数量}{工作时间（h）} \quad (3-4)$$

工作时间内的产品数量和工作时间的消耗，要通过多次现场观察和机械说明书来取得数据。

3. 确定施工机械的正常利用系数

确定施工机械的正常利用系数，是指机械在工作班内对工作时间的利用率。机械的利用系数和机械在工作班内的工作状况有着密切的关系。所以，要确定机械的正常利用系数，就要拟定机械工作班的正常工作状况，保证合理利用工时。机械正常利用系数的计算公式如下：

$$机械正常利用系数 = \frac{机械在一个工作班内纯工作时间}{一个工作班延续时间（8h）} \quad (3-5)$$

4. 计算施工机械台班定额

计算施工机械定额是编制机械定额工作的最后一步。在确定了机械工作正常条件、机械一小时纯工作正常生产率和机械正常利用系数之后，采用下列公式计算施工机械的产量定额：

$$施工机械台班产量定额 = 机械1h纯工作正常生产率 \times 工作班纯工作时间 \quad (3-6)$$

或

$$施工机械台班产量定额 = 机械1h纯工作正常生产率 \times 工作班延续时间 \times 机械正常利用系数 \quad (3-7)$$

$$施工机械时间定额 = \frac{1}{机械台班产量定额指标} \quad (3-8)$$

3.2.5　确定材料定额消耗量的基本方法

1. 材料的分类

合理确定材料消耗定额，必须研究和区分材料在施工过程中的类别。

（1）根据材料消耗的性质划分

施工中材料的消耗可分为必须的材料消耗和损失的材料两类性质。

必须消耗的材料，是指在合理用料的条件下，生产合格产品所必需消耗的材料。它包括：直接用于建筑和安装工程的材料；不可避免的施工废料；不可避免的材料损耗。

必须消耗的材料属于施工正常消耗，是确定材料消耗定额的基本数据。其中，直接用于建筑和安装工程的材料，编制材料净用量定额；不可避免的施工废料和材料损耗，编制材料损耗定额。

（2）根据材料消耗与工程实体的关系

施工中的材料可分为实体材料和非实体材料两类。

实体材料，是指直接构成工程实体的材料。它包括主要材料和辅助材料。主要材料用量大，辅助材料用量少。

非实体材料，是指在施工中必须使用但又不能构成工程实体的施工措施性材料。非实体材料主要是指周转性材料，如模板、脚手架等。

2. 确定材料消耗量的基本方法

确定实体材料的净用量定额和材料损耗定额的计算数据，是通过现场技术测定、实验室试验、现场统计和理论计算等方法获得的。

（1）现场技术测定法

利用现场技术测定法，主要是编制材料损耗定额，也可以提供编制材料净用量定额的参考数据。其优点是能通过现场观察、测定，取得产品产量和材料消耗的情况，为编制材料定额提供技术根据。

（2）实验室试验法

利用实验室试验法，主要是编制材料净用量定额。通过试验，能够对材料的结构、化学成分和物理性能以及按强度等级控制的混凝土、砂浆配比做出科学的结论，给编制材料消耗定额提供出有技术根据的、比较精确的计算数据。

（3）现场统计法

采用现场统计法，是通过对现场进料、用料的大量统计资料进行分析计算，获得材料消耗的数据。这种方法由于不能分清材料消耗的性质，因而不能作为确定材料净用量定额和材料损耗定额的依据。

上述前3种方法的选择必须符合国家有关标准规范，即材料的产品标准，计量要使用标准容器和称量设备，质量符合施工验收规范要求，以保证获得可靠的定额编制依据。

（4）理论计算法

理论计算法，是运用一定的数学公式计算材料消耗定额。

3.2.6　企业定额

1. 企业定额概念

企业定额是指建筑安装企业根据本企业的技术水平和管理水平，完成一个规定计量单位合格产品所必需的人工、材料和施工机械台班的消耗量，以及其他生产经营要素消耗的数量标准。

2. 企业定额的作用

（1）企业定额是施工企业进行建设工程投标报价的重要依据

自2008年12月1日起，我国开始实行《建设工程工程量清单计价规范》（GB 50500—2008）。工程量清单计价，是一种与市场经济适应、通过市场形成建设工程价格的计价模式，实现工程量清单计价的关键及核心就在于企业定额的编制和使用。

（2）企业定额的建立和运用可以提高企业的管理水平和生产力水平

企业定额能直接对企业的技术、经营管理水平及工期、质量、价格等因素进行准确的测算和控制，进而控制工程成本。而且，企业定额作为企业内部生产管理的标准文件，能够结合企业自身技术力量和科学的管理方法，使企业的管理水平在企业定额制定和使用的实践中不断提高。同时，企业定额是企业生产力的综合反映。通过编制企业定额可以摸清企业生产力状况，发挥优势，弥补不足，促进企业生产力水平的提高。企业编制管理性定额是加强企业内部监控，进行成本核算和成本控制的有效手段。

（3）企业定额是业内推广先进技术和鼓励创新的工具

企业定额代表企业先进施工技术水平、施工机具和施工方法。因此，企业在建立企业定额后，会促使各个企业主动学习先进企业的技术，这样就达到了推广先进技术的目的。同时，各个企业要想超过其他企业的定额水平，就必须进行管理创新或技术创新。

（4）企业定额的建立和使用可以规范建筑市场秩序，规范发承包行为

企业定额的应用，促使企业在市场竞争中按实际消耗水平报价。这就避免了施工企业为了在竞标中取胜，无节制地压价、降价，造成企业效率低下、成本亏损、发展滞后现象的发生。

3. 企业定额的编制

企业定额的编制是一项复杂的系统工程，国内尚无一个成熟的模式，也没有统一的标准。但各个企业的企业定额因为具有相同的内涵、共同的特性等，因此，在编制时应该有其必须共同遵循的原则、依据、内容，也有可以通用的方法。

（1）编制的原则

1）执行国家、行业的有关规定，适应《建设工程工程量清单计价规范》（GB 50500—2008）的原则。各种相关法律、法规、标准等是制订企业内部定额的前提和必备条件，在建立企业定额的过程中，细分工程项目、明确工艺组成、确定定额消耗构成均必须以此为前提。同时，企业定额的建立必须与《建设工程工程量清单计价规范》（GB 50500—2008）的具体要求相统一，以保证投标报价的实用性和可操作性。

2）真实、平均先进性原则。企业定额应当能够真实地反映企业管理现状，真实的反映企业人工、机械装备、材料储备情况。同时还要依据成熟的及推广应用的先进技术和先进经验确定定额水平，它应该是大多数的生产者必须经过努力才能达到或超过的水平，以促使生产者努力提高技术操作水平，珍惜劳动时间，节约物料消耗，起到鼓励先进、勉励中间、鞭策后进的作用。

3）简明适用原则。企业定额必须满足适用于企业内部管理和对外投标报价

等多种需要。简明性要求是指企业定额必须做到项目齐全、划分恰当、步距合理，正确选择产品和材料的计量单位，适当确定系数，提供必要的说明和附注，达到便于查阅、便于计算、便于携带的目的。简明适用就企业定额的内容和形式而言，要便于定额的贯彻和执行。

4）时效性和相对稳定性原则。企业定额是一定时期内技术发展和管理水平的反映，所以在一段时期内表现出稳定的状态。这种稳定性又是相对的，它还有显著的时效性。如果当企业定额不再适应市场竞争和成本监控的需要时，它就要重新编制和修订，否则就会产生负效应。所以，持续改进是企业定额能否长期发挥作用的关键。同时，及时地将新技术、新结构、新材料、新工艺的应用编入定额中，满足实际施工需要也体现了时效性原则。

5）独立自主编制原则。施工企业作为具有独立法人地位的经济实体，应根据企业的具体情况，结合政府的价格政策和产业导向，自行编制企业定额。

6）以专为主、专群结合的原则。编制施工企业定额的人员结构，应以专家、专业人员为主，并吸收工人和工程技术人员参与。这样既有利于制定出高质量的企业定额，也为定额的施行奠定了良好的群众基础。

（2）编制的内容

从表现形式上看，企业定额的编制内容包括：编制方案、总说明、工程量计算规则、定额项目划分、定额水平的测定（工、料、机消耗水平和管理成本费的测算和制定）、定额水平的测算（类似工程的对比测算）、定额编制基础资料的整理归类和编写。

按《建设工程工程量清单计价规范》（GB 50500—2008）要求，编制的内容包括：

1）工程实体消耗定额，即构成工程实体的分部（项）工程的工、料、机的定额消耗量。实体消耗量就是构成工程实体的人工、材料、机械的消耗量，其中人工消耗量要根据本企业工人的操作水平确定。材料消耗量不仅包括施工材料的净消耗量，还应包括施工损耗。机械消耗量应考虑机械的摊销率。

2）措施性消耗定额，即有助于工程实体形成的临时设施、技术措施等定额消耗量。措施性消耗量是指为保证工程正常施工所采用的措施的消耗，是根据工程当时当地的情况以及施工经验进行的合理配置。应包括模板的选择、配置与周转，脚手架的合理使用与搭拆，各种机械设备的合理配置等措施性项目。

3）由计费规则、计价程序、有关规定及相关说明组成的编制规定。各种费用标准，是为施工准备、组织施工生产和管理所需的各项费用。企业管理人员的工资，税金、保险费、办公费、工会经费、财务费用、经常费用等等。

企业定额的构成及表现形式应视编制的目的而定，可参照统一定额，也可以采用灵活多变的形式，以满足需要和便于使用为准。例如企业定额的编制目的如果是为了控制工耗和计算工人劳动报酬，应采取劳动定额的形式；如果是为了企业进行工程成本核算，以及为投标报价提供依据，应采取施工定额或定额估价表的形式。

（3）编制的方法

编制企业定额的方法很多，与其他类型定额的编制方法基本一致。概括起来，主要有定额修正法、经验统计法、现场观察测定法、理论计算法等。这些方法各有优缺点，它们不是绝对独立的，实际工作过程中可以结合起来使用，互为补充，互为验证。企业应根据实际需要，确定适合自己的方法体系。

3.3　施　工　定　额

施工定额是施工企业（建筑安装企业）内部使用的生产定额，是施工企业（建筑安装企业）组织生产、加强管理工作的基础，也是衡量企业劳动生产率水平和管理工作的标准。

3.3.1　施工定额的概念和作用

1. 施工定额的概念

施工定额是以同一性质的施工过程为标定对象，表示在正常施工条件下，建筑安装工人完成单位合格产品所消耗的人工、材料和机械的数量标准。生产产品数量与生产要素消耗综合关系的定额，由人工定额、材料定额和机械定额所组成。施工定额是企业内部使用的生产定额，用以编制施工作业计划、编制施工组织设计、签发任务单和限额领料单、考核劳动生产率和进行成本核算。

2. 施工定额的作用

1）施工定额是编制施工预算的主要依据；

2）施工定额是编制施工组织设计和施工作业计划的主要依据；

3）施工定额是编制施工企业内部定包、签发施工任务书和限额领料的基本依据；

4）施工定额是计算劳动报酬的依据；

5）施工定额是施工企业进行成本核算，衡量劳动生产率的主要标准；

6）施工定额是编制预算定额的基础。

3.3.2　施工定额编制原理

1. 人工定额

人工定额是在正常的施工技术组织条件下，完成单位合格产品所必需的人工消耗量标准。人工定额反映生产工人在正常施工条件下的劳动效率，表示每个工人为生产单位合格产品所必须消耗的劳动时间，或者在一定的劳动时间中所生产的合格产品数量。

（1）人工定额的编制

编制人工定额，主要包括拟定正常的施工条件以及拟定定额时间两项工作。

1）拟定施工的正常条件

拟定施工的正常条件，即按规定执行定额时应该具备的条件，正常条件若不能满足，则可能达不到定额中的人工消耗量标准，因此，正确拟定施工的正常条件有利于定额的实施。拟定施工的正常条件包括：拟定施工作业的内容；拟定施工作业的方法；拟定施工作业地点的组织；拟定施工作业人员的组织等。

2）拟定施工作业的定额时间

施工作业的定额时间，是在拟定基本工作时间、辅助工作时间、准备与结束时间、不可避免的中断时间以及休息时间的基础上编制的。

（2）人工定额的形式

人工定额按表现形式的不同，可分为时间定额和产量定额两种形式。

1）时间定额

时间定额，就是某种专业、某种技术等级工人班组或个人，在合理的生产组织和合理使用材料的条件下，完成单位合格产品所必需的工作时间，包括准备与结束时间、基本生产时间，辅助生产时间、不可避免的中断时间及工人必须的休息时间。时间定额以工日为单位，每一工日按八小时计算。其计算方法如下。

$$单位产品时间定额（工日）= \frac{1}{每工日产量} \qquad (3-9)$$

$$或 \qquad 单位产品时间定额（工日）= \frac{小组成员工日数总和}{机械台班产量} \qquad (3-10)$$

2）产量定额

产量定额，是在合理的生产组织和合理使用材料的条件下，某种专业、某种技术等级的工人班组或个人在单位工日中所应完成的合格产品的数量，其计算方法如下：

$$每工日产量 = \frac{1}{单位产品时间定额（工日）} \qquad (3-11)$$

产量定额的计量单位有：米（m）、平方米（m^2）、立方米（m^3）、吨（t）、块、根、件等。

3）时间定额与产量定额的关系

时间定额与产量定额互为倒数，即：

$$时间定额 \times 产量定额 = 1 \qquad (3-12)$$

2. 材料消耗定额

材料消耗定额是在合理和节约使用材料的条件下，生产单位质量合格产品所必须消耗的一定规格的材料、成品、半成品和水、电等资源的数量标准。

定额材料消耗指标的组成，按其使用性质、用途和用量大小划分为四类，即

主要材料：是指直接构成工程实体的材料；

辅助材料：也是直接构成工程实体，但比重较小的材料；

周转性材料：又称工具性材料，是指施工中多次使用但并不构成工程实体的材料，如模板、脚手架等；

零星材料：是指用量小，价值不大，不便计算的次要材料，可用估算法计算。

（1）主要材料消耗定额的编制

主要材料消耗定额，主要包括确定直接使用在工程上的材料净用量和在施工现场内运输及操作过程中的不可避免的废料和损耗。

1）材料净用量的确定

材料净用量的确定，一般有以下几种方法：

① 理论计算法

理论计算法是根据设计、施工验收规范和材料规格等，从理论上计算材料的净用量。如砖墙的用砖数和砌筑砂浆的用量可用下列理论计算公式计算各自的净用量。

每 m^3 标准砖砌体用砖数：

$$A = \frac{1}{墙厚 \times (砖长 + 灰缝) \times (砖厚 + 灰缝)} \times K \qquad (3-13)$$

式中：K——墙厚的砖数 $\times 2$（墙厚的砖数是 0.5 砖墙、1 砖墙、1.5 砖墙等）

每 m^3 标准砖砌体砂浆用量：

$$B = 1 - 砖数 \times (砖块体积)$$

② 测定法

根据试验情况和现场测定的资料数据确定材料的净用量。

③ 图纸计算法

根据选定的图纸，计算各种材料的体积、面积、延长米或重量。

④ 经验法

根据历史上同类材料的经验进行估算。

2）材料损耗量的确定

材料的损耗一般以损耗率表示。材料损耗率可以通过观察法或统计法计算确定。材料消耗量计算的公式如下。

$$损耗率 = \frac{损耗量}{净用量} \times 100\% \qquad (3-14)$$

$$总消耗量 = 净用量 + 损耗量 = 净用量 \times （1 + 损耗率） \qquad (3-15)$$

（2）周转性材料消耗定额的编制

周转性材料指在施工过程中多次使用、周转的工具性材料，如钢筋混凝土工程用的模板，搭设脚手架用的杆子、跳板，挖土方工程用的挡土板等。

周转性材料消耗一般与下列四个因素有关：

1）第一次制造时的材料消耗（一次使用量）；

2）每周转使用一次材料的损耗（第二次使用时需要补充）；

3）周转使用次数；

4）周转材料的最终回收及其回收折价。

定额中周转材料消耗量指标的表示，应当用一次使用量和摊销量两个指标表示。一次使用量是指周转材料在不重复使用时的一次使用量，供施工企业组织施工用；摊销量是指周转材料退出使用，应分摊到每一计量单位的结构构件的周转材料消耗量，供施工企业成本核算或编制预算用。

例如，预制混凝土构件的模板用量的计算公式如下。

$$一次使用量 = 净用量 \times (1 + 操作损耗率) \tag{3-16}$$

$$摊销量 = \frac{一次使用量}{周转次数} \tag{3-17}$$

3. 机械台班定额

机械台班定额是指施工机械在正常施工条件下完成单位合格产品所必需的工作时间。它反映了合理地、均衡地组织劳动和使用机械时该机械在单位时间内的生产效率。

（1）机械台班使用定额的编制

编制机械台班使用定额，主要包括以下内容。

1）拟定机械工作的正常施工条件。包括工作地点的合理组织、施工机械作业方法的拟定、确定配合机械作业的施工小组的组织以及机械工作班制度等。

2）确定机械净工作生产率。即确定出机械纯工作一小时的正常生产率。

3）确定机械的正常利用系数。机械的正常利用系数是指机械在施工作业班内对作业时间的利用率。

4）计算机械定额台班。施工机械台班产量定额的计算如下：

$$施工机械台班产量定额 = 机械生产率 \times 工作班延续时间 \times 机械正常利用系数 \tag{3-18}$$

$$施工机械时间定额 = \frac{1}{施工机械台班产量定额} \tag{3-19}$$

5）拟定工人小组的定额时间。工人小组的定额时间是指配合施工机械作业的工人小组的工作时间总和。

$$工人小组定额时间 = 施工机械时间定额 \times 工人小组的人数 \tag{3-20}$$

（2）机械台班定额的形式

机械台班定额按表现形式的不同，可分为时间定额和产量定额两种形式。

1）机械时间定额

机械时间定额，是指在合理劳动组织与合理使用机械条件下，完成单位合格产品所必需的工作时间，包括有效工作时间（正常负荷下的工作时间和降低负荷下的工作时间）、不可避免的中断时间、不可避免的无负荷工作时间。机械时间定额以"台班"表示，即一台机械工作一个作业班时间。一个作业班时间为 8 小时。

$$单位产品机械时间定额（台班）= \frac{1}{台班产量} \tag{3-21}$$

由于机械必须由工人小组配合，所以完成单位合格产品的时间定额，同时列出人工时间定额。即：

$$单位产品人工时间定额（工日）= \frac{小组成员总人数}{台班产量} \tag{3-22}$$

例如，斗容量 $1m^3$ 正铲挖土机，挖四类土，装车，深度在 2m 内，小组成员两人，机械台班产量为 4.76（定额单位 $100m^3$），则：

$$挖 100m^3 \ 的人工时间定额为 \frac{2}{4.76} = 0.42（工日）$$

$$挖 100m^3 \ 的机械时间定额为 \frac{1}{4.76} = 0.21（台班）$$

2）机械产量定额

机械产量定额，是指在合理劳动组织与合理使用机械条件下，机械在每个台班时间内，应完成合格产品的数量。

$$机械台班产量定额 = \frac{1}{机械时间定额（台班）} \tag{3-23}$$

3）定额表示方法

机械台班使用定额的复式表示法的形式如下：

$$\frac{人工时间定额}{机械台班产量} \ 或 \ \frac{人工时间定额}{机械台班产量} \bigg|台班车次$$

例如，正铲挖土机每一台班劳动定额表中 $\frac{0.466}{4.29}$ 表示在挖一、二类土，挖土深度在 1.5m 以内，且需装车的情况下：斗容量为 $0.5m^3$ 的正铲挖土机的台班产量定额为 4.29（$100m^3$/台班）；配合挖土机施工的工人小组的人工时间定额为 0.466（工日/$100m^3$）；同时可以推算出挖土机的时间定额，应为台班产量定额的倒数，即：

$$\frac{1}{4.29} = 0.233（台班/100m^3）$$

还能推算出配合挖土机械施工的工人小组的人数应为$\dfrac{\text{人工时间定额}}{\text{机械时间定额}}$，即：$\dfrac{0.466}{0.233}=2$（人）；或人工时间定额×机械台班产量定额，即 $0.466 \times 4.29 = 2$（人）。

3.4　预 算 定 额

3.4.1　预算定额的概念和作用

1. 预算定额的概念

预算定额，是指在合理的施工组织设计、正常施工条件下，生产合格质量的单位建筑产品（分项工程或结构构件）所需的人工、材料和机械台班的社会平均消耗量标准，是计算建筑安装产品价格的基础。

2. 预算定额的作用

1）预算定额是编制施工图预算、确定建筑安装工程造价的基础。预算定额起着控制劳动消耗、材料消耗和机械台班使用的作用，进而起着控制建筑产品价格的作用。

2）预算定额是编制施工组织设计的依据。施工单位在缺乏本企业的施工定额的情况下，根据预算定额，亦能够比较精确地计算出施工中各项资源的需要量，为有计划地组织材料采购和预制件加工、劳动力和施工机械的调配，提供了可靠的计算依据。

3）预算定额是编制概算定额的基础。概算定额是在预算定额基础上综合扩大编制。

4）预算定额是合理编制招标标底、投标报价的基础。在深化改革中，预算定额的指令性作用将日益削弱，而施工单位按照工程个别成本报价的指导性作用仍然存在，因此预算定额作为编制标底的依据和施工企业报价的基础性作用仍将存在。

3.4.2　预算定额的编制原则、依据和步骤

1. 预算定额的编制原则

为保证预算定额的质量，充分发挥预算定额的作用，实际使用简便，在编制工作中应遵循以下原则：

（1）按社会平均水平确定预算定额的原则

预算定额是按照"在现有的社会正常的生产条件下，在社会平均的劳动熟练程度和劳动强度下制造某种使用价值所需要的劳动时间"来确定定额水平。所以

预算定额的平均水平，是在正常的施工条件下，合理的施工组织和工艺条件、平均劳动熟练程度和劳动强度下，完成单位分项工程基本构造要素所需要的劳动时间。

预算定额的水平以大多数施工单位的施工定额水平为基础。但是，预算定额绝不是简单地套用施工定额的水平。首先，在比施工定额的工作内容综合扩大的预算定额中，也包含了更多的可变因素，需要保留合理的幅度差。其次，预算定额应当是平均水平，而施工定额是平均先进水平，两者相比，预算定额水平相对要低一些，但是应限制在一定范围之内。

（2）简明适用的原则

预算定额项目是在施工定额的基础上进一步综合，通常将建筑物分解为分部、分项工程。简明适用是指在编制预算定额时，对于那些主要的、常用的、价值量大的项目，分项工程划分宜细；次要的、不常用的、价值量相对较小的项目则可以粗一些。

预算定额要项目齐全。要注意补充那些因采用新技术、新结构、新材料而出现的新的定额项目。如果项目不全，缺项多，就会使计价工作缺少充足的可靠的依据。

对定额的活口也要设置适当。所谓活口，即在定额中规定当符合一定条件时，允许该定额另行调整。在编制中要尽量不留活口，对实际情况变化较大，影响定额水平幅度大的项目，确需留的，也应该从实际出发尽量少留；即使留有活口，也要注意尽量规定换算方法，避免采取按实计算。

简明适用还要求合理确定预算定额的计算单位，简化工程量的计算，尽可能地避免同一种材料用不同的计量单位和一量多用。尽量减少定额附注和换算系数。

（3）坚持统一性和差别性相结合原则

所谓统一性，就是通过编制全国统一定额，使建筑安装工程具有一个统一的计价依据，也使考核设计和施工的经济效果具有一个统一尺度。

所谓差别性，就是在统一性的基础上，各部门和省、自治区、直辖市主管部门可以在自己的管辖范围内，根据本部门和地区的具体情况，制定部门和地区性定额、补充性制度和管理办法，以适应我国幅员辽阔，地区间部门发展不平衡和差异大的实际情况。

2. 预算定额编制的依据

1）现行劳动定额和施工定额。预算定额是在现行劳动定额和施工定额的基础上编制的。预算定额中人工、材料、机械台班消耗水平，需要根据劳动定额或施工定额取定；预算定额的计量单位的选择，也要以施工定额为参考，从而保证两者的协调和可比性，减轻预算定额的编制工作量，缩短编制时间。

2）现行设计规范、施工及验收规范，质量评定标准和安全操作规程。

3）具有代表性的典型工程施工图及有关标准图。对这些图纸进行仔细分析研究，并计算出工程数量，作为编制定额时选择施工方法确定定额含量的依据。

4）新技术、新结构、新材料和先进的施工方法等。这类资料是调整定额水平和增加新的定额项目所必需的依据。

5）有关科学实验、技术测定和统计、经验资料。这类工程是确定定额水平的重要依据。

6）现行的预算定额、材料预算价格及有关文件规定等。包括过去定额编制过程中积累的基础资料，也是编制预算定额的依据和参考。

3.4.3 预算定额编制的方法

1. 预算定额编制中的主要工作

（1）确定预算定额的计量单位

预算定额的计量单位主要是根据分部分项工程和结构构件的形体特征及其变化确定。工程量计算规则的规定应确切反映定额项目所包含的工作内容。

预算定额中人工、机械按"工日"、"台班"计量，各种材料的计量单位与产品计量单位基本一致，精确度要求高、材料贵重，多取三位小数。如钢材吨以下取三位小数，木材立方米以下取三位小数。一般材料取两位小数。

（2）按典型设计图纸和资料计算工程数量

计算工程数量，是为了通过计算出典型设计图纸所包括的施工过程的工程量，以便在编制预算定额时，有可能利用施工定额的人工、机械和材料消耗指标确定预算定额所含工序的消耗量。

（3）确定预算定额各项目人工、材料和机械台班消耗指标

确定预算定额人工、材料、机械台班消耗指标时，必须先按施工定额的分项逐项计算出消耗指标，然后，再按预算定额的项目加以综合。但是，这种综合不是简单的合并和相加，而需要在综合过程中增加两种定额之间的适当的水平差。预算定额的水平，首先取决于这些消耗量的合理确定。

（4）编制定额表和拟定有关说明

定额项目表的一般格式是：横向排列为各分项工程的项目名称，竖向排列为分项工程的人工、材料和施工机械消耗量指标。有的项目表下部，还有附注以说明设计有特殊要求时，怎样进行调整和换算。

2. 人工工日消耗量的计算

人工的工日数可以有两种确定方法。一种是以劳动定额为基础确定；另一种是以现场观察测定资料为基础计算，主要用于遇到劳动定额缺项时，采用现场工

作日写实等测时方法查定和计算定额的人工耗用量。

预算定额中人工工日消耗量是指在正常施工条件下，生产单位合格产品所必需消耗的人工工日数量，是由分项工程所综合的各个工序劳动定额包括的基本用工、其他用工两部分组成的。

3. 材料消耗量的计算

材料消耗量计算方法主要有：

1）凡有标准规格的材料，按规范要求计算定额计量单位的耗用量，如砖、防水卷材、块料面层等。

2）凡设计图纸标注尺寸及下料要求的按设计图纸尺寸计算材料净用量，如门窗制作用材料、方、板料等。

3）换算法。各种胶结、涂料等材料的配合比用料，可以根据要求条件换算，得出材料用量。

4）测定法。包括试验室试验法和现场观察法。指各种强度等级的混凝土及砌筑砂浆配合比的耗用原材料数量的计算，须按照规范要求试配经过试压合格以后并经过必要的调整后得出的水泥、砂子、石子、水的用量。对新材料、新结构又不能用其他方法计算定额消耗用量时，须用现场测定方法来确定，根据不同条件可以采用写实纪录法和观察法，得出定额的消耗量。

材料损耗量，指在正常条件下不可避免的材料损耗，如现场内材料运输及施工操作过程中的损耗等。

4. 机械台班消耗量的计算

预算定额中的机械台班消耗量是指在正常施工条件下，生产单位合格产品（分部分项工程或结构构件）必需消耗的某种型号施工机械的台班数量。

（1）根据施工定额确定机械台班消耗量的计算

这种方法是指施工定额中机械台班产量加机械幅度差计算预算定额的机械台班消耗量。

机械台班幅度差一般包括正常施工组织条件下不可避免的机械空转时间，施工技术原因的中断及合理停滞时间，因供电供水故障及水电线路移动检修而发生的运转中断时间，因气候变化或机械本身故障影响工时利用的时间，施工机械转移及配套机械相互影响损失的时间，配合机械施工的工人因与其他工种交叉造成的间歇时间，因检查工程质量造成的机械停歇的时间，工程收尾和工作量不饱满造成的机械停歇时间等。

通常情况下，大型机械幅度差系数为：土方机械 25%，打桩机械 33%，吊装机械 30%。砂浆、混凝土搅拌机由于按小组配用，以小组产量计算机械台班产量，不另增加机械幅度差。其他分部工程中钢筋加工、木材、水磨石等各项专用机械的幅度差为 10%。

综上所述，预算定额的机械台班消耗量按下式计算：

$$\text{预算定额机械耗用台班} = \text{施工定额机械耗用台班} \times (1 + \text{机械幅度差系数}) \quad (3-24)$$

（2）以现场测定资料为基础确定机械台班消耗量

如遇到施工定额（劳动定额）缺项者，则需要依据单位时间完成的产量测定。

3.5 概算定额与概算指标

3.5.1 概算定额的概念与作用

1. 概算定额的概念

概算定额，是在预算定额基础上，确定完成合格的单位扩大分项工程或单位扩大结构构件所需消耗的人工、材料和机械台班的数量标准，所以概算定额又称作扩大结构定额。

概算定额是预算定额的合并与扩大。它将预算定额中有联系的若干个分项工程项目综合为一个概算定额项目。如砖基础概算定额项目，就是以砖基础为主，综合了平整场地、挖地槽、铺设垫层、砌砖基础、铺设防潮层、回填土及运土等预算定额中分项工程项目。

概算定额与预算定额的相同之处在于，它们都是以建（构）筑物各个结构部分和分部分项工程为单位表示的，内容也包括人工、材料和机械台班使用量定额三个基本部分，并列有基准价。概算定额表达的主要内容、表达的主要方式及基本使用方法都与预算定额相近。

概算定额与预算定额的不同之处在于项目划分和综合扩大程度上的差异，同时，概算定额主要用于设计概算的编制。由于概算定额综合了若干分项工程的预算定额，因此使概算工程量计算和概算表的编制，都比编制施工图预算简化一些。

2. 概算定额的作用

1）是初步设计阶段编制概算、扩大初步设计阶段编制修正概算的主要依据；

2）是对设计项目进行技术经济分析比较的基础资料之一；

3）是建筑安装工程主要材料使用计划编制的依据；

4）是编制概算指标的依据。

3. 编制概算定额的一般要求

（1）概算定额的编制深度要适应设计深度的要求

由于概算定额是在初步设计阶段使用的，受初步设计的设计深度所限制，因此定额项目划分应坚持简化、准确和适用的原则。

（2）概算定额水平的确定应与基础定额、预算定额的水平基本一致

概算定额水平必须是反映在正常条件下，大部分企业的设计、生产、施工和管理水平。由于概算定额是在基础定额的基础上，适当地再一次扩大、综合和简化，因而在工程标准、施工方法和工程量取值等方面进行综合、测算时，概算定额与基础定额之间必将产生并允许留有一定的幅度差，以便根据概算定额编制的概算能够控制住施工图预算。

3.5.2   概算定额的编制原则和编制依据

1. 概算定额的编制原则

概算定额应该贯彻社会平均水平和简明适用的原则。由于概算定额和预算定额都是工程计价的依据，所以应符合价值规律和反映现阶段大部分企业的设计、生产及施工管理水平。但在概预算定额水平之间应保留必要的幅度差。概算定额的内容和深度是以预算定额为基础的综合和扩大。在合并中不得遗漏或增减项目，以保证其严密性和正确性。概算定额务必达到简化、准确和适用。

2. 概算定额的编制依据

由于概算定额的使用范围不同，其编制依据也略有不同。其编制依据一般有以下几种：

1）现行的设计规范和建筑工程预算定额；

2）具有代表性的标准设计图纸和其他设计资料；

3）现行的人工工资标准、材料价格、机械台班单价及其他的价格资料。

3.5.3   概算定额的编制方法

概算定额是在基础定额的基础上综合而成的，每一项概算定额项目都包括了数项基础定额的定额项目。

1）直接利用基础定额。如砖基础、钢筋混凝土基础、楼梯、阳台、雨篷等。

2）在基础定额的基础上再合并其他次要项目。如墙身再包括伸缩缝；地面包括平整场地、回填土、明沟、垫层、找平层、面层及踢脚。

3）改变计量单位。如屋架、天窗架等不再按立方米体积计算，而按屋面水平投影面积计算。

4）采用标准设计图纸的项目，可以根据预先编好的标准预算计算。如构筑物中的烟囱、水塔、水池等，以每座为单位。

5）工程量计算规则进一步简化。如砖基础、带形基础以轴线（或中心线）长度乘断面积计算；内外墙均按轴线（或中心线）长度乘以设计高度扣减门窗洞口后的面积计算；屋架按屋面投影面积计算；烟囱、水塔按座计

算；细小零星占造价比重很小的项目，不计算工程量，按占主要工程的百分比计算。

3.5.4　概算指标

1. 概算指标的概念

建筑安装工程概算指标通常是以整个建筑物和构筑物为对象，以建筑面积、体积或成套设备装置的台或组为计量单位而规定的人工、材料、机械台班的消耗量标准和造价指标。

2. 概算指标的作用

概算指标和概算定额、预算定额一样，都是与各个设计阶段相适应的多次性计价的产物，它主要用于投资估价、初步设计阶段，其作用主要有：

1）概算指标可以作为编制投资估算的参考；

2）概算指标中的主要材料指标可以作为匡算主要材料用量的依据；

3）概算指标是设计单位进行设计方案比较，建设单位选址的一种依据；

4）概算指标是编制固定资产投资计划，确定投资额和主要材料计划的主要依据。

3. 概算指标的编制方法

单位工程概算指标，一般选择常见的工业建筑的辅助车间（如机修车间、金工车间、装配车间、锅炉房、变电站、空压机房、成品仓库、危险品仓库等）和一般民用建筑项目（如单身宿舍、办公楼、教学楼、浴室、门卫室等）为编制对象，根据设计图纸和现行的概算定额等，测算出每 $100m^2$ 建筑面积或每 $1000m^3$ 建筑体积所需的人工、主要材料、机械台班的消耗量指标和相应的费用指标等。

4. 概算指标的表现形式

概算指标在具体内容的表示方法上，分综合指标和单项指标两种形式。

（1）综合概算指标

综合概算指标是按照工业或民用建筑及其结构类型而制定的概算指标。综合概算指标的概括性较大，其准确性、针对性不如单项指标。

（2）单项概算指标

单项概算指标是指为某种建筑物或构筑物而编制的概算指标。单项概算指标的针对性较强，故指标中对工程结构形式要作介绍。只要工程项目的结构形式及工程内容与单项指标中的工程概况相吻合，编制出的设计概算就比较准确。

5. 概算指标的应用

概算指标的应用比概算定额具有更大的灵活性，由于它是一种综合性很强的指标，不可能与拟建工程的建筑特征、结构特征、自然条件、施工条件完全一致。因此在选用概算指标时要十分慎重，选用的指标与设计对象在各个方面应尽量一致或接近，不一致的地方要进行换算，以提高准确性。

概算指标的应用一般有两种情况：

1）如果设计对象的结构特征与概算指标一致时，可以直接套用。

2）如果设计对象的结构特征与概算指标的规定局部不同时，要对指标的局部内容进行调整后再套用。

用概算指标编制工程概算，工程量的计算工作很小，也节省了大量的定额套用和工料分析工作，因此相比于应用概算定额编制工程概算的速度要快，但是准确性较差。

3.6　投资估算指标

3.6.1　估算指标的概念和作用

1. 投资估算指标的概念

估算指标是国家或其授权机关根据现行的技术经济政策、典型的工程设计、相应的概算定额、概算指标和竣工决算资料等，确定建设项目单位综合生产能力或使用效益费用标准的文件。它具有较强的综合性和概括性。

2. 投资估算指标的作用

投资估算指标是编制建设项目建议书、可行性研究报告等前期工作阶段投资估算的依据，也可以作为编制固定资产长远规划投资额的参考。投资估算指标为完成项目建设的投资估算提供依据和手段，它在固定资产的形成过程中起着投资预测、投资控制、投资效益分析的作用，是合理确定项目投资的基础。投资估算指标中的主要材料消耗量也是一种扩大材料消耗量指标，可以作为计算建设项目主要材料消耗量的基础。估算指标的正确制定对于提高投资估算的准确度、对建设项目的合理评估、正确决策具有重要意义。

3.6.2　投资估算指标编制原则

由于投资估算指标属于项目建设前期进行估算投资的技术经济指标，它不但要反映实施阶段的静态投资，还必须反映项目建设前期和交付使用期内发生的动态投资，这就要求投资估算指标比其他各种计价定额具有更大的综合性和概括性。因此投资估算指标的编制工作，除应遵循一般定额的编制原则外，还必须坚持下述原则：

1）投资估算指标项目的确定，应考虑以后几年编制建设项目建议书和可行性研究报告投资估算的需要。

2）投资估算指标的分类、项目划分、项目内容、表现形式等要结合各专业的特点，并且要与项目建议书、可行性研究报告的编制深度相适应。

3）投资估算指标的编制内容，典型工程的选择，必须遵循国家的有关建设方针政策，符合国家技术发展方向，贯彻国家高科技政策和发展方向原则，使指标的编制既能反映现实的高科技成果，反映正常建设条件下的造价水平，也能适应今后若干年的科技发展水平。坚持技术上先进、可行和经济上的合理，力争以较少的投入求得最大的投资效益。

4）投资估算指标的编制要反映不同行业、不同项目和不同工程的特点，投资估算指标要适应项目前期工作深度的需要，而且具有更大的综合性。投资估算指标要密切结合行业特点，项目建设的特定条件，在内容上既要贯彻指导性、准确性和可调性原则，又要有一定的深度和广度。

5）投资估算指标的编制要体现国家对固定资产投资实施间接调控作用的特点。要贯彻能分能合、有粗有细、细算粗编的原则。

6）投资估算指标的编制要贯彻静态和动态相结合的原则。要充分考虑到市场经济条件下，由于建设条件、实施时间、建设期限等因素的不同，考虑到建设期的动态因素，即价格、建设期利息及涉外工程的汇率等因素的变动，导致指标的量差、价差、利息差、费用差等"动态"因素对投资估算的影响，对上述动态因素给予必要的调整办法和调整参数，尽可能减少这些动态因素对投资估算准确度的影响，使指标具有较强的实用性和可操作性。

3.6.3 投资估算指标的内容

投资估算指标是确定和控制建设项目全过程各项投资支出的技术经济指标，其范围涉及建设前期、建设实施期和竣工验收交付使用期等各个阶段的费用支出，内容因行业不同而各异，一般可分为建设项目综合指标、单项工程指标和单位工程指标3个层次。

1. 建设项目综合指标

建设项目综合指标，是反映建设项目从立项筹建到竣工验收交付使用所需的全部投资指标，包括建设投资（单项工程投资和工程建设其他费用）和流动资金投资。一般以建设项目的单位综合生产能力的投资表示，如元/年生产能力（t）、元/小时产气量（m^3）等；或以建设项目单位使用功能的投资表示，如医院：元/床，宾馆：元/客房套。

2. 单项工程指标

单项工程指标，是反映建造能独立发挥生产能力或使用效益的单项工程所需的全部费用指标。包括建筑工程费用、安装工程费用和该单项工程内的设备、工器具购置费用，不包括工程建设其他费用。单项工程指标，一般以单项工程单位生产能力造价或单位建筑面积造价表示。如变电站：元$/kV \cdot A$，锅炉房：元/年产蒸汽（t），办公室和住宅：元/建筑面积（m^2）。

3. 单位工程指标

单位工程指标，是反映建造能独立组织施工的单位工程的造价指标，即建筑安装工程费用指标，包括直接费、间接费、利润和税金，类似于概算指标。一般以单位工程量造价表示。如房屋：元$/m^2$，道路：元$/m^2$，水塔：元/座，管道：元$/m$。

3.7　工程量清单的编制及其计价

3.7.1　工程量清单的概念和作用

1. 工程量清单的概念

根据《建设工程工程量清单计价规范》（GB 50500—2008），工程量清单是由建设工程招标人发出的，对招标工程的全部项目，按统一的项目编码、工程量计算规则、项目划分和计量单位计算出的工程数量列出的表格。

工程量清单应由具有编制能力的招标人，或受其委托具有相应资质的工程造价咨询人进行编制。采用工程量清单方式招标，工程量清单必须作为招标文件的组成部分，其准确性和完整性由招标人负责。

2. 工程量清单的作用

工程量清单除了为潜在的投标人提供必要的信息外，还具有以下作用：

1）为投标人提供一个公开、公平、公正的竞争环境。工程量清单由招标人统一提供，统一的工程量避免了由于计算不准确、项目不一致等人为因素造成的不公正影响，创造了一个公平的竞争环境；

2）工程量清单是编制招标控制价的依据之一；

3）工程量清单是计价和询标、评标的基础；

4）工程量清单是施工过程中支付工程进度款和调整合同价款的依据之一；

5）为办理工程结算及工程索赔提供了重要依据。

3.7.2　工程量清单的编制

根据《建设工程工程量清单计价规范》（GB 50500—2008）（以下简称"计价规

范")中对清单的编制做了明确规定。按照"计价规范",建筑安装工程费用应由分部分项工程费、措施项目费、其他项目费、规费和税金组成,如图3-3所示。

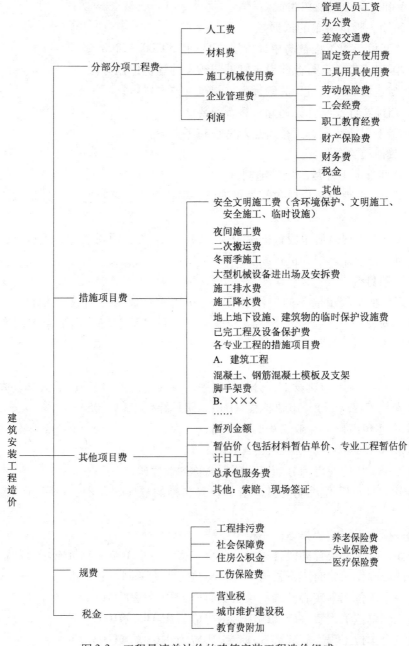

图 3-3 工程量清单计价的建筑安装工程造价组成

1. 清单的组成

工程量清单应由分部分项工程量清单、措施项目清单、其他项目清单、规费项目清单和税金项目清单组成。

2. 编制工程量清单的依据

1)《建设工程工程量清单计价规范》(GB 50500—2008);

2)国家或省级、行业建设主管部门颁发的计价依据办法;

3)与建设工程项目相关的标准、规范、技术资料;

4)招标文件及其补充通知、答疑纪要;

5)施工现场情况、工程特点及常规施工方案;

6)其他相关资料。

3. 分部分项工程量清单的编制

分部分项工程量清单应包括项目编码、项目名称、项目特征、计量单位和工程数量,

分部分项工程量清单应根据附录规定的项目编码、项目名称、项目特征、计量单位和工程量计算规则进行编制。

(1)项目编码

分部分项工程量清单的项目编码,应采用十二位阿拉伯数字表示。前 9 位为全国统一编码,不得变动,后 3 位是清单项目名称编码,由清单编制人根据设计图纸的要求、拟建工程的实际情况和项目特征设置。各位编码的含义如下:

第 1、2 位编码为建设工程分类的顺序码,如建筑工程(01)、装饰装修工程(02)、安装工程(03)、市政工程(04)、园林绿化工程(05);

第 3、4 位编码为专业工程的顺序码;

第 5、6 位编码为分部工程的顺序码;

第 7、8、9 位编码为分项工程项目名称的顺序码;

第 10、11、12 位编码为具体清单项目名称的顺序码,由工程量清单编制人确定。

同一招标工程的项目编码不得有重码。

例如:某标段或合同段含有三个单位工程,每个单位工程都有项目特征相同的实心砖墙砌体,此时工程量清单应以单位工程为编制对象,则

第一个单位工程实心砖墙的项目编码应为 010302001001;

第二个单位工程实心砖墙的项目编码应为 010302001002;

第三个单位工程实心砖墙的项目编码应为 010302001003。

编制工程量清单出现附录中未包括的项目,编制人应作补充,并报省级或行业工程造价管理机构备案,省级或行业工程造价管理机构应汇总报住房和城乡建

设部编制定额研究所。

补充项目的编码由附录的顺序码与 B 和三位阿拉伯数字组成，并应从 × B001 起顺序编制，同一招标工程的项目不得重码。工程量清单中附有补充项目的名称、项目特征、计量单位、工程量计算规则、工程内容。

（2）项目名称

分部分项工程量清单的项目名称应按附录的名称结合拟建工程的实际确定。

（3）项目特征

分部分项工程量清单项目特征应按附录中规定的项目特征，结合拟建工程项目的实际予以描述。分部分项工程量清单的项目特征是确定综合单价的重要依据，因此必须描述，并且该项目特征是反映其自身价值的特征，而工程内容无需描述。

（4）计量单位

分部分项工程量清单的计量单位应按附录中规定的计量单位确定。当计量单位有两个或以上时，应依据所编清单项目的特征要求，选择最适宜表现该项目特征并方便计量的单位。如门窗，单位为"樘/m^2"。

（5）工程量计算规则

该规范一共有以下六个附录：

附录 A 为建筑工程工程量清单项目及计算规则。适用于工业和民用建筑的建筑物和构筑物工程。

附录 B 为装饰装修工程工程量清单项目及计算规则。适用于工业和民用的建筑物和构筑物装饰装修工程。

附录 C 为安装工程工程量清单项目及计算规则。适用于工业、民用安装工程。

附录 D 为市政工程工程量清单项目及计算规则。适用于城市市政建设工程。

附录 E 为园林绿化工程工程量清单项目及计算规则。适用于园林绿化工程。

附录 F 为矿山工程工程量清单项目及计算规则。适用于矿山工程。

各附录中规定了不同专业工程的工程量计算规则。

（6）工程数量

分部分项工程量清单中所列工程量应按附录中规定的工程量计算规则计算。

一般情况下，工程数量的有效位数应遵守下列规定：

以"吨"为单位，应保留三位小数，第四位小数四舍五入；以"立方米"、"平方米"、"米"为单位，应保留两位小数，第三位小数四舍五入；以"个"、"项"等为计量单位的应取整数。

4. 措施项目清单的编制

措施项目清单应根据拟建工程的实际情况列项。通用措施项目可按表 3-2 选择列项，专业工程的措施项目可按附录中规定的项目选择列项。若出现规范中未列出的项目，可根据工程实际情况补充。

措施项目一览表　　　　　　　　　　　　　　　　　　表 3-2

序　　号	项　目　名　称
	1　通用项目
1	安全文明施工（含环境保护、文明施工、安全施工、临时设施）
2	夜间施工
3	二次搬运
4	冬雨季施工
5	大型机械设备进出场及安拆
6	施工排水
7	施工降水
8	地上、地下设施，建筑物的临时保护
9	已完工程及设备保护

措施项目中可以计算工程量的项目清单宜采用分部分项工程量清单的方式编制，列出项目编码、项目名称、项目特征、计量单位和工程量计算规则，如模板工程；不能计算工程量的项目清单，以"项"为计量单位。

5. 其他项目清单

其他项目清单主要有：暂列金额；暂估价（包括材料暂估单价、专业工程暂估单价）；计日工；总承包服务费等。

6. 规费项目清单

规费项目清单应包括：工程排污费；社会保障费（养老、失业、医疗）；住房公积金以及工伤保险费。

出现未列的项目，应根据省级政府或省级有关权力部门的规定列项。

7. 税金项目清单

税金项目清单应包括营业税；城市维护建设税和教育费附加。

出现未列的项目，应根据税务部门的规定列项。

3.7.3　工程量清单计价

采用工程量清单计价，建设工程造价应由分部分项工程费、措施项目费、其他项目费、规费和税金组成。

分部分项工程量清单应采用综合单价。综合单价中应包括招标文件中要求投标人承担的风险费用。招标文件提供了暂估单价的材料,按暂估的单价计入综合单价。

招标文件中的工程量清单标明的工程量是投标人投标报价的共同基础,竣工结算的工程量按发、承包双方在合同中约定应予计量且实际完成的工程量确定。

措施项目清单计价应根据拟建工程的施工组织设计、可以计算工程量的措施项目,应按分部分项工程量清单的方式采用综合单价计价;其余的措施项目可以"项"为单位的方式计价。应包括除规费、税金以外的全部费用。

措施项目清单中的安全文明施工费应按国家或省级、行业建设主管部门的规定计价,不得作为竞争性费用。

招标人在工程量清单中提供了暂估价的材料和专业工程属于依法必须招标的,由承包人和招标人共同通过招标确定材料单价与专业工程分包价。若材料不属于依法必须招标的,经发、承包双方协商确认单价后计价。若专业工程不属于依法必须招标的,由发包人、总承包人按有关计价依据进行计价。

采用工程量清单计价的工程,应在招标文件或合同中明确风险内容及其范围(幅度),不采用无限风险、所有风险或类似语句规定风险内容及范围(幅度)。按照国际惯例,施工阶段的风险应按如下原则分摊:对于主要由市场价格导致的价格风险,发承包双方应在合同中约定如何分摊,一般承包人可承担5%以内的价格风险,10%的施工机械使用费风险;对于法律、法规、规章等出台导致的风险,一般承包人不承担;对于承包人根据自身技术水平、管理、经营状况等能够自主控制的风险,应由承包人承担。

其他项目费中的暂列金额可根据工程的复杂程度、设计深度、工程环境条件(包括地质、水文、气候条件等)进行估算,一般可按分部分项工程的10% ~ 15%作为参考。按有关计价规定估算;暂估价中的材料单价应根据工程造价信息或参照市场价格估算;暂估价中的专业工程金额应分不同专业,按有关规定估算;计日工应根据工程特点和有关计价依据计算;总承包服务费应根据招标文件列出的内容和要求估算。

3.7.4 工程量清单示例

通常,工程量清单的格式如表3-3 ~ 3-13所示。

封　面

表 3-3

某中学教师住宅工程

工程量清单

招标人：××中学（单位盖章）　　　　　　工程造价咨询人：＿＿＿＿＿＿（单位资质专用章）

法定代表人：××中学法定代表人（签字盖章）　　　法定代表人：＿＿＿＿＿＿（签字盖章）

编制人：×××签字盖章（造价人员签字盖章）　　复核人：×××签字盖章（造价工程师签字盖章）

编制时间：××年××月××日　　　　　　　复核时间：××年××月××日

总　说　明

表 3-4

工程名称：某中学教师住宅工程

1. 工程概况：本工程为砖混结构，采用混凝土灌注桩，建筑层数为六层，建筑面积为 $10940m^2$，计划工期 300 日历天。
2. 工程招标范围：本次招标范围为施工图范围内的建筑工程和安装工程。
3. 工程量清单编制依据：
   （1）住宅楼施工图
   （2）《建设工程工程量清单计价规范》（GB 50500—2008）
4. 其他需要说明的问题：
   （1）招标人供应现浇构件的全部钢筋，单价暂定为 5000 元/吨。
   （2）进户防盗门另进行专业分包。

分部分项工程量清单　　　　　　　　　　　　　　　表 3-5

工程名称：某中学教师住宅工程　　　　　　　　　　　　　　　第 页 共 页

序号	项目编码	项目名称	项目特征	计量单位	工程数量
			A.1　土（石）方工程		
1	010101001001	平整场地	三类土，土方就地挖填找平	m²	1792
2	0101001003002	挖基础土方	三类土，条形基础，垫层底宽2m，挖土深度4m以内，弃土运距为10km	m³	1432
			（其他略）		
			分部小计		
			（其他略）		
			本页小计		
			合计		

措施项目清单（一）　　　　　　　　　　　　　　　　表 3-6

工程名称：某中学教师住宅工程　　　　　　　　　　　　　　　第 页 共 页

序　号	项　目　名　称
1	安全文明施工费
2	夜间施工费
3	二次搬运费
4	冬雨期施工费
5	大型机械设备进场及安拆
6	施工排水
7	施工降水
8	地上、地下、建筑物的临时保护措施
9	已完工程及设备保护
10	各专业工程的措施项目
（1）	脚手架
（2）	垂直运输机械

措施项目清单（二）　　　　　　　　　　　表 3-7

工程名称：某中学教师住宅工程　　　　　　　　　　　　　第　页　共　页

序号	项目编码	项目名称	项目特征	计量单位	工程数量
1	AB001	现浇混凝土平板模板及支架	矩形板，支模高度 3m	m²	1200
2	AB002	现浇混凝土有梁板模板及支架	矩形梁，断面 200mm×400mm，梁底支模高度 2.6，板底支模高度 3m	m²	1500
		（其他略）			
		本页小计			
		合　计			

其他项目清单　　　　　　　　　　　　　　表 3-8

工程名称：某中学教师住宅工程　　　　　　　　　　　　　第　页　共　页

序号	项目名称	计量单位	金额（元）	备注
1	暂列金额	项	300000	
2	暂估价		100000	
2.1	材料暂估价		……	明细见表 3-9
2.2	专业工程暂估价	项	100000	明细见表 3-10
3	计日工			明细见表 3-11
4	总承包服务费			明细见表 3-12
	合　计			……

材料暂估单价表　　　　　　　　　　　　　表 3-9

工程名称：某中学教师住宅工程　　　　　　　　　　　　　第　页　共　页

序号	材料名称、规格、型号	计量单位	单价	备注
1	钢筋（规格、型号综合）	t	5000	用在所有现浇混凝土钢筋清单项目

专业工程暂估价表 表 3-10

工程名称：某中学教师住宅工程 第 页 共 页

序 号	工程名称	工程内容	金额（元）	备 注
1	入户防盗门	安装	100000	
合 计			100000	

计日工表 表 3-11

工程名称：某中学教师住宅工程 第 页 共 页

编 号	项目名称	单 位	暂定数量
一	人工		
1	普工	工日	200
2	技工（综合）	工日	50
人工合计			
二	材料		
1	钢筋	t	1
2	水泥 42.5	t	2
3	中砂	m^3	10
材料小计			
三	施工机械		
1	自升式塔式起重机（起重力矩 1250kN·m）	台班	5
2	灰浆搅拌机	台班	2
施工机械合计			
总计			

总承包服务费表 表 3-12

工程名称：某中学教师住宅工程 第 页 共 页

序号	项目名称	项目价值（元）	服 务 内 容
1	发包人发包专业工程	100000	1. 按专业工程承包人的要求提供施工工作面并对施工现场进行统一管理，对竣工资料进行统一整理汇总。 2. 为专业工程承包人提供垂直运输机械和焊接电源接入点，并承担垂直运输费和电费。 3. 为防盗门安装后进行补缝和找平并承担相应费用

续表

序号	项目名称	项目价值（元）	服　务　内　容
2	发包人供应材料	1000000	对发包人供应的材料进行验收、保管和使用发放

规费、税金项目清单 **表3-13**

工程名称：某中学教师住宅工程 第　页　共　页

序号	项目名称	计　算　基　础	费率（%）
1	规费		
1.1	工程排污费	按工程所在地环保部门规定按实计算	
1.2	社会保障费	（1）+（2）+（3）	
（1）	养老保险费	定额人工费	
（2）	失业保险费	定额人工费	
（3）	医疗保险费	定额人工费	
1.3	住房公积金	定额人工费	
1.4	工伤保险费	定额人工费	
2	税金	分部分项工程费+措施项目费+其他项目费+规费	
合计			

4 工程项目投资决策阶段的成本规划与控制

【内容概述】 正确决策是合理规划和控制工程成本的前提，作为项目实施之前的研究、选择与决策的阶段，投资决策阶段的成本计划与控制的内容涉及以下内容：根据方案进行成本计划确定投资估算额，以积极的成本计划思想综合分析项目各目标，对项目进行多方案的技术经济分析的经济评价，选择技术可行、经济合理的建设方案。本章首先简单概述了工程项目投资决策阶段进行成本计划与控制的任务，分析了这个阶段工程项目成本的主要影响因素，然后介绍了工程项目投资估算的概念、内容、作用、要求和编制依据、编制程序和方法，最后介绍了项目可行性研究的基本作用和原则，以及项目经济评价的基本内容。

4.1 概　　述

4.1.1　工程项目投资决策的含义

工程项目投资决策是选择和决定工程项目投资行动方案的过程，是对拟建项目的必要性和可行性进行技术经济论证，对不同建设方案进行技术经济比较选择及做出判断和决定的过程。投资决策是否正确，直接决定了项目投资的经济效益。建设工程项目投资决策主要决定如下事项：项目是否实施、实施地点、建设方案等。

建设工程项目投资决策是否正确，将对项目投资的经济效益产生直接影响。正确的项目投资决策是正确的项目投资行动的前提。当前建设工程项目规模日益庞大，建设周期日益增长，项目投资额日益增加，面临的风险因素更趋复杂，所有这些问题迫使投资者更加审慎地进行项目决策，严格地对决策中相关各因素进行分析。如若在市场需求预测不准、资源条件不清楚的情况下盲目兴建，可能导致项目中途终止或报废。

4.1.2　工程项目投资决策与成本规划与控制的关系

1. 正确决策是合理规划和控制工程成本的前提

项目决策正确与否，直接关系到项目建设的成败，关系到建设成本的高低及投资效果的好坏，正确决策是合理计划和控制工程成本的前提。项目决策失误类型包括：盲目投资、选址错误、技术路线或方案不合理、市场调查或需求预测过于乐观、市场竞争程度估计不足、建设条件考虑不周、投资估算误差过大等。项目决策失误可能导致人力、物力和财力的极大浪费和投资效益下降，甚至导致项目失败。其后的项目生命周期各阶段，包括项目设计、招投标、项目施工等阶段的成本计划与控制均需要在投资决策阶段正确的决策基础上实施。若投资决策阶段决策失误，则后续阶段即使成本计划与控制再有效，也很难取得满意的成本控制效果。

2. 投资决策阶段是工程项目成本计划与控制的关键阶段

建设工程项目的成本计划与控制贯穿于项目建设全过程。

在建设工程项目的投资决策阶段，项目建设标准、建设地址、建设工艺、设备设施等各项技术经济决策，对建设工程成本以及项目建成后的经济效益，有着决定性的影响。

投资决策阶段的成本控制，对整个建设工程项目而言，节约投资的可能性最大。也就是说，节约投资的可能性随着建设工程项目的进展而不断减少。

在项目的投资决策阶段，所需投入的费用只占项目总投资一个很小的比例。

3. 投资决策阶段的成本规划是投资者进行决策的主要依据

项目投资决策阶段需要根据具体决策内容编制项目的投资估算，作为投资者确定项目投资的计划额，是研究、分析、计算项目投资经济效果的重要条件，是确定项目建设规模的依据，是投资者进行资金筹措及制订融资计划的论据，是项目投资决策的重要依据。

4. 投资决策阶段的成本规划确定了工程项目的成本控制目标

以投资决策阶段最终确定的项目建设方案为编制的投资估算，是项目成本控制的目标，是进行工程设计的限额目标，对工程设计概算起着指导控制作用。

5. 投资决策的深度影响投资估算的精确度，也影响工程项目成本的控制效果

投资决策阶段是一个由浅入深、不断深化的过程，精确度逐渐增加。应加强项目决策的深度，采用科学合理的估算方法和可靠的数据资料，合理地进行投资估算，保证投资估算的深度，从而保证项目成本目标准确性的合理性。

4.1.3   工程项目投资决策阶段成本计划与控制的任务

作为项目实施之前的研究、选择与决策的阶段，投资决策阶段的成本计划与控制的内容涵盖：根据方案进行成本计划确定投资估算额，以积极的成本计划思想综合分析项目各目标，对项目进行多方案的技术经济分析的经济评价，选择技术可行、经济合理的建设方案。主要内容包括：

1）以方案的投资估算额作为方案选择的主要依据，根据投资者的投资意图，

综合考虑多种决策因素，对项目进行多方案的技术经济分析和经济评价，选择技术可行、经济合理的技术方案。

2）在对建设方案进行技术经济分析的基础上，编制并审查决策方案的投资估算，确定项目的成本控制目标。

4.2 工程项目投资决策阶段影响工程项目造价的主要因素

4.2.1 工程项目区位的选择

工程项目区位的选择对建设工程成本有重要影响。一般而言，确定某个建设工程项目的具体建设区位，需要经过建设地区选择和建设场地选择两个层次。其中，建设地区选择是指在几个不同的城市、地区之间对拟建项目适宜的建设区域做出的选择；建设场地的选择是指对项目具体坐落位置的选择。

1. 建设地区的选择

建设地区选择是投资者在机会研究阶段，确定投资方向后，首先面临的一个重要决策。建设地区选择的合理与否，在很大程度上决定着拟建项目的成败。建设地区选择对拟建项目的影响主要体现在如下方面：

（1）影响项目的建设成本；

（2）影响项目建成后经营成本；

（3）影响项目建成后的营销推广；

（4）影响项目的建设工期；

（5）影响项目的建设质量；

（6）与项目或投资者的投资战略密切相关。

项目建设地区的选择不是一个简单决策的问题，需要结合国民经济发展的需要、市场需求预测、各地社会经济资源条件和投资者意图、功能使用价值等，从广泛的地理范围内选择拟建项目的建设地区。

2. 建设场地的选择

建设场地的选择需要与拟建项目的功能相适应，并且对建设工程的成本有直接的显著影响，主要体现在土地费用和建筑工程成本的高低。针对同一项目，若处于不同的选址区域，则土地费用占项目总投资的比重会有显著的差异。

4.2.2 项目建设方案的选择

适合的建设方案可以给项目建设带来巨大的成本节约；而不适合的方案增加项目的成本，且这种增加无法通过其他手段减少。当然，适合的方案也并不一定使得建设成本或产品价格最低，但它会使项目取得营销推广上的成功，可以使项目获得巨大的利润，从而也就是最大的发挥了投资效益，减少损失，节约资金。

因此，项目建设方案的选择需要有两种评判标准，一是能够带来项目建设成本的降低；二是尽管没有直接带来建设成本的降低，却可显著提高项目的性能，使项目获得最大的成功。

项目建设方案的比较选择，涉及项目建设的投资决策、规划设计以及施工阶段。不同阶段项目方案比选工作的重点不同。越是项目建设的前期阶段，方案选择的重要性就越强。投资决策阶段，项目建设方案的比选，主要涉及：项目定位、建设标准、建设规模、总体方案、项目组成及布局、设施配套、占地面积、工艺流程和协作条件等。

1. 项目定位

通常，项目的定位对项目成败具有决定性的影响。成功的项目定位确定了项目的实施路线和方针，是顺利完成产品销售与推广的基础与前提，也是项目实现盈利目标的保证。

2. 项目建设标准

建设标准涉及项目的建设规模、建筑及装饰标准、设施配套、占地规模等内容。建设标准是编制、评估项目可行性研究报告的重要依据，是衡量工程成本是否合理以及监督项目建设的客观尺度。

3. 项目规划设计方案策划

项目的规划设计方案与成本控制密切相关。投资决策阶段需要在准确定位的基础上进行项目的方案策划，用于给规划设计单位提出指导与要求。

4. 项目建设工艺流程

项目的工艺流程可以指生产期间的生产工艺或者建设期间的建设工艺。生产型项目在投资决策阶段或方案策划阶段需要明确其生产的工艺流程。

4.2.3　工程项目主要设备的选择

设备的选择关系到项目建设的质量、进度、成本控制目标，关系到项目建成使用后的使用性能、寿命周期以及生产经营成本或使用费用等多种因素。进行设备选择需要运用系统工程原理与方法，综合考虑各种影响因素，合理地决策。项目设备选择应该考虑如下主要相关因素：

（1）均衡地考虑项目设备的性能与经济性，既不能盲目追求设备购置费率的最低化，也不能盲目追求设备性能的先进性。

（2）在满足项目使用功能要求的前提下，分析设备的全寿命周期成本，选择项目寿命周期成本最小的设备。

（3）结合项目的设备选型及其对项目建设方案选择的影响，选择最经济的项目建设方案。

（4）要考虑设备的运杂费用、交货期限、付款条件、零配件和售后服务等影响设备选择的因素。

（5）要尽量选国产设备。

4.2.4 工程项目建设时机的选择

时机的选择关系到项目的成败。选准最有投资开发潜力的项目来投资建设，提高资金投入的边际效益，在于确定适宜的项目建设时机。选择的主要依据如下：

（1）国家，甚至全球宏观建设的大背景；

（2）项目所处的区域环境的优劣时机；

（3）企业自身的经营战略和资源储备时机；

（4）项目建设所需的资源输入时机，如技术、财力、物力、人力等；

（5）项目自身的成本和未来收益的时机。

4.2.5 工程项目市场调查与预测

（1）市场调查是获取市场信息的主要渠道，是企业投资决策、生产建设和经营活动必不可少的重要组成部分。主要内容包括：市场供应状态、需求状况、国内外市场价格以及企业的市场竞争力，调查时段包括市场的过去、现在和将来。

（2）市场信息的获取还在于对市场调查得来的市场数据进行加工整理，从中发现市场发展规律。其中，市场预测技术最为重要。实践证明，运用得当的市场技术，科学推断是准确判断市场形势，驾驭市场的前提条件。市场调查、市场分析、市场预测失误可能会导致项目投资增加和年度经营收益减少，进而导致项目失败。

4.3 工程项目投资估算

4.3.1 投资估算概述

1. 投资估算的概念和内容

投资估算是在对项目的建设规模、技术方案、设备方案、工程方案及项目实施进度等进行研究并基本确定的基础上，估算项目投入总资金（包括建设投资和流动资金）并测算建设期内分年资金需要量。投资估算作为制定融资方案、进行经济评价，以及编制初步设计概算的依据。

按照我国规定，从满足工程项目投资设计和投资规模的角度，工程项目投资估算包括固定资产投资估算和流动资金估算两部分。固定资产投资估算内容按照费用的性质划分，包括建筑安装工程费、设备及工器具购置费、工程建设其他费（不含流动资金）、基本预备费、涨价预备费、建设期贷款利息等。流动资金是指生产经营性项目投产后，用于购买原材料、燃料、支付工资及其他经营费用等所需的周转资金。流动资金是伴随着固定资产投资发生的长期占用的流动资产投资，也即为财务中的营运资金。

1978 年，世界银行、国际咨询工程师联合会对项目的总建设成本（相当于我国的工程造价）作了统一规定，主要包括四部分内容：项目直接建设成本、项目间接建设成本、应急费（包括未明确项目准备金和不可预见准备金）、建设成本上升费（即价格上升费用）。

从以上叙述可以看出，无论是我国还是国际，对投资估算的内容总体上可划分为两部分内容，即确定性造价的估算和不确定性造价的估算，确定性造价的预测可以通过较为简单的办法获得，并且预测结论具有较强的可靠性，而对于不确定性造价而言，由于其相互影响的不确定性因素太多，按照较为简单的方法无法对其进行较为满意的预测，在很多时候，人们只能通过大致粗略的判断，给出一个估计（如上文所提到的基本预备费、涨价预备费、应急费、建设成本上升费等），这往往对工程造价的有效事前管理和控制造成不利的影响。所以，对工程造价不确定性内容的估算是投资估算的重点，也是现阶段工程造价管理研究的主要课题之一。同时，由于不确定性的存在，必然导致风险造价的产生，而且风险造价一般伴随着"损失"的发生。所以对风险性造价的估算是不确定性造价的研究的重要分支。综上所述，投资估算的内容应该包括确定性造价的估算、不确定性造价的估算以及风险性造价的估算三个部分。

正如上文所提到的，在对工程造价的估算中，不确定性内容的估算是投资估算的重点。按照组成工程造价各部分的特点，建筑安装工程费用是其最活跃、不确定性最强的部分，影响建筑安装工程费用变化的因素多且复杂。因此，国内外对投资估算的研究主要集中在建筑安装工程费用方面。

2. 投资估算的作用

（1）投资估算是投资决策的依据之一

项目决策分析与评价阶段投资估算所确定的项目建设与运营所需的资金量，是投资者进行投资决策的依据之一，投资者要根据自身的财务能力和信用状况做出是否投资的决策。

（2）投资估算是制定项目融资方案的依据

项目决策分析与评价阶段投资估算所确定的项目建设与运营所需的资金量，是项目制定融资方案、进行资金筹措的依据。投资估算准确与否，将直接影响融资方案的可靠性，直接影响各类资金在币种、数量和时间要求上能否满足项目建设的需要。

（3）投资估算是进行项目经济评价的基础

经济评价是对项目的费用与效益做出全面的分析评价，项目所需投资是项目费用的重要组成部分，是进行经济评价的基础。投资估算准确与否，将直接影响经济评价的可靠性，进而影响项目决策的科学性。

在投资机会研究和初步可行性研究阶段，虽然对投资估算的准确度要求相对较低，但投资估算仍然是该阶段的一项重要工作。投资估算完成之后才有可能进行经济效益的初步评价。

（4）投资估算是编制初步设计概算的依据，对项目的工程造价起控制作用

按照项目建设程序，应在可行性研究报告被审定或批准后进行初步设计。经审定或批准的可行性研究报告是编制初步设计的依据，报告中所估算的投资额是编制初步设计概算的依据。

因此，按照建设项目决策分析与评价的不同阶段所要求的内容和深度，完整、准确地进行投资估算是项目决策分析与评价必不可少的重要工作。

3. 投资估算的要求

建设项目决策分析与评价阶段一般可分为投资机会研究、初步可行性研究（项目建议书）、可行性研究、项目前评估四个阶段。由于不同阶段的工作深度和掌握的资料详略程度不同，因此在建设项目决策分析与评价的不同阶段，允许投资估算的深度和准确度有所差别。随着工作的进展，项目条件的逐步明确，投资估算应逐步细化，准确度应逐步提高，从而对项目投资起到有效的控制作用。建设项目决策分析与评价的不同阶段对投资估算的准确度要求（即允许误差率）如表4-1所示。

建设项目决策分析与评价的不同阶段对投资估算准确度的要求　　　表4-1

序　号	建设项目决策分析与评价的不同阶段	投资估算的允许误差率
1	投资机会研究阶段	±30%以内
2	初步可行性研究（项目建议书）阶段	±20%以内
3	可行性研究阶段	±10%以内
4	项目前评估阶段	±10%以内

尽管投资估算在具体数额上允许存在一定的误差，但必须达到以下要求：

（1）估算的范围应与项目建设方案所涉及的范围、所确定的各项工程内容相一致。

（2）估算的工程内容和费用构成齐全，计算合理，不提高或者降低估算标准，不重复计算或者漏项少算。

（3）估算应做到方法科学、基础资料完整、依据充分。

（4）估算选用的指标与具体工程之间存在标准或者条件差异时，应进行必

要的换算或者调整。

（5）估算的准确度应能满足建设项目决策分析与评价不同阶段的要求。

4. 影响投资估算准确程度的因素

（1）项目本身的复杂程度及对其认知的程度。如有些项目本身相当复杂，没有或很少有已建类似项目资料。当地没有，国内没有，甚至国外也很少见或没有，如磁浮工程。在估算项目总投资时，就容易发生漏项、过高或过低地估计某些费用。

（2）对项目构思和描述的详细程度。一般来说，构思愈深入，描述愈详细，则估算的误差率愈低。

（3）工程计价的技术经济指标的完整性和可靠程度。工程计价的技术经济指标，尤其是综合性较强的单位生产能力（或效益）投资指标，不仅要有价，而且要有量（主要工程量、材料量、设备量等），还应包括对投资有重大影响的技术经济条件（建设规模、建设时间、结构特征等），以利于准确使用和调整这些技术经济指标。工程计价的技术经济指标是靠平时对建设工程造价资料进行日积月累、去粗取精、去伪存真，用科学的方法编制而成的，且不能一劳永逸，必须随生产力发展、技术进步，不断地修正，使其能正确反映当前生产力水平，为指导现实服务。过时的、落后的技术经济指标应及时更新或淘汰。

（4）项目所在地的自然环境描述的详实性。如建设场地的地形和地势，工程地质、水文地质和建筑结构抗地震的设防烈度，水文条件，气候条件等情况和有关数据的详细程度和真实性。

（5）项目所在地的经济环境描述的详实性。如城市规划、交通运输、基础设施和环境保护等条件等情况的全面性和可靠性。

（6）有关建筑材料、设备价格信息和预测数据的可信度。

（7）项目投资估算人员的知识结构、经验和水平等。

（8）投资估算编制所采用的方法。参见本章第3节投资估算的编制方法。

5. 降低投资估算误差率的措施

投资估算的误差是在所难免的，但如果采取一定措施处理得当，能够将投资估算的误差率控制在决策要求的范围内。提高投资估算的准确性，降低误差率，可采取以下措施：

（1）认真搜集、整理和积累各种工程项目的造价资料；工程造价资料积累不仅仅是原始资料的收集，还必须进行加工和整理使资料具有真实性、合理性。资料的收集不能仅停留在设计概算和施工图预算上，而必须立足于竣工决算，并将竣工决算与概、预算进行对比分析，去粗取精、去伪存真，使其具有更大的参考价值。可靠的技术经济资料是编制准确的投资估算的前提和基础。

（2）认真阅读项目构思及其描述报告，凭借估算人员自身的知识、阅历和经验，借助于外脑（各路专家），充实项目内容，填补报告中的盲点（漏项），使描述报告在条件许可的情况下尽可能地详尽。

（3）调查、考察或了解项目所在地的自然环境和经济环境，做到心中有数。

（4）灵活运用工程造价资料和技术经济指标，切忌生搬硬套。选择使用技术经济指标，必须充分考虑建设期的物价及其变动因素、项目所在地的有利和不利的自然、经济方面的因素，技术经济指标的使用必须用途相同、结构相同、工程特征尽可能相符，否则应作必要的调整，对引进国外设备或技术的项目还要考虑汇率的变化。

（5）应注意项目投资总额的综合平衡。投资估算是先估算各单项工程或各专业工程的投资，然后经汇总而成的。常常会有从局部上看某单项工程投资或某专业工程投资是合理的，但将其放在总体上看，会发现其所占总投资额的比例显得并不一定适当。因此必须根据各单项工程或专业工程的性质和重要性，从总体上来衡量是否与其内容和建筑标准相适应，从而再作一次必要的调整，使得工程项目总投资在各单项工程或各专业工程中的分配比例更为合理。

（6）应留有足够的预备费。所谓"足够"，并不是越多越好，而是依据估算人员掌握的情况和经验，进行分析、判断和预测，选定一个适度的系数。一般说来，建设工期长、工程复杂或刚开发的新工艺、新技术项目，预备费计取比例可高一些；建设工期短、工程简单或是国内成熟项目，预备费计取比例可低一些。

（7）提高估算机构、估算人员的诚信意识，要实事求是认真负责，不盲从客户要求或领导旨意有意高估冒算或低估压价。应从经济、行政、法律上建立有效的防范机制。

4.3.2 投资估算的编制依据和编制程序

1. 投资估算的编制依据

投资估算应做到方法科学，依据充分。主要依据有：

（1）专门机构发布的建设工程造价费用构成、估算指标、计算方法，以及其他有关计算工程造价的文件；

（2）专门机构发布的工程建设其他费用计算办法和费用标准，以及政府部门发布的物价指数；

（3）拟建项目各单项工程的建设内容及工程量。

2. 投资估算的编制步骤

投资估算是根据项目建议书或可行性研究报告中工程项目总体构思和描述报告，利用以往积累的工程造价资料和各种经济信息，凭借估算师的智慧、技能和经验编制而成的。其编制步骤如下：

（1）估算建筑工程费用

根据总体构思和描述报告中的建筑方案和结构方案构思、建筑面积分配计划和单项工程描述，列出各单项工程的用途、结构和建筑面积；利用工程计价的技术经济指标和市场经济信息，估算出工程项目中的建筑工程费用。

（2）估算设备、工器具购置费用以及需安装设备的安装工程费用

根据报告中机电设备构思和设备购置及安装工程描述，列出设备购置清单；参照设备安装工程估算指标及市场经济信息，估算出设备、工器具购置费用以及需安装设备的安装工程费用。

（3）估算其他费用

根据建设中可能涉及的其他费用构思和前期工作设想，按照国家、地方有关法规和政策，编制其他费用估算（包括预备费用和贷款利息）。

（4）估算流动资金

根据产品方案，参照类似项目流动资金占用率，估算流动资金。

（5）汇总出总投资

将建筑安装工程费用，设备、工器具购置费用，其他费用和流动资金汇总，估算出建设目总投资。

4.3.3　投资估算的编制方法

建设投资的估算方法包括简单估算法和分类估算法。简单估算法有单位生产能力估算法、生产能力指数法、比例估算法、系数估算法和指标估算法等。前四种估算方法估算准确度相对不高，主要适用于投资机会研究和初步可行性研究阶段。在项目可行性研究阶段应采用指标估算法和分类估算法。

1. 建设投资简单估算方法

（1）单位生产能力估算法

单位生产能力估算法是根据已建成的、性质类似的工程项目（或生产装置）的投资额或生产能力，以及拟建项目（或生产装置）的生产能力，做适当的调整之后得出拟建项目估算值。其计算模型如下：

$$Y_2 = \frac{Y_1}{X_1} \times X_2 \times CF \tag{4-1}$$

式中　　Y_2——拟建项目的投资额；

$\quad\quad\quad Y_1$——已建类似项目的投资额；

$\quad\quad\quad X_1$——已建类似项目的生产能力；

$\quad\quad\quad X_2$——拟建项目的生产能力；

$\quad\quad\quad CF$——不同时期、不同地点的定额、单价、费用变更等的综合调整系数。

该方法将项目的建设投资与其生产能力的关系视为简单的线性关系，估算简便迅速，但精度较差。使用这种方法要求拟建项目与所选取的已建项目相类

似，仅存在规模大小和时间上的差异。

【例4-1】已知2003年建设污水处理能力10万 m^3/日的污水处理厂的建设投资为16000万元，2010年拟建污水处理能力16万 m^3/日的污水处理厂一座，工程条件与2003年已建项目类似，调整系数 CF 为1.25，试估算该项目的建设投资。

【解】根据公式（4-1），该项目的建设投资为：

$$Y_2 = \frac{Y_1}{X_1} \times X_2 \times CF = \frac{16000}{10} \times 16 \times 1.25 = 32000 （万元）$$

（2）生产能力指数法

该方法根据已建成的、性质类似的建设项目的生产能力和投资额与拟建项目的生产能力，来估算拟建项目投资额，其计算公式为：

$$Y_2 = Y_1 \times \left(\frac{X_2}{X_1}\right)^n \times CF \tag{4-2}$$

式中　n——生产能力指数。

其他符号含义同前。

公式（4-2）表明，建设项目的投资额与生产能力呈非线性关系。运用该方法估算项目投资的重要条件，是要有合理的生产能力指数。不同性质的建设项目，n 的取值是不同的。在正常情况下，$0 \leqslant n \leqslant 1$。若已建类似项目的规模和拟建项目的规模相差不大，$Y_1$ 与 Y_2 的比值在 0.5~2 之间，则指数 n 的取值近似为1；若 Y_1 与 Y_2 的比值在 2~50 之间，且拟建项目规模的扩大仅靠增大设备规模来达到时，则 n 取值约在 0.6~0.7 之间；若靠增加相同规格设备的数量来达到时，则 n 取值为 0.8~0.9 之间。

采用生产能力指数法，计算简单、速度快；但要求类似项目的资料可靠，条件基本相同，否则误差就会增大。

【例4-2】已知建设年产15万吨聚酯项目的建设投资为20000万元，现拟建年产60万吨聚酯项目，工程条件与上述项目类似，生产能力指数 n 为0.8，调整系数 CF 为1.1，试估算该项目的建设投资。

【解】根据公式（4-2），该项目的建设投资为：

$$Y_2 = Y_1 \times \left(\frac{X_2}{X_1}\right)^n \times CF = 20000 \times \left(\frac{60}{15}\right)^{0.8} \times 1.1 = 66660 （万元）$$

（3）系数估算法

系数估算法也称为因子估算法，它是以拟建项目的主体工程费或主要设备费为基数，以其他工程费占主体工程费的百分比为系数来估算项目总投资的方法。系数估算法的方法较多，有代表性的包括设备系数法、主体专业系数法、朗格系数法等。

1）设备或主体专业系数法。该法以拟建项目的设备费为基数，根据已建成的同类项目中建筑安装工程费和其他工程费（或工程项目中各专业工程费用）

等占设备价值的百分比，求出拟建项目建筑安装工程费和其他工程费，进而求出项目总投资。其计算公式如下：

$$C = E(1 + f_1P_1 + f_2P_2 + f_3P_3 + \cdots\cdots) + I \qquad (4-3)$$

其中　　　　C——拟建项目投资额；

　　　　　　E——拟建项目的设备费；

P_1、P_2、$P_3 \cdots\cdots$——已建项目中建筑安装工程费和其他工程费（或工程项目中各专业工程费用）等占设备费的比重；

f_1、f_2、$f_3 \cdots\cdots$——因时间、空间等因素变化的综合调整系数；

　　　　　　I——拟建项目的其他费用。

2）朗格系数法。这种方法以拟建项目的设备费为基数，乘以适当的系数来推算项目的建设费用。其计算公式如下：

$$C = E \cdot (1 + \sum K_i) \cdot K_c \qquad (4-4)$$

式中　C——拟建项目投资额；

　　　E——拟建项目的主要设备费；

　　　K_i——管线、仪表、建筑物等项费用的估算系数；

　　　K_c——管理费、合同费、应急费等项费用的总估算系数；

其中，我们把 $L = (1 + \sum K_i) \cdot K_c$ 称为朗格系数。根据不同的项目，朗格系数有不同的取值，其包含的内容如表4-2所示：

朗格系数表　　　　　　　　　　　　　　　表4-2

项　　　　　目		固体流程	固流流程	流体流程
朗格系数 L		3.1	3.63	4.74
内容	① 包括基础、设备、绝热、油漆及设备安装费	$E \times 1.43$		
	② 包括上述在内和配管工程费	①×1.1	①×1.25	①×1.6
	③ 装置直接费	②×1.5		
	④ 包括上述在内和间接费，即总费用 C	③×1.31	③×1.35	③×1.38

朗格系数法较为简单，只要对各大类行业设备费中各上述分项所占的比重有较规律的收集，估算精度可以达到较高的水平。但是，朗格系数法由于没有考虑设备规格、材质的差异，所以在某些情况下又表现出较低的精度。

【例4-3】 在南美某地建设一座年产40万套汽车轮胎的工厂，已知该工厂的设备到达工地的费用为2500万美元，试估算该工厂的投资。

【解】轮胎工厂的生产流程基本上属于固体流程，因此在采用朗格系数时，全部数据应采用固体流程的数据。现计算如下：

（1）设备到达现场的费用2500万美元。

（2）根据表4-2计算费用（a）：

① $= E \times 1.43 = 2204 \times 1.43 = 3151.72$（万美元）

则设备基础、绝热、刷油及安装费为 $3151.72 - 2204 = 947.72$（万美元）

（3）计算费用（b）：

② $= E \times 1.43 \times 1.1 = 2204 \times 1.43 \times 1.1 = 3466.89$（万美元）

则其中配管（管道工程）费用为：$3466.89 - 3151.72 = 315.17$（万美元）

（4）计算费用③，即装置直接费：

③ $= E \times 1.43 \times 1.1 \times 1.5 = 5200.34$（万美元）

则电气、仪表、建筑等工程费用为：$5200.34 - 3466.89 = 1733.45$（万美元）

（5）计算投资 C：

$$C = E \times 1.43 \times 1.1 \times 1.5 \times 1.31 = 6812.45 \text{（万美元）}$$

则间接费用为：$6812.45 - 5200.34 = 1612.11$（万美元）

由此估算出该工厂的总投资为 6812.45 万美元，其中间接费用为 1612.11 万美元。

由于装置规模大小发生变化、不同地区的自然地理条件、经济地理条、气候条件的不同，或者主要设备材质发生变化时，设备费用变化较大而安装费变化不大等因素的影响，应用朗格系数法进行工程项目或装置估价的精度仍不是很高，尽管如此，由于朗格系数法是以设备费为计算基础，而设备费用在一项工程中所占的比重对于石油、石化、化工工程而言占 45% ~ 55%，同时一项工程中每台设备所含有的管道、电气、自控仪表、绝热、油漆、建筑等，都有一定的规律。所以，只要对各种不同类型工程的朗格系数掌握得准确，估算精度仍可较高。郎格系数法估算误差在 10% ~ 15%。

（4）比例估算法

这种方法是根据统计资料，先求出已有同类企业主要设备占全厂建设投资的比例，然后估算出拟建项目的主要设备投资，即可以按比例求出拟建项目的建设投资。

其计算模型如下：

$$I = \frac{1}{K} \sum_{i=1}^{n} Q_i P_i \tag{4-5}$$

式中　I——拟建项目的建设投资；

　　K——主要设备投资占项目总造价的比重；

　　Q_i——第 i 种主要设备的数量；

　　P_i——第 i 种主要设备的单价（到厂价格）；

　　n——主要设备种类数。

（5）指标估算法

投资估算指标是编制和确定项目可行性研究报告中投资估算的基础和依据，与概预算定额比较，估算指标是以独立的工程项目、单项工程或单位工程为对象，综合项目全过程投资和建设中的各类成本和费用，反映出其扩大的技术经济指标，具有较强的综合性和概括性。投资估算指标分为工程项目综合指标、单项工程指标和单位工程指标三种。工程项目综合指标一般以项目的综合生产能力单位投资表示，如元/t、元/kW，或以使用功能表示，如医院床位：元/床。单项工程指标一般以单项工程生产能力单位投资表示，如一般工业与民用建筑：元/m²；工业窑炉砌筑：元/m³；变配电站：元/kV·A 等。单位工程指标按规定应列入能独立设计、施工的工程项目的费用，即建筑安装工程费用，一般以如下方式表示：房屋区别不同结构形式以元/m²；管道区别不同材质、管径以元/m。

2. 建设投资分类估算法

建设投资由建筑工程费、设备及工器具购置费、安装工程费、工程建设其他费用、基本预备费、涨价预备费、建设期利息构成。其中，建筑工程费、设备及工器具购置费、安装工程费形成固定资产；工程建设其他费用可分别形成固定资产、无形资产、递延资产。基本预备费、涨价预备费、建设期利息，在可行性研究阶段为简化计算方法，一并计入固定资产。

（1）建筑工程费的估算

建筑工程费是指为建造永久性建筑物和构筑物所需要的费用，如场地平整、厂房、仓库、电站、设备基础、工业窑炉、矿井开拓、露天剥离、桥梁、码头、堤坝、隧道、涵洞、铁路、公路、管线敷设、水库、水坝、灌区等项工程的费用。建筑工程投资估算一般采用以下方法：

1）单位建筑工程投资估算法

单位建筑工程投资估算法，以单位建筑工程量投资乘以建筑工程总量计算。一般工业与民用建筑以单位建筑面积（m²）的投资，工业窑炉砌筑以单位容积（m³）的投资，水库以水坝单位长度（m）的投资，铁路路基以单位长度（km）的投资，矿山掘进以单位长度（m）的投资，乘以相应的建筑工程总量计算建筑工程费。

2）单位实物工程量投资估算法

单位实物工程量投资估算法，以单位实物工程量的投资乘以实物工程总量计算。土石方工程按每立方米投资，矿井巷道衬砌工程按每延米投资，路面铺设工程按每平方米投资，乘以相应的实物工程总量计算建筑工程费。

3）概算指标投资估算法

概算指标投资估算法，对于没有上述估算指标且建筑工程费占总投资比例较大的项目，可采用概算指标估算法。采用这种估算法，应占有较为详细的工程资料、建筑材料价格和工程费用指标，投入的时间和工作量较大。具体估算方法见有关专门机构发布的概算编制办法。应编制建筑工程费用估算表，如表 4-3所示。

建筑工程费用估算表 表4-3

序号	建、构筑物名称	单位	工程量	单价（元）	费用合计（万元）

（2）设备及工器具购置费估算

设备购置费估算应根据项目主要设备表及价格、费用资料编制。工器具购置费一般按占设备费的一定比例计取。

设备及工器具购置费，包括设备的购置费、工器具购置费、现场制作非标准设备费、生产用家具购置费和相应的运杂费。对于价值高的设备应按单台（套）估算购置费；价值较小的设备可按类估算。国内设备和进口设备的设备购置费应分别估算。

国内设备购置费为设备进出厂价加运杂费。设备运杂费主要包括运输费、装卸费和仓库保管费等，运杂费可按设备出厂价的一定百分比计算。应编制国内设备购置费估算表，如表4-4所示。

国内设备购置费估算表 表4-4

序号	设备名称	型号规格	单位	数量	设备购置费		
					出厂价（元）	运杂费（元）	总价（万元）
	合计						

进口设备购置费由进口设备货价、进口从属费用及国内运杂费组成。进口设备货价按交货地点和方式的不同，分为离岸价（FOB）与到岸价（CIF）两种价格。进口从属费用包括国外运费、国外运输保险费、进口关税、进口环节增值税、外贸手续费、银行财务费和海关监管手续费。国内运杂费包括运输费、装卸费、运输保险费等。应编制进口设备购置费估算表，如表4-5所示。

进口设备购置费估算表　单位：万元、万美元 表4-5

序号	设备名称	台套数	离岸价	国外运费	国外运输保险费	到岸价	进口关税	消费税	增值税	外贸手续费	银行财务费	海关监管手续费	国内运杂费	设备购置费总价
1	设备A													
2	设备B													
3	设备C													

序号	设备名称	台套数	离岸价	国外运费	国外运输保险费	到岸价	进口关税	消费税	增值税	外贸手续费	银行财务费	海关监管手续费	国内运杂费	设备购置费总价
4	设备D													
	……													
	合计													

注：难以按单台（套）计算进口设备从属费用的，可按进口设备总离岸价估算。

现场制作非标准设备，由材料费、人工费和管理费组成，按其占设备总费用的一定比例估算。

（3）安装工程费估算

需要安装的设备应估算安装工程费，包括各种机电设备装配和安装工程费用，与设备相连的工作台、梯子及其装设工程费用，附属于被安装设备的管线敷设工程费用；安装设备的绝缘、保温、防腐等工程费用；单体试运转和联动无负荷试运转费用等。

安装工程费通常按行业或专门机构发布的安装工程定额、取费标准和指标估算投资。具体计算可按安装费率、每吨设备安装费或者每单位安装实物工程量的费用估算，即：

$$安装工程费 = 设备原价 \times 安装费率 \tag{4-6}$$

$$安装工程费 = 设备吨位 \times 每吨安装费 \tag{4-7}$$

$$安装工程费 = 安装工程实物量 \times 安装费用指标 \tag{4-8}$$

应编制安装工程费估算表，如表4-6所示。

安装工程费用估算表　　　　表4-6

序号	安装工程名称	单位	数量	指标（费率）	安装费用（万元）
1	设备				
	A				
	B				
	……				
2	管线工程				(
	A				
	B				
…	…				
	合计				

（4）工程建设其他费用估算

工程建设其他费用按各项费用科目的费率或者取费标准估算。应编制工程建设其他费用估算表，如表4-7所示。

工程建设其他费用估算表 （单位：万元） 表4-7

序号	费用名称	计算依据	费率或标准	总价
1	土地使用费			
2	建设单位管理费			
3	勘察设计费			
4	研究试验费			
5	建设单位临时设施费			
6	工程建设监理费			
7	工程保险费			
8	施工机构迁移费			
9	引进技术和进口设备			
10	联合试运转费			
11	生产职工培训费			
12	办公及生活家具购置费			
...	......			
	合计			

注：上表所列费用科目，仅供估算工程建设其他费用参考。项目的其他费用科目，应根据拟建项目实际发生的具体情况确定。

（5）流动资金估算

流动资金是指生产经营性项目投资后，为进行正常生产运营，用于购买原材料、燃料，支付工资及其他经营费用等所需的周转资金。流动资金估算一般采用分项详细估算法，个别情况或者小型项目可采用扩大指标法。

1）分项详细估算法

对构成流动资金的各项流动资产和流动负债应分别进行估算。在可行性研究中，为简化计算，仅对存货、现金、应收账款和应付账款四项内容进行估算，计算公式为：

$$流动资金 = 流动资产 - 流动负债 \qquad (4-9)$$

$$流动资产 = 应收账款 + 存货 + 现金 \qquad (4-10)$$

$$流动负债 = 应付账款 \qquad (4-11)$$

$$流动资金本年增加额 = 本年流动资金 - 上年流动资金 \qquad (4-12)$$

估算的具体步骤，首先计算各类流动资产和流动负债的年周转次数，然后再分项估算占用资金额。

周转次数计算，周转次数等于 360 天除以最低周转天数。存货、现金、应收账款和应付账款的最低周转天数，可参照同类企业的平均周转天数并结合项目特点确定。

应收账款估算，应收账款是指企业已对外销售商品、提供劳务尚未收回的资金，包括若干科目，在可行性研究时，只计算应收销售款。计算公式为：

$$应收账款 = 年销售收入/应收账款周转次数 \tag{4-13}$$

存货估算，存货是企业为销售或者生产耗用而储备的各种货物，主要有原材料、辅助材料、燃料、低值易耗品、维修备件、包装物、在产品、自制半成品和产成品等。为简化计算，仅考虑外购原材料、外购燃料、在产品和产成品，并分项进行计算。计算公式为：

$$存货 = 外购原材料 + 外购燃料 + 在产品 + 产成品 \tag{4-14}$$

$$外购原材料 = 年外购原材料/按种类分项周转次数 \tag{4-15}$$

$$在产品 = （年外购原材料 + 年外购燃料 + 年工资及福利费 + 年修理费 + 年其他制造费用）/在产品周转次数 \tag{4-16}$$

$$产成品 = 年经营成本/产成品周转次数 \tag{4-17}$$

现金需要量估算，项目流动资金中的现金是指货币资金，即企业生产运营活动中停留于货币形态的那部分资金，包括企业库存现金和银行存款。计算公式为：

$$现金需要量 = （年工资及福利费 + 年其他费用）/现金周转次数 \tag{4-18}$$

年其他费用 = 制造费用 + 管理费用 + 销售费用 − （以上三项费用中所含的工资及福利费、折旧费、维简费、摊销费，修理费）   (4-19)

流动负债估算，流动负债是指在一年或者超过一年的一个营业周期内，需要偿还的各种债务。在可行性研究中，流动负债的估算只考虑应付账款一项。计算公式为：

$$应付账款 = （年外购原材料 + 年外购燃料）/应付账款周转次数 \tag{4-20}$$

根据流动资金各项估算的结果，编制流动资金估算表，如表4-8 所示。

流动资金估算表　　（单位：万元）　　　　　　　　表4-8

序号	项目	最低周转天数	周转次数	投产期		达产期			
				3	4	5	6	…	n
1	流动资产								
1.1	应收账款								
1.2	存货								

续表

序号	项目	最低周转天数	周转次数	投产期		达产期			
				3	4	5	6	…	n
1.2.1	原材料								
1.2.2	燃料								
1.2.3	在产品								
1.2.4	产成品								
1.3	现金								
2	流动负债								
2.1	应付账款								
3	流动资金（1－2）								
4	流动资金本年增加额								

2）扩大指标估算法

扩大指标估算法是一种简化的流动资金估算方法，一般可参照同类企业流动资金占销售收入、经营成本的比例，或者单位产量占用流动资金的数额估算。

4.4　工程项目可行性研究与经济评价

4.4.1　工程项目可行性研究

1. 可行性研究报告的基本作用

从国内外可行性研究的实践来看，可行性研究的作用主要有如下几个方面：

（1）作为工程项目投资决策和编制设计任务书的依据；

（2）作为投资者以某种方式筹措资金的依据；

（3）作为工程项目设计、勘察的基础资料；

（4）作为该行业主管部门审查项目的依据；

（5）作为安排建设计划和开展各项建设前期工作的依据；

（6）作为其他一些工作的依据。如签订合同协议，新技术应用及开发、设备研制或选择，试验及项目执行的可能变更等等。

2. 工程项目可行性研究的基本原则

工程项目可行性研究应遵循下述基本原则：

（1）科学性原则就是坚持按客观规律办事，以科学为依据。由于可行性研究的基础是依据数据和资料，为了要保证所调查的数据准确、可靠，所用资料详实，应以科学方法和态度分析、鉴别这些数据，每一项技术与经济的认定都要经过认真分析、比较和计算，不应带有任何色彩及主观成分，可行不可行结论是准确而合乎逻辑的结果。

回顾我国项目论证的实践，在取得成绩的同时也有许多项目可行性研究是"可行"的，投资运营后发现是错误的。说明论证数据、资料的虚拟不准确，缺乏科学态度，造成了严重的经济损失，这种惨痛教训应该吸取。

（2）可靠性原则就是实事求是的态度，剔除表面现象，全方位分析项目立项的本质，保证论证结论符合实际情况及投资决策的可靠性。过去许多工程项目决策失误就是违反了可靠性原则，不实事求是，对市场调查结论错误，凭主观感觉，产品无销售出路，造成项目的失败。

（3）公正性原则就是坚持以国民利益为根本利益，保证项目投产后使国民经济产值增加。我国是社会主义国家，其性质决定国家利益与人民利益是最高利益，国民福利最大是可行性研究的核心。对可行性研究坚持公正性原则就是把国家利益与人民利益放在首位，那些追求个人及单位小团体利益，不惜损害国家利益的行为都会导致可行性研究的失败。

（4）技术性原则

技术性原则应坚持技术先进合理、经济适用，局部利益服从整体利益，系统全局优化的观点。

技术先进即在工程项目中尽可能采用先进技术，做到适用、经济、合理，应既不影响使用功能，又提高空间利用率。局部利益服从整体利益指具体构件服从结构体系，单体建筑服从整体建筑，所有项目服从市区规划，这样所产生的效益才是最大的。系统全局优化的原则是技术设计中在可行性研究阶段要考虑概念决策阶段的优化方法的应用，进行多方案比较选择，使之在可行性研究阶段就研究整体优化的基本原则，此时的优化设计对工程项目投资是极其重要的。可行性研究阶段的成本最小，而可行性研究优化后所带来的经济效果却最大，比施工图阶段或建造阶段优化所产生的经济效果大得多。

工程项目在可行性研究阶段基本上能考虑到先进技术的应用，进行多方案的比较，尚难做到系统优化。其原因是可行性研究只解决了可用性，理论系统框架及系统优化方面尚不成熟，还存在有待探讨和争议的问题，这需要工程及管理界长期不懈的努力，才能建立完善的系统可行性研究的理论及优化方法。

这些原则对所有行业可行性研究都是适用的，包括工业、非工业项目及建筑工程项目等。对那些可行性研究"可行"，而实际上"不可行"的工程项目投资是没有坚持可行性研究原则，是对投资极不负责任的表现，其所造成的损失是全方位的，包括土地的破坏、环境的改变、国家经济损失、企业的债务负担、银行资金被困等，其间接影响及损失将更大，有些大型项目一旦投资失误，所带来的影响是无法估量的。

由此可见，工程项目可行性研究决策的重要性是工程项目设计、实施及运营都不可相比的。项目的综合效益依靠科学决策，而科学决策依靠科学论证，否则，一切效益都可能不存在。可想而知，在可行性研究中不讲科学、认为国家拨款就不顾一切"论上去"等作法仍然隐含着某种目的。对其纠正不仅仅是认识上的问题，这一点必须认清。

3. 工程项目可行性研究的程序

工程项目可行性研究的程序和步骤分为如下几个主要方面，即鉴别投资机会（机会研究）；初步项目选择和确定（初步可行性研究）；项目拟定（可行性论证）；最后评价和投资决策。

4. 工程项目可行性研究的依据

工程项目投资涉及国家、地区的经济方针，自然地理及有关的技术规程等多方面，可行性研究的主要依据有：

（1）国家及地区的经济建设方针、政策和中长期规划；

（2）项目所在区域的规划建设及行业规划；

（3）被批准的初步可行性研究或项目建议书；

（4）国家或地区被批准的资源报告、工业基地规划、国土开发整治规划、交通网规划、河流流域规划、建筑工程项目的总体规划等；

（5）有关的水文、地质、气象、自然条件、经济、社会等基础资料；

（6）与项目产品有关的调查资料；

（7）有关工程技术工艺、技术及产品的标准、规范、指标、要求等资料；

（8）有关论证的程序、组织、审批、内容、经费、合同等文献；

（9）国家或地区颁布的经济参数及指标。

4.4.2 工程项目经济评价

1. 工程项目经济评价概述

经济评价是项目可行性研究工作的重要组成部分，也是投资者最关心的内容。经济评价的内容、深度和侧重点在可行性研究工作的不同阶段有不同的要求。

在机会研究阶段，一般是投资者根据直觉、经验或根据粗略的估计来判断这个项目是否会盈利，是否会有前途。在初步可行性研究阶段，其重点是围绕项目立项建设的必要性和可能性，分析论证项目的经济条件及经济状况，采用的基础数据、评价指标和经济参数可适当简化。而可行性研究报告中的经济评价工作，必须按国家规定的要求对项目建设的必要性和可行性做出全面、详细完整的评价。

经济评价的要求主要包括以下几个方面：

（1）项目经济评价应遵循效益与费用计算口径一致的原则。

（2）项目经济评价以动态分析为主，静态分析为辅。动态分析即要考虑资金的时间价值，将不同时期的资金流入和流出折算到同一时点进行比较，使评价更加合理。

（3）财务评价的主要参数，如基准收益率，基准投资回收期等由行业测定；国民经济评价的重要参数，如社会折现率等由国家有关部门测定发布。

（4）要求对全寿命周期进行评价。传统的评价，往往只重视建设期投资的多少，而忽视竣工交付以后生产成本的高低、流动资金的占用，现代项目的经济评价强调对全寿命周期进行分析，计算期应包括建设期和生产期。

项目的经济评价包括财务评价和国民经济评价两部分内容。

2. 工程项目财务评价的基础

投资估算和融资方案是财务评价的基础，但在实际操作中，三者互有交叉。投资决策和融资决策的先后顺序与相辅相成的关系也促成了这种交叉。在财务评价的分析方法和指标体系设置上体现了这种交叉。

（1）融资前分析。要做项目财务盈利能力分析，它不考虑融资问题，是融资前期分析，其结果体现项目方案本身设计的合理性，用于初步投资决策以及方案或项目的比选。也就是说用于考察项目是否基本可行，并值得去为之融资。这对项目发起人、投资者、债权人和政府管理部门都是有用的。

（2）融资后分析。如果第一步分析的结论是"可行"，那么进一步去寻求适宜的资金来源和融资方案，就需要借助对项目融资后分析，即资本金盈利能力分析和偿债能力分析，投资者和债权人可所据此做出最终的投融资决策。

3. 工程项目财务评价的主要内容

（1）确定财务评价基础数据和选取财务评价参数；

（2）计算项目投资回收期、借款偿还期、基准收益率、生产负荷、财务价格（包括投入物、产出品的价格均采用现行价格体系为基础的预测价格）、利率、汇率和项目应缴纳的税费及其税率等；

（3）编制财务评价报表。包括：建设投资估算表、流动资金估算表、投资使用计划与资金筹措表、营业收入和税金及附加估算表、总成本费用估算表、固定资产折旧估算表、无形资产及长期待摊费用估算表、借款还本付息计算表、损益表、全部投资现金流量表、自有资金现金流量表、资金来源与运用表、资产负债表。

（4）进行财务效益分析，计算财务评价指标。包括进行盈利能力分析和偿债能力分析。

（5）进行不确定性分析。包括盈亏平衡分析和敏感性分析。

4. 工程项目财务评价指标

财务评价中的一些常用指标为：静态和动态投资回收期（时间性指标），净现值 NPV，净年值 NAV（价值性指标），内部收益率 IRR，外部收益率 ERR，费用收益率 BIC，净现值率 NPVR 和投资收益率 N/K（比率性指标）。

静态指标经济意义明确，直观，便于计算，其中静态回收期指标我国一直把它作为筛选项目的一个主要指标，但是由于静态指标不考虑资金的时间价值，无法正确地辨识项目的优劣，有可能导致评价判断错误，只能用于粗略评价或者和其他指标结合起来，因此投资项目的经济评价是以动态指标为主，静态指标只起辅助作用，动态指标主要有：净现值，内部收益率，动态投资回收期，费用收益率和净现值率，其中净现值和内部收益率是两个极其重要的指标。

5. 工程项目财务评价的步骤

财务分析的步骤以及各部分的关系，包括财务分析与投资估算和融资方案的关系见图4-1"财务分析图"。

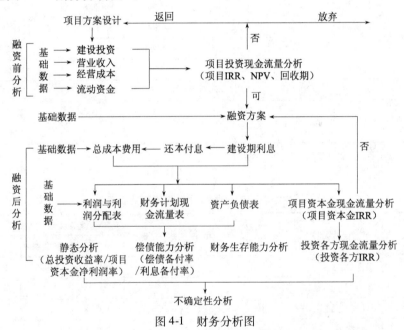

图 4-1 财务分析图

投资估算和融资方案是财务分析的基础。但在实际操作过程中，三者互有交叉。投资决策和融资决策的先后顺序与相辅相成的关系也促成了这种交叉。在财务分析的分析方法和指标体系设置上体现了这种交叉。首先要做的是融资前的项目投资现金流量分析，其结果体现项目方案本身设计的合理性，用于投资决策以及方案或项目的比选。也就是说用于考察项目是否基本可行，并值得去为之融资，这对项目发起人、投资者、债权人和政府管理部门都是有用的。如果第一步分析的结论是"可"，那么才有必要考虑融资方案，进行项目的融资后分析，包括项目资本金现金流量分析、偿债能力分析和财务生存能力分析等。融资后分析是比选融资方案,是进行融资决策和投资者最终决策出资的依据。

【案例 4-1】 某生物农药项目的建设投资估算表。

某生物农药项目建筑工程费估算表   表 4-9

序号	建、构筑物名称	单位	工程量	单价(元)	费用合计(万元)
1	生产车间	m²	7712	1800	1388.2
2	培育室	m²	144	1000	14.4
3	原料、成品库	m²	5783	1000	578.3
4	综合动力站	m²	1134	1200	136.1
5	地下水池	m³	1300	750	97.5
6	门卫室	m²	74	1000	7.4
7	厂区围墙和大门	m	750	200	15.0
8	厂区道路	m²	9800	120	117.6
9	厂区绿化	m²	6743	50	33.7
10	综合楼	m²	3402	1200	408.2
11	食堂等生活设施	m²	1157	1000	115.7
12	车库	m²	230	1000	23.0
	合计				2935.1

注:该项目对生产车间有一定的净化要求,无菌间等需封闭隔离以及发酵生产设备振动等对生产厂
房有特殊要求。

某生物农药项目国内设备购置费估算表   表 4-10

序 号	设备名称	型号规格	单位	数量	设备购置费(万元)		
					出厂价	运杂费	总价
1	工艺设备		台套	124	1618.2	129.5	1747.7
	其中:						
	二级种子罐	10m³	台	6	120.0		
	发酵罐	80m³	台	3	270.0		
	喷雾干燥系统		套	2	180.0		
	包装机		套	6	240.0		
2	通风设备		台	20	6.0	0.5	6.5
3	自控设备		套	1	300.0	24.0	324.0
4	培育室设备		套	1	40.0	3.2	43.2
5	化验检测仪器		台套	44	97.6	7.8	105.4
6	机电仪修设备		套	3	60.0	4.8	64.8
7	综合动力设备		台套	15	395.0	31.6	426.6

续表

序 号	设备名称	型号规格	单位	数量	设备购置费（万元）		
					出厂价	运杂费	总价
	其中：						
	空压系统	$110m^3/min$, 1MPa	套	2	120.0		
	制冷系统	30 万大卡	套	2	140.0		
8	消防设备		套	1	24.0	1.9	25.9
9	污水处理设备		套	1	30.0	2.4	32.4
10	通讯设备				5.0		5.0
11	生产运输车辆		台	6	67.0	5.4	72.4
12	台式计算机		台	30	24.0		24.0
13	工器具及生产家具				5.3	0.4	5.7
	合计				2672.1	211.5	2883.6

某生物农药项目安装工程费估算表　　　　表4-11

序 号	安装工程名称	设备原价（万元）	设备安装费率（占设备原价%）	管道、材料费	安装工程费（万元）
1	设备				
1.1	工艺设备	1618.2	8		129.5
1.2	通风设备	6.0	10		0.6
1.3	自控设备	300.0	7		21.0
1.4	培育室设备	40.0	3		1.2
1.5	化验检测仪器	97.6	1		1.0
1.6	机修、电修设备	40.0	5		2.0
1.7	仪修设备	20.0	2		0.4
1.8	综合动力设备	395.0	10		39.5
1.9	消防设备	24.0	2		2.9
1.10	污水处理设备	30.0	12		3.6
	设备小计				201.7
2	管线工程				
2.1	供水管道			21.0	21.0
2.2	排水管道			30.0	30.0
2.3	变配电线路			4.8	4.8
2.4	通讯线路			10.0	10.0

序　号	安装工程名称	设备原价（万元）	设备安装费率（占设备原价%）	管道、材料费	安装工程费（万元）
2.5	厂区动力照明			30.0	30.0
	管线工程小计				95.8
	合计				297.5

某生物农药项目工程建设其他费用估算表　　　　　表 4-12

序号	费用名称	计算依据	费率或标准	总价（万元）
1	土地使用权费	35000 平方米	每平方米 176 元	616.0
2	建设管理费	工程费用	4.8%	293.6
3	前期工作费	工程费用	1.0%	61.2
4	勘察设计费	工程费用	3.0%	183.5
5	工程保险费	工程费用	0.3%	18.3
6	联合试运转费	工程费用	0.5%	30.6
7	专利费	专利转让协议		240.0
8	人员培训费	项目定员 180 人	每人 2000 元	36.0
9	人员提前进厂费	项目定员 180 人	每人 5000 元	90.0
10	办公及生活家具购置费	项目定员 180 人	每人 1000 元	18.0
	合计			1587.2

某生物农药项目建设投资估算表　　　　　表 4-13

序号	工程或费用名称	建筑工程费	设备购置费	安装工程费	其他费用	合计	其中：外汇	投资比例（%）
				（万元）				
1	工程费用	2935.1	2883.6	297.5		6116.2		68.9
1.1	主体工程	1402.6	2121.4	152.3		3676.3		41.5
1.1.1	生产车间	1388.2	2078.2	151.1		3617.5		
	厂房建筑	1388.2				1388.2		
	工艺设备		1747.7	129.5		1877.2		
	通风设备		6.5	0.6		7.1		
	自控设备		324.0	21.0		345.0		
1.1.2	培育室	14.4	43.2	1.2		58.8		
1.2	辅助工程	578.3	170.2	3.4		751.9		8.5
1.2.1	原料、成品库	578.3		578.3				
1.2.2	化验检测仪器		105.4	1.0		106.4		

续表

序号	工程或费用名称	建筑工程费	设备购置费	安装工程费	其他费用	合计	其中:外汇	投资比例（%）
		（万元）						
1.2.3	维修设备		64.8	2.4		67.2		
1.3	公用工程	233.6	489.9	111.8		835.3		9.4
1.3.1	综合动力站	136.1	426.6	44.3		607.0		
1.3.2	消防设施	22.5	25.9	2.9		51.3		
1.3.3	循环水池	15.0				15.0		
1.3.4	污水处理设施	60.0	32.4	3.6		96.0		
1.3.5	供水管道	21.0				21.0		
1.3.6	排水管道			30.0		30.0		
1.3.7	通讯		5.0	10.0		15.0		
1.4	总图运输工程	173.7	72.4	30.0		276.1		3.1
1.4.1	门卫室	7.4				7.4		
1.4.2	厂区围墙和大门	15.0				15.0		
1.4.3	厂区道路	117.6				117.6		
1.4.4	厂区动力照明			30.0		30.0		
1.4.5	厂区绿化	33.7				33，7		
1.4.6	生产运输车辆		72.4			72.4		
1.5	服务性工程项目	546.9	24.0			570.9		6.4
1.5.1	综合楼	408.2	24.0			432.2		
1.5.2	食堂等生活设施	115.7				115.7		
1.5.3	车库	23.0				23.0		
1.6	工器具及生产家具		5.7			5.7		
2	工程建设其他费用				1587.2			17.9
2.1	土地使用权费				616.0			
2.2	建设管理费				293.6			
2.3	前期工作费				61.2			
2.4	勘察设计费				183.5			
2.5	工程保险费				18.3			
2.6	联合试运转费				30.6			
2.7	专利费				240.0			
2.8	人员培训费				36.0			
2.9	人员提前进厂费				90.0			

续表

序号	工程或费用名称	建筑工程费	设备购置费	安装工程费	其他费用	合计	其中：外汇	投资比例（%）
				（万元）				
2.10	办公及生活家具购置费				18.0			
3	预备费				1167.6			13.2
3.1	基本预备费				770.3			
3.2	涨价预备费				397.3			
4	建设投资	2935.1	2883.6	297.5	2754.8	8871.0		100.0
	投资比例（%）	33.1	32.5	3.3	31.1	100.0		

【案例 4-2】

某制造业新建项目建设投资为 850 万元（发生在第 1 年末），全部形成固定资产。项目建设期一年。运营期 5 年，投产第 1 年负荷 60%，其他年份均为 100%。

满负荷流动资金为 100 万元，投产第 1 年流动资金估算为 70 万元。计算期末将全部流动资金回收。

生产运营期内满负荷运营时，销售收入 650 万元（对于制造业项目，可将营业收入记作销售收入），经营成本 250 万元，其中原材料和燃料动力 200 万元，以上均以不含税价格表示。

投入和产出的增值税率均为 17%，营业税金及附加按增值税的 10% 计算，企业所得税率 33%。

折旧年限 5 年，不计残值，按年限平均法折旧。

设定所得税前财务基准收益率 12%，所得税后财务基准收益率 10%。

问题：

1. 识别并计算各年的现金流量，编制项目投资现金流量表（融资前分析）（现金流量按年末发生计）。

2. 计算项目投资财务内部收益率和财务净现值（所得税前和所得税后），并由此评价项目的财务可行性。

【解】

1. 编制项目投资现金流量表

（1）第 1 年年末现金流量：

现金流入：0

现金流出：建设投资 850 万元

（2）第 2 年末现金流量：

现金流入：销售收入 $650 \times 60\% = 390$（万元）

现金流出：

① 流动资金：70（万元）

② 经营成本：$200 \times 60\% + (250 - 200) = 170$（万元）

③ 营业税金及附加：

增值税：$390 \times 17\% - 200 \times 60\% \times 17\% = 45.9$（万元）

营业税金及附加 $45.9 \times 10\% = 4.6$（万元）

④ 调整所得税：要计算调整所得税，必须先计算折旧，再计算出息税前利润。

先算折旧（融资前）：

固定资产原值 $= 850$（万元）

年折旧率 $= (1 - 0\%)/5 = 20\%$

年折旧额 $= 850 \times 20\% = 170$（万元）

再算息税前利润（EBIT）：

息税前利润 = 销售收入 - 经营成本 - 折旧 - 营业税金及附加

$\qquad = 390 - 170 - 170 - 4.6 = 45.4$（万元）

最后算调整所得税：

调整所得税 = 息税前利润 × 所得税率 $= 45.4 \times 33\% = 15.0$（万元）

（3）第 3 年末现金流量

现金流入：销售收入 650 万元

现金流出：

① 流动资金增加额：$100 - 70 = 30$（万元）

② 经营成本：250 万元

③ 营业税金及附加：

增值税：$650 \times 17\% - 200 \times 17\% = 76.5$（万元）

营业税金及附加：$76.5 \times 10\% = 7.7$（万元）

④ 调整所得税：

息税前利润 $= 650 - 250 - 170 - 7.7 = 222.3$（万元）

调整所得税 $= 222.3 \times 33\% = 73.4$（万元）

（4）第 4 年末现金流量

除流动资金增加额为零外，其余同第 3 年。

（5）第 5 年末现金流量全部同第 4 年

（6）第 6 年末现金流量

现金流入：

① 销售收入同第 4 年

② 回收流动资金 100 万元

③ 回收固定资产余值 0（因不计残值，同时折旧年限与运营期相同）

现金流出：同第 4 年

将所计算的各年现金流量汇入，编制项目投资现金流量表，见表 4-14。

项目投资现金流量表　　（单位：万元）　　　　　　　　　　表 4-14

项　目 ＼ 年　份	1	2	3	4	5	6
（一）现金流入		390	650	650	650	750
1. 销售收入		390	650	650	650	650
2. 回收固定资产余值						0
3. 回收流动资金						100
（二）现金流出	850	259.6	361.1	331.1	331.1	331.1
1. 建设投资	850					
2. 流动资金		70	30			
3. 经营成本		170	250	250	250	250
4. 营业税金及附加		4.6	7.7	7.7	7.7	7.7
5. 调整所得税		15.0	73.4	73.4	73.4	73.4
（三）所得税前净现金流量 （一）-（二）+调整所得税	-850	145.4	362.3	392.3	392.3	492.3
（四）所得税后净现金流量（一）-（二）	-850	130.4	288.9	318.9	318.9	418.9

2. 依据项目投资现金流量表计算相关指标：

所得税前：

$$FNPV(i=12\%) = 850 \times (1.12)^{-1} + 145.4 \times (1.12)^{-2} +$$
$$362.3 \times (1.12)^{-3} + 392.3 \times (1.12)^{-4} +$$
$$392.3 \times (1.12)^{-5} + 492.3 \times (1.12)^{-6}$$
$$= -850 \times 0.8929 + 145.4 \times 0.7972 + 362.3 \times$$
$$0.7118 + 392.3 \times 0.6355 + 392.3 \times 0.5674 + 492.3 \times 0.5066$$
$$= 336.1（万元）$$

FIRR 计算：

经计算 $FNPV(i=25\%) = 16.8$，$FNPV(i=27\%) = -15.4$，FIRR 必在 25% 和 27% 之间，采用试差法计算的所得税前 FIRR 如下：

$$FIRR = 25\% + \frac{16.8}{16.8+15.4} \times (27\% - 25\%) = 26.0\%$$

所得税前财务内部收益率大于设定的基准收益率 12%，所得税前财务净现值（$i_c = 12\%$）大于零，项目财务效益是可以接受的。

所得税后指标：

$$
\begin{aligned}
FNPV(i = 10\%) &= -850 \times (1.1)^{-1} + 130.4 \times (1.1)^{-2} + \\
&\quad 288.9 \times (1.1)^{-3} + 318.9 \times (1.1)^{-4} + \\
&\quad 318.9 \times (1.1)^{-5} + 418.9 \times (1.1)^{-6} \\
&= -850 \times 0.9091 + 130.4 \times 0.8264 + 288.9 \times \\
&\quad 0.7513 + 318.9 \times 0.6830 + 318.9 \times 0.6209 + 418.9 \times 0.5645 \\
&= 204.4(万元)
\end{aligned}
$$

$FIRR$ 计算：

经计算 $FNPV(i = 17\%) = 28.1$，$FNPV(i = 19\%) = -10.6$，$FIRR$ 必在 17% 和 19% 之间，采用试差法计算的所得税后 $FIRR$ 如下：

$$
FIRR = 17\% + \frac{28.1}{28.1 + 10.6} \times (19\% - 17\%) = 18.4\%
$$

所得税后财务内部收益率大于设定的财务基准收益率 10%，所得税后财务净现值（$i_c = 10\%$）大于零，项目财务效益是可以接受的。

5 工程项目设计阶段的成本规划与控制

【内容概述】通过本章的学习，应理解设计阶段成本规划与控制在工程项目全过程成本规划与控制中的重要作用，掌握限额设计的实施过程，理解设计方案比选的原则和方法，掌握价值工程在方案设计和优化中的应用，掌握设计概算以及施工图预算的编制方法。

5.1 概　　述

工程设计是建设项目进行全面规划和具体描述实施意图的过程，是工程项目的重要内容，是工程建设的灵魂。项目设计不仅影响建造费用的多少，也决定了项目建成后的使用价值和经济效果。因此，设计阶段是成本规划与控制的重要阶段。

5.1.1 工程项目设计阶段的划分

工程设计分为工业建设项目设计和民用工程（含一般公用工程）设计。工业建设项目设计包括总平面设计、工艺设计和建筑设计。总平面设计是指总图运输设计和总平面布置；工艺设计是指根据企业生产的产品要求，合理选择工艺流程和设备种类、型号、性能并合理地布置工艺流程的设计；建筑设计是指按照工艺流程和设备布置的要求，完善地表达建筑物和构筑物的外形、空间布置、结构类型及建筑群体的合理组成的设计。民用工程设计主要进行建筑设计，是根据用户对功能的要求，具体确定建筑标准、结构形式、建筑物的空间和平面布置以及建筑群体的合理安排的设计。

为了保证工程建设和设计工作有机地配合和衔接，将工程设计划分为几个阶段。国家规定，一般工业与民用建设项目设计分初步设计和施工图设计两个阶段进行，称之为"两阶段设计"；对于技术上复杂而又缺乏设计经验的项目，可按初步设计、技术设计和施工图设计三个阶段进行，称之为"三阶段设计"。对于特殊的大型项目，事先要进行总体设计。

总体设计是为了解决总体开发方案和建设项目总体部署等重大问题，其深度应满足初步设计的展开，主要大型设备、材料的预安排及土地征用等需要。总体设计的内容一般应包括对设计依据、工艺设计、总图设计、建筑设计构思、结构类型及体系、资源需求、环境保护方案、总进度安排等的说明，包括总平面图、主要生产用房的建筑平、立、剖面图以及工程投资估算等。但总体设计未计入我国"两阶段设计"或"三阶段设计"的设计划分，仅作为初步设计的依据。

1. 初步设计

初步设计是设计过程中的一个关键性阶段，是整个设计构思基本形成的阶段，也是项目成本规划与控制的重要阶段。通过初步设计可以进一步明确拟建工程的技术可行性和经济合理性，规定主要技术方案、工程总造价和主要技术经济指标。在这一阶段要编制设计总概算，运用全寿命周期成本理论，对设计方案进行价值工程分析和比选，从技术和经济的角度确定最佳设计方案。

2. 技术设计阶段

技术设计是初步设计的具体化，也是各种技术问题的定案阶段。它是在初步设计基础上，根据更详细的勘查资料和技术经济分析，对初步设计加以补充修正，体现初步设计的整体意图并考虑到施工的方便易行。技术设计的详细程度要能满足确定设计方案中重大技术问题和有关实验、设备选制等方面的要求，应能保证根据它编制施工图和提出设备订货明细表。这一阶段需要编制修正总概算。

3. 施工图设计阶段

施工图是现场施工和制作的依据，是设计工作和施工工作的桥梁，是设计人员的意图和全部设计成果的表达。施工图设计的深度应能满足设备材料的选择和确定、非标设备的设计和加工制作、施工图预算的编制以及现场施工安装的要求。

5.1.2 工程项目设计阶段成本规划与控制的重要性

1. 工程项目设计直接或间接地影响项目的建设成本和经常性费用

工程设计对成本的直接影响体现在技术方案的选择、建筑材料的选用、性能标准的确定等对建设成本的影响。以房屋建筑工程为例，根据有关部门测算，不同建筑要素的选择对成本影响见表5-1所示。

建筑设计对项目成本的影响 表 5-1

建筑要素	对项目成本的影响	建筑要素	对项目成本的影响
跨度	$-21\% \sim 15\%$	层高	$-1\% \sim 13\%$
跨数	$2\% \sim 3.5\%$	进深	$-3\% \sim 1\%$
建筑高度	$8.3\% \sim 33.3\%$	平面形式	$1\% \sim 10\%$
层数	$10\% \sim 20\%$	建筑外形	$3\% \sim 8\%$

因此，设计阶段是决定建筑产品价值形成的关键阶段，"笔下一条线，投资千千万"正是这一特性的具体写照。

工程设计对成本的间接影响体现为设计质量对项目成本的影响。由于设计质量差而导致工程施工停工、返工甚至造成质量事故和安全隐患，都造成成本的极大浪费。设计质量差还会导致建筑产品功能不合理，影响正常使用，带来投资者的投资浪费。

工程设计对成本的影响还体现在工程设计影响建设项目使用阶段的经常性费用，如暖通费、照明费、保养费、维修费等，合理设计可使项目建设的全寿命周期费用最低。

2. 设计阶段控制成本的效益最显著

据有关资料分析，在初步设计阶段，影响项目成本的可能性为 75% ~ 95%；在技术设计阶段，影响项目成本的可能性为 35% ~ 75%；在施工图设计阶段，影响项目成本的可能性为 5% ~ 35%，如图 1-4 所示。

由此可见，在建设项目全过程成本控制中，设计阶段是决定工程项目成本的数额及是否合理的关键阶段，设计阶段具有降低工程成本的巨大潜力。

3. 设计阶段的成本规划与控制充分体现了项目成本规划与控制的主动性

由于建筑产品具有单件性、价值大的特点，如果仅是当实际成本偏离目标成本时采取对策，就是被动控制，不能预防差异的发生，而且往往损失很大。在设计阶段通过采取设计方案的技术经济分析、价值工程、限额设计等控制手段，与设计概算、施工图预算相结合，可以使设计更经济，实现项目成本控制的主动性。

4. 设计阶段的成本规划与控制充分体现了项目成本规划与控制的系统性

设计阶段根据项目决策阶段确立的建设项目总目标，从对项目的筹划、研究、构思、设计直至形成设计图纸和说明等相关文件，使得建设目标和水平具体化。这一过程从解决总体开发方案和建设项目总体部署等重大问题开始，到建筑设计、结构设计和其他各专业设计方案的确定，直至最后确定并绘制出能满足施工要求的反映工程尺寸、布置、选材、构造、相互关系、质量要求等的详细图纸和说明。这一过程充分体现了控制的系统思想。

5. 在设计阶段控制工程成本便于技术与经济相结合

专业设计人员在设计过程中往往更关注工程的使用功能，力求采用比较先进的技术方法实现项目所需的功能，而对经济因素考虑较少。在设计阶段进行成本的规划与控制就能在制定技术方案时充分考虑其经济后果，使方案达到技术与经济的统一。

5.1.3 工程项目设计阶段成本规划与控制的内容与流程

工程设计阶段的成本规划与控制过程，包括了规划与控制两个方面的内容，并贯穿于设计阶段全过程。工程设计阶段的成本规划与控制对象，重点是建设成本，其中也包括设计费的规划与控制。此处主要针对建设成本进行研究。

1. 设计阶段的成本规划

项目管理的核心任务是项目的目标控制。设计阶段的成本规划是设计阶段及其后续阶段进行成本控制与管理的基础和目标。设计阶段应当按照项目决策确定的项目总成本目标编制项目的成本规划，确定设计阶段的项目成本控制目标，并按照专业、内容等进行分解，用以指导设计工作的开展，进行设计方案的经济性分析比较。设计阶段的成本规划根据设计阶段的变化需要进行动态变化调整。

（1）投资估算是项目初步设计的成本控制目标。对投资估算进行合理分解，用以控制项目初步设计的各项工作。

（2）初步设计阶段编制设计概算，控制设计概算不超过项目投资估算。

（3）设计概算是项目施工图设计（或技术设计）的控制目标。

（4）技术设计编制修正概算，对设计概算进行修正。

（5）施工图设计阶段编制施工图预算，控制施工图预算不超过项目设计概算（或修正概算）。

2. 设计阶段的成本控制

设计阶段的成本控制对设计过程中所形成的成本进行层层控制，以实现拟建项目的成本控制目标。设计阶段成本控制的措施包括组织、技术、经济和合同等方面的措施，主要有：

（1）组织措施

1）建立并完善业主的设计管理组织，落实设计管理人员，加强设计管理中的审查、参与、组织、协调和监督职能。

2）外聘咨询专家或委托咨询机构实施设计监理。

3）实行设计招标或设计方案竞赛。

4）加强对设计单位自控系统的监控，监督设计单位完善自控系统，如督促设计单位严格执行专业会签制度、方案审核制度。

5）编制设计阶段成本控制的详细工作流程图等。

（2）技术措施

1）推行限额设计。

2）进行设计方案的优选。

3）运用价值工程优化设计。

4）重视设计概预算的编制与审查等。

（3）经济措施

1）编制设计费使用计划。

2）进行设计进度款的支付。

3）对设计费的使用进行跟踪。

4）根据设计方案的经济性进行奖惩。

（4）合同措施

1）参与合同的签订与修改。

2）实施合同管理，跟踪合同执行，防止合同纠纷。

3）做好与设计阶段相关的设计文件、管理文件的收集与整理等。

上述设计阶段的控制措施中，技术措施极为重要。本章以下部分重点对设计阶段成本控制的技术措施进行研究。

工程项目设计阶段成本规划与控制的流程如图 5-1 所示。

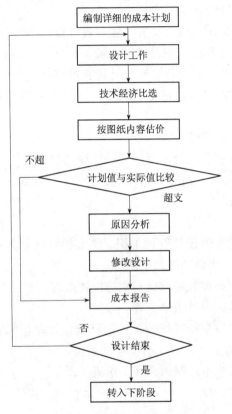

图 5-1   设计阶段成本控制

5.2   工程项目设计经济性的含义及其影响因素

5.2.1   工程项目设计经济性的含义

项目设计阶段进行成本规划与控制的目标是追求设计的经济性。设计经济性是指在满足功能要求的情况下，工程所需全寿命周期费用最小。

1. 设计经济性与全寿命周期有关

设计阶段的成本规划与控制，不能仅考虑项目一次性的建设成本，而应该考虑项目设计、建造直到建成后使用的所有支出，即考虑项目全寿命周期成本。

全寿命周期成本（Life Cycle Cost 简称 LCC）是某一产品全寿命周期所需的

全部费用。工程的全寿命周期费用是指工程在准备规划阶段、设计阶段、使用与维修改造阶段以及拆除报废阶段所需的全部费用。

工程项目与制造业产品相比较，其自然寿命和经济寿命都比较长，在使用过程中发生的运营及维修费用也很大。建成后的使用运营阶段不但是能源消耗的主要阶段，也是经费支出的主要部分。据日本财团建筑中心研究发现，住宅建筑使用寿命内支出的维修费为建造费的125%。德国对几种典型住宅分析发现，使用寿命的80年中，用于维修的费用达到建造费的130%~140%。建筑物在使用期间除开支维修费外，还要开支房地产税、保险费、能源消耗费、管理费等运营费用。1983年，美国的研究机构采用25年寿命周期和20%的贴现率对纽约市某多层办公楼群（总建筑面积为27000m²）进行LCC分析，发现一次性建造成本占LCC的49.6%，运营及维护费用占LCC的50.4%。某医院大楼寿命周期内各项费用的比重如表5-2所示。

某医院大楼各项费用比重　　　　　　　　　　　表5-2

序　号	费　用	比重（%）	序　号	费　用	比重（%）
1	设计费	1	4	维护费	15
2	建造费	10	5	使用费	64
3	设备改装费	10	6	合计	100

资料来源：谢文蕙.《建筑技术经济》.北京：清华大学出版社，1984

上述数据表明，在衡量工程的经济性时，不能仅分析一次性建造成本，而应从整个寿命周期着眼，考虑全寿命周期内的成本。

2. 设计经济性与工程的质量目标有关

工程质量目标与建设成本、使用成本之间存在密切关系。工程项目质量特性包括了适用性、安全性、耐久性、可靠性、经济性和美观协调性等方面。项目质量目标水平过低，则项目使用成本很高；而项目质量目标水平过高，则使得项目建设成本提高。图5-2表明了质量目标水平与项目建设成本和使用成本之间的关系。在合理的质量目标水平下，项目全寿命周期成本最低。

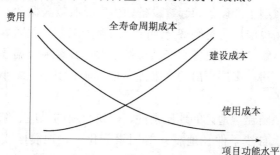

图5-2　建设成本、使用成本与项目质量目标水平之间的关系

5.2.2   工程项目设计经济性的影响因素

设计阶段影响成本的因素很多，可以分为设计方案因素、设计质量两个方面。此处分析设计方案因素对工程成本的影响。

1. 工业建设设计影响经济性的因素

在工业建设设计中，影响工程经济性的主要因素有总平面图设计、工业建筑的平面和立面设计、建筑结构方案设计、工艺技术方案选择、设备的选型和设计等。

（1）厂区总平面图设计

厂区总平面图设计方案关系到整个建设场地的土地利用、建筑物位置和工程管线长度。它应满足生产工艺过程的要求，节约建设用地，适应厂区外运输需要和厂区气候、地形、工程地质水文等自然条件，满足卫生、防火、安全防护要求，并与城市规划和工业区规划协调一致。总平面图设计应努力做到：

1）尽量节约用地，少占或不占农田。建设项目应集中紧凑布置，并适当地留有发展余地。在符合防火、卫生和安全间距要求并满足使用功能的条件下，尽量减少建筑物、生产区之间的间距；在满足工艺生产要求和使用合理的原则下，尽量设计和采用外形规整的建筑，以增加场地的有效使用面积。

2）结合地形、地质条件，因地制宜、依山就势地布置建筑物、构筑物，避免大填大挖，防止滑坡和塌方。

3）运输设计应根据工厂生产工艺要求和建设场地等具体情况，尽量做到运距短、无交叉、无反复，因地制宜地选择建设投资少、运费低、载运量大、运输迅速、灵活性大的运输方式。

（2）工业建筑的空间及平面设计

工业厂房的空间及平面设计方案是否合理和经济，不仅与降低建设成本和使用费有关，也直接影响到节约用地和建筑工业化水平的提高。

1）工业厂房层数的选择

选择工业厂房层数应考虑生产性质和生产工艺的要求。对于需要跨度大和层高要求高，拥有重型生产设备和起重设备，生产时有较大振动及散发大量热和气的重型工业，采用单层厂房是经济合理的；而对于工艺过程紧凑，采用垂直工艺流程和利用重力运输方式，设备和产品重量不大，并要求恒温条件的各种轻型车间，可采用多层厂房。多层厂房的突出优点是占地面积小，缩小传热面，节约热能，经济效果显著。

多层厂房层数随建厂地区的地质条件、建筑材料的供应、结构形式、建筑面积以及施工方法、自然条件（地震）等因素变化。在地震区或地质条件差的地区，厂房层数以 2～3 层为宜；在 7～8 度地震设防区，层数以 3～4 层为宜（5 层以上由于要采取抗震措施，会使土建投资增加）；其他地区可采用预制现浇节点的全装配结构，层数可达 6 层及 6 层以上。

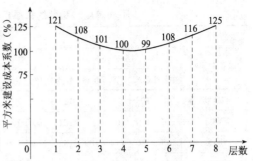

图 5-3 工业厂房层数和每平方米建设成本的关系

图 5-3 是根据国内资料综合绘制的曲线，它表明了多层厂房的经济层数和平方米建设成本的关系。

2）工业厂房层高的选择

在建筑面积不变的情况下，建筑层高的增加会引起各项费用的增加，如墙体砌筑费用、装饰费用，室内管线费用等。这些费用的增加提高了单位面积的建设成本。

据有关资料分析，单层厂房层高每增加 1m，单位面积建设成本增加 1.8% ~ 3.6%，年度采暖费约增加 3%；多层厂房的层高增加 0.6m，单位面积增加建设成本 8.3% 左右。层高与单位建筑面积造价系数关系见图 5-4。多层厂房建设成本增加幅度比单层厂房大的主要原因，是多层厂房的承重部分占总建设成本的比重较大，而单层厂房的墙柱部分占总建设成本的比重较小。

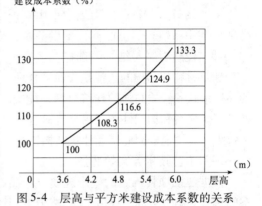

图 5-4 层高与平方米建设成本系数的关系

3）合理确定柱网

工业厂房平面布置中柱网的合理确定具有关键性作用。柱网的布置是确定柱子的行距（跨度）和间距（每行柱子中两个柱子间的距离）的依据。

当柱距不变时，跨度越大则单位面积的建设成本越小，因为除屋架外，其他结构件分摊在单位面积上的平均建设成本随跨度的增大而减小。不同跨度的厂房建设成本的对比见表 5-3。

不同跨度的厂房建设成本的对比（%） 表 5-3

吊车起吊重量（t）	柱距（m）	不同跨度（m）建设成本指数		
		12	18	24
5 ~ 10	6	100	83	80
15 ~ 20	6	100	90	78

对于多跨厂房，当跨度不变时，中跨数目越多越经济，因为柱子和基础分摊在单位面积上的建设成本减少。不同跨度和跨数的单层厂房建设成本对比见表 5-4。

不同跨度和跨数的单层厂房建设成本对比（％）   表 5-4

建筑面积（m²）	跨度（m）															
	15				18				24				30			
	单跨	双跨	三跨	四跨	单跨	双跨	三跨	四跨	单跨	双跨	三跨	四跨	单跨	双跨	三跨	四跨
1000	118	103			113				104				100			
2000	130	110	108		121	109	102		111	102			106	100		
5000	145	120	114	109	132	111	106	103	120	106	100	104	116	104	107	105
10000			113	110		114	106	103		106	101	100		105	103	104
15000				110				105			102	100			103	100

4）尽量减少厂房的体积和面积

在不影响生产能力的条件下，要尽量减少厂房的体积和面积。为此，要合理布置设备，使生产设备大型化和向空间发展。厂房布置力求紧凑合理，并改进厂区内与厂房内运输，减少铁路运输，增加公路和传送带运输；采用先进工艺和高效能生产设备，节省厂房面积；采用大跨度、大柱距的大厂房平面设计形式，提高平面利用系数；尽可能使大型设备露天设置，以节省厂房的建筑面积。

（3）建筑材料与结构的选择

建筑材料与结构的选择是否经济合理，对建设成本有直接影响。采用各种先进的结构形式和轻质高强的建筑材料，能减轻建筑物的自重，简化和减轻基础工程，减少建筑材料和构配件的费用及运输费，并能提高劳动生产率和缩短建设工期，经济效果十分明显。因此工业建筑结构正在向轻型、大跨、空间、薄壁的方向发展。

（4）工艺技术方案的选择

根据建设项目确定的生产规模、产品方案和质量要求，进行生产工艺技术方案的选择，确定从原料到成品的整个生产过程的主要工艺流程和生产工艺技术。

选用工艺技术方案，应从我国实际出发。选择工艺技术方案时，应考虑采用先进技术方案所需投资与因之而节约的劳动消耗的对比情况。一般看，采用先进技术方案所需投资较多，但能减少产品生产中的劳动消耗或减轻劳动强度。具体项目工艺技术方案的选择，应通过技术经济分析，认真进行效益研究，综合考虑各方面因素确定。

（5）设备的选型和设计

在工艺设计中确定生产工艺流程后，就要根据工厂生产规模和工艺流程的要求，选择设备的型号和数量。在工业建设项目中，设备投资比重大，占总投资的40％～50％，因此，合理确定设备型号对减少工程成本具有重要的意义。设备和工艺的选择是相互依存、紧密相连的。设备选择的重点因设计形式的不同而不同，应该选择能满足生产工艺和达到生产能力需要的最适用的设备和机械。

设备选型和设计应注意下列要求；

　　1）设备选型应该注意标准化、通用化和系列化；

　　2）采用高效率的先进设备要本着技术先进、稳妥可靠、经济合理的原则。先进设备必须经过试验验证，在产品定型或有工厂的技术鉴定后，证明是正确可靠、切实可行时，才能在工艺设计中采用；

　　3）设备的选择必须首先考虑国内可供的产品。如需进口国外设备，应力求避免成套进口和重复进口，注意进口那些国内不能生产的关键设备。

　　4）在选择和设计设备时，要结合企业建设地点的实际情况和动力、运输、资源等具体条件考虑。

　　2. 民用建筑设计影响经济性的因素

　　（1）小区的规划设计

　　在进行小区规划时，要根据小区基本功能和要求确定各构成部分的合理层次与关系，据此安排住宅建筑、公共建筑、管网、道路及绿地的布局，确定合理人口与建筑密度、房屋间距和建筑层数，布置公共设施项目、规模及其服务半径，以及水、电、热、燃气的供应等，并划分包括土地开发在内的上述各部分的投资比例。

　　小区用地面积指标，反映小区内居住房屋和非居住房屋、绿化园地、道路和工程管网等占地面积及比重，是考察建设用地利用率和经济性的重要指标。它直接影响小区内道路管线长度和公用设施的多少，而这些费用约占小区建设投资的1/5。因而，用地面积指标在很大程度上影响小区建设的总成本。

　　小区的居住建筑面积密度、居住建筑密度、居住面积密度和居住人口密度也直接影响小区的总建设成本。在保证小区居住功能的前提下，密度越高，越有利于降低小区的总建设成本。

　　（2）住宅建筑的平面布置

　　同样的建筑面积，由于住宅建筑平面形状不同，住宅的建筑周长系数 $K_{周}$（即每平方米建筑面积所占的外墙长度）也不相同。圆形、正方形、矩形、T形、L形等，其建筑周长系数依次增大，即外墙面积、墙身基础、墙身内外表面装修面积依次增大。但由于圆形建筑施工复杂，施工费用较矩形建筑增加20％～30％，故其墙体工程量的减少不能使建筑工程建设成本降低，因此，一般来讲，正方形和矩形的住宅既有利于施工，又能降低工程建设成本，而在矩形住宅建筑中，又以长宽比为2∶1最佳。

　　当房屋长度增加到一定程度时，就需要设置伸缩缝；当长度超过90m时，就必须有贯通式过道。这些都要增加房屋的建设成本，所以一般小单元住宅以4个单元、大单元住宅以3个单元，房屋长度60～80m较为经济。在满足住宅的基本功能、保证居住质量的前提下，加大住房的进深（宽度）对降低建设成本也有明显的效果。

　　住宅结构面积与建筑面积之比为结构面积系数，这个系数越小，设计方案越经济。因为结构面积减少，有效面积就相应增加，因而它是评比新型结构经济性的重要指标，该指标除与房屋结构有关外，还与房屋外形及其长度和宽度有关，同时也与房间平均面积的大小和户型组成有关。房屋平均面积越大，内墙、隔墙在建筑面积中所占比重就越低。

（3）住宅的层高和净高

住宅层高不应超过 2.8m。据某居住小区的测算，当住宅层高从 3m 降至 2.8m 时，平均每套住宅建设成本可下降 4% ~ 4.5%，同时，还可节约能源并有利于抗震。根据对室内微小气候温度、湿度、风速的测定，及室内空气洁净度要求，住宅的起居室、卧室的净高不应低于 2.4m。

（4）住宅的层数

民用建筑按层数划分低层住宅、多层住宅、中高层住宅、高层住宅。房间内部和外部的设施、供水管道、排水管道、煤气管道、电力照明和交通道路等费用，在一定范围内随着住宅层数的增加而降低。但住宅超过一定层数，就要设置电梯，需要较多的交通面积（过道、走廊要加宽）和补充设备（供水设备和供电设备等）。特别是高层住宅，要经受较大的风力荷载，需要提高结构强度，改变结构形式，使工程建设成本大幅度上升。因而，一般来讲，在中小城市以建筑多层住宅为经济合理，在大城市可沿主要街道建设一部分中高层和高层住宅，以合理利用空间，美化市容。

（5）住宅建筑结构方案

住宅建筑结构方案选择，应结合实际，因地制宜，就地取材，采用适合本地区的经济合理结构形式。如某地区通过大量推广内浇外砌大模板住宅体系替代传统砖混住宅建筑体系，取得了良好的经济效益。两种体系每平方米有效面积建设成本比例构成见表5-5。

每平方米有效面积建设成本比例构成系数 　　　　　 表 5-5

	构成项目	传统砖混住宅	内浇外砌大模板住宅	增减率（%）
1	墙体	31.5	29.7	−1.8
	其中：外墙	17.1	12.8	−4.3
	内墙	12.2	14.1	+1.9
	隔墙	2.2	2.8	+0.6
2	楼板	13.8	14.3	+0.5
3	屋面	5.8	6.2	+0.4
4	其他	23.4	23.9	+0.5
	±0 以上土建	74.5	74.1	−0.4
5	基础	7.8	7.4	−0.4
	土建合计	82.3	81.5	−0.8
6	水电设备	17.7	17.0	−0.7
	总建设成本	100.0	98.5	−1.5

5.3 限 额 设 计

5.3.1 限额设计的概念

所谓限额设计，就是按照批准的设计任务书及投资估算控制初步设计，按照批准的初步设计总概算控制施工图设计，同时各专业在保证达到使用功能的前提下，按分配的投资限额控制设计，严格控制技术设计和施工图设计的不合理变更，保证总投资限额不被突破。

限额设计的控制对象是影响工程设计的静态投资的项目，进行投资分解和工程量控制是实行限额设计的有效途径和主要方法，通过层层限额设计来实现对项目投资限额的动态控制和管理。

在项目建设过程中采用限额设计是我国工程建设领域控制投资支出和有效使用建设资金的有力措施。限额设计按上一阶段批准的投资控制下一阶段的设计，而且在设计中以控制工程量为主要内容，抓住了控制工程成本的核心，从而能有效地克服和控制"三超"现象。限额设计可促使设计单位加强技术与经济的对立统一，克服长期以来重技术、轻经济的思想，树立设计人员的责任感。限额设计可促使设计院内部设计与概预算形成有机的整体，克服相互脱节的想象。

5.3.2 限额设计的过程

限额设计全过程实际上是工程建设项目在设计阶段的成本目标管理过程。按实施顺序可以划分为成本目标确定、成本计划分析、成本控制实施、成本目标检查与评价等过程。这些过程在设计的各个阶段不断进行循环，最终达到控制目标的实现。这个过程可用图5-5表示。

1. 限额设计目标的确定

限额设计要体现投资控制的主动性，需要在初步设计、施工图设计之前进行合理的投资分配。如果设计完成后发现概预算失控再进行设计变更，则使得投资控制陷入被动地位。因此，实施限额设计的关键是合理地确定设计限额，包括确定限额设计总额及限额设计总额在各单项工程、单位工程、专业工程之间的分配。

（1）限额设计总额的确定

由于可行性研究报告是确定总投资额的重要依据，所以，应以经过批准的投资估算作为确定限额设计总值的依据。限额设计总值由项目经理或总设计师提出，经主管院长审批下达，其总额度一般只下达直接工程费的90%，以便项目经理或总设计师和室主任留有一定的调节指标。

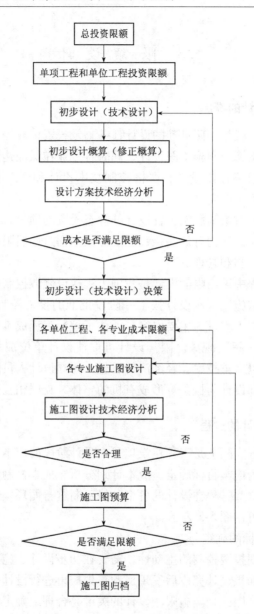

图 5-5　限额设计程序图

（2）设计限额的分配

设计限额的常规分配方法一般是参考类似工程的技术经济资料，将投资估算切块分割到各单位工程中。由于工程建设成本的高低随年代的变迁、工程地点和条件的不同，往往有较大的差异，仅以类似工程的投资比例作为参考不一定能准确反映项目投资各组成部分的合理关系。因此，传统分配方法只能被动地反映类似工程各组成部分的投资控制比例，而无法结合本项目情况加以考虑。

要达到限额设计投资分配中功能与成本的有机统一，体现出限额设计的主动性，可将价值工程引入到限额设计中来，按照建设项目各组成部分的功能系数来确定其成本比例。

价值工程强调功能与成本的匹配。通过价值工程的功能分析，对建设项目各组成部分的功能加以量化，确定出其功能评价系数，以此作为设计限额分配时供参考的技术经济参数，从而最终求出分配到各专业、各单位工程的设计限额值（即价值工程中的功能目标成本）。

该方法的目的是使分配到各组成部分的成本比例与其功能的重要程度所占比例相近，即 $v = F/C \approx 1$。也可以说，该方法是根据项目自身各组成部分的功能关系来确定设计限额值，因而比按类似工程资料进行设计限额分配具有理论上的先进性，更大程度地达到投资比例的合理性。同样，建设项目各组成部分的设计限额值向其分部工程甚至分项工程的分配可以参照上述方法进行。

2. 限额设计的纵向控制

按照限额设计过程从前向后依此进行控制，称为纵向控制。

（1）初步设计阶段的限额设计

初步设计阶段要重视设计方案的比选，将设计概算控制在批准的投资估算限额内。为此，初步设计阶段的限额设计工程量应以可行性研究阶段审定的设计工程量和设备、材质标准为依据，对可行性研究阶段不易确定的某些工程量，可参照通用设计或类似已建工程的实物工程量确定。

（2）施工图设计阶段的限额设计

施工图是设计单位的最终产品，是现场施工的主要依据。这一阶段限额设计的重点应放在工程量的控制上。工程量的控制限额采用审定的初步设计工程量。控制工程量一经审定，便作为施工图设计工程量的最高限额，不得突破。

3. 限额设计的横向控制

明确设计单位内部各专业、科室及设计人员的限额设计责任并使之实现，称为限额设计的横向控制。

限额设计的横向控制首先应明确设计参与部门、参与人员的责任，将工程成本按专业进行分配，并分段考核，下段指标不得突破上段指标，责任落实越接近于个人效果越明显，并赋予责任者履行责任的权利；其次，建立和健全限额设计的奖惩制度。设计单位在保证工程安全和不降低工程功能的前提下，采用新材料、新工艺、新设备、新方案从而节约了投资的，应根据节约投资额比例，对设计单位给予奖励；因设计单位的设计错误、漏项或扩大规模和提高标准而导致工程静态投资超支，视超支比例扣减相应比例的设计费。

4. 加强设计变更管理，实行限额动态控制

不同阶段发生的设计变更其损失的费用不同。设计变更发生得越早，损失越小，反之，则损失越大，如图 5-6 所示。因此，要建立设计管理制度，尽量将设计变更控制在设计阶段。

在市场经济条件下，要改变过去概算、预算编制中套定额的静态管理做法，考虑涉及时间变化的因素，如价格、汇率、利

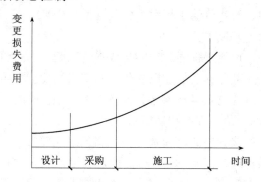

图 5-6　变更损失费用与变更时间的关系示意图

率、税率等的影响，及时掌握市场信息，变静态控制为动态控制，保证限额设计的有效实施。

5.3.3　限额设计的不足与改进

1. 限额设计的不足

（1）限额设计需要在初步设计、施工图设计之前进行合理的投资分配。如果设计完成后发现概预算失控再进行设计变更，则使得投资控制陷入被动地位，也降低设计的合理性。

（2）限额设计由于突出强调了设计限额的重要性，使价值工程的两条提高价值的途径（即成本不变，功能提高；成本提高，功能有更大程度的提高）无法充分运用，从而限制了设计人员的创造性。

（3）限额设计中的限额如投资估算、设计概算和施工图预算等，均是指建设项目的一次性投资，对项目寿命周期成本考虑不够，因而可能造成项目全寿命周期费用不一定经济的现象。

2. 限额设计的改进

（1）正确理解限额设计的含义。应在正确考虑建设项目全寿命周期成本的基础上，进行限额设计的控制和管理。

（2）合理确定设计限额。将价值工程引入到限额设计中来，按照建设项目各组成部分的功能系数来确定其成本比例，从而达到限额设计投资分配中功能与寿命周期成本有机统一，体现出限额设计的主动性。

（3）加强建设项目各专业的方案比选。对设计方案开展技术经济分析，通过备选方案的提出、比选和优化，可以有效地发挥设计人员的创造性。

5.4 工程项目设计方案的比选

5.4.1 设计方案比选的原则

（1）设计方案必须要处理好经济合理性与技术先进性之间的关系。在满足功能要求的前提下，尽可能减低工程成本。在资金一定的条件下，尽可能提高功能水平。

（2）设计方案必须兼顾建设与使用，考虑项目全寿命周期的费用。选择设计方案时不但要考虑工程的建造成本，同时要考虑使用成本，应以全寿命费用最低为设计目标。

（3）功能设计必须兼顾近期与远期的要求。选择项目合理的功能水平。同时也要根据远景发展需要，适当留有发展余地。

5.4.2 设计方案比选的程序

（1）按照使用功能的要求，结合工程项目所在地的客观实际情况，探讨和建立可能的设计方案。

（2）初步筛选，从所有可能的设计方案中筛选出 2~4 个各方面都较为满意的方案作为比较方案。只有在技术上过关和项目功能达到基本要求的前提下，才能列为对比方案。对比方案要有可比性。如果使用功能不同，建造标准不同，它们之间就不存在相互替代的可能，就没有可比性。

（3）根据方案评价的目的，明确评价的任务和范围。

（4）确定反映方案特征并能满足评价目的的技术经济指标体系。设计方案技术经济分析的指标可按不同标准分类。按表现形态可分为实物指标和货币指标，按时间可分为建设阶段指标和使用阶段指标，按指标性质可分为定量指标和定性指标，按技术经济分析中的作用可分为基本指标和辅助指标，按指标反映的特征性质可分为技术指标、经济指标、其他因素或指标三大类。技术指标是反映技术方案的技术特征的指标，用以说明方案适用的技术条件和范围。经济指标是用以反映方案的经济性和经济效果的指标，如劳动消耗指标、经济效果指标、经济效益指标等。其他因素或指标是指除了技术指标和经济指标以外，还要考虑的因素或指标，如社会因素、政治因素、国防因素等。

技术经济指标体系的设置要完整而扼要地体现工程项目的最本质特征，反映出各指标的内在联系，从而确切地反映出工程项目满足需要所能达到的程度，完整而又准确地反映为取得使用价值所需投入的社会必要劳动消耗量。当然，并非所有指标都要全部涉及，可选择主要指标进行分析比较。

（5）对方案的各项指标进行计算。指标的计算要按规则和要求进行。为使指标具有可比性，计算时应采用相同的计算规则和计算方法。对不同方案中可计量的数量指标分别进行计算和分析，得出定量的分析结果。对不同方案中不可计量的指标（包括质量）也要通过分析和判断，得出定性分析的结果。对于经济现象比较复杂的技术方案，必须根据经济指标和各参数之间的函数关系，列出相应的经济数学模型，然后求解。

（6）方案的分析和评价。根据方案的特征，确定评价的标准。通过对比指标的分析，排出方案的优劣顺序，并提出推荐方案的建议。

（7）综合论证，方案抉择。对技术方案进行全面分析、论证和综合评价，选择最合理的方案。

5.4.3　设计方案比选的指标体系

1. 工业建筑设计的评价指标体系

（1）总平面设计评价

在厂区总平面图设计中，可使用以下技术经济指标：

1）建筑系数（即建筑密度）。主要说明厂区内的建筑物布置密度，即建筑物、构筑物和各种露天构筑物所占的土地面积与整个建设用地面积之比。

2）土地利用系数。说明厂区内土地利用情况，表示所有建筑物、构筑物、露天仓库、厂内道路、铁路、人行道和地上、地下工程管线所占面积与整个建设场地用地面积之比。

3）工程量。反映企业的总平面及运输部分的建设投资是否经济，包括场地平整土方工程量、铁路长度、铁路和广场铺砌面积、排水工程、围墙长度及绿化面积等。

4）企业经营条件指标，包括铁路及无轨道路每吨货物的运输费、铁路及无轨道路经营费用等，以反映运输设计是否经济。

（2）建筑设计评价

常用的有：

1）单位面积建设成本。

2）建筑物周长与建筑面积比。主要用于评价建筑物平面形状是否合理。指标越小，平面形状越合理。

3）厂房展开面积。主要用于确定多层厂房的经济层数，展开面积越大，经济层数越高。

4）厂房有效面积与建筑面积比。主要用于评价柱网布置是否合理，合理的柱网布置可以提高厂房的有效使用面积。

此外，建设工期、主要实物工程量、材料消耗指标、经常使用费、用地指标等均可用于评价。

2. 民用建筑的评价指标体系

民用建筑一般包括公共建筑和住宅建筑两大类。常用的民用建筑设计的评价指标有：

（1）公共建筑评价指标

公共建筑类型较多，具有共性的评价指标有占地面积、建筑面积、使用面积、辅助面积、有效面积、平面系数、建筑体积、建筑密度等。其中：

$$有效面积 = 使用面积 + 辅助面积$$

$$平面系数 = 使用面积 / 建筑面积$$

$$建筑密度 = 建筑基底面积 / 占地面积$$

平面系数反映平面布置的紧凑合理性。

（2）居住建筑评价指标

居住建筑设计评价指标见表 5-6 所示。

居住建筑设计评价指标 表 5-6

指标名称	计算公式	说　明
平面系数 K_1	$\dfrac{居住面积}{建筑面积}$	居住面积是指住宅建筑中的居室净面积
辅助面积系数 K_2	$\dfrac{辅助面积}{居住面积}$	辅助面积是指住宅建筑中楼梯、走道、卫生间、厨房、阳台、储藏室等的净面积
结构面积系数 K_3	$\dfrac{结构面积}{建筑面积}$	结构面积指住宅建筑各层平面中的墙柱等结构所占面积
外墙周长系数	$\dfrac{建筑物外墙周长}{建筑物底层建筑面积}$	
建筑体积指标	$\dfrac{建筑体积}{建筑面积}$	
平均每户建筑面积	$\dfrac{建筑面积}{总户数}$	

（3）居住小区设计评价指标

居住小区设计评价指标见表 5-7 所示。

居住小区设计评价指标 表 5-7

指标分类	指标名称	计算公式
用地指标	居住用地系数	$\dfrac{居住用地面积}{居住小区总占地面积}$
	公共建筑系数	$\dfrac{公共建筑用地面积}{居住小区总占地面积}$
	人均用地指标（m^2/人）	$\dfrac{总居住建筑用地面积}{小区居住总人口}$
	绿化用地系数	$\dfrac{绿化用地面积}{居住小区总占地面积}$

指标分类	指标名称	计算公式
密度指标	居住建筑面积毛密度	$\dfrac{\text{居住建筑总面积（m}^2\text{）}}{\text{居住区总用地（公顷）}}$
	居住建筑面积净密度	$\dfrac{\text{居住建筑总面积（m}^2\text{）}}{\text{居住用地（公顷）}}$
	居住建筑净密度	$\dfrac{\text{居住建筑基底面积（公顷）}}{\text{居住用地（公顷）}}$（％）
	居住面积净密度	$\dfrac{\text{居住建筑总居住面积（m}^2\text{）}}{\text{居住用地（公顷）}}$
	居住人口毛密度	$\dfrac{\text{居住总人数（人）}}{\text{居住区总用地（公顷）}}$
	居住人口净密度	$\dfrac{\text{居住总人数（人）}}{\text{居住用地（公顷）}}$
建设成本指标	居住建筑工程建设成本（元/m²）	$\dfrac{\text{工程原建设成本}}{\text{居住建筑面积}}$

5.4.4   设计方案比选方法

可用于设计方案比选的技术经济分析方法很多，此处就常用的基本方法如计算费用法、多指标评价法及价值工程方法进行简要的叙述。

1. 计算费用法

计算费用法也称为最小费用法，是以货币表示的计算费用来反映设计方案对资源消耗的多少，从而评价设计方案的优劣。最小费用法指在各设计方案功能相同的条件下，项目在整个寿命周期内费用最低的为最优方案。寿命周期内费用包括了项目从投资决策、勘察、设计、施工、建成后使用直至报废拆除所发生的支出。

最小费用法可以分为静态方法和动态方法。

（1）静态方法

当不考虑资金的时间价值，可采用下式计算方案费用：

$$C_{年} = KE + V \tag{5-1}$$

$$C_{总} = K + VT \tag{5-2}$$

式中　$C_{年}$——年计算费用；

$C_{总}$——项目总计算费用；

K——项目总投资；

E——投资效果系数；

V——年使用成本；

T——投资回收期

（2）动态方法

当进行多方案比较时，按照以下公式计算出该方案在寿命期的总费用或寿命期内每年的总费用：

$$PC = \sum_{t=0}^{n} CO_t(P/F,i,t) \tag{5-3}$$

$$AC = PC(A/P,i,n) = \sum_{t=0}^{n} CO_t(P/F,i,t)(A/P,i,n) \tag{5-4}$$

式中　PC——费用现值；

　　　AC——费用年值；

　　　CO_t——第 t 年的现金流出量；

　　　i——折现率

　　　n——寿命期

对于寿命期相同的设计方案，采用费用现值法或费用年值法。对于寿命期不等的设计方案，采用费用年值法更简便。

【例 5-1】某影剧院有两个建造方案，两个方案的使用功能相同。各方案的建设成本、每年的使用费和使用寿命见表 5－8 所示。折现率为 8%，行业投资效果系数为 10%。试进行方案的比较。

影剧院建造方案

表 5-8

项　　目	方案 A	方案 B	项　　目	方案 A	方案 B
建设成本（万元）	2000	2100	使用寿命（年）	40	60
每年使用费用（万元）	25	20			

【解】

（1）静态方法

计算年费用

$$C_{年A} = 2000 \times 10\% + 25 = 225 \text{（万元）}$$

$$C_{年B} = 2100 \times 10\% + 20 = 230 \text{（万元）}$$

因 A 方案的年费用小，A 方案优。

（2）动态方法

计算费用年值

$$AC_A = 2000 \text{（A/P，8\%，40）} + 25 = 192.72 \text{（万元）}$$

$$AC_B = 2100 \text{（A/P，8\%，60）} + 20 = 189.68 \text{（万元）}$$

按照全寿命周期的年总费用，方案 B 比方案 A 年节约 3.04 万元，故 B 方案的经济性更好。

上例中，采用静态方法和动态方法的结论不一致。当工程寿命期较长时，一般使用动态方法进行比选。

2. 多指标评价法

（1）多指标对比法

多指标评价法是目前国内常用的方法，通过对财力（货币指标）、物力（物化劳动消耗指标）、人力（活劳动消耗指标）等多方面的指标进行对比分析，根据指标的高低，从中选择最优方案。

采用多指标评价方法，要将方案的一系列指标分为主要指标和辅助指标两大类。

主要指标是指能够反映对比方案的主要技术经济特征的指标，它是确定该方案优劣的主要依据。如工程建设成本、施工工期、质量等指标。辅助指标是主要指标的补充，当主要指标对比还不能够充分说明方案的优劣时，辅助指标可作为进一步技术经济评价的依据。如建筑自重、能源消耗、工业废料利用率、房屋服务年限与经常使用费等指标。

评价时，对诸方案各指标进行计算、分析和比较，然后进行综合判断。综合评价时，要以主要指标作为评价的主要依据，并把主要指标和辅助指标结合起来考虑。当不同方案指标各有优劣时，以主要指标对比结果来确定方案的优劣；当不同方案的主要指标相同，以辅助指标的优劣来确定；当某方案的主要和辅助指标都是最好时，则这个方案肯定是最优方案。

【例5-2】某地区对住宅建筑结构体系进行技术经济评价时，将砖混结构与大模板内浇外砌（外墙砌）进行分析比较，其主要和辅助指标如表5-9所示。

砖混结构与大模板内浇外砌（外墙砌）比较　　　　　　　　表5-9

指标	砖混结构	内浇外砌	指标	砖混结构	内浇外砌
建筑面积	3176m^2	3876m^2	砖	236 块/m^2	126 块/m^2
层 数	5	6	劳动耗用量	3.46 工日/m^2	3.52 工日/m^2
层高	2.9m	2.9m	工期	200 天	180 天
建设成本	100 元/m^2	103 元/m^2	一次性投资	——	2.4～4 元/m^2
钢材	15kg/m^2	16kg/m^2	自重	1300 kg/m^2	1100 kg/m^2
水泥	124kg/m^2	162kg/m^2	服务年限	80 年	100 年
木材	0.05m^3/m^2	0.05m^3/m^2			

【解】砖混结构砖墙厚24cm；内浇采用大模板，墙厚16cm，混凝土 C20，外墙为厚24cm砖墙。

经比较，内浇外砌的优点是：①抗震性能比砖混结构好，可达8度设防；②缩短工期10%；③自重轻，每平方米能减少自重200kg；④砖节省50%。其缺点是：①建设成本高3元/m^2。但有效面积提高4%，实际建设成本降低2%；②钢材每平方米多用1kg，水泥多用1/3。

结论：内浇外砌经济效益比较好，是一种适合我国国情的住宅体系之一，有推广价值。

（2）评分评价法

评分评价法是将各技术方案的评价指标，按其重要程度进行鉴定，给予一定的权重分值，并确定各方案对其各类指标的满足程度，确定分值，经过数学运算进行综合，得出总的评分值。一般选择总分值最大者为最佳方案，计算公式为：

$$S = \sum_{i=1}^{n} W_i S_i \tag{5-5}$$

式中　S——设计方案总得分；

　　　S_i——某设计方案在评价指标 i 的得分；

　　　W_i——评价指标 i 的权重；

　　　n——评价指标数量

【例5-3】某工程设计时提出三个结构设计方案。各方案在工艺技术要求、使用效果、工程建设成本、建设工期、三材用量等方面存在差异，经专家评审，各评价指标权重及三个方案的得分见表5-10所示。试对三个设计方案进行比较。

指标权重及方案评分表　　　　　　　　　　　　　表 5-10

序号	指标	指标权重	方案得分		
			A	B	C
1	工艺技术要求	0.2	90	80	75
2	使用效果	0.35	80	75	90
3	工程建设成本	0.25	70	90	80
4	建设工期	0.1	80	85	90
5	三材用量	0.1	90	85	90

【解】

分别计算各方案的综合得分：

$S_A = 0.2 \times 90 + 0.35 \times 80 + 0.25 \times 70 + 0.1 \times 80 + 0.1 \times 90 = 80.5$

$S_B = 0.2 \times 80 + 0.35 \times 75 + 0.25 \times 90 + 0.1 \times 85 + 0.1 \times 85 = 81.75$

$S_C = 0.2 \times 75 + 0.35 \times 90 + 0.25 \times 80 + 0.1 \times 90 + 0.1 \times 90 = 84.5$

因此，应选择方案 C。

3. 价值工程评价法

价值工程（Value Engineering，简写作 VE）产生于 20 世纪 40 年代的美国。我国 1978 年以后宣传推广和应用价值工程方法。价值工程是技术和经济乃至自然科学与社会科学相互渗透、共同发展的必然结果。它针对技术和经济脱节这一普遍弊病，促进了二者的有机结合，从改进设计入手，寻求提高效益的途径。价值工程的原理及在设计方案比选中的运用见本章第五节。

5.5　价　值　工　程

5.5.1　价值工程原理

1. 价值工程的概念

（1）功能的概念

价值工程中的功能指的是价值工程分析对象能够满足某种需要的一种属性。它的含义广泛，不同的对象包含不同的内容。对产品而言，它是用途或效用；对作业而言，是指作用；对企业而言，是指它为社会提供的产品和效益。

按功能重要程度分类，可分为基本功能和辅助功能。按功能性质特点分类，可分为使用功能和品位功能。按开展价值工程活动角度分类，可分为必要功能和不必要功能、不足功能和过剩功能。

功能水平是对功能的定性定量描述。

（2）价值的概念

在价值工程中的"价值"是指产品的功能（或效用）与获得此种功能所支出的成本（或费用）之间的关系。具体讲，是指生产某种产品、从事某种生产劳务活动、购买某种物品等耗费单位成本（或费用）所换来的功能。

价值可用以下公式表示：

$$价值（V）= \frac{功能（F）}{成本（C）} \tag{5-6}$$

（3）成本的概念

价值工程中的"成本"指寿命周期成本，包括产品从构思、设计、制造、流通、使用直到报废为止的整个时期所需的全部费用。

研究寿命周期成本，是把重点放在产品的设计阶段，把产品的生产和使用作为一个整体，寻求"系统"的最佳化。从根本上讲，使用费用在产品的开发设计阶段就基本上确定了。

（4）价值工程的定义

价值工程是通过各相关领域的协作，对所研究对象的功能与成本进行系统分析，不断创新，旨在提高所研究对象价值的思想方法和管理技术。

开展价值工程活动的目的是通过对分析对象的功能和成本的分析，以对象的最低寿命周期成本，可靠地实现分析对象的必要功能，以获取最佳的社会效益和经济效益。对于产品来说，就是要通过各种手段，提高其功能，降低其寿命周期成本。

2. 价值工程的特点

（1）价值工程的目标是以最低的寿命周期成本实现必须具备的功能。

价值工程着眼于提高价值，即以最低的寿命周期成本实现必要的功能。因此，价值工程的活动应贯穿于项目全过程，要兼顾业主和使用者的利益，以获得最佳的社会综合效益。

（2）价值工程的核心是对产品进行功能分析。

业主购建项目的目的是获得所期待的功能。因此，价值工程分析项目，首先不是分析它的结构，而是分析它的功能，在分析功能的基础上，再研究结构、材料等问题。功能分析是价值工程的核心。

（3）价值工程侧重在项目决策和设计阶段开展工作。

价值工程活动可多次应用于项目建设的全过程中，但重点是项目决策和设计阶段。此时，开展价值工程的工作成效最大，因为一旦图纸已经设计完成并实施，项目的价值就基本决定了，这时再进行价值工程分析就变得非常复杂，不仅原来的工作成果要付之东流，而且可能造成很大的浪费。

（4）价值工程是以集体的智慧开展的有计划、有组织的管理活动。

价值工程所研究的问题涉及产品的整个寿命周期，研究过程复杂，因此在开展价值工程活动时，一般需要技术人员、经济管理人员、有经验的工作人员，甚至用户，以适当的组织形式组织起来，共同研究，发挥集体智慧，灵活运用各方面的知识和经验，才能达到既定的目标。

3. 提高价值的途径

根据价值的含义，要提高价值，就是要通过改进设计，以便用更少的成本，更充分地实现用户需求的功能。提高价值的途径有：

（1）通过改进设计，功能提高，成本降低；

$$V = \frac{F \uparrow}{C \downarrow} \tag{5-7}$$

（2）通过改进设计，功能提高，成本不变；

$$V = \frac{F \uparrow}{C \rightarrow} \tag{5-8}$$

（3）通过改进设计，功能不变，成本降低；

$$V = \frac{F \rightarrow}{C \downarrow} \tag{5-9}$$

（4）通过改进设计，功能有很大提高，成本稍有提高；

$$V = \frac{F \uparrow \uparrow}{C \uparrow} \tag{5-10}$$

（5）通过改进设计，功能稍有降低，成本大大降低。

$$V = \frac{F \uparrow}{C \downarrow \downarrow} \tag{5-11}$$

5.5.2 价值工程的工作步骤

1. 价值工程的一般工作程序

价值工程是一个发现问题—分析问题—解决问题的过程，同时也是一个推倒—创新—提高的过程。这个过程通常不是一次性完成的，而要实施多次的循环。

价值工程的一般工作程序见表5-11 。

价值工程工作程序   表 5-11

过程	阶段	步骤	回答问题	基本要求
发现问题	准备阶段	1. 对象选择	1. 这是什么	1. 从需求出发，积极寻求
		2. 组成 VE 工作小组		2. 有可能实现，落实在效益上
		3. 制订工作计划		
分析问题	分析阶段	4. 收集整理信息资料	2. 这是干什么用的	3. 知己知彼知环境，准确、及时、充分
		5. 功能系统分析		4. 反复推敲、简洁明确
		6. 功能评价	3. 它的成本是多少	5. 实现功能最低费用
			4. 它的价值是多少	6. 主辅层次分明，形成系统
			5. 谁是 VE 的工作对象	7. 计算各功能价值
				8. 选择功能价值低的作为 VE 对象
解决问题	创新阶段	7. 方案创新	6. 有无其他方案	9. 解放思想、打破罗网、千方百计
		8. 方案评价	7. 方案的成本、价值是多少	10. 技术、经济、环境综合研究
		9. 提案编写		11. 价值提高、效果显著、形成文字
	实施阶段	10. 审批	8. 新方案能满足功能要求吗	12. 微观、宏观考核、决策执行、总结提高
		11. 实施与检查		
		12. 成果鉴定		

开展价值工程活动时，可根据具体情况灵活实施。对于价值工程的核心阶段（如对象选择、功能分析、方案创造等），工作必须认真细致，结论必须明确，而且要条理清楚，资料完整，便于管理和检查。

2. 运用价值工程进行工程设计方案比较的基本步骤

（1）对项目进行功能定义和评价

通过专家定义出来的各项功能指标在项目的功能指标体系中占有不同的地位，因而需要确定相对重要系数。确定相对重要系数可采用多种方法，可采用业主、设计单位、施工单位三方加权平均法。例如可以把三方的"权重"根据重要程度确定，分别定为 60%、30% 和 10%，计算出重要系数。

设计人员在方案设计阶段应高度重视重要系数高的功能，抓住主要问题。

（2）方案创造

为了提高产品的功能和降低成本，达到有效利用资源的目的，就需要寻找最佳的方案。寻求或构思这种最佳方案的过程就是方案的创造过程。创造也可以理解为"组织人们通过对过去经验和知识的分析与综合以实现新的功能"的一种活动。价值工程的活动能否成功，关键是能否构思出可行的方案。

（3）求成本系数（C）

成本系数是指某方案成本占全部方案成本和的比率。利用公式 5-12 求出各方案的成本系数，并加以对比：

$$某方案成本系数(C) = 某方案成本/各方案成本之和 \qquad (5-12)$$

（4）求功能评价系数（F）

对拟选几种方案的各项功能的满足程度分别评定分数，并根据公式 5-13 求出各方案的功能评价系数（F）：

$$方案功能评价系数(F) = \frac{某方案评定总分}{各方案评定总分和} \qquad (5-13)$$

（5）求价值系数（V），并进行方案评价

价值系数是指某方案的功能评价系数与其成本系数之比。分别求出各方案价值系数并进行比较。按价值系数高低定量地反映方案的价值高低，选择价值系数最大的设计方案为最优方案。

3. 运用价值工程进行工程设计方案比较的实例分析

（1）案例背景

某市新技术开发区要建一幢综合办公楼，现有 A、B、C 三个设计方案。

A 方案：结构形式为现浇框架体系，墙体材料采用多孔砖及可拆装式板材隔墙，窗户采用单层塑钢窗。使用面积系数 92%，单方建设成本 1248 元/m²。

B 方案：结构形式为现浇框架体系，墙体采用内浇外砌，窗户采用单层铝合金窗。使用面积系数 88%，单方建设成本 1002 元/m²。

C 方案：结构形式为砖混结构，采用现浇钢筋混凝土楼板，墙体材料采用普通黏土砖，窗户采用单层铝合金窗。使用面积系数 80%，单方建设成本 838 元/m²。

（2）功能分析

价值工程小组认真分析了拟建工程的功能，认为建筑的结构形式（F_1）、使用面积系数（F_2）、墙体材料（F_3）和窗户类型（F_4）、模板类型（F_5）等五项功能为主要功能。

（3）功能评价

经过价值工程小组研究，认为使用面积系数（F_2）和结构形式（F_1）最重要，墙体材料（F_3）次重要，窗户类型（F_4）、模板类型（F_5）不太重要，即 $F_1 = F_2 > F_3 > F_4 = F_5$，利用 0～4 评分法，可以计算出各项功能因素的权重。按 0-4 评分法对各功能评分，各项功能的重要性系数见表 5-12。

各功能重要性评价表   表 5-12

功能	F_1	F_2	F_3	F_4	F_5	得分	功能重要性系数
F_1	×	2	3	4	4	13	0.325
F_2	2	×	3	4	4	13	0.325
F_3	1	1	×	3	3	8	0.200
F_4	0	0	1	×	2	3	0.075
F_5	0	0	1	2	×	3	0.075
			合　计			40	1.000

（4）方案评价

分别计算出各方案的功能评价系数、成本系数和价值系数，并根据价值系数选择最优方案。

1）各方案功能评价系数计算见表 5-13 。

功能评价系数计算表   表 5-13

项目功能	重要性系数	A 方案		B 方案		C 方案	
		功能得分	加权得分	功能得分	加权得分	功能得分	加权得分
结构形式（F_1）	0.325	10	3.25	10	3.25	7	2.275
使用面积系数（F_2）	0.325	9	2.925	8	2.6	7	2.275
墙体材料（F_3）	0.2	10	2	9	1.8	8	0.6
窗户类型（F_4）	0.075	9	0.675	8	0.6	8	0.6
模板类型（F_5）	0.075	10	0.75	10	0.75	9	0.675
方案加权得分和			9.6		9		7.425
功能评价系数			0.37		0.35		0.28

2）计算各方案成本系数见表 5-14。

成本系数计算表   表 5-14

设计方案	A	B	C
单方建设成本	1248	1002	838
成本系数	0.40	0.32	0.28

3）计算各方案价值系数见表 5-15 。

价值系数计算表   表 5-15

设计方案	A	B	C
功能评价系数	0.37	0.35	0.28
成本系数	0.40	0.32	0.28
价值系数	0.93	1.09	1

由以上结果可知，B方案价值系数较大，为最佳方案。

（5）方案优化

为控制工程建设成本和进一步降低费用，对所选最佳方案即B方案的土建部分，以工程材料费为对象应用价值工程进行成本控制。将土建工程划分为四个功能项目，各功能项目评分值及其目前成本见表5-16，成本为236.34万元。按限额设计要求，目标成本额应控制在186万元，则需分析各功能项目的目标成本及可能降低的额度，并确定功能改进顺序。

功能项目评分值及目前成本　　　　　　　　　　　　　　　表5-16

功能项目	功能评价系数	目前成本（万元）
桩基础工程	0.106	28.08
地下室工程	0.118	25.74
主体工程	0.424	88.92
装饰工程	0.352	93.60
合计	1.000	236.34

分别计算桩基工程、地下室工程、主体结构工程和装饰工程的功能评价系数、成本系数和价值系数，再根据给定的总目标成本额，计算各功能的目标成本额，从而确定其成本降低额度。

1）各项功能的价值系数计算，见表5-17。

各功能价值系数计算表　　　　　　　　　　　　　　　表5-17

功能项目	功能评价系数	成本指数	价值系数（V）
桩基础工程	0.106	0.12	0.88
地下室工程	0.118	0.11	1.07
主体工程	0.424	0.38	1.12
装饰工程	0.352	0.40	0.88

表中成本指数＝各功能项目目前成本/目前总成本。

由表5-17可知，$V<1$的有桩基工程和装饰工程，成本比重较高，应降低成本。$V>1$的有地下室工程、主体工程，功能较重要，但成本比重偏低，应适当增加成本。

2）目标成本的分配及成本改进期望值计算，见表5-18。

由表5-18可知，桩基、主体、装饰、地下室工程均应通过适当方式降低成本，功能改进顺序依次为：装饰工程、主体工程、桩基工程、地下室工程。

目标成本的分配及成本改进期望值计算表　　　　　　　　　表 5-18

功能项目	功能评价系数	成本指数	目前成本(万元)	目标成本(万元)	成本降低额(万元)
(1)	(2)	(3)	(4)	(5) = 186×(2)	(6) = (4) − (5)
桩基工程	0.106	0.12	28.08	19.72	8.36
地下室工程	0.118	0.11	25.74	21.95	3.79
主体工程	0.424	0.38	88.92	78.86	10.06
装饰工程	0.352	0.40	93.60	65.47	28.13

5.5.3　价值工程在工程设计优化中的应用

作为一种相当成熟而又行之有效的管理方法，价值工程在许多国家的工程建设中得到广泛运用。例如，美国 1972 年对俄亥俄河拦河坝的设计进行了严密的分析，从功能和成本两个角度综合考虑，最后提出了新的改进设计方案。把溢洪道闸门的高度增大，使闸门的数量从 17 扇减为 12 扇，同时改进了闸门施工用的沉箱结构，在不影响水坝功能和可靠性的情况下，节约了筑坝费用 1930 万美元，而用于请专家进行价值工程的费用只有 1.29 万美元，取得了 1 美元收益近 1500 美元的成果。随着价值工程在我国工程设计中的应用和推广，其作用也越来越被人们所认识。它的主要应用在以下几方面：

1. 运用价值工程，既可提高工程功能、又可降低工程成本

例如，某钢铁企业在高炉扩容后需要对原有的鼓风系统进行改造使之与高炉配套。有两种设计方案：第一方案是按照过去的习惯做法，外购两台新的鼓风机，重新配置鼓风系统，这种设计方案需投资 630 多万元；第二方案是利用原有鼓风系统，对原有设备进行改造，在原鼓风机基础不动、润滑系统不变、机壳不动的情况下，引进全可控涡三元流节能转子取代原有的常规转子。该方案所需投资 420 多万元。选择第二种设计方案后，节省建设投资 210 多万元，又缩短了施工周期，而且，由于采用了高效节能的三元流转子，改造后的鼓风机实际运行效率达到 82.5%，比改造前运行效率 78% 提高了 4.5%，节能效果显著。

2. 运用价值工程，可在保证工程功能不变的情况下降低工程成本

例如上海华东电力设计院承担的宝钢自备电厂储灰场长江边围堤筑坝设计任务，原设计为土石堤坝，建设成本在 1500 万元以上，后来通过分析，对钢渣的物理性能和化学成分进行了分析试验，大胆提出了钢渣黏土夹心坝的设计方案，不仅降低建设成本 700 万元，而且建成的大坝稳定而坚固，经受强台风和长江特高潮位同时袭击而巍然屹立。

3. 运用价值工程，可在工程成本不变的情况下提高工程功能

例如人防工程，为备战需要，国家每年进行大量投资，以往只单纯考虑它具有战时隐蔽功能，平时闲置不用，并且需要投入人工、材料予以维护。近些年来，许多城市在进行人防工程建设时，把它们设计成战时能隐蔽、平时能发挥效益的多功能工程。如，把人防工程建成了多层的地下城，大大缓解市中心的拥挤；或建成地下商场；或把人防工程稍加修饰，建成招待所或旅馆，这些都大大提高了人防工程的功能，并增加了人防工程的经济效益。

4. 运用价值工程，可在工程功能略有下降的情况下使工程成本大幅度降低

例如宝钢中心试验室的4栋厂房，日本原设计为钢结构，重庆钢铁设计院在施工单位的配合下，通过价值分析，建议将日方设计的第一试验室和机械加工室两栋厂房改为混凝土结构。这样，虽然增加了动力管网、电缆、电线埋设线，但不影响厂房的主要功能，并能节约40多万元的投资。

5. 运用价值工程，可在工程成本略有上升的情况下使工程功能大幅度提高

例如电视塔，主要功能是发射电视和广播节目，若只考虑塔的这种功能，塔建成后，每年要花费数百万元对塔及内部设备进行维护和更新，经济效益差。如果利用塔的高度，在塔的上部增加综合利用机房，可为气象、环保、交通消防、通讯等部门服务；在塔的上部增加观景厅和旋转餐厅等，工程成本虽然提高了，但每年的综合服务和游览收入显著增加，既可加快投资回收，又可以实现"以塔养塔"。

5.6　设计概算的编制与审查

5.6.1　设计概算概述

1. 设计概算的含义

设计概算是设计文件的重要组成部分，是在投资估算的控制下由设计单位根据初步设计（或技术设计）图纸及说明、概算定额（或概算指标）、各项费用定额或取费标准（指标）、设备、材料预算价格等资料或参照类似工程预决算文件，编制和确定的建设项目从筹建至竣工交付使用所需全部费用的文件。按照国家规定，采用两阶段设计的建设项目，初步设计阶段必须编制设计概算；采用三阶段设计的，技术设计阶段必须编制修正概算，在施工图设计阶段，必须按照经批准的初步设计及其相应的设计概算进行施工图的设计工作。

2. 设计概算的内容

设计概算可分为单位工程概算、单项工程综合概算和建设项目总概算三级。

各级概算之间的相互关系如图 5-7 所示。

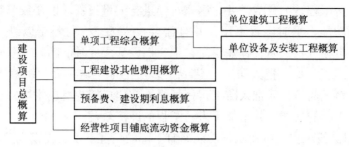

图 5-7   设计概算文件的组成内容

（1）单位工程概算

单位工程概算是确定各单位工程建设费用的文件，它是根据初步设计或扩大初步设计图纸和概算定额或概算指标以及市场价格信息等资料编制而成的。

对一般工业与民用建筑工程而言，单位工程概算按其工程性质分为建筑工程概算和设备及安装工程概算两大类。建筑工程概算包括土建工程概算、给水排水采暖工程概算、通风空调工程概算、电气照明工程概算、弱电工程概算、特殊构筑物工程概算等；设备及安装工程概算包括机械设备及安装工程概算、电气设备及安装工程概算、热力设备及安装工程概算以及工器具及生产家具购置费概算等。

单位工程概算由直接费、间接费、利润和税金组成，其中直接费是由分部、分项工程直接费的汇总加上措施费构成的。

（2）单项工程综合概算

单项工程综合概算是确定一个单项工程所需建设费用的文件，是由单项工程中的各单位工程概算汇总编制而成的，是建设项目总概算的组成部分。对一般工业与民用建筑工程而言，单项工程综合概算的组成内容如图 5-8 所示。

（3）建设项目总概算

建设项目总概算是确定整个建设项目从筹建开始到竣工验收、交付使用所需的全部费用的文件，它是由各单项工程综合概算、工程建设其他费用概算、预备费和建设期利息概算等汇总编制而成，如图 5-9 所示。

3. 设计概算的编制程序

建设工程设计概算的编制一般按照图 5-10 顺序编制。

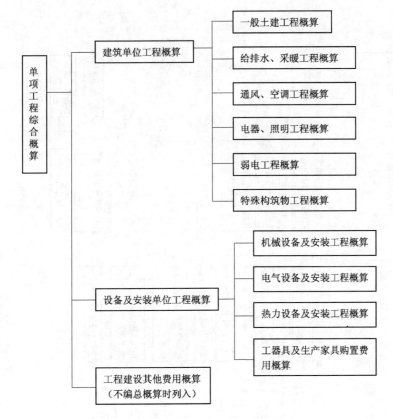

图 5-8 单项工程综合概算的组成内容

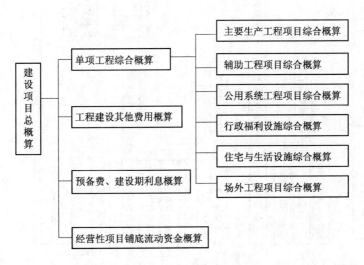

图 5-9 建设项目总概算的组成内容

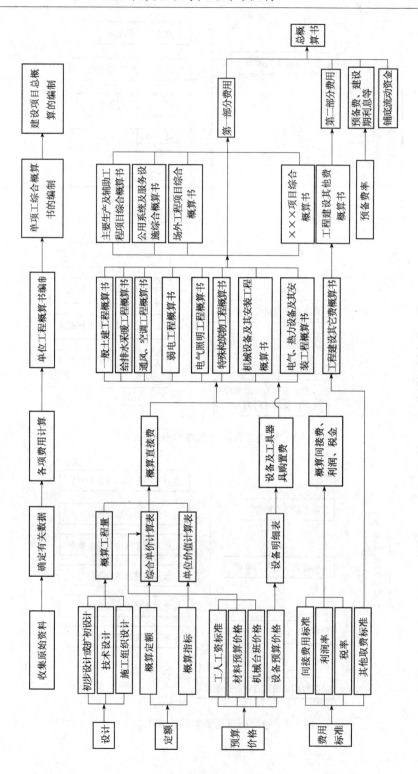

图5-10 建设工程设计概算编制程序示意图

5.6.2 单位工程设计概算编制方法

单位工程概算分建筑工程概算和设备及安装工程概算两大类。建筑工程概算的编制方法有概算定额法、概算指标法、类似工程预算法；设备及安装工程概算的编制方法有预算单价法、扩大单价法、设备价值百分比法和综合吨位指标法等。

1. 单位建筑工程概算编制方法

（1）概算定额法

概算定额法又叫扩大单价法或扩大结构定额法。它与利用预算定额编制单位建筑工程施工图预算的方法基本相同。其不同之处在于编制概算所采用的依据是概算定额，所采用的工程量计算规则是概算工程量计算规则。该方法要求初步设计达到一定深度，建筑结构比较明确时方可采用。

利用概算定额法编制设计概算的具体步骤如下所述。

1）按照概算定额分部分项顺序，列出各分项工程的名称，按工程量计算规则计算各分项工程量。

2）确定各分部分项工程项目的概算定额单价。如遇设计图中的分项工程项目名称、内容与采用的概算定额手册中相应的项目有某些不相符时，则按规定对定额进行换算后方可套用。

3）计算单位工程直接工程费和直接费。

4）根据直接费，结合其他各项取费标准，分别计算间接费、利润和税金。

5）汇总直接费、间接费、利润和税金，计算单位工程概算。

采用概算定额法编制的某污水处理厂水处理系统的细格栅及曝气沉砂池建筑工程概算表见表 5-19 所示。

某污水处理厂水处理系统细格栅及曝气沉砂池建筑工程概算表　　表 5-19

工程定额编号	工程费用名称	计量单位	工程量	金额（元）	
				概算定额基价	合价
6-1-5	基坑有支护挖土（深≤6m）	m³	189853.00	18.30	3474499.75
6-1-10	基坑回填土	m³	29890.00	5.90	176351.00
1-1-36	土方场内运输（运土 1km 以内）	m³	10965.00	8.98	98465.70
1-5-1	轻型井点安装	根	730.00	136.23	99447.90
1-5-3	轻型井点使用	套天	600.00	721.42	432852.00
……	……			……	……
（一）	项目直接工程费小计	元			26877260.00
（二）	措施费（一）×5.525%	元			1484968.62

续表

工程定额编号	工程费用名称	计量单位	工程量	金额（元）	
				概算定额基价	合价
（三）	直接费[（一）+（二）]	元			28362228.62
（四）	间接费（三）×10%	元			2836222.86
（五）	利润[（三）+（四）]×5%	元			1559922.57
（六）	税金[（三）+（四）+（五）]×3.41%	元			1117060.56
（七）	总计[（三）+（四）+（五）+（六）]	元			33875434.61

（2）概算指标法

当初步设计深度不够，不能准确地计算工程量，但工程设计采用技术比较成熟而又有类似工程概算指标可以利用时，可以采用概算指标法编制工程概算。概算指标法将拟建厂房、住宅的建筑面积或体积乘以技术条件相同或基本相同的概算指标而得出直接工程费，然后按规定计算出措施费、间接费、利润和税金等。概算指标法计算精度较低，但由于其编制速度快，因此对一般附属、辅助和服务工程等项目，以及住宅和文化福利工程项目或投资比较小、比较简单的工程项目投资概算有一定实用价值。

在使用概算指标法时，如果拟建工程在建设地点、结构特征、地质及自然条件、建筑面积等方面与概算指标相同或相近，就可直接套用概算指标编制概算。

由于拟建工程往往与类似工程的概算指标的技术条件不尽相同，而且概算编制年份的设备、材料、人工等价格与拟建工程当时当地的价格也会不同，在实际工作中，还经常会遇到拟建对象的结构特征与概算指标中规定的结构特征有局部不同的情况，必须对概算指标进行调整后方可套用。

（3）类似工程预算法

类似工程预算法是利用技术条件与设计对象相类似的已完工程或在建工程的工程建设成本资料来编制拟建工程设计概算的方法。该方法适用于拟建工程初步设计与已完工程或在建工程的设计相类似且没有可用的概算指标的情况，但必须对建筑结构差异和价差进行调整。

2. 设备及安装工程概算编制方法

（1）设备购置费概算

设备购置费由设备原价和运杂费两项组成。设备购置费是根据初步设计的设备清单计算出设备原价，并汇总求出设备总原价，然后按有关规定的设备运杂费率乘以设备总原价，两项相加即为设备购置费概算，计算公式为：

设备购置费概算 = $\sum$（设备清单中的设备数量 × 设备原价）×（1 + 运杂费率）

(5-14)

或：设备购置费概算 = $\sum$（设备清单中的设备数量 × 设备预算价格）　　(5-15)

国产标准设备原价可根据设备型号、规格、性能、材质、数量及附带的配件，向制造厂家询价或向设备、材料信息部门查询或按主管部门规定的现行价格逐项计算。非主要标准设备和工器具、生产家具的原价可按主要标准设备原价的百分比计算，百分比指标按主管部门或地区有关规定执行。

国产非标准设备原价在设计概算时可以根据非标准设备的类别、重量、性能、材质等情况，以每台设备规定的估价指标计算原价，也可以以某类设备所规定吨重估价指标计算。

（2）设备安装工程概算的编制方法

1）预算单价法。当初步设计较深，有详细的设备清单时，可直接按安装工程预算定额单价编制设备安装工程概算，概算程序与安装工程施工图预算程序基本相同。

2）扩大单价法。当初步设计深度不够，设备清单不完备，只有主体设备或仅有成套设备重量时，可采用主体设备、成套设备的综合扩大安装单价来编制概算。

3）设备价值百分比法，又叫安装设备百分比法。当初步设计深度不够，只有设备出厂价而无详细规格、重量时，安装费可按其占设备费的百分比计算。其百分比值（即安装费率）由主管部门制定或由设计单位根据已完类似工程确定。该法常用于价格波动不大的定型产品和通用设备产品。计算公式为

$$设备安装费 = 设备原价 \times 安装费率 \qquad (5-16)$$

4）综合吨位指标法。当初步设计提供的设备清单有规格和设备重量时，可采用综合吨位指标编制概算，其综合吨位指标由主管部门或由设计单位根据已完类似工程资料确定。该法常用于设备价格波动较大的非标准设备和引进设备的安装工程概算。计算公式为

$$设备安装费 = 设备吨重 \times 每吨设备安装费指标 \qquad (5-17)$$

5.6.3　单项工程综合概算的编制方法

单项工程综合概算是以其所包含的建筑工程概算表和设备及安装工程表为基础汇总编制的。当建设工程只有一个单项工程时，单项工程综合概算（实为总概算）还应包括工程建设其他费用概算（含建设期利息、预备费）。

单项工程综合概算文件一般包括编制说明（不编制总概算时列入）和综合概算表两部分。

1. 编制说明

主要包括编制依据、编制方法、主要设备和材料的数量及其他有关问题。

2. 综合概算表

综合概算表是根据单项工程所辖范围内的各单位工程概算等基础资料，按照国家规定的统一表格进行编制。对于工业建筑而言，其概算包括建筑工程和设备及安装工程；对于民用建筑工程而言，其概算包括一般土木建筑工程、给水排水、采暖、通风及电气照明工程等。某污水处理厂水处理系统的细格栅及曝气沉沙池工程综合概算表如表 5-20 所示。

某污水处理厂水处理系统细格栅及曝气沉砂池工程综合概算表 表 5-20

序号	单位工程或费用名称	概算价值（万元）					技术经济指标			占总投资比例（%）
		建筑工程费	设备购置费	安装工程费	其他费用	合计	单位	数量	经济指标	
1	建筑工程	3387.54				3387.54	座	10	338.75 万元/座	39.23
2	设备及安装工程		4272.585	975.76		5248.345				60.77
2.1	设备购置		4272.585			4272.585				49.47
2.2	设备安装工程			975.76		975.76				11.30
3	工器具购置									
	合 计	3387.54	4272.585	975.76		8635.885	座	10	863.59 万元/座	100.00

5.6.4 建设项目总概算编制方法

总概算是以整个建设工程项目为对象，确定项目从立项开始，到竣工交付使用整个过程的全部建设费用的文件。

总概算书一般由编制说明、总概算表及所含综合概算表、其他工程和费用概算表组成。

编制说明应包括：

1. 工程概况。说明建设项目性质、特点、生产规模、建设周期、建设地点等主要情况。对于引进项目要说明引进内容及与国内配套工程等主要情况。

2. 编制依据。说明设计文件、定额、价格及费用指标等依据。

3. 编制范围。说明总概算书包括与未包括的工程项目和费用。

4. 编制方法。说明设计概算采用何种方法编制等。

5. 投资分析。主要分析各项投资的比重、各专业投资的比重等经济指标。

6. 主要设备和材料数量。说明主要机械设备、电器设备及主要建筑材料的数量。

7. 其他有关问题。说明在编制概算文件过程中存在的其他有关问题。

总概算表由各单项工程综合概算及其他工程和费用概算综合汇编而成。某污水处理厂工程项目总概算如表 5-21 所示。

某污水处理厂工程项目总概算

表 5-21

序号	工程项目和费用名称	概算价值（万元）					技术经济指标			占投资总额（%）	备注
		建筑工程	设备购置费	安装工程	其他费用	合计	单位	数量	指标		
一	工程费用	46569.03	30581.07	10709.00	4458.96	92318.06	m³/d	1700000	543.0 元/m³/d	82.14	
（一）	水处理系统	42734.42	19438.72	5454.04		67627.18	m³/d	1700000	397.8 元/m³/d	60.17	
1	细格栅及曝气沉砂池	3387.54	4272.585	975.76		8635.885	座	10	863.59 万元/座		
2	生物池	22304.20	983.60	1640.80		24928.60					
……	……										
（二）	除臭系统	518.14	3849.50	1682.77		6050.41	m³/d	1700000	35.6 元/m³/d	5.38	
……	……										
二	工程建设其他费用				8845.17	8845.17	m³/d	1700000	52.0 元/m³/d	7.87	
1	建设单位管理费				232.85	232.85					
2	可行性研究费				204.76	204.76					
3	勘察设计费				3454.91	3454.91					
4	环境影响评价费				96.72	96.72					
……	……										
三	第一、二部分费用合计	46569.03	30581.07	10709.00	13304.13	101163.23	m³/d	1700000	595.10 元/m³/d	90.01	
四	预备费				5058.16	5058.16				4.50	
五	建设期利息				5535.64	5535.64				4.93	
六	铺底流动资金				637.58	637.58				0.57	
七	合　计	46569.03	30581.07	10709	24535.51	112394.61	m³/d	1700000	661.14 元/m³/d	100.00	

5.6.5　设计概算的审查

1. 设计概算审查的内容

（1）设计概算的编制依据

审查编制依据的合法性、时效性和适用范围。采用的各种编制依据必须经过国家和授权机关的批准，符合国家的现行编制规定，并且在规定的适用范围之内使用。

（2）审查概算编制深度

1）审查编制说明。审查编制说明可以检查概算的编制方法、深度和编制依据等重大原则问题，若编制说明有差错，具体概算必有差错。

2）审查概算编制深度。审查是否有符合规定的"三级概算"，各级概算的编制、校对、审核是否按规定签署，有无随意简化，有无把"三级概算"简化为"二级概算"，甚至"一级概算"的现象。

3）审查概算的编制范围。审查概算的编制范围及具体内容是否与主管部门批准的建设项目范围及具体工程内容一致；审查分期建设项目的建筑范围及具体工程内容有无重复交叉，是否重复计算或漏算；审查其他费用应列的项目是否符合规定，静态投资、动态投资和经营性项目铺底流动资金是否分别列出等。

（3）审查概算的内容

包括审查概算的投资规模、生产能力、设计标准、建设用地、建筑面积、主要设备、配套工程、设计定员等是否符合原批准可行性研究报告或立项批文的标准；审查所选用的设备规格、数量、配置是否符合设计要求，设备价格是否合理；审查工程量是否正确；审查计价指标是否合理；审查其他费用计算是否正确。

2. 设计概算审查的方法

（1）对比分析法

对比分析法主要是指通过建设规模、标准与立项批文对比，工程数量与设计图纸对比，综合范围、内容与编制方法、规定对比，各项取费与规定标准对比，材料、人工单价与统一信息对比，引进设备、技术投资与报价要求对比，技经指标与同类工程对比，等等。通过以上对比分析，容易发现设计概算存在的主要问题和偏差。

（2）查询核实法

查询核实法是对一些关键设备和设施、重要装置、引进工程图纸不全、难以核算的较大投资进行多方查询核对，逐项落实的方法。主要设备的市场价向设备供应部门或招标公司查询核实；重要生产装置、设施向同类企业（工程）查询了解；引进设备价格及有关费税向进出口公司调查落实，复杂的建安工程向同类工程的建设、承包、施工单位征求意见；深度不够或不清楚的问题直接同原概算编制人员、设计者询问清楚。

（3）联合会审法

联合会审前，可先采取多种形式分头审查，包括：设计单位自审，主管、建设、承包单位初审，工程造价咨询公司评审，邀请同行专家预审，审批部门复审等，经层层审查把关后，由有关单位和专家进行联合会审。在会审大会上，由设计单位介绍概算编制情况及有关问题，各有关单位、专家汇报初审及预审意见。然后进行认真分析、讨论，结合对各专业技术方案的审查意见所产生的投资增减，逐一核实原概算出现的问题。经过充分协商，认真听取设计单位意见后，实事求是地处理、调整。

5.7 施工图预算的编制与审查

5.7.1 施工图预算概述

1. 施工图预算的概念

从传统意义上讲，施工图预算是指在施工图设计完成以后，按照政府制定的预算定额、费用定额和其他取费文件等编制的单位工程或单项工程预算价格的文件；从现有意义上讲，施工图预算是指在施工图设计完成以后，根据施工图纸和工程量计算规则计算工程量，套用有关工程造价计算资料编制的单位工程或单项工程预算价格的文件。

通常所说的施工图预算价、招标标底价、投标报价和工程合同价等都可以用施工图预算编制方法确定。需要指出的是，不同预算编制者根据同一套施工图纸编制施工图预算的结果不可能完全一样。这是因为，尽管施工图和建设主管部门规定的费用计算程序相同，但编制者采用的施工方法不可能完全相同，采用的定额水平不同，资源（人工、材料、机械）价格不同，均会导致预算结果产生差异。

2. 施工图预算的两种模式

按照预算造价的计算方式和管理方式的不同，施工图预算可以划分为两种计价模式，即传统计价模式和工程量清单计价模式。

（1）传统计价模式

我国的传统计价模式是采用国家、部门或地区统一规定的定额和取费标准进行工程造价计价的模式，通常也称为定额计价模式。传统计价模式是我国长期使用的一种施工图预算编制方法。

传统计价模式下，由国家制定工程预算定额，并且规定间接费的内容和取费标准。建设单位和施工单位均先根据预算定额中规定的工程量计算规则、定额单价计算工程直接费，再按照规定的费率和取费程序计取间接费、利润和税金，汇总得到工程建设成本。其中，预算定额既包括了消耗量标准，又含有单位估价。

虽然传统计价模式对我国建设工程的投资计划管理和招投标起到过很大的作用，但也存在着一些缺陷。传统计价模式的工、料、机消耗量是根据"社会平均水平"综合测定，取费标准是根据不同地区价格水平平均测算，企业自主报价的空间很小，不能结合项目具体情况、自身技术管理水平和市场价格自主报价，也不能满足招标人对建筑产品质优价廉的要求。同时，由于工程量计算由招投标的各方单独完成，计价基础不统一，不利于招标工作的规范性。在工程完工后，工程结算繁琐，易引起争议。

（2）工程量清单计价模式

工程量清单计价模式是指按照工程量清单规范规定的全国统一工程量计算规则，由招标方提供工程量清单和有关技术说明，投标方根据企业自身的定额水平和市场价格进行计价的模式。

工程量清单计价是国际通行的计价方法，国际工程的招投标一般均采用工程量清单计价。为了使我国工程造价管理与国际接轨，我国建设部 2003 年发布了《建设工程工程量清单计价规范》（GB 50500—2003）（以下简称《计价规范》），2008 年颁布了新的《建设工程工程量清单计价规范》（GB 50500—2008），对2003 规范进行了补充和完善，在"政府宏观调控、企业自主报价、市场形成价格"的基础上提出了"加强市场监管"的思路，进一步强化清单计价的执行。

《计价规范》规定，全部使用国有资产投资或国有资产投资为主的工程建设项目，必须采用工程量清单计价；非国有资金投资的工程建设项目，可采用工程量清单计价。由于工程量清单计价模式是符合市场经济和国际工程惯例的计价方式，今后我国将以使用工程量清单计价模式为主。

5.7.2   施工图预算的编制方法与步骤

《建筑工程施工发包与承包计价管理办法》（中华人民共和国建设部令第 107号）第五条规定：施工图预算、招标标底和投标报价由成本、利润和税金构成。其编制可以采用工料单价法和综合单价法两种计价方法。工料单价法是传统计价模式采用的计价方式，综合单价法是工程量清单计价模式采用的计价方式。

1. 工料单价法

工料单价法是指分部分项工程单价为直接工程费单价，以分部分项工程量乘以对应分部分项工程单价后的合计为单位工程直接工程费。直接工程费汇总后另加措施费、间接费、利润、税金生成工程发承包价。

按照分部分项工程单价产生方法的不同，工料单价法又可以分为预算单价法和实物法。

（1）预算单价法

预算单价法就是用地区统一单位估价表中的各分项工料预算单价乘以相应的各分项工程的工程量，求和后得到包括人工费、材料费和机械使用费在内的单位工程直接工程费。措施费、间接费、利润和税金可根据统一规定的费率乘以相应的计取基数求得。将上述费用汇总后得到单位工程的施工图预算。

预算单价法编制施工图预算的基本步骤如下：

1）准备资料，熟悉施工图纸

准备施工图纸、施工组织设计、施工方案、现行建筑安装定额、取费标准、统一工程量计算规则和地区材料预算价格等各种资料。在此基础上详细了解施工图纸，全面分析工程各分部分项工程，充分了解施工组织设计和施工方案，注意影响费用的关键因素。

2）计算工程量

工程量计算一般按如下步骤进行：

① 根据工程内容和定额项目，列出需计算工程量的分部分项工程；

② 根据一定的计算顺序和计算规则，列出分部分项工程量的计算式；

③ 根据施工图纸上的设计尺寸及有关数据，代入计算式进行数值计算；

④ 对计算结果的计量单位进行调整，使之与定额中相应的分部分项工程的计量单位保持一致。

3）套预算单价，计算直接工程费

核对工程量计算结果后，利用地区统一单位估价表中的分项工程预算单价，计算出各分项工程合价，汇总求出单位工程直接工程费。

单位工程直接工程费计算公式如下：

$$单位工程直接工程费 = \sum（分项工程量 \times 预算单价）\qquad (5-18)$$

计算直接工程费时需注意以下几项内容：

① 分项工程的名称、规格、计量单位与预算单价或单位估价表中所列内容完全一致时，可以直接套用预算单价；

② 分项工程的主要材料品种与预算单价或单位估价表中规定材料不一致时，不可以直接套用预算单价；需要按实际使用材料价格换算预算单价；

③ 分项工程施工工艺条件与预算单价或单位估价表不一致而造成人工、机械的数量增减时，一般调量不换价；

④ 分项工程不能直接套用定额、不能换算和调整时，应编制补充单位估价表。

4）编制工料分析表

根据各分部分项工程项目实物工程量和预算定额项目中所列的用工及材料数

量，计算各分部分项工程所需人工及材料数量，汇总后算出该单位工程所需各类人工、材料的数量。

5）按计价程序计取其他费用，并汇总建设成本

根据规定的税率、费率和相应的计取基础，分别计算措施费、间接费、利润、税金。将上述费用累计后与直接工程费进行汇总，求出单位工程预算造价。

6）复核

对项目填列、工程量计算公式、计算结果、套用的单价、采用的取费费率、数字计算、数据精确度等进行全面复核，以便及时发现差错，及时修改，提高预算的准确性。

7）填写封面、编制说明

封面应写明工程编号、工程名称、预算造价和单方造价、编制单位名称、负责人和编制日期以及审核单位的名称、负责人和审核日期等。编制说明主要应写明预算所包括的工程内容范围、依据的图纸编号、承包方式、有关部门现行的调价文件号、套用单价需要补充说明的问题及其他需说明的问题等。

预算单价法的编制步骤可参见图 5-11 所示。

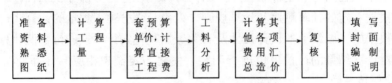

图 5-11　预算单价法的编制步骤

（2）实物法

实物法编制施工图预算是按工程量计算规则和预算定额确定分部分项工程的人工、材料、机械消耗量，再按照资源的市场价格计算出各分部分项工程的工料单价，以工料单价乘以工程量汇总得到直接工程费，再按照市场行情计算措施费、间接费、利润和税金等，汇总得到单位工程费用。实物法中单位工程直接工程费的计算公式为：

$$分部分项工程工料单价 = \sum（材料预算定额用量 \times 当时当地材料预算价格）$$
$$+ \sum（人工预算定额用量 \times 当时当地人工工资单$$
$$价）+ \sum（施工机械预算定额台班用量 \times 当时当地$$
$$机械台班单价） \tag{5-19}$$

$$单位工程直接工程费 = \sum（分部分项工程量 \times 分部分项工程工料单价）$$
$$\tag{5-20}$$

通常采用实物法计算预算造价时，在计算出分部分项工程的人工、材料、机械消耗量后，先按类相加求出单位工程所需的各种人工、材料、施工机械台班的消耗量，再分别乘以当时当地各种人工、材料、机械台班的实际单价，求得人工

费、材料费和施工机械使用费并汇总求和。

实物法编制施工图预算的步骤具体为：

1）准备资料、熟悉施工图纸

全面收集各种人工、材料、机械的当时当地的实际价格，应包括不同品种、不同规格的材料预算价格；不同工种、不同等级的人工工资单价；不同种类、不同型号的机械台班单价等。要求获得的各种实际价格应全面、系统、真实、可靠。具体可参考预算单价法相应步骤的内容。

2）计算工程量

本步骤的内容与预算单价法相同，不再赘述。

3）套用消耗定额，计算人机材消耗量

定额消耗量中的"量"在相关规范和工艺水平等未有较大突破性变化之前具有相对稳定性，据此确定符合国家技术规范和质量标准要求、并反映当时施工工艺水平的分项工程计价所需的人工、材料、施工机械的消耗量。

根据预算人工定额所列各类人工工日的数量，乘以各分项工程的工程量，计算出各分项工程所需各类人工工日的数量，统计汇总后确定单位工程所需的各类人工工日消耗量。同理，根据预算材料定额、预算机械台班定额分别确定出工程各类材料消耗数量和各类施工机械台班数量。

4）计算并汇总人工费、材料费、机械使用费

根据当时当地工程造价管理部门定期发布的或企业根据市场价格确定的人工工资单价、材料预算价格、施工机械台班单价分别乘以人工、材料、机械消耗量，汇总即为单位工程人工费、材料费和施工机械使用费。计算公式为：

$$
\begin{aligned}
单位工程直接工程费 = &\sum(工程量 \times 材料预算定额用量 \times 当时当地材料预算\\
&价格) + \sum(工程量 \times 人工预算定额用量 \times 当时当地\\
&人工工资单价) + \sum(工程量 \times 施工机械预算定额台\\
&班用量 \times 当时当地机械台班单价)
\end{aligned}
\tag{5-21}
$$

5）计算其他各项费用，汇总造价

对于措施费、间接费、利润和税金等的计算，可以采用与预算单价法相似的计算程序，只是有关的费率是根据当时当地建筑市场供求情况予以确定。将上述单位工程直接工程费与措施费、间接费、利润、税金等汇总即为单位工程造价。

6）复核

检查人工、材料、机械台班的消耗量计算是否准确，有无漏算、重算或多算；套取的定额是否正确；检查采用的实际价格是否合理。其他内容可参考预算单价法相应步骤的介绍。

7）填写封面、编制说明

本步骤的内容和方法与预算单价法相同。

实物法的编制步骤可参见图 5-12 所示。

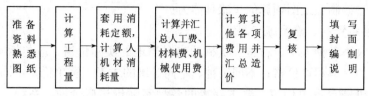

图 5-12　实物法的编制步骤

实物法编制施工图预算的步骤与预算单价法基本相似，但在具体计算人工费、材料费和机械使用费及汇总三种费用之和方面有一定区别。实物法编制施工图预算所用人工、材料和机械台班的单价都是当时当地的实际价格，编制出的预算可较准确地反映实际水平，误差较小，适用于市场经济条件波动较大的情况。由于采用该方法需要统计人工、材料、机械台班消耗量，还需搜集相应的实际价格，因而工作量较大、计算过程繁琐。

2. 综合单价法

综合单价是指分部分项工程单价综合了除直接工程费以外的多项费用内容。按照单价综合内容的不同，综合单价可分为全费用综合单价和部分费用综合单价。

（1）全费用综合单价

全费用综合单价即单价中综合了直接工程费、措施费、管理费、规费、利润和税金等，以各分项工程量乘以综合单价的合价汇总后，就生成工程发承包价。

（2）部分费用综合单价

我国目前实行的工程量清单计价采用的综合单价是部分费用综合单价，分部分项工程单价中综合了直接工程费、管理费、利润，并考虑了风险因素，单价中未包括措施费、规费和税金，是不完全费用单价。以各分项工程量乘以部分费用综合单价的合价汇总，再加上项目措施费、规费和税金后，生成工程发承包价。

5.7.3　工料单价法编制施工图预算案例

某住宅楼项目主体设计采用七层轻型框架结构，基础形式为钢筋混凝土筏式基础。现以基础部分为例说明预算单价法和实物法编制施工图预算的过程。

1. 预算单价法编制施工图预算

采用预算单价法编制某住宅楼基础工程预算，套用某年建筑工程单位计价表中有关分项工程的预算单价，并考虑了部分材料价差。预算书具体参见表 5-22 所示。

采用预算单价法编制某住宅楼基础工程预算书　　　　　表 5-22

工程定额编号	工程费用名称	计量单位	工程量	金额(元)	
				单　价	合　价
1042	平整场地	m²	1393.59	1.13	1574.76
1063	挖土机挖土(砂砾坚土)	m³	2781.73	1.85	5146.20
1092	干铺土石屑层	m³	892.68	65.32	58309.86
1090	C10 混凝土基础垫层(10cm 以内)	m³	110.03	228.64	25157.26
5006	C20 带形钢筋混凝土基础(有梁式)	m³	372.32	504.08	187679.07
5014	C20 独立式钢筋混凝土基础	m³	43.26	410.47	17756.93
5047	C20 矩形钢筋混凝土柱(1.8m 外)	m³	9.23	892.76	8240.17
13002	矩形柱与异形柱差价	元	90.00		90.00
3001	M5 砂浆砌砖基础	m³	34.99	130.69	4572.84
5003	C10 带形无筋混凝土基础	m³	54.22	604.38	32769.48
4028	满堂红脚手架(3.6m 以内)	m²	370.13	4.16	1539.74
1047	槽底扦探	m²	1233.77	0.86	1061.04
1040	回填土(夯填)	m³	1260.94	20.56	25924.93
3004	基础抹隔潮层(有防水粉)	元	175.00		175.00
(一)	项目直接工程费小计	元			369997.28
(二)	措施费	元			35960.00
(三)	直接费[(一)+(二)]	元			405957.28
(四)	间接费[(三)×10%]	元			40595.73
(五)	利润[[(三)+(四)]×5%	元			22327.65
(六)	税金[[(三)+(四)+(五)]×3.41%	元			15988.83
(七)	造价总计[(三)+(四)+(五)+(六)]	元			484869.49

2. 实物法编制施工图预算

实物法编制同一工程的预算，采用的定额与预算单价法采用的定额相同，但资源单价为当时当地的价格。

采用实物法编制某住宅楼基础工程预算书具体参见表 5-23、表 5-24 所示。

某住宅楼基础工程实物工程量汇总表

表 5-23

项目编号	工程或费用名称	计量单位	工程量	人工实物量 人工用工/工日		材料实物量 土石屑/m³		C10素混凝土/m³		C20钢筋混凝土/m³		M5砂浆/m³	
				单位用量	合计用量	单位用量	合计用量	单位用量	合计用量	单位用量	合计用量	单位用量	合计用量
(1)	(2)	(3)	(4)	(5)	(6)	(7)	(8)	(9)	(10)	(11)	(12)	(13)	(14)
1	平整场地	m²	1393.59	0.058	80.8282								
2	挖土机挖土(砂砾坚土)	m³	2781.73	0.0298	82.8956								
3	干铺土石屑层	m³	892.68	0.444	396.3499	1.34	1196.1912						
4	C10混凝土基础垫层(10cm以内)	m³	110.03	2.211	243.2763			1.01	111.1303				
5	C20带形钢筋混凝土基础(有梁式)	m³	372.32	2.097	780.7550					1.015	377.9048		
6	C20独立式钢筋混凝土基础	m³	43.26	1.813	78.4304					1.015	43.9089		
7	C20矩形钢筋混凝土柱(1.8m外)	m³	9.23	6.323	58.3613					1.015	9.3685		
8	矩形柱与异形柱差价	元	90.00										
9	M5砂浆砌砖基础	m³	34.99	1.053	36.8445							0.24	8.3976
10	C10带形无筋混凝土基础	m³	54.22	1.8	97.5960			1.015	55.0333				
11	满堂红脚手架(3.6m以内)	m²	370.13	0.0932	34.4961								
12	槽底扞探	m²	1233.77	0.0578	71.3119								
13	回填土(夯填)	m³	1260.94	0.22	277.4068								
14	基础抹隔潮层	元	175.00										
	合计				2238.5520		1196.1912		166.1636		431.1822		8.3976

续表

项目编号	材料物量						机械实物量							
	机砖/千块		脚手架材料费/元		黄土/m³		蛙式打夯机/台班		挖土机/台班		推土机/台班			
	单位用量	合计用量	单位用量	合计用量	单位用量	合计用量	单位用量	合计用量	单位用量	合计用量	单位用量	合计用量	单位用量	合计用量
(1)	(15)	(16)	(17)	(18)	(19)	(20)	(21)	(22)	(23)	(24)	(25)	(26)	(27)	(28)
1														
2									0.024	12.5178	0.0009	2.5036		
3							0.024	21.4243						
4													3.6760	404.4703
5													5.5250	2057.0680
6													4.8970	211.8442
7													17.1890	158.6545
8														
9	0.509	17.8099											0.6100	21.3439
10													4.6017	249.5024
11			0.2596	96.0857									0.0927	34.3111
12														
13					1.5	1891.41	0.059	74.3955						
14														
		17.8099		96.0857		1891.41		95.8198		12.5178		2.5036		3137.1944

采用实物法编制某住宅楼基础工程预算书　　　　表5-24

序　号	人工、材料、机械费用名称	计量单位	实物工程数量	金额(元)	
				当时当地单价	合价
1	人工(综合工日)	工日	2238.552	35	78349.32
2	土石屑	m³	1196.1912	65.68	78565.84
3	黄土	m³	1891.41	18	34045.38
4	C10 素混凝土	m³	166.1636	197.50	32817.311
5	C20 钢筋混凝土	m³	431.1822	420.83	181454.41
6	M5 砂浆	m³	8.3976	170.85	1434.73
7	机砖	千块	17.8099	208.12	3706.60
8	脚手架材料费	元	96.0857		96.09
9	蛙式打夯机	台班	95.8198	29.28	2805.60
10	挖土机	台班	12.5178	600.53	7517.31
11	推土机	台班	2.5036	465.7	1165.93
12	其他机械费	元	3137.1944		3137.19
13	矩形柱与异形柱差价	元	90.00		90.00
14	基础抹隔潮层(有防水粉)	元	175.00		175.00
(一)	项目直接工程费小计	元			425360.71
(二)	措施费	元			35960.00
(三)	直接费[(一)+(二)]	元			461320.71
(四)	间接费[(三)×10%]	元			46132.07
(五)	利润[(三)+(四)]×5%	元			25372.64
(六)	税金[(三)+(四)+(五)]×3.41%	元			18169.35
(七)	造价总计[(三)+(四)+(五)+(六)]	元			550994.77

5.7.4　施工图预算的审查

1. 施工图预算审查的内容

审查的重点是施工图预算的工程量计算是否准确，定额套用、各项取费标准是否符合现行规定或单价计算是否合理等方面。审查的具体内容如下：

(1) 审查工程量

是否按照规定的工程量计算规则计算工程量，编制预算时是否考虑到了施工方案对工程量的影响，定额中要求扣除项或合并项是否按规定执行，工程计量单位的设定是否与要求的计量单位一致。

（2）审查单价

套用预算单价时，各分部分项工程的名称、规格、计量单位和所包括的工程内容是否与定额一致，有单价换算时，换算的分项工程是否符合定额规定及换算是否正确。

采用实物法编制预算时，资源单价是否反映了市场供需状况和市场趋势。

（3）审查其他的有关费用

采用预算单价法计算造价时，审查的主要内容有：是否按本项目的性质计取费用，有无高套取费标准；间接费的计取基础是否符合规定；利润和税金的计取基础和费率是否符合规定，有无多算或重算。

2. 施工图预算审查的方法

（1）逐项审查法

逐项审查法又称全面审查法，即按定额顺序或施工顺序，对各项工程细目逐项全面详细审查的一种方法。其优点是全面、细致，审查质量高、效果好。缺点是工作量大，时间较长。这种方法适合于一些工程量较小、工艺比较简单的工程。

（2）标准预算审查法

标准预算审查法就是对利用标准图纸或通用图纸施工的工程，先集中力量编制标准预算，以此为准来审查工程预算的一种方法。按标准设计图纸施工的工程，一般上部结构和做法相同，只是根据现场施工条件或地质情况不同，仅对基础部分做局部改变。凡这样的工程，以标准预算为准，对局部修改部分单独审查即可，不需逐一详细审查。该方法的优点是时间短、效果好、易定案。其缺点是适用范围小，仅适用于采用标准图纸的工程。

（3）分组计算审查法

分组计算审查法就是把预算中有关项目按类别划分若干组，利用同组中的一组数据审查分项工程量的一种方法。这种方法首先将若干分部分项工程按相邻且有一定内在联系的项目进行编组，利用同组分项工程间具有相同或相近计算基数的关系，审查一个分项工程数，由此判断同组中其他几个分项工程的准确程度。如一般的建筑工程中将底层建筑面积可编为一组。先计算底层建筑面积或楼（地）面面积，从而得知楼面找平层、顶棚抹灰的工程量等，依次类推。该方法特点是审查速度快、工作量小。

（4）对比审查法

对比审查法是当工程条件相同时，用已完工程的预算或未完但已经过审查修正的工程预算对比审查拟建工程的同类工程预算的一种方法。

（5）"筛选"审查法

"筛选"是能较快发现问题的一种方法。建筑工程虽面积和高度不同，但其各分部分项工程的单位建筑面积指标变化却不大。将这样的分部分项工程加以汇集、优选，找出其单位建筑面积工程量、单价、用工的基本数值，归纳为工程量、价格、用工三个单方基本指标，并注明基本指标的适用范围。这些基本指标用来筛选各分部分项工程，对不符合条件的应进行详细审查，若审查对象的预算标准与基本指标的标准不符，就应对其进行调整。

"筛选法"的优点是简单易懂，便于掌握，审查速度快，便于发现问题。但问题出现的原因尚需继续审查。该方法适用于审查住宅工程或不具备全面审查条件的工程。

（6）重点审查法

重点审查法就是抓住工程预算中的重点进行审核的方法。审查的重点一般是工程量大或者造价较高的各种工程、补充定额、计取的各种费用（计费基础、取费标准）等。重点审查法的优点是突出重点，审查时间短、效果好。

6 工程项目招标投标阶段的成本规划与控制

【内容概述】通过本章的学习，学生应全面了解我国招投标制度，熟悉招投标流程，掌握在不同情况下如何合理选择计价合同，掌握工程量清单投标报价的编制程序和方法，并且熟练掌握不同的投标策略适用的情况，并了解评标定标的方法。

6.1 概　　述

6.1.1 招标投标制

1. 招标投标的概念

招标投标是市场经济条件下进行大宗货物的买卖、工程建设项目的发包与承包，以及服务项目采购与提供时，愿意成为卖方者（提供方）提出自己的条件，采购方选择条件最优者成为卖方（提供方）的一种交易方式。也就是说，招标是指招标人对货物、工程和服务，事先公布采购的条件和要求，以一定的方式邀请不特定或者一定数量的自然人、法人或者其他组织投标，并按照公开规定的程序和条件确定中标人的行为；而投标则是指投标人响应招标人的要求参加投标竞争的行为。

招标投标制有利于发挥市场经济条件下竞争的优势；有利于提高市场信息的透明度；有利于促进技术进步，降低产品生产成本；有利于供求双方的相互了解；有利于产品的需求者以最经济的手段实现需求目标。

招标与投标是一种国家普遍应用的、有组织的市场交易行为，是贸易中一种工程、货物或服务的买卖方式。在我国的招标投标实践中，以工程项目招标投标执行得最为普遍。

工程项目招标是指招标人在发包工程建设项目之前，邀请特定的或不特定的法人或者其他组织，根据投标人按照招标人意图与要求提出的报价，择日当场开标，以便从中择优选定中标人的一种经济活动。工程项目投标是工程招标的对称概念，指具有合法资格和能力的投标人根据招标条件，经过初步研究和估算，在指定期限内填写标书，提出报价，并等候开标，决定能否中标的经济活动。因此，工程项目招标可以看作是建筑产品需求者的一种购买方式；而投标则可以看作是建筑产品生产者的一种销售方式；从招标投标双方共同的角度来看，工程项目招标投标就是建筑产品的交易方式。

工程建设项目招标投标活动应当遵循公开、公平、公正和诚实信用的原则。公开原则，是指有关招投标的法律、政策、程序和招标投标活动都要公开，即招标前发布公告，公开发售招标文件，公开开标，中标后公开中标结果，使每个投标人拥有同样的信息、同等的竞争机会和获得中标的权利；公平原则，是指所有参加竞争的投标人机会均等，并受到同等待遇；公正原则，是指在招标投标的立法、管理和进行过程中，立法者应制定法律，司法者和管理者按照法律和规则公正地执行法律和规则，对一切被监管者给予公正待遇；诚实信用原则，是指民事主体在从事民事活动时，应诚实守信，以善意的方式履行其义务，在招投标活动中体现为购买者、中标者在依法进行采购和招投标活动中要有良好的信用。

2. 工程项目招标投标法律法规与政策的主要规定

工程项目招标投标制是我国建筑市场走向规范化、完善化的重要举措。从20世纪80年代初开始在建设工程领域引入招标投标制度，1981年开始在深圳等少数地区试行招标投标制，1982年在布鲁革水利工程建设中实行招标投标制，1984年我国开始推行招标投标制。

2000年1月1日《中华人民共和国招标投标法》（以下简称《招标投标法》）实施，标志着我国正式确立了招标投标的法律制度。其后，国务院及其有关部门陆续颁布了一系列招标投标方面的规定，各地方人民政府及其有关部门也相继制定了招标投标方面的地方性法规、规章和规范性文件。

随着社会主义市场经济发展，不仅在工程建设的勘察、设计、施工、监理、重要设备和材料采购等领域实行必须招标制度，而且在政府采购、机电设备进口以及医疗器械药品采购、科研项目服务采购、国有土地使用权出让等方面也广泛采用招标方式。此外，在城市基础设施项目、政府投资公益性项目等建设领域，以招标方式选择项目法人、特许经营者、项目代建单位、评估咨询机构及贷款银行等，已经成为招标投标法律体系中规范的重要内容。我国招标投标法律法规与政策的主要规定如下：

（1）《招标投标法》（人民代表大会常务委员会，中华人民共和国主席令第21号），2000年1月1日正式施行。这是我国社会主义市场经济法律体系中一部非常重要的法律，是招标投标领域的基本法律。

（2）《工程建设项目招标范围和规模标准规定》（国家发展计划委员会，国家计委令第3号）。

（3）《招标公告发布暂行办法》（原国家计委，国家计委第4号令）。

（4）《工程建设项目自行招标试行办法》（国家计委令第5号）。由原国家计委于2001年制定的，规定了国家计委审批（含经国家计委初审后，报国务院审批）的工程建设项目自行招标的条件，以及项目单位申请自行招标应提交的书面材料等内容。

（5）《建筑工程设计招标投标管理办法》（建设部令第 82 号）。建设部于 2000 年制定，用于我国境内依法必须招标的各类房屋建筑工程的设计招标投标活动。

（6）《房屋建筑和市政基础设施工程施工招标投标管理办法》（建设部令第 89 号）。建设部于 2001 年制定，适用于我国境内从事房屋建筑和市政基础设施工程施工招标投标活动及有关监督管理活动。

（7）《评标委员会和评标方法暂行规定》（国家计委令第 12 号）。原国家计委联合经贸委、建设部、铁道部、交通部、信息产业部、水利部等部门于 2001 年制定的，进一步细化了评标委员会的组成、评标程序、评标标准和方法以及定标程序等内容。

（8）《国家重大建设项目招标投标监督暂行办法》（国家计委令第 18 号）。原国家计委于 2002 年制定的，规定了稽察特派员及其助理对重大建设项目招标投标活动进行监督检查的内容、手段、方式以及违法行为处罚等内容。

（9）《招标代理服务收费管理暂行办法》（计价格［2002］1980 号）。原国家计委 2002 年制定的，具体规定了招标代理服务收费实行政府指导价，谁委托谁付费的收费方式和收费标准等内容。2003 年，国家发展改革委办公厅制定了《关于招标代理服务收费有关问题的通知》（发改办价格［2003］857 号），将"招标代理服务实行'谁委托谁付费'"，修改为"招标代理服务费用应由招标人支付，招标人、招标代理机构与投标人另有约定的，从其约定"。

（10）《专家和评标专家库管理暂行办法》（国家计委令第 29 号）。原国家计委于 2003 年制定的，具体规定了评标专家的资格认定、入库及评标专家库的组建、使用、管理等内容。

（11）《工程建设项目勘察设计招标投标办法》（国家发展改革委令第 2 号）。国家发展改革委联合建设部、铁道部、交通部、信息产业部、水利部、民航总局、广电总局等八部委于 2003 年制定，是工程勘察设计招标领域最重要的规章，适用于我国境内各类工程建设项目勘察设计招标投标活动。

（12）《工程建设项目施工招标投标办法》（国家发展改革委令第 30 号）。2003 年原国家发展计划委员会联合建设部、铁道部、交通部、信息产业部、水利部、民航总局等七部委制定的工程建设项目施工招标投标领域最重要的规章，适用于我国境内的各类建设工程施工招标投标活动。

（13）《国务院办公厅关于进一步规范招投标活动的若干意见》（国务院办公厅，国办发［2004］56 号）。

（14）《工程建设项目招标投标活动投诉处理办法》（国家发展改革委令第 11 号）。2004 年，为建立公平、高效的工程建设项目招标投标活动投诉处理机制，国家发展改革委等七部委联合制定的，具体规定了招标投标当事人的投诉时限、投诉书的形式和内容的要求，以及行政监督部门处理投诉的程序，时限、投诉处理决定等内容。

（15）《工程建设项目货物招标投标办法》（国家发展改革委令第 27 号）。国家发展改革委联合建设部、铁道部、交通部、信息产业部、水利部、民航总局等七部委于 2005 年制定，是货物招标领域最重要的规章，适用于我国境内依法必须进行招标的工程建设项目货物招标投标活动。

（16）《工程建设项目招标代理机构资格认定办法》（建设部令第 154 号）和《工程建设项目招标代理机构资格认定办法实施意见》（建市〔2007〕230 号）。规定了由建设部负责认定工程建设项目招标代理机构资格。

（17）《关于做好标准施工招标资格预审文件和标准施工招标文件贯彻实施工作的通知》（九部委，发改法规〔2007〕3419 号）。

（18）《标准施工招标资格预审文件》和《标准施工招标文件》试行规定。（国家发展改革委令第 56 号）。国家发展改革委联合财政部、建设部、铁道部、交通部、信息产业部、水利部、民航总局等八部委制定的建设工程施工招标投标领域的规章，是规范工程施工招标资格预审文件以及工程施工招标文件编制和使用的通用规则，2007 年起在政府投资项目中试行。

（19）《国际金融组织和外国政府贷款投资项目管理暂行规定》（国家发展和改革委员会，国家发展改革委令第 28 号）。

（20）关于印发《招标投标违法行为记录公告暂行办法》的通知（十部委，发改法规〔2008〕1531 号）。

（21）《关于做好中央投资项目招标代理资格日常管理工作的通知》（国家发展改革委办公厅，发改办投资〔2008〕2354 号）。

3. 工程项目招标投标的种类

（1）建设工程项目总承包招标投标。建设工程项目总承包招投标又称为建设工程项目全过程招投标，在国外称之为"交钥匙"承包方式。它是指在项目决策阶段从项目建议书开始，包括可行性研究报告、勘察设计、设备材料询价与采购、工程施工、生产准备、投料试车，直至竣工投产、交付使用全面实行招标。工程总承包企业根据建设单位所提出的工程要求，对项目建议书、可行性研究、勘察设计、设备询价与选购、材料订货、工程施工、职工培训、试生产、竣工投产等实行全面报价投标。

（2）工程勘察招投标。工程勘察招投标是指招标人就拟建工程项目的勘察任务发布通告，以法定方式吸引勘察单位参加竞争，经招标人审查获得投标资格的勘察单位按照招标文件的要求，在规定时间内向招标人填报投标书，招标人从中选择条件优越者完成勘察任务的活动。

（3）工程设计招投标。工程设计招投标是指招标人就拟建工程项目的设计任务发布通告，以吸引设计单位参加竞争，经招标人审查获得投标资格的设计单位按照招标文件的要求，在规定的时间内向招标人填报标书，招标人从中择优选定中标单位来完成工程设计任务的活动。设计招标一般是设计方案招标，工业项目可进行可行性研究方案招标。

（4）工程项目施工招投标。工程项目施工招投标是指招标人就拟建的工程项目发布通告，以法定方式吸引建筑施工企业参加竞争，招标人从中选择优越者完成工程建设项目施工任务的活动。施工招标可分为全部工程招标、单项工程招标和专业工程招标。

（5）工程监理招投标。工程监理招投标是指招标人为了委托工程项目监理任务的完成，以法定方式吸引工程监理单位参加竞争，招标人从中选择条件优越者完成监理任务的活动。

（6）工程材料设备招投标。工程材料设备招投标是指招标人就拟购买的材料设备发布通告或者邀请，以法定方式吸引材料设备供应商参加竞争，招标人从中选择条件优越者购买其材料设备的活动。

6.1.2　工程项目招标投标的当事人

招标投标活动的当事人是指招标投标活动中享有权利和承担义务的各类主体，包括招标人、投标人和招标代理机构等。《招标投标法》赋予有关行政监督部门依法对招标投标活动实施监督，依法查处招标投标活动中的违法行为。

1. 招标人

我国《招标投标法》第 8 条规定："招标人是依照本法规定提出招标项目、进行招标的法人或者其他组织。"在招标活动结束后，招标人一般就成为招标项目的所有人。

法人作为招标人是招标投标活动中最为常见的。法人是指依法注册登记，具有民事权利能力和民事行为能力，依法独立享有民事权利和承担民事义务的组织。法人应当具备以下条件：

1）依法成立；

2）有必要的财产或者经费；

3）有自己的名称、组织机构和场所；

4）能够独立承担民事责任。法人包括企业法人、事业单位法人、机关法人和社会团体法人。其他组织是指合法成立、有一定组织机构和财产，但又不具备法人资格的组织，包括：法人的分支机构，不具备法人资格的营体、合伙企业、个人独资企业等。

招标人依法提出招标项目，是指法人或者其他组织作为招标人提出的招标项目必须符合《招标投标法》第9条规定的两个基本条件：一是招标项目按照国家有关规定需要履行项目审批手续的，应当先履行审批手续，取得批准；二是招标人应当有进行招标项目的相应资金或者资金来源已经落实，并应当在招标文件中如实载明。

《招标投标法》对招标、投标、开标、评标、中标和签订合同等程序做出了明确的规定，法人或者其他组织只有按照法定程序进行招标才能称为招标人。

2. 投标人

投标人是响应招标、参加投标竞争的法人或者其他组织。

响应招标，是指潜在投标人获得了招标信息，或者投标邀请书后购买招标文件，接受资格审查，并编制投标文件，对招标人在招标文件中提出的实质性要求和条件做出响应，参加投标的活动。我国的有关法律、法规对建设工程投标人的资格有特殊要求，投标人一般应当是法人，其他组织投标的主要是联合体投标，而自然人不能作为建设工程项目的投标人。

参与投标竞争，是指潜在投标人按照招标文件的约定，在规定的时间和地点递交投标文件，对订立合同正式提出要约。潜在投标人一旦正式递交了投标文件，就成为投标人。

《工程建设项目施工招标投标办法》中规定了投标人参加工程建设项目施工投标应当具备5个条件：

1）具有独立订立合同的权利；

2）具有履行合同的能力，包括专业、技术资格和能力，资金、设备和其他物质设施状况，管理能力，经验、信誉和相应的从业人员；

3）没有处于被责令停业，投标资格被取消，财产被接管、冻结，破产状态；

4）在最近三年内没有骗取中标和严重违约及重大工程质量问题；

5）法律、行政法规规定的其他资格条件。

3. 招标代理机构

《招标投标法》第13条规定，"招标代理机构是依法设立、从事招标代理业务并提供相关服务的社会中介组织。"工程建设项目招标代理是指工程招标代理机构接受招标人的委托，从事工程的勘察、设计、施工、监理以及与工程建设有关的重要设备（进口机电设备除外）、材料采购招标的代理业务。

《工程建设项目招标代理机构资格认定办法》规定，获得工程建设项目招标代理资格的，可从事各类工程建设项目招标代理业务。建设部负责从事各类工程建设项目招标代理机构资格的认定工作。

按照有关规定，工程建设项目招标代理机构分为甲级、乙级和暂定级。其业务范围：甲级工程招标代理机构可承担各类工程的招标代理业务；乙级工程招标代理机构只能承担工程总投资1亿元人民币以下的工程招标代理业务；暂定级工程招标代理机构，只能承担工程总投资6000万元人民币以下的工程招标代理业务。

《工程建设项目施工招标投标办法》中规定，招标代理机构应当在招标人委托的范围内承担招标事宜，可以在其资格等级范围内承担下列招标事宜：

（1）拟订招标方案，编制和出售招标文件、资格预审文件；

（2）审查投标人资格；

（3）编制标底；

（4）组织投标人踏勘现场；

（5）组织开标、评标，协助招标人定标；

（6）草拟合同；

（7）招标人委托的其他事项。

招标代理机构不得无权代理、越权代理，不得明知委托事项违法而进行代理。另外，招标代理机构不得接受同一招标项目的投标代理和投标咨询业务；未经招标人同意，不得转让招标代理业务。

6.1.3 工程项目招标投标范围与规模标准

1. 工程项目招标投标范围

《招标投标法》规定："中华人民共和国境内进行下列工程建设项目，包括项目的勘察、设计、施工、监理以及与工程建设有关的重要设备、材料等的采购，必须进行招标：（一）大型基础设施、公用事业等关系社会公共利益、公众安全的项目；（二）全部或者部分使用国有资金投资或者国家融资的项目；（三）使用国际组织或者外国政府贷款、援助资金的项目。"根据以上原则，2000年5月1日国家发展计划委员会发布了《工程建及项目招标范围和规模标准规定》，规定了上述项目的具体范围和规模标准。

（1）关系社会公共利益、公众安全的基础设施项目，包括：

1）煤炭、石油、天然气、电力、新能源等能源项目；

2）铁路、公路、管道、水运、航空以及其他交通运输业等交通运输项目；

3）邮政、电信枢纽、通信、信息网络等邮电通信项目；

4）防洪、灌溉、排涝、引（供）水、滩涂治理、水土保持、水利枢纽等水利项目；

5）道路、桥梁、地铁和轻轨交通、污水排放及处理、垃圾处理、地下管道、公共停车场等城市设施项目；

6）生态环境保护项目；

7）其他基础设施项目。

（2）关系社会公共利益、公众安全的公用事业项目，包括：

1）供水、供电、供气、供热等市政工程项目；

2）科技、教育、文化等项目；

3）体育、旅游等项目；

4）卫生、社会福利等项目；

5）商品住宅，包括经济适用住房；

6）其他公用事业项目。

（3）使用国有资金投资项目，包括：

1）使用各级财政预算资金的项目；

2）使用纳入财政管理的各种政府性专项建设基金的项目；

3）使用国有企业事业单位自有资金，并且国有资产投资者实际拥有控制权的项目。

（4）国家融资项目，包括：

1）使用国家发行债券所筹资金的项目；

2）使用国家对外借款或者担保所筹资金的项目；

3）使用国家政策性贷款的项目；

4）国家授权投资主体融资的项目；

5）国家特许的融资项目。

（5）使用国际组织或者外国政府资金的项目，包括：

1）使用世界银行、亚洲开发银行等国际组织贷款资金的项目；

2）使用外国政府及其机构贷款资金的项目；

3）使用国际组织或者外国政府援助资金的项目。

2. 强制招标的工程建设项目规模标准

强制招标的工程建设项目规模标准，是指对于上述工程建设项目规模必须达到一定程度，才是必须进行招标的项目。上述各类工程建设项目，包括项目的勘察、设计、施工、监理以及与工程建设有关的重要设备、材料等的采购，达到下列标准之一的，必须进行招标：

（1）施工单项合同估算价在 200 万元人民币以上的；

（2）重要设备、材料等货物的采购，单项合同估算价在 100 万元人民币以上的；

（3）勘察、设计、监理等服务的采购，单项合同估算价在 50 万元人民币以上的；

（4）单项合同估算价低于第 1）、2）、3）项规定的标准，但项目总投资额在 3000 万元人民币以上的。

对上述必须进行招标的工程建设项目，任何个人或者单位不得将其化整为零或者以其他任何方式规避招标。建设项目的勘察、设计，采用特定专利或者专有技术的，或者其建筑艺术造型有特殊要求的，经项目主管部门批准，可以不进行招标。

3. 工程项目施工招标具备条件

《工程建设项目施工招标投标办法》规定，依法必须招标的工程建设项目，应当具备下列条件才能进行施工招标：

（1）招标人已经依法成立；

（2）初步设计及概算应当履行审批手续的，已经批准；

（3）招标范围、招标方式和招标组织形式等应当履行核准手续的，已经核准；

（4）有相应资金或资金来源已经落实；

（5）有招标所需的设计图纸及技术资料。

6.1.4　工程项目招标方式和招标组织形式

1. 工程项目招标方式

从竞争的程度进行划分，工程建设项目招标分为公开招标、邀请招标。前者允许所有符合条件的潜在的投标人参加投标，称为无限竞争性招标（Unlimited Competitive Bidding）；而后者只允许接到投标邀请的潜在投标人参加投标，可以称为有限竞争性招标（Limited Competitive Bidding）。而这种划分方式是招标方式的基本划分方法，也是我国《招标投标法》规定的招标方式。

（1）公开招标。是指招标人以招标公告的方式邀请不特定的法人或者其他组织投标。即招标人按照法定程序，在国家指定的报刊、电子网络和其他媒介上发布招标公告，向社会公众明示其招标项目要求，吸引众多潜在投标人参加投标竞争，招标人按事先规定的程序和办法从中择优选择中标人的招标方式。

我国有关规定，国家和地方重点建设项目，以及全部使用国有资金投资或者国有资金投资占控股或者主导地位的工程建设项目，都应当公开招标。

（2）邀请招标。是指招标人以投标邀请书的方式邀请特定的法人或者其他组织投标。即招标人通过市场调查，根据承包人或供应商的资信、业绩等条件，选择一定数量的具备承担招标项目能力、资信良好的特定法人或其他组织（不能少于3家），向其发出投标邀请书，邀请其参加投标竞争，招标人按事先规定的程序和办法从中择优选择中标人的招标方式。

《工程建设项目施工招标投标办法》规定，不适宜公开招标的，有下列情形之一者，经批准可以采用邀请招标：

1）项目技术复杂或有特殊要求，只有少量几家潜在投标人可供选择的；

2）受自然地域环境限制的；

3）涉及国家安全、国家秘密或者抢险救灾，适宜招标但不宜公开招标的；

4）拟公开招标的费用与项目的价值相比，不值得的；

5）法律、法规规定不宜公开招标的。

另外，工程建设项目，有下列情形之一的，经有关审批部门批准，可以不进行施工招标：

① 涉及国家安全、国家秘密或者抢险救灾而不适宜招标的；

② 属于利用扶贫资金实行以工代赈需要使用农民工的；

③ 施工主要技术采用特定的专利或者专有技术的；

④ 施工企业自建自用的工程，且该施工企业资质等级符合工程要求的；

⑤ 在建工程追加的附属小型工程或者主体加层工程，原中标人仍具备承包能力的；

⑥ 法律、行政法规规定的其他情形。

2. 招标组织形式

工程项目招标组织形式分为委托招标和自行招标。

委托招标，是指依法必须招标的工程项目经批准后，招标人根据项目实际情况需要和自身条件，有权自行选择招标代理机构，委托其办理招标事宜。任何单位和个人不得以任何方式为招标人指定招标代理机构。招标人和招标代理机构的关系是委托代理关系。招标代理机构应当与招标人签订书面委托合同，在委托范围内，以招标人的名义组织招标工作和完成招标任务。招标代理机构不得无权代理、越权代理，不得明知委托事项违法而进行代理。

自行招标，是指招标人具有编制招标文件和组织评标能力，按规定向主管部门备案同意后，可以依法自行办理和完成招标项目的招标任务。

另外，按照招标的范围，可分为国际招标和国内招标。国际招标是指符合招标文件规定的国内、国外法人或其他组织，单独或联合其他法人或者其他组织参加投标，并按招标文件规定的币种结算的招标活动。国内招标是指符合招标文件规定的国内法人或其他组织，单独或联合其他国内法人或者其他组织参加投标，并按招标文件规定的币种结算的招标活动。

6.1.5　工程项目招标投标程序

1. 工程项目招标程序

工程建设项目招标程序，随招标内容不同而略有不同，一般程序，如图6-1所示。

2. 工程项目投标程序

工程建设项目投标程序，如图6-2所示。

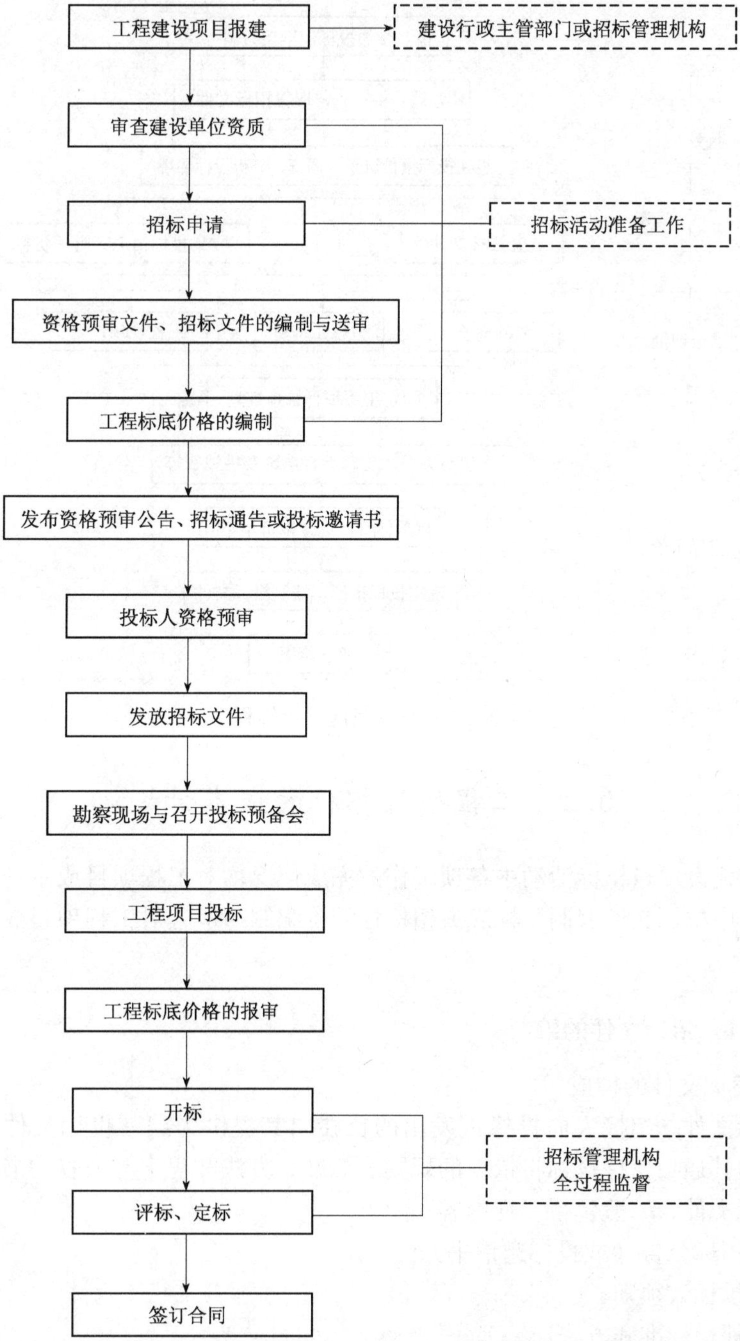

工程建设项目报建 → 建设行政主管部门或招标管理机构

审查建设单位资质

招标申请 → 招标活动准备工作

资格预审文件、招标文件的编制与送审

工程标底价格的编制

发布资格预审公告、招标通告或投标邀请书

投标人资格预审

发放招标文件

勘察现场与召开投标预备会

工程项目投标

工程标底价格的报审

开标 → 招标管理机构全过程监督

评标、定标

签订合同

图 6-1 工程项目施工招标程序

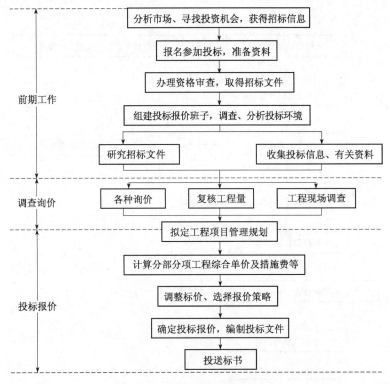

图 6-2   工程项目施工投标程序

6.2   工程项目招标的成本计划

工程建设项目招标活动中各项工作的完成情况均对工程项目成本产生一定的影响，其中招标文件编制、标底或招标控制价编制与审查对工程项目成本具有显著影响。

6.2.1   招标文件的编制

1. 招标文件的构成

招标文件是招标人向投标人发出的旨在向其提供为编写投标文件所需的资料，并向其通报招标投标将依据的规则、标准、方法和程序等内容的书面文件。

招标文件，一般包括下列内容：

1）招标公告（或投标邀请书）；

2）投标人须知；

3）评标标准和方法；

4）合同主要条款及格式；

5）采用工程量清单招标的，应当提供工程量清单；

6）设计图纸；

7）技术标准和要求；

8）投标文件格式；

9）投标须知前附表规定的其他材料。

2. 招标文件编制应注意问题

招标人应当依照相关法律法规，并根据工程招标项目的特点和需要编制招标文件。在编制过程中，针对工程项目控制目标的要求，应该抓住重点，根据不同需求合理确定对投标人资格审查的标准、投标报价要求、评标标准和方法、标段（或标包）划分、工期（或交货期）和拟签订合同的主要条款等实质性内容，而且注意做到符合法规要求，内容完整无遗漏，文字严密、表达准确。不管招标项目有多么复杂，在编制招标文件中都应当做好以下工作。

（1）依法编制招标文件，满足招标人使用要求。招标文件的编制应当遵照《招标投标法》等国家相关法律法规的规定，文件的各项技术标准应符合国家强制性标准，满足招标人要求。

（2）选择适宜的招标方式。公开招标，招标人有较大的选择范围，可在众多的投标人中选定报价合理、工期较短、信誉良好的承包人，有助于打破垄断，实行公平竞争；邀请招标由于限制了竞争的范围，可能会失去技术上和报价上有竞争力的投标者。

因此，工程项目招标方式的选择，从有利于降低成本角度，应结合项目规模、复杂程度、招标采购费用进行综合考虑。公开招标比邀请招标具有选择满足招标文件实质性要求的更低报价的可能。但是，公开招标由于参加竞争的投标者较多，建设单位审查投标者资格及其标书的工作量较大，招标费用支出较多。对投标者而言，参与的投标者越多，每个投标者中标的概率越小，损失投标费用的风险就越大。

（3）合理划分标段或标包。按照《工程建设项目施工招标投标办法》规定，施工招标工程项目需要划分标段、确定工期的，招标人应当合理划分标段、确定工期，并在招标文件中载明。对工程技术上紧密相连、不可分割的单位工程不得分割标段。招标人不得以不合理的标段或工期限制或者排斥潜在投标人或者投标人。一般情况下，一个工程项目应当作为一个整体进行招标。对于大型工程项目，作为一个整体进行招标将大大降低招标的竞争性，因为符合招标条件的潜在投标人数量太少，而应当将招标项目划分成若干个标段分别进行招标。也要注意，若将标段划分得太小，太小的标段将会失去对实力雄厚的潜在投标人的吸引力。标段的划分是较为复杂的一项工作。

标段划分是否合理对工程项目成本计划与控制产生一定的影响。这种影响是由多方面因素造成的，但直接影响是由管理费的变化引起的。一个项目作为一个整体招标，则承包人需要进行分包，分包的价格在一般情况下不如直接发包的价格低；但一个项目作为一个整体招标，有利于承包商的统一管理，人工、机械设备、临时设施等可以统一使用，又可能降低费用。因此，应当具体情况具体分析。

（4）明确规定具体而详细的使用与技术要求。招标人应当根据招标工程项目的特点和需要编制招标文件，招标文件应载明招标项目中每个标段或标包的各项使用要求、技术标准、技术参数等各项技术要求。

（5）规定的实质性要求和条件用醒目方式标明。按照《工程建设项目施工招标投标办法》和《工程建设项目货物招标投标办法》的规定，招标人应当在招标文件中规定实质性要求和条件，说明不满足其中任何一项实质性要求和条件的投标将被拒绝，并用醒目的方式标明。

（6）规定的评标标准和评标方法不得改变，并且应当公开规定评标时除价格以外的所有评标因素。按照《工程建设项目施工招标投标办法》、《工程建设项目货物招标投标办法》的规定，招标文件应当明确规定评标时除价格以外的所有评标因素，以及如何将这些因素量化或者据以进行评估。在评标过程中，不得改变招标文件中规定的评标标准、方法和中标条件。评标标准和评标方法不仅要作为实质性条款列入招标文件，而且还要强调在评标过程中不得改变。

（7）明确投标人是否可以提交投标备选方案以及对备选投标方案的处理办法。按照有关规定，招标人可以要求投标人在提交符合招标文件规定要求的投标文件外，提交备选投标方案，但应当在招标文件中做出说明，并提出相应的评审和比较办法，不符合中标条件的投标人的备选投标方案不予考虑。符合招标文件要求且评标价最低或综合评分最高而被推荐为中标候选人的投标人，其所提交的备选投标方案方可予以考虑。

（8）规定投标人编制投标文件所需的合理时间，载明招标文件最短发售期。按照《工程建设项目勘察设计招标投标办法》和《工程建设项目施工招标投标办法》规定，招标文件应明确"自招标文件开始发出之日起至停止发出之日止，最短不得少于5个工作日"。

（9）招标文件需要载明踏勘现场的时间与地点。按照《工程建设项目施工招标投标办法》规定，"招标人根据招标项目的具体情况，可以组织潜在投标人踏勘项目现场"，且"招标人不得单独或者分别组织任何一个投标人进行现场踏勘"。在招标文件内容中须载明踏勘现场的时间和地点。

（10）充分利用和发挥招标文件范本的作用。为了规范招标文件的编制工作，在编制招标文件过程中，应当按规定执行（或参照执行）招标文件范本，保证和提高招标文件的质量。

国务院九部委联合发布了《标准施工招标资格预审文件》、《标准施工招标文件》，自2008年5月1日起在政府投资项目中试行，有关行业主管部门可根据《标准施工招标文件》并结合本行业工程项目招标特点和管理需要，编制行业标准施工招标文件。行业标准施工招标文件重点对"专用合同条款"、"工程量清单"、"图纸"、"技术标准和要求"做出具体规定。招标人可根据工程项目的性质，确定是否使用《标准文件》。

6.2.2 标底

1. 标底的概念

标底是指招标人或其委托的工程造价咨询人确定的完成某一工程项目所需要的全部费用，是根据该工程项目施工图、国家以及当地有关规定的计价依据和计价办法计算出来的工程成本，是招标人对工程建设项目的期望价格。

工程项目招标标底文件是由一系列反映招标人对招标工程交易预期控制要求的文字说明、数据、指标、图表组成的，是有关标底的定性和定量要求的各种书面表达形式。其核心内容如下：

（1）标底的综合编制说明；

（2）标底价格审定表和计算书，带有价格的工程量清单，现场因素、各种施工措施费的测算明细以及采用固定价格时的风险系数测算明细等；

（3）主要材料用量；

（4）标底附件，如各项交底纪要、各种材料及设备的价格来源，现场地质、水文、地上情况的有关材料、编制标底所依据的施工方案或施工组织设计等。

标底价格是招标人控制工程建设项目投资，确定工程合同价格的参考依据。采用有标底招标的，标底价格是衡量、评审投标人投标报价是否合理的尺度和依据。同时，标底能够使招标人预先明确自己在拟建工程上应承担的财务义务，当出现特殊投标报价情况时，标底可以保护招标人自身的合法权益。

2. 标底编制依据和编制原则

（1）编制依据。标底编制依据的具体内容如下：

1）国家的有关法律法规以及地方建设行政主管部门制定的有关工程造价的文件、规定；

2）工程招标文件中确定的计价依据和计价办法，招标文件的商务条款；

3）工程设计文件、图纸、技术说明及招标时的设计交底，招标人提供的工程量清单等相关基础资料；

4）工程施工现场地质、水文、现场环境和条件等有关资料；

5）施工方案或施工组织设计，施工技术措施等；

6）现场工程预算定额、工期定额、工程项目计价类别及取费标准、国家或地方有关价格调整文件的规定；

7）现行的建筑安装材料及设备的市场价格。

（2）编制原则。标底应当由招标人或委托有相应资质的招标代理机构或工程造价咨询单位等中介组织进行编制。在计算时要求科学合理、计算准确。标底的编制过程中，应该遵循以下原则：

1）根据国家公布的统一工程项目划分、统一计量单位、统一计算规则以及图纸、招标文件等编制，应与招标文件中的工程量清单保持一致；

2）标底价格作为建设单位的期望价，应力求与市场的实际变化吻合，要有利于竞争和保证工程质量；

3）标底价格应包含成本、利润和税金，一般应控制在批准的总概算及投资包干的限额内；

4）标底必须适应目标工期的要求，对提前工期因素有所反映；

5）标底必须适应招标方的质量要求，对高于国家验收规范的质量因素有所反映，工程要求达到一定评优标准的应增加相应的费用；

6）标底应考虑人工、材料、设备、机械台班等价格变化因素，必须适应建筑材料采购渠道和市场价格的变化，应考虑不可预见费、保险以及采用固定价格合同的工程的风险金等；

7）标底必须合理考虑本招标工程的自然地理条件、现场条件、招标工程范围等因素；

8）一个工程只能编制一个标底；

9）标底编制完成后，直至开标时，所有接触过标底价格的人员均负有保密责任，不得泄露。

3. 标底的编制方法

工程建设项目标底文件，通常包括编制说明，标底价格审定书、计算书，带有价格的工程量清单，各项现场因素、措施费用以及工程风险系数的测算明细，主要人工、材料、机械设备用量表，相关表格及附件等。

目前我国建筑安装工程标底的编制，主要采用定额计价法（工料单价法）和工程量计价法（综合单价法）来编制。

（1）以工程量清单计价法编制标底。实行工程量清单计价，招标工程如设有标底，它应根据招标文件中的工程量清单、施工现场实际情况、合理的施工方法，按照建设行政主管部门制定的有关工程成本计价办法和工程量清单计价法进行编制。

工程量清单单价可分为工料单价、综合单价和全费用单价。我国分部分项工程量清单计价采用了包括人工费、材料费、机械使用费、管理费和利润，并适当考虑风险因素的综合单价。

工料单价。工料单价原也称为直接费单价，现应改称为直接工程费单价或基本直接费单价。工料单价由人工费、材料费和机械台班使用费组成，它包含了工程成本要素最核心的内容。间接费、利润、税金按照有关规定另行计算。

综合单价。综合单价是指完成一个规定计量单位的分部分项工程量清单项目或措施清单项目所需的人工费、材料费、施工机械使用费和企业管理费与利润，以及一定范围内的风险费用。综合单价所综合的内容多少与具体的工程量计量规则有关，它不一定是全费用单价。

全费用单价。全费用单价综合计算完成分部分项工程所发生的直接费、非竞争性费用、竞争性费用，是典型、完整的单价，它包括直接费、间接费、利润、规费、税金等。

（2）以定额计价法编制标底。定额计价法编制标底，采用的是分部分项工程量的工料单价，它仅包括人工、材料、机械费用。工料单价法又可以分为单位估价法和实物量法两种。

单位估价法和实物量法编制标底分别类似于预算定额编制中的单价法和实物法。此方法是我国实施工程造价计价方式改革，推行工程量清单计价模式之前的最主要的标底编制方法。目前，工程项目招标中不采用工程量清单计价的，如需设置标底，仍可采用以定额计价法编制标底。

单位估价法是首先根据工程项目施工图纸及技术说明，按照预算定额规定的分部分项工程子目，逐项计算出工程量；然后套用定额单价（或单位估价表），确定人工、材料、机械使用费之和；再按相应的费用定额或取费标准确定措施费、间接费、利润和税金等，并加上材料调价系数和适当的不可预见费；最后汇总，即为标底的基础。单位估价法实施中，也可以采用工程概算定额，对分项工程子目作适当的归并和综合，使标底价格的计算有所简化。

实物量法编制标底是首先计算出各分项工程的实物工程量；然后分别套取预算定额中的人工、材料、机械消耗指标，并按类分别相加，求出单位工程所需的各种人工、材料、施工机械台班的总消耗量；再分别乘以当时当地的人工、材料、施工机械台班市场单价，得出人工费、材料费、机械使用费之和；最后措施费、管理费、利润和税金等费用的计算，则根据当时当地建筑市场的供求情况给予具体确定。

6.2.3 招标控制价

1. 招标控制价的概念

招标控制价是招标人根据国家以及当地有关规定的计价依据和计价办法、招标文件、市场行情信息，并根据工程项目设计施工图纸、水平差异等具体条件调整编制的，对招标工程项目限定的最高工程造价，也可称其为拦标价、预算控制价或最高报价等。

招标控制价是《建设工程工程量清单计价规范》（GB 50500—2008）修订中新增的专业术语。对于招标控制价及其规定，应注意从以下方面理解：

（1）国有资金投资的工程建设项目实行工程量清单招标，并应编制招标控制价。根据《中华人民共和国招标投标法》的规定，国有资金投资的工程项目进行招标，招标人可以设标底。当招标人不设标底时，为有利于客观、合理的评审投标报价和避免哄抬标价，造成国有资产流失，招标人应编制招标控制价，作为招标人能够接受的最高交易价格。

（2）招标控制价超过批准的概算时，招标人应将其报原概算审批部门审核。因为我国对国有资金投资项目实行的是投资概算审批制度，国有资金投资的工程项目原则上不能超过批准的投资概算。

（3）投标人的投标报价高于招标控制价的，其投标应予以拒绝。国有资金投资的工程项目，招标人编制并公布的招标控制价相当于招标人的采购预算，同时要求其不能超过批准的概算，因此，招标控制价是招标人在工程招标时能接受投标人报价的最高限价，投标人的投标报价不能高于招标控制价，否则，其投标将被拒绝。

（4）招标控制价应由具有编制能力的招标人或受其委托具有相应资质的工程造价咨询人编制。即由招标人负责编制招标控制价，当招标人不具有编制招标控制价的能力时，可按有关规定，委托具有工程造价咨询资质的工程造价咨询企业编制。工程造价咨询人不得同时接受招标人和投标人对同一工程的招标控制价和投标报价的编制。

（5）招标控制价应在招标文件中公布，不应上调或下浮，招标人应将招标控制价及有关资料报送工程所在地工程造价管理机构备查。招标控制价的作用决定了招标控制价不同于标底，无需保密。为体现招标的公平、公正，防止招标人有意抬高或压低工程造价，招标人应在招标文件中如实公布招标控制价各组成部分的详细内容，不得对所编制的招标控制价进行上浮或下调。

（6）投标人经复核认为招标人公布的招标控制价未按照《建设工程工程量清单计价规范》的规定进行编制的，应在开标前5日向招投标监督机构或工程造价管理机构投诉。招标投标监督机构应会同工程造价管理机构对投诉进行处理，发现确有错误的，应责成招标人修改。

2. 招标控制价的计价依据

招标控制价的编制依据具体如下：

（1）《建设工程工程量清单计价规范》（GB 50500—2008）；

（2）国家或省级、行业建设主管部门颁发的计价定额和计价办法；

（3）建设工程设计文件及相关资料；

（4）招标文件中的工程量清单及有关要求；

（5）与建设项目相关的标准、规范、技术资料；

（6）工程造价管理机构发布的工程造价信息，工程造价信息没有发布的参照市场价；

（7）其他的相关资料。

3. 招标控制价的编制内容

采用工程量清单计价时，招标控制价的编制内容，包括分部分项工程费、措施项目费、其他项目费、规费和税金。

（1）分部分项工程费。分部分项工程费应根据招标文件中的分部分项工程量清单及有关要求，按照《建设工程工程量清单计价规范》有关规定采用综合单价计价。

1）工程量应依据招标文件中提供的分部分项工程量清单确定。

2）综合单价是指完成一个规定计量单位的分部分项工程量清单项目（或措施清单项目）所需的人工费、材料费、施工机械使用费和企业管理费与利润，以及一定范围内的风险费用。

3）招标文件提供暂估单价的材料，应按暂估单价计入综合单价。

4）为使招标控制价与投标报价所包含的内容一致，综合单价中应包括招标文件中要求投标人承担的风险内容及其范围（幅度）产生的风险费用。

（2）措施项目费。措施项目费是指为完成工程项目施工，而用于发生在该工程施工准备和施工过程中的技术、生活、安全、环境保护等方面的非工程实体项目所支出的费用。

1）通用措施项目内容有：安全文明施工（含环境保护、文明施工、安全施工、临时设施），夜间施工，二次搬运，冬雨期施工，大型机械设备进出场及安拆，施工排水，施工降水，地上、地下设施及建筑物的临时保护设施，已完工程及设备保护。建筑专业工程措施项目内容有：脚手架，混凝土、钢筋混凝土模板及支架，垂直运输机械；装饰专业工程措施项目内容有：脚手架，垂直运输机械，室内空气污染测试。

2）措施项目费中的安全文明施工费应当按照国家或地方行业建设主管部门的规定标准计价。

3）措施项目应依据招标文件中提供的措施项目清单确定，根据拟建工程项目的施工组织设计，可以计算工程量的措施项目，应按分部分项工程量清单的方式采用综合单价形式进行计价；其余的措施项目可以"项"为单位的方式计价，依据有关规定按综合价格计算，包括除规费、税金以外的全部费用。

（3）其他项目费

1）暂列金额。暂列金额是指招标人在工程量清单中暂定并包括在合同价款中的一笔款项。用于施工合同签订时尚未确定或者不可预见的所需材料、设备、服务的采购，施工中可能发生的工程变更、合同约定调整因素出现时的工程价款调整以及发生的索赔、现场签证确认等的费用。可根据工程的复杂程度、设计深度、工程环境条件（包括地质、水文、气候条件等）进行估算，一般可以按照分部分项工程费的 10% ~ 15% 为参考。

2）暂估价。暂估价是指招标人在工程量清单中提供的用于支付必然发生但暂时不能确定价格的材料的单价以及专业工程的金额。暂估价是在招标阶段预见肯定要发生，只是因为标准不明确或者需要由专业承包人完成，暂时又无法确定具体价格时采用。暂估价中的专业工程暂估价应分不同专业，按有关计价规定估算。暂估价中的材料单价应按照工程造价管理机构发布的工程造价信息或参照市场价格估算。

3）计日工。计日工是指在施工过程中，完成发包人提出的施工图纸以外的零星项目或工作，按合同中约定的综合单价计价。计日工是对零星项目或工作采取的一种计价方式，包括完成作业所需的人工、材料、施工机械及其费用的计价，类似于定额计价中的签证记工。在编制招标控制价时，对计日工中的人工单价和施工机械台班单价应按地方行业建设主管部门或其授权的工程造价管理机构公布的单价计算。

4）总承包服务费。总承包服务费是指为了解决招标人在法律、法规允许的条件下进行专业工程分包以及自行采购供应材料、设备，并需要总承包人对发包的专业工程提供协调和配合服务，对供应的材料、设备提供收发和保管服务以及进行施工现场管理、竣工资料汇总整理等服务时发生并向总承包人支付的费用。总承包服务费应按照地方行业建设主管部门的规定，并根据招标文件列出的内容和要求估算，在计算时可参考以下标准：招标人仅要求对分包的专业工程进行总承包管理和协调时，按分包的专业工程估算造价的 1.5% 计算；招标人要求对分包的专业工程进行总承包管理和协调，并同时要求提供配合服务时，根据招标文件中列出的配合服务内容和提出的要求，按分包的专业工程估算造价的 3% ~ 5% 计算；招标人自行供应材料的，按招标人供应材料价值的 1% 计算。

（4）规费和税金。规费是指根据省级政府或省级有关权力部门规定必须缴纳的，应计入建筑安装工程造价的费用。规费项目内容有，工程排污费，工程定额测定费，社会保障费：包括养老保险费、失业保险费、医疗保险费，住房公积金，危险作业意外伤害保险。税金是指国家税法规定的应计入建筑安装工程造价内的营业税、城市维护建设税及教育费附加等。规费和税金必须按国家或省级、行业建设主管部门的规定计算，不得作为竞争性费用。

4. 编制招标控制价时注意问题

招标控制价的编制时，应该注意以下问题。

（1）招标控制价编制的表格格式等应执行《建设工程工程量清单计价规范》（GB 50500—2008）的有关规定。

（2）一般情况下，编制招标控制价，采用的材料价格应是工程造价管理机构通过工程造价信息发布的材料单价，工程造价信息未发布材料单价的材料，其材料价格应通过市场调查确定。另外，未采用工程造价管理机构发布的工程造价信息时，需在招标文件或答疑补充文件中对招标控制价采用的与造价信息不一致的市场价格予以说明，采用的市场价格则应通过调查、分析确定，有可靠的信息来源。

（3）施工机械设备的选型直接关系到基价综合单价水平，应根据工程项目特点和施工条件，本着经济实用、先进高效的原则确定。

（4）应该正确、全面地使用行业和地方的计价定额以及相关文件。

（5）不可竞争的措施项目和规费、税金等费用的计算均属于强制性条款，编制招标控制价时应该按国家有关规定计算。

（6）不同工程项目、不同施工单位会有不同的施工组织方法，所发生的措施费也会有所不同。因此，对于竞争性的措施费用的编制，应该首先编制施工组织设计或施工方案，然后依据经过专家论证后的施工方案，进行合理确定措施项目与费用。

5. 招标控制价的编制程序

编制招标控制价时应当遵循如下程序：

1）了解编制要求与范围；

2）熟悉工程图纸及有关设计文件；

3）熟悉与建设工程项目有关的标准、规范、技术资料；

4）熟悉拟订的招标文件及其补充通知、答疑纪要等；

5）了解施工现场情况、工程特点；

6）熟悉工程量清单；

7）掌握工程量清单涉及计价要素的信息价格和市场价格，依据招标文件确定其价格；

8）进行分部分项工程量清单计价；

9）论证并拟订常规的施工组织设计或施工方案；

10）进行措施项目工程量清单计价；

11）进行其他项目、规费项目、税金项目清单计价；

12）工程造价汇总、分析、审核；

13）成果文件签认、盖章；

14）提交成果文件。

6.3 工程项目合同的计价方式

建设工程项目施工合同是发包人与承包人就完成特定工程项目的建筑施工、设备安装、工程保修等工作内容，确定双方权利和义务的协议。建设工程施工合同是建设工程的主要合同之一，是工程建设质量控制、进度控制、投资控制的主要依据。发包人或建设单位可以通过选择适宜的合同类型和设定合同条款而与承发包合理分担工程项目风险，同时最大限度地减少自己的风险。建设工程施工合同根据合同计价方式的不同，一般可以划分为总价合同、单价合同和成本加酬金合同三种类型。

弄清各种合同的计价方式，优缺点和适用范围，选择正确、适宜的合同形式，对于保证项目目标的顺利实现，对于成本计划与控制具有重要意义。业主在决定采用什么合同计价形式时，应主要根据设计图纸深度、工期长短、工程规模和复杂程度来综合考虑。

6.3.1 总价合同

总价合同是指在合同中确定一个完成项目的总价，承包人据此完成工程项目全部内容的合同。总价合同是以详细而全面的工程设计图纸（一般要求施工详图）和各项工程说明书为依据，由承包人与发包人准确计算工程量并经过商定确定的，双方在专用条款内约定合同价款包含的风险范围和风险费用的计算方法，在约定的风险范围内合同价款不再调整。风险范围以外的合同价款调整方法，应当在专用条款内约定。这种合同能够使发包人在评标时易于确定报价最低的承包人、易于进行支付计算。但这类合同仅适用于工程量不太大且能精确计算、工期较短、技术不太复杂、风险不大的项目。

1. 总价合同的主要特征

（1）合同价格应根据事先确定的由承包人实施完成的全部任务，按照承包人在投标报价中提出的总价确定。

（2）待实施的工程性质与工程量应在事先明确商定。

（3）能够使建设单位在评标时易于进行支付计算。

显然，采用这种合同时，必须弄清建筑安装承包合同标的物的详细内容及各种技术经济指标，否则承发包双方都有蒙受经济损失的可能。

2. 主要形式

总价合同按其是否可以调值，可以分为固定总价合同和可调总价合同两种不同形式。

（1）固定总价合同。固定总价合同是建设工程项目施工中常采用的一种合同形式。合同价格的计算是以工程图纸、规范、规则、合同约定为基础，承发包双方就承包工程项目协商一个固定总价，一旦双方确认后，即由承包人一笔包死，一般不得变动。

采用这种合同，合同总价只有在设计和工程范围有所变更（即业主要求变更原定的承包内容）的情况下才能随之做相应的变更。在合同执行中，承包人要承担实物工程量、工程单价等因素造成亏损的风险，除非合同另有约定，承发包双方均不能因为工程量、设备、材料价格、工资等变动和气候恶劣等理由，对合同总价提出调值要求。

因此，采用这种合同，对业主来讲，承担风险较小，可清楚把握与控制工程造价，防止投资费用超支；对承包人来讲，承担的风险较大，为应对可能发生的一切费用因素的上升，在投标报价中往往要加大不可预见费用，致使这种合同一般报价较高。

这种合同形式，主要适用于：

1）工期较短（一般不超过一年）；

2）对最终要求非常明确，工程规模小、技术简单的中小型建设项目；

3）设计深度已达到施工图阶段要求，合同履行中不会出现较大的变更。

（2）可调总价合同。这种"总价"合同，也是以工程图纸及规定、规范为计算基础，但它是按照"时价"进行计算的，是一种相对固定的价格。即在工程项目报价及签订合同时，以招标文件要求及当时物价而计算的总价合同，但在合同条款中双方商定增加调值条款：如果在执行合同中由于通货膨胀而引起工料成本增加达到某一限度时，合同总价应作相应调整。

这种合同方式，对合同实施中出现的风险做了分摊，发包人承担了通货膨胀这一不可预见的费用因素的主要风险，承包人只承担通货膨胀下实物工程量、成本和工期等次要因素风险以及通货膨胀因素外的其他风险。

这种合同形式，适用于：

1）工期较长（如一年以上）的工程；

2）工程内容和技术经济指标规定很明确且合同中列明调值条款的工程项目。

6.3.2　单价合同

单价合同是指承包人在投标时，按照招标文件中所列出的分部分项工程工程量表确定各分部分项工程单价费用的合同。单价合同也可以分为固定单价合同和可调单价合同。这类合同的适用范围比较宽，其工程风险可以得到合理的分摊，并且能鼓励承包人通过提高工效等手段从成本节约中提高利润。

1. 单价合同的特点

采用单价合同，对发包人来讲，可提前招标，缩短资金占用时间，结算程序也比较简单，但发包人的风险是在工程竣工前不能掌握工程总造价；对承包人来讲，工程风险较小，但利润会较低。因此，当准备发包的工程项目的内容和设计指标一时不能明确时，或是工程量可能出入较大时，宜采用单价合同形式。

单价合同成立的关键在于双方对单价和工程量计算方法的确认。在合同履行中需要注意的问题则是双方对实际工程量计量的确认。

2. 主要形式

（1）固定单价合同。固定单价合同是在工程设计或其他建设条件（如地质条件）不太明确时情况下（但技术条件应明确），以工程量表和工程量单价表为基础和依据来计算合同价格的。通常是由发包人委托工程造价咨询机构提出分部分项工程工程量清单，由承包人以此为基础填报相应单价计算合同价格，而在每月（或每阶段）工程结算时，可以根据实际完成的工程量，按单价适当追加合同内容，最后工程的结算价应按照合同中分部分项工程单价乘以实际完成工程量，得出最终工程结算的总价款。

采用这种合同时，要求实际完成的工程量与估计工程量不能有实质性的变化，否则应调整单价。工程量多大范围的变更才算是实质性的变化，不同的合同条文规定不同，需要双方合同约定。

采用这种合同时，工程量是统一计算出来的，承包人只要经过复核并填上适当的单价即可，承担风险较小；发包人也只要审核单价是否合理即可，双方都比较方便。目前国际上采用较多，我国推行工程量清单计价方式后也会有越来越多的项目采用此种合同。

（2）可调单价合同。合同单价可调，一般是在工程招标文件中规定。在合同中签订的单价，根据合同约定的条款，如在工程实施过程中物价发生变化等，可作调整。有的工程在招标或签约时，因某些不确定性因素而在合同中暂定某些分部分项工程的单价，在工程结算时，再根据实际情况和合同约定对合同单价进行调整，确定实际结算单价。

采用这种合同时，发包人只向承包人给出发包工程的有关分部分项工程、工程范围以及必要说明，而不对工程量作任何规定，投标人只要报出各分项工程的单价即可，实施过程中按实际完成工程量进行结算。

6.3.3　成本加酬金合同

成本加酬金合同是指由发包人向承包人支付工程项目的实际成本，并按照事先约定的某一种方式支付承包人完成工作后应得相应报酬的合同。

在这类合同中，合同价款包括成本和酬金两部分，由承发包双方在专用合同条款内约定成本构成和酬金的计算方法。发包人需承担工程项目实际发生的一切费用，因此也就承担了工程项目的全部风险，且不能控制工程的总造价；而承包人由于无风险，其报酬往往也较低，也往往不注意降低项目成本。

1. 适用范围

（1）工程内容及其技术经济指标尚未全面确定，投标报价的依据尚不充分的情况下，发包人因工期要求紧迫，必须发包的工程；

（2）发包人与承包人曾经合作过，彼此之间具有高度的信任；

（3）承包人具有一定独特的技术、特长和经验的工程。

2. 主要形式

成本加酬金合同有多种形式，主要有：成本加固定百分比酬金合同、成本加固定金额酬金合同、成本加奖罚合同、最高限额成本加固定最大酬金合同等。

（1）成本加固定百分比酬金合同。即由发包人实报实销承包人的实际工程成本，同时按照实际直接成本的固定百分比付给承包人一笔酬金。

（2）成本加固定金额酬金合同。与成本加固定百分比酬金合同相类似，不同之处在于酬金是一个固定的金额。

以上两种形式是最基本的成本加酬金合同形式，但是由于它们不利于发包人降低成本，也不利于调动承包人降低成本的积极性，故较少采用。

（3）成本加奖罚合同。根据工程项目的目标成本确定酬金数额或比例，再根据实际工程成本支出情况确定一笔奖金或罚金。当实际工程成本低于工程项目的目标成本时，承包人除从发包人获得实际成本、酬金补偿外，还可根据成本降低额而得到一笔奖金；当实际工程成本高于目标成本时，承包人仅能从发包人处得到成本和酬金的补偿，并可能根据实际工程成本高出目标成本的程度，被处以一笔罚金。

（4）最高限额成本加固定最大酬金合同。采用这种合同形式时，需要事先确定工程项目的最高限额成本、报价成本和最低成本，然后根据实际工程成本大小分不同情况来确定酬金多少。当实际成本没有超过最低成本时，承包人花费的成本费用及应得酬金等都可由发包人支付，并与发包人分享节约额；若实际工程成本在最低成本与报价成本之间，则承包人只能得到成本加酬金；若实际工程成本在报价成本与最高限额成本之间，则只能得到全部成本；若实际工程成本超过最高限额成本时，则承包人只能得到最高限额成本，超出最高限额成本部分费用，发包人不予支付。这种合同价形式有利于控制工程造价，并能鼓励承包方最大限度地降低工程成本。

我国《建设工程施工合同（示范文本）》（GF 1999—0201）中规定，可调价格合同中合同价款的调整因素包括：

1）法律、行政法规和国家有关政策变化影响合同价款；

2）工程造价管理部门公布的价格调整；

3）一周内非承包人原因停水、停电、停气造成停工累计超过8小时；

4）双方约定的其他因素。

6.4　工程项目投标报价

6.4.1　投标报价的准备工作

在取得某项工程项目招标信息后，施工企业要决定是否参加投标，首先要考虑当前经营状况和企业长远经营与发展目标，其次要明确参加投标的目的，然后再分析该工程项目的特点、中标可能性的影响因素等。

对公开招标的工程项目，投标人应该借鉴积累的工程经验，通过归纳总结和动态分析，以最小最优投标资源投入量的多少以及市场竞争情况，决定取舍投标项目，对中标概率极低的项目，应果断地放弃，以免投标资源的浪费。

对收到招标人投标邀请的工程项目，一般不采取拒绝投标的态度。但有时投标人同时收到多个投标邀请，而投标报价资源有限，若不分轻重缓急地把投标资源平均分布，则必然会导致项目中标的概率降低。

任何一个工程项目的投标报价过程，都是一项复杂的系统工程，需要周密思考，统筹安排，一旦决定投标，投标人应该由浅入深地遵循一定的程序展开投标报价工作，见图 6-2 所示，投标人应该做好以下投标前期的准备工作。

1. 项目分析

（1）通过资格预审。为了能够顺利地通过资格预审，投标人申报资格预审时应当注意做好以下工作：

1）日常工作中应该注意积累有关资格预审资料，建立文档并经常整理，以备填写资格预审表格之用；

2）填表时应重点突出，在满足资格预审要求的基础上，还应适当地反映出本企业的技术管理水平、财务能力、施工经验和良好业绩。

（2）组建投标报价班子。建立一个专业水平高、经验丰富、精力充沛、相对稳定的投标报价班子是工程项目投标获得成功的基本保证。班子中应包括企业决策层人员、工程估价与计量人员、施工计划与管理人员、材料采购与设备管理人员等，即可分为三个层次：报价决策人员、报价分析人员和基础数据采集人员。各类专业人员之间应分工明确，精诚合作，协调配合，发挥各自的主动性、积极性和专业专长，提高报价工作效率，完成投标报价工作。

（3）研究招标文件。投标人取得招标文件后，为了保证工程量清单报价的合理性，应重点针对招标文件中的投标人须知、合同条件、技术规范、图纸和工程量清单等内容进行分析，正确地理解工程项目的招标文件内容和业主的意图。

一是研究投标人须知。投标人须知反映了招标人对投标的要求，因此，特别要注意项目的资金来源、投标书的编制、工程项目的报价范围和承发双方责任、投标保证金、更改或备选方案、评标方法等，重点在于防止出现废标。

二是分析合同条件。主要围绕以下几方面内容进行分析：

1）合同背景分析。投标人有必要了解与自己可能承包的工程内容有关的合同背景，了解监理方式，了解合同的法律依据；

2）合同形式分析。主要分析可能采用的承包方式（如分项承包、施工承包、设计与施工总承包和管理承包等）；计价方式（如固定合同价格、可调合同价格和成本加酬金确定的合同价格，总价合同还是单价合同等）；

3）合同条款分析。主要包括：承包商的任务、工作范围和责任；工程变更及相应的合同价款调整；付款方式、时间，特别注意合同条款中关于工程预付款比例及回扣、进度款支付及调价、保留金比例及回扣的规定；工期分析，合同条款中有关合同工期、竣工日期、部分工程分期交付工期等规定，是投标人制定施工进度计划的依据，也是报价的重要依据；业主责任，投标人所制定的施工进度计划和做出的报价，都是以业主履行责任为前提的。应注意合同条款中有关业主责任措辞的严密性，以及关于索赔的有关规定。

三是技术标准和要求分析。工程技术标准是按工程类型来描述工程技术和工艺内容特点，对设备、材料、施工和安装方法等所规定的技术要求，有的是对工程质量进行检验、试验和工程验收所规定的方法和要求。它们与工程量清单中各子项工作密不可分，报价人员应在准确理解招标人要求的基础上对有关工程内容进行报价。任何忽视技术标准的报价都是不完整、不可靠的，有时可能导致工程承包重大失误和亏损。

四是图纸分析。图纸是确定工程范围、内容和技术要求的重要文件，其详细程度取决于招标人提供的施工图设计所达到的深度和所采用的合同形式。详细的设计图纸可使投标人比较准确地估价，而不够详细的图纸则需要估价人员采用综合估价方法，其结果一般不很精确。

2. 调查询价

（1）工程现场调查。招标人在招标文件中一般应明确进行工程现场踏勘的时间和地点。投标人对工程项目所在区域调查，重点注意以下几个方面：

1）自然条件调查，如气象资料，水文资料，地质情况，地震、洪水及其他自然灾害情况等；

2）施工条件调查，主要包括：工程现场的用地范围、地形、地貌、地物、高程，地上或地下障碍物，现场的三通一平情况；工程现场周围的道路、进出场条件、有无特殊交通限制；工程现场施工临时设施、大型施工机具、材料堆放场地安排的可能性，是否需要二次搬运；工程现场临近建筑物与招标工程的间距、结构形式、基础埋深、新旧程度、高度；市政给水及污水、雨水排放管线位置、高程、管径、压力、废水、污水处理方式，市政、消防供水管道管径、压力、位置等；当地供电方式、方位、距离、电压等；当地煤气供应能力，管线位置、高程等；工程现场通信线路的连接和铺设；当地政府有关部门对施工现场管理的一般要求、特殊要求及规定，是否允许节假日和夜间施工等；

3）其他条件调查。主要包括各种构件、半成品及商品混凝土的供应能力和价格，以及现场附近的生活设施、治安情况等等。

（2）询价。投标报价之前，投标人必须通过各种渠道，采用各种手段对工程所需各种材料、设备等的价格、质量、供应时间和数量等进行全面的调查，同时还应了解分包项目的分包形式和范围、分包人的报价、履约能力及信誉等。询价是投标报价的基础，它为投标报价提供可靠的依据。询价时要特别注意两个问题：一是产品质量必须可靠，并满足招标文件的有关规定；二是供货方式、时间、地点，有无附加条件和费用。

询价的渠道，主要包括：直接与生产厂商联系；向生产厂商的代理人或从事该项业务的经纪人了解；向经营该项产品的销售商了解；向咨询公司进行询价；通过互联网查询；自行进行市场调查或信函询价。

投标人询价的内容，主要包括各生产要素、分包的询价。

1）生产要素询价。一是材料询价，其内容包括调查对比材料价格、供应数量、运输方式、保险和有效期、不同买卖条件下的支付方式等。在施工方案初步确定后，询价人员应立即发出材料询价单，并催促材料供应商及时报价；收回询价单后，询价人员应将从各种渠道所询得的材料报价以及其他有关资料汇总整理；对同种材料从不同经销部门所得到的所有资料进行比较分析，选择合适、可靠的材料供应商的报价，供工程报价人员使用。

二是施工机械设备询价。在外地承担工程项目施工所需用的机械设备，有时在当地租赁或采购可能更有利。因此，事前有必要进行施工机械设备的询价，对于必须采购的机械设备，可向供应厂商询价；对于需租赁的机械设备，可向专业租赁公司等机构询价，详细了解其计价方法。

三是劳务询价。劳务询价主要有两种情况：一是成建制的劳务公司，相当于劳务分包，一般费用较高，但素质较可靠，工效较高，承包商的管理工作较轻；另一种是根据需要在劳务市场招募、选择零散劳动力，这种方式虽然劳务价格低廉，但有时素质达不到要求或工效降低，且承包商的管理工作较繁重。投标人应根据工程项目的具体情况决定采用哪种方式，并以此为依据进行投标报价。

2）分包询价。总承包商在确定了分包工程内容后，即将有关工程施工图纸和技术说明送交预先选定的分包单位，约他们在规定的时间内报价，以便比较、最终选择合适的分包人。对分包人询价时应注意以下几方面：分包人的工程质量、信誉及可信赖程度；质量保证措施；分包标函是否完整；分包工程单价所包含的内容；分包报价。

3. 复核工程量

采用工程量清单计价方法招标的工程项目，由招标人提供的工程量清单是招标文件的组成部分，工程量的多少是投标报价的重要依据。因此，复核工程量的准确程度，会直接影响承包商的经营行为：一是根据复核后的工程量与招标文件提供的工程量之间的差距，而考虑相应的投标策略，决定报价尺度；二是根据工程量的多少，采取合适的施工方法，选择适用、经济的施工机具设备，确定投入使用的劳动力数量等，也影响到投标人的询价过程。

投标人复核工程量时，应该与招标文件中提供的工程量进行对比，并做好以下几方面工作：

（1）根据工程项目的招标说明、图纸、地质资料等招标文件资料，与《建设工程工程量清单计价规范》（GB 50500—2008）保持一致，正确划分分部分项工程项目，计算主要分部分项工程量，复核工程量清单。特别注意，按一定顺序进行，避免漏算或重算；

（2）复核工程量的目的不是修改工程量清单（即使有误，投标人也不能修改工程量清单中的工程量，因为修改了清单就等于擅自修改了合同）。对工程量清单存在的疑问或错误，可以向招标人提出，由其统一确认、修改，并把修改情况通知所有投标人；

（3）针对工程量清单中工程量的遗漏或错误，是否向招标人提出修改意见，则取决于投标策略。投标人可以运用相应报价的技巧提高报价的质量，争取在中标后能够获得更大的收益；

（4）通过工程量计算复核，还能准确地确定订货及采购物资的数量，防止由于超量或少购而导致各类物资的浪费、积压或停工待料。

在核算完全部工程量清单中的细目后，投标人应按大项分类汇总各个主要工程总量，以便获得对整个工程项目施工规模的总体概念，并据此研究采用合适的施工方法，选择适用的施工设备等。

4. 拟订工程项目管理规划

工程项目管理规划是工程投标报价的重要依据，工程项目管理规划可以分为工程项目管理规划大纲和工程项目管理实施规划。根据《建设工程项目管理规范》（GB/T 50326—2001）的规定，若承包商以编制施工组织设计代替工程项目管理规划时，其施工组织设计应满足工程项目管理规划的要求。

（1）工程项目管理规划大纲。工程项目管理规划大纲是由建筑施工企业管理层在投标之前编制的，旨在作为投标依据、满足招标文件以及签订合同要求的文件，主要包括下列内容：工程项目概况；项目实施条件分析；项目投标活动及签订施工合同的策略；项目管理目标；项目组织结构；质量目标和施工方案；工期目标和施工总进度计划；成本目标；项目风险预测和安全目标；项目现场管理和施工平面图；投标和签订施工合同；文明施工及环境保护。

（2）工程项目管理实施规划。工程项目管理实施规划是指在开工之前由承包商的项目经理主持并组织项目经理部编制的、旨在指导项目施工生产阶段管理的文件，主要包括下列内容：工程概况；施工部署；施工方案；施工进度计划；资源、供应计划；施工准备工作计划；施工平面图；技术组织措施计划；项目风险管理；信息管理；技术经济指标分析。

6.4.2　工程量清单投标报价的编制

1. 投标报价的概念

《建设工程工程量清单计价规范》（GB 50500—2008）规定，"投标价是投标人参与工程项目投标时报出的工程造价"。即投标价是指在工程招标发包过程中，由投标人或受其委托具有相应资质的工程造价咨询人按照招标文件的要求以及有关计价规定，根据工程项目特点，并结合自身的施工技术、装备和管理水平，自主确定的工程造价。

投标价是投标人希望达成工程承包交易的期望价格，但不能高于招标人设定的招标控制价。投标报价的编制是指投标人对拟承建工程项目所要发生的各种费用的计算过程。作为投标计算的必要条件，应预先确定施工方案和施工进度，此外，投标计算还必须与采用的合同形式相一致。

2. 投标报价编制原则

报价是投标的关键性工作，报价是否合理直接关系到投标工作的成败。工程量清单计价下的投标报价编制原则如下：

（1）投标报价由投标人自主确定，但必须执行《建设工程工程量清单计价规范》的强制性规定。投标价应由投标人或受其委托，具有相应资质的工程造价咨询人编制。

（2）投标人的投标报价不得低于成本。《中华人民共和国招标投标法》中规定："中标人的投标应当符合下列条件……（二）能够满足招标文件的实质性要求，并且经评审的投标价格最低；但是投标价格低于成本的除外。"《评标委员会和评标方法暂行规定》中规定："在评标过程中，评标委员会发现投标人的报价明显低于其他投标报价或者在设有标底时明显低于标底的，使得其投标报价可能低于其个别成本的，应当要求该投标人做出书面说明并提供相关证明材料。投标人不能合理说明或者不能提供相关证明材料的，由评标委员会认定该投标人以低于成本报价竞标，其投标应作为废标处理。"上述法律法规的规定，特别要求投标人的投标报价不得低于成本。

（3）投标报价要以招标文件中设定的承发包双方责任划分，作为设定投标报价费用项目和费用计算的基础。承发包双方的责任划分不同，会导致合同风险不同的分摊，从而导致投标人选择不同的报价；不同的工程承发包模式会直接影响工程项目投标报价的费用内容和计算深度。

（4）应该以施工方案、技术措施等作为投标报价计算的基本条件。企业定额反映企业技术和管理水平，是计算人工、材料和机械台班消耗量的基本依据；更要充分利用现场考察、调研成果、市场价格信息和行情资料等编制基础标价。

（5）报价计算方法要科学严谨，简明适用。

3. 投标报价编制依据

根据有关规定，投标报价的编制依据如下：

（1）《建设工程工程量清单计价规范》（GB 50500—2008）。

（2）国家或省级、行业建设主管部门颁发的计价办法。

（3）企业定额，国家或省级、行业建设主管部门颁发的计价定额。

（4）招标文件、工程量清单及其补充通知、答疑纪要。

（5）建设工程项目的设计文件及相关资料。

（6）施工现场情况、工程项目特点及拟定投标文件的施工组织设计或施工方案。

（7）与建设项目相关的标准、规范等技术资料。

（8）市场价格信息或工程造价管理机构发布的工程造价信息。

（9）其他的相关资料。

4. 投标报价编制方法与内容

工程项目投标报价的编制过程，如图 6-3 所示。

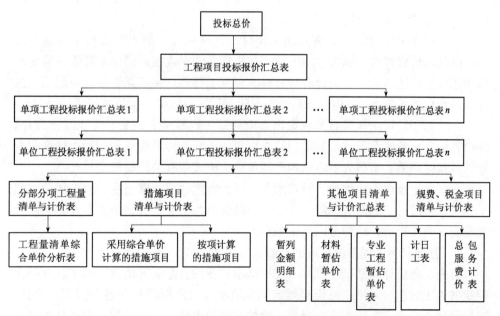

图 6-3　工程项目工程量清单投标报价流程

在编制过程中，投标人应按招标人提供的工程量清单填报投标价格。填写的项目编码、项目名称、项目特征、计量单位、工程量必须与招标人提供的一致。

（1）分部分项工程量清单与计价表的编制。承包人投标价中的分部分项工程费应按招标文件中分部分项工程量清单项目的特征描述确定综合单价计算。因此，综合单价的确定是分部分项工程量清单与计价表编制过程中最主要的内容。

$$分部分项工程综合单价 = 人工费 + 材料费 + 机械使用费 + 管理费 + 利润 + 风险费用分摊费$$

1）确定分部分项工程综合单价时的注意问题。①以项目特征描述为依据。投标人投标报价时应依据招标文件中分部分项工程量清单项目的特征描述确定该清单项目的综合单价。在招投标过程中，若出现招标文件中分部分项工程量清单特征描述与设计图纸不符，投标人应以分部分项工程量清单的项目特征描述为准，确定投标报价的综合单价；若施工中施工图纸或设计变更与工程量清单项目特征描述不一致时，发、承包双方应按实际施工的项目特征，依据合同约定重新确定综合单价。②材料暂估价的处理。招标文件中在其他项目清单中提供了暂估单价的材料，应按其暂估的单价计入分部分项工程量清单项目的综合单价中。③应包括承包人承担的合理风险。招标文件中要求投标人承担的风险费用，投标人应考虑进入综合单价。在施工过程中，当出现的风险内容及其范围（幅度）在招标文件规定的范围（幅度）内时，综合单价不得变动，工程价款不做调整。根据国际惯例并结合我国工程项目建设的特点，承发包双方对工程项目施工阶段的风险，宜采用如下分摊原则：

——对于主要由市场价格波动而导致的价格风险，如工程造价中的建筑材料、燃料等价格风险，承发包双方应当在招标文件中或在合同中对此类风险的范围和幅度予以明确约定，进行合理分摊。根据工程特点和工期要求，一般采取的方式是承包人承担5%以内的材料价格风险，10%以内的施工机械使用费风险。

——对于法律法规或有关政策出台而导致工程税金、规费、人工发生变化，并由省级、行业建设行政主管部门或其授权的工程造价管理机构根据上述变化发布的政策性调整，承包人不应承担此类风险，应按照有关调整规定执行。

——对于承包人根据自身技术水平、经营管理状况能够自主控制的风险，如承包人的管理费、利润等风险，承包人应结合市场情况，根据企业自身的实际合理确定、自主报价，该部分风险由承包人全部承担。

2）分部分项工程单价确定的步骤和方法如下：

首先，确定计算基础。投标人应根据本企业的企业实际消耗量水平，并结合拟定的施工方案，采用企业定额确定完成清单项目需要消耗的各种人工、材料、机械台班的数量。各种人工、材料、机械台班的单价，则应根据询价的结果和市场行情综合确定。

其次，分析每一项清单项目的工程内容。投标人根据招标文件所提供的工程量清单中对项目特征的描述，结合施工现场情况和拟定的施工方案，确定完成各清单项目实际应发生的工程内容。

然后，计算工程内容的工程数量与清单单位的含量。每一项工程内容都应根据所选用定额的工程量计算规则，计算其工程数量。当采用清单单位含量计算人工费、材料费、机械使用费时，还需要计算每一计量单位的清单项目所分摊的工程内容的工程数量，即清单单位含量＝某工程内容的定额工程量/清单工程量。

再完成分部分项工程中人工、材料、机械费用的计算。以完成每一计量单位的清单项目所需的人工、材料、机械用量为基础计算，即：每一计量单位清单项目某种资源的使用量＝该种资源的定额单位用量×相应定额条目的清单单位含量。根据预先确定的各种生产要素的单位价格可计算出每一计量单位清单项目的分部分项工程的人工费、材料费与机械使用费。

当招标人提供工程项目清单中列示了材料暂估价时，应根据招标提供的价格计算材料费，并在分部分项工程量清单与计价表中表现出来。

最后，计算综合单价。管理费和利润的计算可按照人工费、材料费、机械费之和，乘以一定的费率取费计算。

管理费＝（人工费＋材料费＋机械使用费）×管理费费率(%)

利润＝（人工费＋材料费＋机械使用费＋管理费）×利润率(%)

将五项费用汇总之后，并考虑合理的风险费用后，即可得到分部分项工程量清单综合单价。

根据计算出的综合单价，可编制分部分项工程量清单与计价分析表，见表6-1。

分部分项工程量清单与计价表　　　　　　　　表6-1

工程名称:某住宅楼　　　　　标段:　　　　　　　　　　　第　页　共　页

序号	项目编码	项目编号	项目特征描述	计量单位	工程量	金额(元)		
						综合单价	合价	其中:暂估价
			......					
			A4 混凝土及钢筋混凝土工程					
6	010403001001	基础梁	C30 混凝土基础梁,梁底标高 −1.55m,梁截面 300mm×600mm, 250mm×500mm	m	205	356.20	73021.00	
9	010416001001	钢筋	螺纹钢 Q235, Φ14	t	98	5857.16	574002	490000
			......					
			本页小计					
			合　计				1985630.90	810000

3）工程量清单综合单价分析表的编制。按照有关规定的格式编制分部分项工程量清单综合单价分析表，可作为评标时，判断综合单价合理性的主要依据，见表6-2。

分部分项工程量清单综合单价分析表表6-2

工程名称:某住宅楼   标段: 第 页 共 页

项目编码	010416001001	项目名称	现浇构件钢筋	计量单位	t

清单综合单价组成明细

定额编号	定额名称	定额单位	数量	单价（元）				合价（元）			
				人工费	材料费	机械费	管理费和利润	人工费	材料费	机械费	管理费和利润
AD0899	现浇螺纹钢筋制安	t	1.000	294.75	5397.70	62.42	102.29	294.75	5397.70	62.42	102.29
人工单价				小计				294.75	5397.70	62.42	102.29
38 元/工日				未计价材料费							
清单项目综合单价								5857.16			

材料费明细	主要材料名称、规格、型号	单位	数量	单价（元）	合价（元）	暂估单价(元)	暂估合价(元)
	螺纹钢 Q235,Φ14	t	1.07			5000.00	5350.00
	焊条	kg	8.64	4.00	34.56		
	其他材料费			—	13.14	—	
	材料费小计			—	47.70	—	5350.00

（2）措施项目清单与计价表的编制。编制时应遵循以下原则：

1）投标人可根据工程项目实际情况以及施工组织设计或施工方案，自主确定措施项目费。招标人在招标文件中列出的措施项目清单是根据一般情况确定的，没有考虑不同投标人的具体情况。因此，投标人投标报价时应根据自身拥有的施工装备、技术水平和采用的施工方法确定措施项目，对招标人所列的措施项目进行调整。

2）措施项目清单计价应根据拟建工程项目的施工组织设计编制。对可以计算工程量的措施项目，宜采用分部分项工程量清单的方式，以综合单价计价编制；其余的措施项目可以"项"为单位的方式计价，应包括除规费、税金外的全部费用。见表6-3，表6-4。

措施项目清单与计价表（一）　　　　　　　　　表6-3

工程名称：某住宅楼　　　　　　标段：　　　　　　　　　　第 页 共 页

序号	项目名称	计算基础	费率（％）	金额（元）
1	安全文明施工费	人工费	30	229560
2	夜间施工费	人工费	1.5	11478
3	二次搬运费	人工费	1	7652
4	冬雨季施工	人工费	0.6	4591
5	大型机械设备进出场及安拆费			13600
6	施工排水			3000
7	施工降水			17000
8	地上、地下设施，建筑物的临时保护设施			2000
9	已完工程及设备保护			6000
10	各专业工程的措施项目			250000
（1）	垂直运输机械			100000
（2）	脚手架			15000
	……			
合计				544881

措施项目清单与计价表（二）　　　　　　　　　表6-4

工程名称：某住宅楼　　　　　　标段：　　　　　　　　　　第 页 共 页

序号	项目编码	项目名称	项目特征描述	计量单位	工程量	金额（元）	
						综合单价	合价
1	AB001	现浇混凝土平板模板及支架	矩形板，支模高度3m	m²	1200	18.37	22044
		……					
本页小计							22044
合计							22044

3）措施项目清单中的安全文明施工费，应按照国家或省级、行业建设主管部门的规定计价，不得作为竞争性费用。建设部《建筑工程安全防护、文明施工措施费及使用管理规定》（建办［2005］89号），将安全文明施工费纳入国家强制性标准管理范围，因此，招标人不得要求投标人对该项费用进行优惠，投标人也不得将该项费用参与市场竞争。

（3）其他项目与清单计价表的编制。其他项目费主要包括暂列金额、暂估价、计日工以及总承包服务费组成，见表6-5。

其他项目清单与计价汇总表

表 6-5

工程名称：某住宅楼　　　　标段：　　　　　　　　　　　　　　　第　页　共　页

序号	项 目 名 称	计量单位	金额（元）	备注
1	暂列金额	项	250000	明细详见表 6-6
2	暂估价		100000	
2.1	材料暂估价		—	明细详见表 6-7
2.2	专业工程暂估价	项	100000	明细详见表 6-8
3	计日工		21976	明细详见表 6-9
4	总承包服务费		15000	明细详见表 6-10
	......			
	合　计		386976	—

投标报价时，投标人对其他项目费应遵循以下原则：

1）暂列金额应按照其他项目清单中列出的金额填写，不得变动，见表 6-6。

暂定金额明细表

表 6-6

工程名称：某住宅楼　　　　标段：　　　　　　　　　　　　　　　第　页　共　页

序号	项 目 名 称	计量单位	暂定金额（元）	备注
1	工程量清单中工程量偏差和设计变更	项	100000	
2	政策性调整和材料价格风险	项	100000	
3	其他	项	50000	
	......			
	合　计		250000	

2）暂估价不得变动和更改。暂估价中的材料暂估价必须按照招标人提供的暂估单价计入分部分项工程费用中的综合单价，见表 6-7。

材料暂估单价表

表 6-7

工程名称：某住宅楼　　　　标段：　　　　　　　　　　　　　　　第　页　共　页

序号	材料名称、规格、型号	计量单位	单价（元）	备注
1	钢筋（规格、型号综合）	t	5000	用在所有现浇混凝土钢筋清单项目
	......			

专业工程暂估价必须按照招标人提供的其他项目清单中列出的金额填写，见表 6-8。

专业工程暂估价表 表6-8

工程名称：某住宅楼   标段：   第 页 共 页

序号	工程名称	工程内容	金额（元）	备注
1	入户防盗门		100000	
	......			
合　计			100000	—

　　材料暂估单价和专业工程暂估价应由招标人提供，均为暂估价格，在工程项目的实施过程中，对于不同类型的材料与专业工程应采用不同的计价方法。①招标人在工程量清单中提供了暂估价的材料、专业工程属于依法必须招标的，应由发、承包人双方通过招标投标确定材料单价与专业工程的中标价。②若材料不属于依法必须招标的，经发、承包人双方协商确认单价后计价。③若专业工程不属于依法必须招标的，由发包人、总承包人与分包人按有关计价依据进行计价。

　　3）计日工应按照其他项目清单列出的项目和估算的数量，自主确定各项综合单价并计算费用，见表6-9。

计日工表 表6-9

工程名称：某住宅楼   标段：   第 页 共 页

序号	项目名称	单位	暂定数量	综合单价(元)	合价(元)
一	人工				
1	普工	工日	200	35	7000
2	技工(综合)	工日	50	60	3000
	人工小计				10000
二	材料				
1	钢筋(规格、型号综合)	t	1.5	4500	6750
2	水泥42.5	t	2	570	1140
3	中砂	m³	10	85	850
4	砾石(5~40mm)	m³	5	45	225
5	页岩砖(240mm×115mm×53mm)	千块	1	350	350
	材料小计				9315
三	施工机械				
1	自升式塔式起重机(起重力矩1250kN·m)	台班	5	525	2625
2	灰浆搅拌机(400L)	台班	2	19	36
	施工机械小计				2661
总　计					21976

4）总承包服务费应根据招标人在招标文件中列出的分包专业工程内容、供应材料和设备情况，由投标人按照招标人提出的协调、配合与服务要求以及施工现场管理需要自主确定，见表6-10。

总承包服务费计价表   表6-10

工程名称：某住宅楼   标段：   第 页 共 页

序号	项目名称	项目价值（元）	服务内容	费率（%）	金额（元）
1	发包人发包专业工程	100000	1. 按专业工程承包人的要求提供工作面并对施工现场进行统一管理，对竣工资料进行统一整理汇总 2. 为专业工程承包人提供垂直机械和焊接电源接入点，并承担垂直运输费和电费 3. 为防盗门安装后进行补缝和找平并承担相应费用	5	5000
2	发包人供应材料	1000000	对发包人供应的材料进行验收及保管和使用发放	1	10000
			……		
合　　计					15000

（4）规费、税金项目清单与计价表的编制。规费和税金应按国家或省级、行业建设主管部门规定计算，不得作为竞争性费用。规费、税金项目清单与计价表的编制，见表6-11。

规费、税金项目清单与计价表   表6-11

工程名称：某住宅楼   标段：   第 页 共 页

序号	项目名称	计算基础	费率（%）	金额（元）
1	规费			
1.1	工程排污费	按工程所在地环保部门规定按实计算		
1.2	社会保障费	（1）+（2）+（3）		168344
（1）	养老保险费	人工费	14	107128
（2）	失业保险费	人工费	2	15304
（3）	医疗保险费	人工费	6	45912
1.3	住房公积金	人工费	6	45912
1.4	危险作业意外伤害保险	人工费	0.5	3826
1.5	工程定额测定费	税前工程造价	0.14	11489
2	税金	分部分项工程费+措施项目费+其他项目费+规费	3.41	278125
合　　计				507696

（5）投标价的汇总。投标人的投标总价应当与组成工程量清单的分部分项工程费、措施项目费、其他项目费和规费、税金的合计金额相一致，即投标人在进行工程项目工程量清单招标的投标报价时，不能进行投标总价优惠（或降价、让利），投标人对投标报价的任何优惠（或降价、让利）均应反映在相应清单项目的综合单价中。

6.5 投标报价的策略与技巧

投标报价时，投标人往往根据招标工程项目的特点以及自身实际情况，而采用适当的投标报价策略与技巧，其目的是为了提高中标概率，隐蔽报价规律，在中标后获得更多的盈利或者索赔机会等。

对招标人或建设单位来讲，熟悉投标人常用的投标报价策略与技巧，可以掌握投标人投标报价规律，正确审查和评价投标人投标报价，保护自身利益不受侵害，实现对建设工程项目成本目标进行有效的控制。

6.5.1 投标报价分析决策

投标报价决策是指在初步提出工程项目的报价后，投标人的决策者应召集算标人（造价工程师）、咨询顾问等人员一起，根据工程项目的招标控制价或其他途径获得的"标底价格"以及竞争对手标价情报等资料，进行静态、动态风险分析，共同研究标价的计算结果，并做出调整计算标价的最终报价决策。对这个报价进行多方面分析的目的是探讨报价的合理性、竞争性、盈利性以及风险。

1. 投标报价分析

（1）静态分析。报价的静态分析主要是针对工程项目投标报价中基本构成内容进行分析。

1）汇总数字并计算其比例指标。如统计总建筑面积和各单项建筑面积；统计主要材料数量、费用和分类总价，计算各主要材料消耗指标、单位面积的材料费用指标，计算材料费占总报价的比重；统计主要工人、辅助工人和管理人员的数量及人工费，计算用工数、单位面积的人工费以及生产工人和全员的平均每人月产值，计算人工费占总报价的比重；统计临时工程费用，机械设备使用费、模板、脚手架和工具等费用，计算它们占总报价的比重；统计各类管理费汇总数，计算它们占总报价的比重；计算利润、贷款利息的总数以及所占比例；统计分包工程的总价及各分包商的分包价，计算其占总报价和投标人自己施工的直接费用的比例，并计算各分包人分别占分包总价的比例，分析各分包价的直接费、间接费和利润。

2）分析报价结构的合理性。如分析工程项目的人工费、材料费、机械台班费与总管理费用比例关系；人工费与材料费的比例关系；利润与总报价的比例关系等；判断报价的构成是否基本合理。

3）探讨工期与报价的关系。根据进度计划与报价，计算出月产值、年产值。如果从投标人的实践经验角度判断这一指标过高或者过低，就应当考虑工期的合理性。

4）参照已完同类工程项目的经验，排除某些不可比因素后，与本工程进行分析对比，对明显不合理的报价构成部分进行微观方面的分析检查。重点是从提高工效、改变施工方案、调整工期、压低供货人和分包人的价格、节约管理费用等方面提出可行措施，并修正初步报价，测算出另一个低报价方案。根据定量分析方法可以测算出基础最优报价。

5）将原初步报价方案、低报价方案、基础最优报价方案整理成对比分析资料，提交内部的报价决策人或决策小组研讨。

（2）报价的动态分析。通过假定某些因素的变化，测算报价的变化幅度，特别是分析这些变化对报价的影响，如采取不确定性分析的方法对工程项目的投标报价方案进行分析评价。对工程中风险较大的工作内容，可采用扩大单价，增加风险费用的方法来减少风险。

（3）其他分析。投标报价分析是投标工作中的重要内容，针对招标人要对投标书的报价进行专业分析和审核。投标人应该进行下列分析：错漏项分析，是指投标人要审核投标报价是否按招标人提供的工程量清单填报价格，填写的项目编码、项目名称、项目特征、计量单位、工程量是否与招标人提供的一致。算术性错误分析，是指要核对总计与合计、合计与小计、小计与单项之间等数据关系是否正确。不平衡报价分析是要核查、分析在总价一定的情况下，有无采取不合理单价造成报价数据结构扭曲的现象。明显差异单价的合理性分析，是指要检查投标报价中的综合单价是否存在低于个别成本或超额利润的情况。安全文明措施费用、规费、税金等费用分析，是指检查投标报价中的该类费用的合理性及是否符合有关强制性规定。

2. 报价决策

投标人的计算书以及分析指标资料是报价决策的主要依据。至于其他途径获得的所谓招标人的"标底价"和竞争对手的"报价"等，只能作为一般参考，避免盲目地落入市场竞争的陷阱。

基于不同的目的和条件，投标人的工程项目投标报价会存在差异。除了那些明显的计算失误，如漏算、误解招标文件、有意放弃竞争而报高价者外，导致投标价格差异的原因有以下几种情况。

（1）追求利润的高低不一。有的投标人急于中标以维持生存局面，不得不降低利润率，甚至不计取利润；也有的投标人机遇较多，并不急切求得中标，因而追求的利润较高。

（2）各自拥有不同的优势。有的投标人拥有闲置的机具和材料；有的投标人拥有雄厚的资金；有的投标人拥有众多的优秀管理人才等。

（3）选择不同的施工方案。对于大中型项目和一些特殊的工程项目，施工方案的选择对成本的影响较大。优良的施工方案，包括工程进度的合理安排、施工机械的正确选择、现场管理的优化等，都可以明显降低施工成本，因而降低报价。

（4）管理费用的差别。老企业和新企业、项目所在地企业和外地企业、大型企业和中小型企业之间的管理费用的差别是比较大的。在工程量清单计价模式下会显示投标人的个别成本，这种差别会使个别成本的差异显得更加明显。

因此，报价决策并不是干预造价工程师的具体计算结果，而是应当由投标人的决策者与造价工程师一起，根据工程项目招标文件、招标控制价、投标文件以及与工程计价有关规定，对各种影响报价的因素进行恰当的分析，并做出果断的决策。为了对计价时提出的各种方案、价格、费用、分摊系数等予以审定和进行必要的修正，更重要的是决策人要全面考虑期望的利润和承担风险的能力。

6.5.2　投标报价策略

投标策略是承包商在工程项目投标竞争中的指导思想、系统工作部署及其参与投标竞争的方式和手段。投标人投标时，应该根据自身的经营状况、经营目标，既要考虑自身的优势和劣势，也要考虑市场竞争的状况，还要分析工程项目的整体特点，按照工程项目的特点、类别、施工条件等确定报价策略。

1. 生存型报价策略

由于社会、政治、经济环境的变化和投标人自身经营管理方面的原因，都可能造成投标人的生存危机。如市场竞争激烈，工程项目减少；政府调整固定资产投资方向，使某些投标人擅长的工程项目减少；投标人信誉降低，接到的投标邀请越来越少等。这时投标人以克服生存危机为目标而争取中标时，可以不考虑其他因素，采取不盈利甚至赔本也要夺标的态度，只要能暂时维持生存，渡过难关，就会有东山再起的希望。

2. 竞争型报价策略

投标人在遇到以下几种情况，如经营状况不景气，近期接受到的投标邀请较少；竞争对手有威胁性；试图开拓新的地区、新的市场；承担新的工程项目类型或施工工艺；投标项目风险小，施工工艺简单、工程量大、社会效益好的项目；附近有本企业其他正在施工的项目。投标人应采取竞争型报价策略，以竞争为手段，以开拓市场、低盈利为目标，在精确计算成本的基础上，充分估计各竞争对手的报价，用具有竞争力的报价达到中标的目的。

3. 盈利型报价策略

若是投标人在工程项目所在地区已经打开局面，且施工能力饱和、信誉度高；竞争对手少、技术密集型项目；工程项目的施工条件差、专业要求高；规模小、总价低，不得不投标的工程项目；资金支付条件不理想的项目；工期要求紧、质量要求高的工程项目；特殊工程项目，如港口码头、地下开挖工程等。投标人的策略是充分发挥自身优势，以实现最佳盈利为目标，对效益较小的项目热情不高，对盈利大的项目充满自信，其投标报价相对较高一些。

6.5.3   投标报价技巧

所谓投标报价技巧，是指在工程项目投标报价中采用的投标方式能让招标人可以接受，而中标后又能获得更多的利润。

1. 不平衡报价法

不平衡报价法是指在一个工程项目的投标总报价基本确定后，通过调整工程项目的各个组成部分的报价，以达到既不提高总报价、不影响中标，又能在工程项目结算时得到更理想的经济效益的投标报价方法。

采用该方法要注意避免显而易见的畸高畸低，以免导致降低中标机会或成为废标。通常在以下情况可采用不平衡报价法，见表6-12。

常见的不平衡报价法   表6-12

序号	信息类型	变动趋势	不平衡结果
1	项目的资金结算时间	较早	单价适当提高
		较晚	单价适当降低
2	预计今后工程量	增加	单价适当提高
		减少	单价适当降低
3	设计图纸不明确	增加工程量	单价适当提高
		减少工程量	单价适当降低
4	暂定项目	自己承包的可能性大	单价适当提高
		自己承包的可能性小	单价适当降低
5	单价和包干混合制合同项目	固定包干价格项目	宜报高价
		其余单价项目	单价适当降低
6	综合单价分析表	人工费和机械费	适当提高
		材料费	适当降低
7	投标时招标人要求压低单价的项目	工程量大	单价小幅度降低
		工程量小	单价较大幅度降低
8	工程量不明确的项目	没有工程量	单价适当提高
		有假定的工程量	单价适中

对投标人来讲，采用不平衡报价法进行投标报价，可以降低一定的风险，但工程项目的投标报价必须要建立在对工程量清单表中的工程量风险仔细核算、校对的基础上，特别是对于降低单价的项目，一旦工程项目的工程量增多，将会造成投标人的重大损失。同时一定要将价格调整控制在合理的幅度以内，一般控制在10%，以免引起招标人反对，甚至导致个别清单项目的报价不合理而失标。有时招标人也会针对一些报价过高的项目，要求投标人进行单价分析，并对单价分析中过高的内容进行压价，以致投标人得不偿失。

2. 多方案报价法

有时招标文件中规定，可以提一个建议方案。如果发现有些招标文件工程范围不很明确，条款不清楚或很不公正，或技术规范要求过于苛刻时，则要在充分估计投标风险的基础上，按多方案报价法处理。即是按原招标文件报一个价，然后再提出如某条款作某些变动，报价可降低多少，由此可报出一个较低的价格。这样可以降低总造价，吸引招标人。

投标人应组织一批有经验的设计和施工工程师，对原招标文件的设计方案仔细研究，提出更合理的方案以吸引招标人，促成自己的方案中标。这种新的建议可以降低总造价或提前竣工。但要注意，对原招标方案一定也要报价，以供招标人进行比较。

增加建议方案时，不要将方案写得太具体，保留方案的技术关键，防止招标人将此方案交给其他投标人，同时要强调的是，建议方案一定要比较成熟，或过去有这方面的实践经验，避免匆忙提出一些没有把握的建议方案，导致出现不良后果。

3. 突然降价法

投标报价是一件保密性很强的工作，但竞争对手往往会通过各种渠道、手段来刺探情报，因之用此法可以在报价时迷惑竞争对手。即先按一般情况报价或表现出自己对该工程兴趣不大，而在临近投标截止时间时，突然降价。采用这种方法时，一定要在准备投标报价的过程中考虑好降价的幅度，在临近投标截止日期前，根据情况信息与分析判断，再做最后决策。采用突然降价法往往降低的是总价，而要把降低的部分分摊到各清单项目内，可采用不平衡报价进行，以期取得更高的效益。

4. 先亏后盈法

对于大型分期建设的工程项目，在第一期工程投标时，可以将部分间接费分摊到第二期工程中去，并减少利润以争取中标。这样在第二期工程投标时，凭借第一期工程的经验，临时措施以及创立的信誉，就会比较容易地获得到第二期工程。如第二期工程遥遥无期时，则不可以这样考虑。

5. 许诺优惠条件

投标报价附带优惠条件是行之有效的一种手段。招标人评标时，除了主要考虑报价和技术方案外，还要分析其他条件，如工期、支付条件等。因此，在投标时主动提出提前竣工、低息贷款、赠与施工设备、免费转让新技术或某种技术专利、免费技术协作、代为培训人员等，均是吸引招标人、利于中标的辅助手段。

6. 计日工单价的报价

投标报价时，若是单纯报计日工单价，且不计入总价中，可以适当报高些，以便在招标人额外用工或使用施工机械时可多获得盈利；但若要将计日工单价计入总报价时，则需根据具体情况分析是否报高价，以免抬高总报价。总之，要分析招标人在工程项目开工后可能使用的计日工数量，再来确定报价策略。

7. 可供选择的项目的报价

有些工程项目的分项工程，招标人可能要求按某一方案报价，而后再提供几种可供选择方案的比较报价。投标时，投标人应对不同规格情况下的价格都进行调查，对将来有可能被选择使用的规格应适当提高其报价；对于技术难度大或其他原因导致的难以实现的规格，可将价格有意抬得更高一些，以阻挠招标人选用。但是，所谓"可供选择项目"并非由投标人任意选择，而是只有招标人才有权进行选择。因此，虽然适当提高了可供选择项目的报价，并不意味着肯定可以取得较好的利润，只是提供了一种可能性，一旦招标人今后选用，投标人方可得到额外加价的利益。

8. 暂定金额的报价

暂定金额有三种情况：①招标人规定了暂定金额的分项内容和暂定总价款，并规定所有投标人都必须在其总报价中加入这笔固定金额，但由于分项工程量不很准确，允许将来按投标人所报单价和实际完成的工程量计算付款。这种情况下，由于暂定总价款是固定的，对各投标人的总报价水平竞争力没有任何影响，因此，投标时应当对暂定金额的单价适当提高。②招标人列出了暂定金额的项目的数量，但并没有限制这些工程量的总报价估价款额，要求投标人列出单价，并按暂定项目的数量计算总价，但在未来结算付款时可按实际完成的工程量和所报单价计算。这种情况下，投标人必须慎重考虑。如果单价定得高了，同其他工程量计价一样，将会增大总报价，而影响投标报价的竞争力；如果单价定得低了，将来这类暂定项目数量增大，又将会影响收益。因此，对此类工程量可以采用正常价格。当然，若投标人估计今后工程项目的实际工程量肯定会增大，也可以适当提高单价，使将来可增加额外收益。③只有暂定金额的一笔固定总金额，将来这笔金额做什么用，由招标人确定。这种情况对投标竞争没有实际意义，投标人按招标文件要求将规定的暂定金额列入总报价即可。

6.6 工程项目开标评标定标

6.6.1 开标

1. 开标的时间和地点

我国《招标投标法》规定，开标应当在招标文件确定的提交投标文件截止时间的同一时间公开进行。这样的规定是为了避免投标中的舞弊行为。出现以下情况时征得建设行政主管部门的同意后，可以暂缓或者推迟开标时间：

（1）招标文件发售后对原招标文件做了变更或者补充。

（2）开标前发现有影响招标公正性的不正当行为。

（3）出现突发事件等。

开标地点应当为招标文件中投标人须知前附表中预先确定的地点。

2. 出席开标会议的规定

开标由招标人主持，并邀请所有投标人的法定代表人或其委托代理人准时参加。招标人可以在投标人须知前附表中对此做进一步说明，同时明确投标人的法定代表人或其委托代理人不参加开标的法律后果，通常不应以投标人不参加开标为由将其投标作废标处理。

3. 开标程序

根据《标准施工招标文件》的规定，主持人按下列程序进行开标：

（1）宣布开标纪律。

（2）公布在投标截止时间前递交投标文件的投标人名称，并点名确认投标人是否派人到场。

（3）宣布开标人、唱标人、记录人、监标人等有关人员姓名。

（4）按照投标人须知前附表规定检查投标文件的密封情况。

（5）按照投标人须知前附表的规定确定并宣布投标文件开标顺序。

（6）设有标底的，公布标底。

（7）按照宣布的开标顺序当众开标，公布投标人名称、标段名称、投标保证金的递交情况、投标报价、质量目标、工期及其他内容，并记录在案。

（8）投标人代表、招标人代表、监标人、记录人等有关人员在开标记录上签字确认。

（9）开标结束。

4. 招标人不予受理的投标

投标文件有下列情形之一的，招标人不予受理：

（1）逾期送达的或者未送达指定地点的。

（2）未按招标文件要求密封的。

6.6.2　评标

1. 评标的原则

工程项目的评标活动应遵循公平、公正、科学、择优的原则，招标人应当采取必要的措施，保证评标工作在严格保密的情况下进行。评标是招标投标活动中一个十分重要的阶段，如果对评标过程不进行保密，则有可能发生影响公正评标的不正当行为。

评标委员会成员名单一般应于开标前确定，而且该名单在中标结果确定前应当保密。评标委员会在评标过程中是独立的，任何单位和个人都不得非法干预、影响评标过程和结果。

2. 评标委员会的组建与对评标委员会成员的要求

（1）评标委员会的组建。招标人负责组建评标委员会，评标委员会负责评标活动，向招标人推荐中标候选人或者根据招标人的授权直接确定中标人。评标委员会由招标人或其委托的招标代理机构的代表，以及有关技术、经济等方面的专家组成，成员人数为 5 人以上的单数，其中技术、经济等方面的专家不得少于成员总数的 2/3。评标委员会设负责人，负责人由评标委员会成员推举产生或者由招标人确定，评标委员会负责人与评标委员会的其他成员有同等的表决权。评标委员会的专家成员应当从省级以上人民政府有关部门提供的专家名册或者招标代理机构专家库内的相关专家名单中确定。确定评标专家，可以采取随机抽取或者直接确定的方式。一般项目，可以采取随机抽取的方式；技术特别复杂、专业性要求特别高或者国家有特殊要求的招标项目，采取随机抽取的方式确定的专家难以胜任的，可以经过规定的程序由招标人直接确定。

（2）对评标委员会成员的要求。评标委员会中的专家成员应符合下列条件：

1）从事相关专业领域工作满八年并具有高级职称或者同等专业水平；

2）熟悉有关招标投标的法律法规，并具有与招标工程项目相关的实践经验；

3）能够认真、公正、诚实、廉洁地履行职责；

4）身体健康，能够承担评标工作。

有下列情形之一的，不得担任评标委员会成员，应当回避：

① 招标人或投标人主要负责人的近亲属；

② 工程项目主管部门或者行政监督部门的人员；

③ 与投标人有经济利益关系，可能影响对投标公正评审的；

④ 曾因在招标、评标以及其他与招标投标有关活动中从事违法行为而受过行政处罚或刑事处罚的。

3. 评标的准备与初步评审

（1）评标的准备。评标委员会成员应当编制供评标使用的相应表格，认真研究招标文件，至少应了解和熟悉以下内容：

1）招标的目标；

2）招标项目的范围和性质；

3）招标文件中规定的主要技术要求、标准和商务条款；

4）招标文件规定的评标标准、评标方法和在评标过程中考虑的相关因素。

招标人或者其委托的招标代理机构应当向评标委员会提供评标所需的重要信息和数据。

评标委员会应当根据招标文件规定的评标标准和方法，对投标文件进行系统地评审和比较。招标文件中没有规定的标准和方法不得作为评标的依据。

（2）初步评审。根据《评标委员会和评标方法暂行规定》和《标准施工招标文件》的规定，目前我国评标中主要采用的方法，包括经评审的最低中标价法和综合评估法，两种评标方法在初步评审的内容和标准上基本是一致的。

初步评审标准，包括以下四方面：

1）形式评审标准。主要包括投标人名称与营业执照、资质证书、安全生产许可证一致；投标函上有法定代表人或其委托代理人签字或加盖单位章；投标文件格式符合要求；联合体投标人已提交联合体协议书，并明确联合体牵头人（如有）；只有一个有效报价等等。

2）资格评审标准。如果是未经过资格预审的，应具备有效的营业执照，安全生产许可证，并且资质等级、财务状况、类似项目业绩、信誉、项目经理、其他要求、联合体投标人等，均符合规定；如果是已通过资格预审的，仍按"资格审查办法"中详细审查标准来进行。

3）响应性评审标准。主要的投标内容包括投标报价校核，审查全部报价数据计算的正确性；分析报价构成的合理性，并与招标控制价进行对比分析；还有工期、工程质量、投标有效期、投标保证金、权利义务、已标价工程量清单、技术标准和要求等，均应符合招标文件的有关要求。即，投标文件应实质上响应招标文件的所有条款、条件，无显著的差异或保留。

4）施工组织设计和项目管理机构评审标准。主要包括工程项目施工方案与技术措施、质量管理体系与措施、安全管理体系与措施、环境保护管理体系与措施、工程进度计划与措施、资源配备计划、技术负责人、其他主要人员、施工设备、试验、检测仪器设备等，符合有关标准。

投标文件的澄清和说明。评标委员会可以书面方式要求投标人对投标文件中含义不明确、对同类问题表述不一致或者有明显文字和计算错误的内容作必要的澄清、说明或补正，直至满足评标委员会的要求，以利于评标委员会对投标文件的审查、评审和比较。但是澄清、说明或补正不得超出投标文件的范围或者改变投标文件的实质性内容。此外，评标委员会不得向投标人提出带有暗示性或诱导性的问题，或向其明确投标文件中的遗漏和错误。同时，评标委员会不接受投标人主动提出的澄清、说明或补正。招标人应当拒绝投标文件不响应招标文件的实质性要求和条件，且不允许投标人通过修正或撤销其不符合要求的差异或保留，使之成为具有响应性的投标。

投标报价有算术错误的修正。评标委员会对投标报价进行修正的原则：①投标文件中的大写金额与小写金额不一致的，以大写金额为准。②总价金额与依据单价计算出的结果不一致的，以单价金额为准修正总价，但单价金额小数点有明显错误的除外。此外，如对不同文字文本投标文件的解释发生异议的，以中文文本为准。评标委员会修正的价格经投标人书面确认后具有约束力；投标人不接受修正价格的，其投标作废标处理。

经初步评审后作为废标处理的情况。评标委员会应当审查每一投标文件是否对招标文件提出的所有实质性要求和条件做出响应。未能在实质上响应的投标，应作废标处理。具体情形包括：①不符合招标文件规定的"投标人资格要求"中任何一种情形的。②投标人以他人名义投标、串通投标、弄虚作假或有其他违法行为的。③不按评标委员会要求澄清、说明或补正的。④评标委员会发现投标人的报价明显低于其他投标报价或者在设有标底时明显低于标底，使得其投标报价可能低于其个别成本的，而投标人不能合理说明或者不能提供相关证明材料的。⑤投标文件无单位盖章且无法定代表人或法定代表人授权的代理人签字或盖章的。⑥投标文件未按规定的格式填写，内容不全或关键字迹模糊、无法辨认的。⑦投标人递交两份或多份内容不同的投标文件，或在一份投标文件中对同一招标项目报有两个或多个报价，且未声明哪一个有效。按招标文件规定提交备选投标方案的除外。⑧投标人名称或组织机构与资格预审时不一致的。⑨未按招标文件要求提交投标保证金的。⑩联合体投标未附联合体各方共同投标协议的。

4. 详细评审方法

经初步评审合格的投标文件，评标委员会应当根据招标文件确定的评标标准和方法，对其技术部分和商务部分做进一步评审、比较。详细评审的方法，包括经评审的最低投标价法和综合评估法。

（1）经评审的最低投标价法。经评审的最低投标价法是指评标委员会对满足招标文件实质要求的投标文件，根据详细评审标准规定的量化因素和标准进行价格折算，按照经评审的投标价由低到高的顺序推荐中标候选人，或根据招标人授权直接确定中标人，但投标报价低于工程项目成本的除外。经评审的投标价相等时，投标报价低的优先；投标报价也相等的，由招标人自行确定。

经评审的最低投标价法的适用范围。按照《评标委员会和评标方法暂行规定》的规定，此法适用于具有通用技术、性能标准或者招标人对其技术性能没有特殊要求的招标项目。

详细评审标准及规定。采用此法时，评标委员会应当根据招标文件中规定的量化因素和标准进行价格折算，对所有投标人的投标报价及其投标文件的商务部分作必要的价格调整。根据《标准施工招标文件》的规定，主要的量化因素包括单价遗漏和付款条件等，招标人可以根据工程项目的具体特点和实际需要，进一步删减、补充或细化量化因素和标准。另外，世界银行贷款项目采用此种评标方法时，通常考虑的量化因素和标准包括：一定条件下的优惠（借款国国内投标人有 7.5% 的评标优惠）；工期提前的效益对报价的修正；同时投多个标段的评标修正等。所有的这些修正因素都应当在招标文件中有明确的规定。对同时投多个标段的评标修正，一般的做法是，如果投标人的某一个标已被确定为中标，则在其他标段的评标中按照招标文件规定的百分比（通常为 4%）乘以报价额后，在评标价中扣减此值。

根据经评审的最低投标价法完成详细评审后，评标委员会应当拟定一份《价格比较一览表》，连同书面评标报告提交招标人。《价格比较一览表》应当载明投标人的投标报价、对商务偏差的价格调整和说明以及已评审的最终投标价。

（2）综合评估法。不宜采用经评审的最低投标价法的招标项目，一般应当采取综合评估法进行评审。综合评估法是指评标委员会对满足招标文件实质性要求的投标文件，按照规定的评分标准进行打分，并按得分由高到低顺序推荐中标候选人，或根据招标人授权直接确定中标人，但投标报价低于其成本的除外。综合评分相等时，以投标报价低的优先；投标报价也相等的，由招标人自行确定。

详细评审中的分值构成与评分标准。综合评估法中评标分值构成分为四个方面，即：施工组织设计；项目管理机构；投标报价；其他评分因素。总计分值为100 分。各方面所占比例和具体分值由招标人自行确定，并在招标文件中明确载明。

投标报价偏差率的计算。在评标过程中，可以对各个投标文件按下式计算投标报价偏差率：

$$偏差率 = 100\% \times (投标人报价 - 评标基准价)/评标基准价$$

评标基准价的计算方法应在投标人须知前附表中予以明确。招标人可依据招标项目的特点、行业管理规定给出评标基准价的计算方法，确定时也可适当考虑投标人的投标报价。

详细评审过程。评标委员会按分值构成与评分标准规定的量化因素和分值进行打分，并计算出各标书综合评估得分。

1）按规定的评审因素和标准对施工组织设计计算出得分 A。

2）按规定的评审因素和标准对项目管理机构计算出得分 B。

3）按规定的评审因素和标准对投标报价计算出得分 C。

4）按规定的评审因素和标准对其他部分计算出得分 D。

评分分值计算保留小数点后两位，小数点后第三位"四舍五入"。投标人得分计算公式是：

投标人得分 $= A + B + C + D$。由评委对各投标人的标书进行评分后加以比较，最后以总得分最高的投标人为中标候选人。

根据综合评估法完成评标后，评标委员会应当拟定一份《综合评估比较表》，连同书面评标报告提交招标人。《综合评估比较表》应当载明投标人的投标报价、所做的任何修正、对商务偏差的调整、对技术偏差的调整；对各评审因素的评估以及对每一投标的最终评审结果。

5. 评标结果

除招标人授权直接确定中标人外，评标委员会按照经评审的价格由低到高的顺序推荐中标候选人。评标委员会完成评标后，应当向招标人提交书面评标报告，并抄送有关行政监督部门。评标报告应当如实记载以下内容：

（1）基本情况和数据表。

（2）评标委员会成员名单。

（3）开标记录。

（4）符合要求的投标人一览表。

（5）废标情况说明。

（6）评标标准、评标方法或者评标因素一览表。

（7）经评审的价格或者评分比较一览表。

（8）经评审的投标人排序。

（9）推荐的中标候选人名单与签订合同前要处理的事宜。

（10）澄清、说明、补正事项纪要。

评标报告由评标委员会全体成员签字。对评标结论持有异议的评标委员会成员可以书面方式阐述其不同意见和理由。评标委员会成员拒绝在评标报告上签字且不陈述其不同意见和理由的，视为同意评标结论。评标委员会应当对此做出书面说明并记录在案。

6.6.3　定标

1. 中标候选人的确定

除招标文件中特别规定了授权评标委员会直接确定中标人外，招标人应依据评标委员会推荐的中标候选人确定中标人，评标委员会推荐中标候选人的人数应符合招标文件的要求，一般应当限定在 1~3 人，并标明排列顺序。

中标人的投标应当符合下列条件之一：

（1）能够最大限度满足招标文件中规定的各项综合评价标准。

（2）能够满足招标文件的实质性要求，并且经评审的投标价格最低；但是投标价格低于成本的除外。

对使用国有资金投资或者国家融资的项目，招标人应当确定排名第一的中标候选人为中标人。排名第一的中标候选人放弃中标，因不可抗力提出不能履行合同，或者招标文件规定应当提交履约保证金而在规定的期限内未能提交的，招标人可以确定排名第二的中标候选人为中标人。排名第二的中标候选人因上述同样原因不能签订合同的，招标人可以确定排名第三的中标候选人为中标人。

招标人可以授权评标委员会直接确定中标人。

招标人不得向中标人提出压低报价、增加工作量、缩短工期或其他违背中标人意愿的要求，以此作为发出中标通知书和签订合同的条件。

2. 发出中标通知书并订立书面合同

（1）中标通知。中标人确定后，招标人应当向中标人发出中标通知书，并同时将中标结果通知所有未中标的投标人。中标通知书对招标人和中标人具有法律效力。中标通知书发出后，招标人改变中标结果，或者中标人放弃中标项目的，应当依法承担法律责任。依据《招标投标法》的规定，依法必须进行招标的项目，招标人应当自确定中标人之日起 15 日内，向有关行政监督部门提交招标投标情况的书面报告。

书面报告中至少应包括下列内容：

1）招标范围；

2）招标方式和发布招标公告的媒介；

3）招标文件中投标人须知、技术条款、评标标准和方法、合同主要条款等内容；

4）评标委员会的组成和评标报告；

5）中标结果。

（2）履约担保。在签订合同前，中标人以及联合体的中标人应按招标文件有关规定的金额、担保形式和招标文件规定的履约担保格式，向招标人提交履约担保。履约担保有现金、支票、履约担保书和银行保函等形式，可以选择其中的一种作为招标项目的履约担保，一般采用银行保函和履约担保书。履约担保金额一般为中标价的10%。中标人不能按要求提交履约担保的，视为放弃中标，其投标保证金不予退还，给招标人造成的损失超过投标保证金数额的，中标人还应当对超过部分予以赔偿。中标后的承包人应保证其履约担保在发包人颁发工程接收证书前一直有效。发包人应在工程接收证书颁发后 28 天内把履约担保退还给承包人。

（3）签订合同。招标人和中标人应当自中标通知书发出之日起 30 天内，根据招标文件和中标人的投标文件订立书面合同。中标人无正当理由拒签合同的，招标人取消其中标资格，其投标保证金不予退还；给招标人造成的损失超过投标保证金数额的，中标人还应当对超过部分予以赔偿。发出中标通知书后，招标人无正当理由拒签合同的，招标人向中标人退还投标保证金；给中标人造成损失的，还应当赔偿损失。招标人与中标人签订合同后 5 个工作日内，应当向中标人和未中标的投标人退还投标保证金。

（4）履行合同。中标人应当按照合同约定履行义务，完成中标项目。中标人不得向他人转让中标项目，也不得将中标项目肢解后分别向他人转让。中标人按照合同约定或者经招标人同意，可以将中标项目的部分非主体、非关键性工程分包给他人完成。接受分包的人应当具备相应的资格条件，并不能再次分包。中标人应当就分包项目向招标人负责，接受分包的人就分包项目承担连带责任。招标人发现中标人转包或违法分包的，应当要求中标人改正；拒不改正的，可终止合同，并报请有关行政监督部门查处。

3. 重新招标和不再招标

（1）重新招标。有下列情形之一的，招标人将重新招标：

1）投标截止时间止，投标人少于 3 个的；

2）经评标委员会评审后否决所有投标的。

（2）不再招标。《标准施工招标文件》规定，重新招标后投标人仍少于 3 个或者所有投标被否决的，属于必须审批或核准的工程建设项目，经原审批或核准部门批准后不再进行招标。

4. 招标投标活动中的纪律和监督

（1）对招标人的纪律要求。招标人不得泄露招标投标活动中应当保密的情况和资料，不得与投标人串通损害国家利益、社会公共利益或者他人合法权益。

（2）对投标人的纪律要求。投标人不得相互串通投标或者与招标人串通投标，不得向招标人或者评标委员会成员行贿谋取中标，不得以他人名义投标或者以其他方式弄虚作假骗取中标；投标人不得以任何方式干扰、影响评标工作。

（3）对评标委员会成员的纪律要求。评标委员会成员不得收受他人的财物或者其他好处，不得向他人透漏对投标文件的评审和比较、中标候选人的推荐情况以及与评标有关的其他情况。在评标活动中，评标委员会成员不得擅离职守，影响评标程序正常进行，不得使用招标文件评标办法中没有规定的评审因素和标准进行评标。

（4）对与评标活动有关的工作人员的纪律要求。与评标活动有关的工作人员不得收受他人的财物或者其他好处，不得向他人透漏对投标文件的评审和比较、中标候选人的推荐情况以及与评标有关的其他情况。在评标活动中，与评标活动有关的工作人员不得擅离职守，影响评标程序正常进行。

（5）投诉。投标人和其他利害关系人认为本次招标活动违反法律、法规和规章规定的，有权向有关行政监督部门投诉。

案例分析

【**案例6-1**】某国有资金投资占控股地位的通用建设项目，施工图设计文件已经相关行政主管部门批准，建设单位采用了公开招标方式进行施工招标。

招标过程中部分工作内容如下：

1. 2008年3月1日发布了该工程项目的施工招标公告，其内容如下：

（1）招标单位的名称和地址；

（2）招标项目的内容、规模、工期和质量要求；

（3）招标项目的实施地点，资金来源和评标标准；

（4）施工单位应具有二级及以上施工总承包企业资质，并且近三年获得两项以上本市优质工程奖；

（5）获得资格预审文件的时间、地点和费用。

2. 2008年4月1日招标人向通过资格预审的A、B、C、D、E五家施工单位发售了招标文件，各施工单位按招标单位的要求在领取招标文件的同时提交了投标保函，在同一张表格上进行了登记签收，招标文件中的评标标准如下：

（1）该项目的要求工期不超过18个月；

（2）对各投标报价进行初步评审时，若最低报价低于有效标书的次低报价15%及以上，视为最低报价低于其成本价；

（3）在详细评审时，对有效标书的各投标单位自报工期比要求工期每提前1个月给业主带来的提前投产效益按40万元计算；

（4）经初步评审后确定的有效标书在详细评审时，除报价外，只考虑将工期折算为货币，不再考虑其他评审要素。

3. 投标单位的投标情况如下：

A、B、C、D、E五家投标单位均在招标文件规定的投标时间前提交了投标文件。在开标会议上招标人宣读了各投标文件的主要内容，各投标单位的报价和工期汇总于表6-13。

投标参数汇总表　　　　　　　　　　　表6-13

投标人	基础工程		结构工程		装修工程		结构工程与装修工程的搭接时间（月）
	报价（万元）	工期（月）	报价（万元）	工期（月）	报价（万元）	工期（月）	
A	420	4	1000	10	800	6	0
B	390	3	1080	9	960	6	2
C	420	3	1100	10	1000	5	3
D	480	4	1040	9	1000	5	1
E	380	4	800	10	800	6	2

问题：

1. 上述招标公告中的各项内容是否妥当？对不妥当之处说明理由。

2. 指出招标人在发售招标文件过程中的不妥之处，并说明理由。

3. 根据招标文件中的评标标准和方法，通过列式计算的方式确定 2 个中标候选人，并排出顺序。

4. 如果排名第一的中标候选人中标，并与建设单位签订合同，则合同价为多少万元？

5. 依法必须进行招标的项目，在什么情况下招标人可以确定排名第二的中标候选人为中标人？

【答案】

问题 1：

（1）招标单位的名称和地址妥当。

（2）招标项目的内容、规模妥当。

（3）招标项目的工期和质量要求不妥，招标公告的作用只是告知工程招标的信息，而工期和质量的要求涉及工程的组织安排和技术标准，应在招标文件中提出。

（4）招标项目的实施地点和资金来源妥当。

（5）招标项目的评标标准不妥，评标标准是为了比较投标文件并据此进行评审的标准，故不出现在招标公告中，应是招标文件中的重要内容。

（6）施工单位应具有二级及其以上施工总承包企业资质妥当。

（7）施工单位应在近三年获得两项以上本市优质工程奖不妥当，因为有的施工企业可能具有很强的管理和技术实力，虽然在其他省市获得了工程奖项，但并没有在本市获奖，所以以是否在本市获奖为条件来评价施工单位的水平是不公平的，是对潜在投标人的歧视限制条件。

（8）获得资格预审文件的时间、地点和费用妥当。

问题 2：

（1）各施工单位按招标单位的要求在领取招标文件的同时提交了投标保函不妥，因潜在的投标人购买招标文件后是否投标，招标人并不对其具有法律约束，故要求潜在的投标人此时提交投标保函不妥，招标人可要求投标人递交投标文件时或在投标截止时间前提交投标保函。

（2）各施工单位在同一张表格上进行了登记签收不妥，这有可能泄露其他潜在投标人的名称和数量等信息，作为招标人不得将已获取招标文件的潜在投标人的名称和数量等相关信息泄露给其他投标人。

问题 3：

（1）A 投标人：自报工期 = 4 + 10 + 6 = 20（月）；报价 = 420 + 1000 + 800 = 2220 万元

因自报工期超过招标文件要求的工期，该投标文件属于重大偏差，A 投标人的投标文件应为无效标。

（2）B 投标人：自报工期 = 3 + 9 + 6 - 2 = 16（月）；报价 = 390 + 1080 + 960 = 2430（万元）

（3）C 投标人：自报工期 = 3 + 10 + 5 - 3 = 15（月）；报价 = 420 + 1100 + 1000 = 2520（万元）

（4）D 投标人：自报工期 = 4 + 9 + 5 - 1 = 17（月）；报价 = 480 + 1040 + 1000 = 2520（万元）

（5）E 投标人：自报工期 = 4 + 10 + 6 - 2 = 18（月）；报价 = 380 + 800 + 800 = 1980（万元）

B、C、D、E 投标人的自报工期均满足要求，E 的报价最低，B 的报价次低，两者之差为（2430 - 1980）/2430 = 18.5% > 15%，故 E 投标人的投标文件为无效标。

经过以上初步评审，确定 B、C、D 投标文件为有效标书，相应的经评审的评标价为：

① B 投标人：2430 - (18 - 16) × 40 = 2350（万元）
② C 投标人：2520 - (18 - 15) × 40 = 2400（万元）
③ D 投标人：2520 - (18 - 17) × 40 = 2480（万元）

中标候选人为 B 和 C，B 排名第一，C 排名第二。

问题 4：

解：合同价为 B 投标人的投标报价 2430 万元。

问题 5：

解：排名第一的中标候选人在①由于自身原因放弃中标；②因不可抗力不能履行合同；③未按招标文件要求提交履约保证金（或履约保函）的情况下，招标人可以确定排名第二的中标候选人为中标人。

【案例 6-2】某市政府拟投资建一大型垃圾焚烧发电站工程项目。该项目除厂房及有关设施的土建工程外，还有全套进口垃圾焚烧发电设备及垃圾处理专业设备的安装工程。厂房范围内地质勘察资料反映地基地质条件复杂，地基处理采用钻孔灌注桩。招标单位委托某咨询公司进行全过程投资管理。该项目厂房土建工程有 A、B、C、D、E 共 5 家施工单位参加投标，资格预审结果均合格。招标文件要求投标单位将技术标和商务标分别封装。评标原则及方法如下：

1. 采用综合评估法，按照得分高低排序，推荐三名合格的中标候选人。

2. 技术标共 40 分。其中施工方案 10 分，工程质量及保证措施 15 分，工期、业绩信誉、安全文明施工措施分别为 5 分。

3. 商务标共 60 分。（1）若最低报价低于次低报价 15% 以上（含 15%），最低报价的商务标得分为 30 分，且不再参加商务标基准价计算；（2）若最高报价高于次高报价 15% 以上（含 15%），最高报价的投标按废标处理；（3）人工、钢材、商品混凝土价格参照当地有关部门发布的工程造价信息，若低于该价格 10% 以上时，评标委员会应要求该投标单位作必要的澄清；（4）以符合要求的商务报价的算术平均数作为基准价（60 分），报价比基准价每下降 1% 扣 1 分，最多扣 10 分，报价比基准价每增加 1% 扣 2 分，扣分不保底。

各投标单位的技术标得分和报价汇总见表 6-14、表 6-15。

各投标单位技术标得分汇总表　　　　　　　　　　　　表 6-14

投标单位	施工方案	工期	质保措施	安全文明施工	业绩信誉
A	8.5	4.0	14.5	4.5	5.0
B	9.5	4.5	14.0	4.0	4.0
C	9.0	5.0	14.5	4.5	4.0
D	8.5	3.5	14.0	4.0	3.5
E	9.0	4.0	13.5	4.0	3.5

各投标单位报价汇总表　　　　　　　　　　　　　表 6-15

投标单位	A	B	C	D	E
报价（万元）	3900	3886	3600	3050	3784

评标过程中又发生 E 投标单位不按评标委员会要求进行澄清、说明、补正。

问题：

1. 该项目应采取何种招标方式？如果把该项目划分成若干个标段分别进行招标，划分时应当综合考虑的因素是什么？本项目可如何划分？

2. 按照评标办法，计算各投标单位商务标得分。

3. 按照评标办法，计算各投标单位综合得分，并把计算结果填入答题纸表 6-16 中。

4. 推荐合格的中标候选人，并排序。

（计算结果均保留两位小数）

【答案】

问题 1：

（1）应采用公开招标方式。

（2）应当综合考虑的因素是：招标项目的专业要求；招标项目的管理要求；对工程投资的影响；工程各项工作的衔接。

（3）本项目可划分为地基处理工程（桩基工程）、厂房及有关设施的土建工程、垃圾焚烧发电设备及垃圾处理专业设备采购、安装工程（或将垃圾焚烧发电与处理设备采购和安装合并）等标段分别进行招标。

问题2：

（1）最低报价与次低报价偏差：（3600 - 3050）/3600 = 15.28% > 15%

D单位商务报价得分30分。

（2）最高报价与次高报价偏差：（3900 - 3886）/3886 = 0.36% < 15%

A单位的投标为有效标书。

（3）投标单位E不按评标委员会要求澄清、说明、补正，应作废标处理。

（4）基准价（或A、B、C三家投标单位报价的算术平均数）为：

（3900 + 3886 + 3600）/3 = 3795.33（万元）

（5）A施工单位商务标得分：

报价占基准价百分比：（3900/3795.33）×100% = 102.76%

报价扣分：（102.76 - 100）×2 = 5.52

报价得分：60 - 5.52 = 54.48

B施工单位商务标得分：

报价占基准价百分比：（3886/3795.33）×100% = 102.39%

报价扣分：（102.39 - 100）×2 = 4.78

报价得分：60 - 4.78 = 55.22

C施工单位商务标得分：

报价占基准价百分比：（3600/3795.33）×100% = 94.85%

报价扣分：（100 - 94.85）×1 = 5.15

报价得分：60 - 5.15 = 54.85

问题3：

综合得分计算表　　　　　　　　　　　　　　　表6-16

投标单位	施工方案	工期	质量保证措施	安全文明施工	业绩信誉	商务得分	综合得分
A	8.5	4	14.5	4.5	5	54.48	90.98
B	9.5	4.5	14	4	4	55.22	91.22
C	9.0	5	14.5	4.5	4	54.85	91.85
D	8.5	3.5	14	4	3.5	30	63.50
E	9.0	4	13.5	4	3.5		废标

问题4：

推荐中标候选人并排序

排序一：C单位

排序二：B单位

排序三：A单位

7 工程项目施工阶段的成本规划与控制

【内容概述】通过本章的学习，学生应掌握施工阶段的成本规划与控制的基本原理，了解施工方案的技术经济分析方法，熟悉资金使用计划的编制方法，掌握工程价款的结算方法以及工程变更对价款结算的影响，理解索赔的原则和费用的计算方法，并学会使用偏差分析工具对工程产生费用偏差的原因进行分析并提出解决措施。

7.1 概　　述

7.1.1 施工阶段成本计划与控制的概念

工程项目施工阶段的成本计划与控制是以工程项目为对象，以既定的预算成本为基础，统筹计划施工各阶段、各部分的工程成本，在施工动态生产过程中，科学有效地实施动态控制，确保工程顺利实施和项目总成本目标的实现过程。

施工成本计划是以货币形式编制施工项目在计划期内的生产费用、成本水平、成本降低率以及为降低成本所采取的主要措施和规划的书面方案，它是建立施工项目成本管理责任制、开展成本控制和核算的基础，它是该项目降低成本的指导文件，是设立目标成本的依据。可以说，成本计划是目标成本的一种形式。

施工成本控制是指在施工过程中，根据成本计划确定的各项成本控制目标，对影响施工成本的各种因素加强管理，并采取各种有效方法和措施，将施工中实际发生的各种消耗和支出严格控制在成本计划范围内，随时揭示并及时反馈，纠正可能或已经发生的偏差，消除施工中的损失浪费现象，以保证项目成本目标实现。建设单位工程项目施工阶段的成本控制属于项目投资与管理的范畴。

7.1.2 施工阶段成本计划与控制的原理

工程项目施工成本计划与控制应贯穿于项目从投标阶段开始直至竣工验收的

全过程，它是企业全面成本管理的重要环节。

1. 施工成本计划原理

项目计划成本应在项目实施方案确定和不断优化的前提下进行编制，因为不同的实施方案将导致直接工程费、措施费和企业管理费的差异。成本计划的编制是施工成本预控的重要手段。因此，应在工程开工前编制完成，以便将计划成本目标分解落实，为各项成本的执行提供明确的目标、控制手段和管理措施。

2. 施工成本控制原理

施工成本控制可分为事先控制、事中控制（过程控制）和事后控制。在项目的施工过程中，需按动态控制原理和主动控制原理对实际施工成本的发生过程进行有效控制。

动态控制是以合同文件和成本计划为目标，以进度报告和工程变更与索赔资料为动态资料。在工程实施过程中定期地进行成本发生实际值与目标值的比较，通过比较发现并找出实际支出额与成本目标之间的偏差，然后分析发生偏差的原因并采取有效措施纠偏。主动控制是指将"控制"立足于事先主动地分析各种产生偏差的可能，并采取预防措施，通过快速完成"计划 – 动态跟踪 – 再计划"这个循环过程，来尽量减少实际值与目标值的偏离。

施工阶段成本计划与控制的动态控制原理如图 7-1 所示。

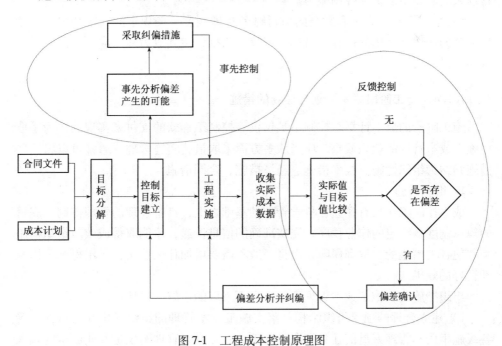

图 7-1 工程成本控制原理图

7. 1. 3   施工阶段成本计划与控制的要求

1. 施工成本计划应满足以下要求

1）合同规定的项目质量和工期要求；

2）组织对施工成本管理目标的要求；

3）以经济合理的项目实施方案为基础的要求；

4）有关定额及市场价格的要求。

2. 成本控制应满足下列要求

1）要按照计划成本目标值来控制生产要素的采购价格，并认真做好材料、设备进场数量和质量的检查、验收与保管。

2）要控制生产要素的利用效率和消耗定额，如任务单管理、限额领料、验工报告审核等。同时要做好不可预见成本风险的分析和预控，包括编制相应的应急措施等。

3）控制影响效率和消耗量的其他因素（如工程变更等）所引起的成本增加。

4）把施工成本管理责任制度与对项目管理者的激励机制结合起来，以增强管理人员的成本意识和控制能力。

5）承包人必须有一套健全的项目财务管理制度，按规定的权限和程序对项目资金的使用和费用的结算支付进行审核、审批，使其成为施工成本控制的一个重要手段。

7. 1. 4   施工阶段成本计划与控制的措施

施工阶段的成本计划与控制不是仅仅靠控制工程款的支付来实现的，为了取得施工成本管理的理想效果，应当从多方面采取措施实施管理，通常可以将这些措施归纳为组织措施、技术措施、经济措施、合同措施。

1. 组织措施

成本控制工作只有建立在科学管理的基础之上，具备合理的管理体制，完善的规章制度，稳定的作业秩序，完整准确的信息传递，才能取得成效。组织措施是其他各类措施的前提和保障，而且一般不需要增加什么费用，运用得当可以收到良好的效果。

组织措施是从施工成本管理的组织方面采取的措施。包括：

1）建立合理的项目组织结构，落实施工成本管理的组织机构和人员，明确各级施工成本管理人员的任务和职能分工。施工成本管理不仅是专业成本管理人员的工作，各级项目管理人员都负有成本控制责任；

2）编制施工成本控制工作计划、确定合理详细的工作流程；

3）要做好施工采购规划，通过生产要素的优化配置、合理使用、动态管理，有效控制实际成本；加强施工定额管理和施工任务单管理，控制活劳动和物化劳动的消耗；加强施工调度，避免因施工计划不周和盲目调度造成窝工损失、机械利用率降低、物料积压等而使施工成本增加；

4）委托或聘请有关咨询机构或工程经济专家做好施工阶段必要的技术经济分析与论证。

2. 技术措施

技术措施不仅对解决施工成本管理过程中的技术问题是不可缺少的，而且对纠正施工成本管理目标偏差有重要的作用。

施工过程中降低成本的技术措施，包括：

1）对设计变更进行技术经济分析，严格控制设计变更；

2）继续改进设计方案，挖掘成本节约潜力；

3）确定最佳的施工方案，最合适的施工机械、设备使用方案；

4）审核承包商编制的施工组织计划，对主要方案进行技术经济分析。

3. 经济措施

经济措施是最易为人们所接受和采用的措施，绝不仅仅是财务人员的事情。包括：

1）编制资金使用计划，确定、分解施工成本管理目标；

2）对施工成本管理目标进行风险分析，并制定防范性对策；

3）进行工程计量、复核工程付款账单、签发付款证书。对各种变更，及时做好增减账，及时落实业主签证，及时结算工程款；

4）在施工中进行支出跟踪控制，严格控制各项开支。定期进行实际值与目标值的比较，分析偏差并随时纠偏；

5）定期收集工程项目成本信息、已完成的任务量情况，更新建筑市场相关成本指数等数据，进行成本分析，对工程施工中的成本支出做好分析预测；

6）对节约成本的合理化建议进行奖励。

4. 合同措施

采用合同措施控制施工成本，应贯穿从合同谈判开始到合同终结的整个合同周期。包括：

1）选用合适的合同结构，对各种合同结构模式进行分析、比较；

2）在合同谈判时，要争取选用适合于工程规模、性质和特点的合同结构模式；

3）合同实施、修改、补充过程中进一步进行合同评审；

4）施工过程中及时收集、整理有关的施工、监理、变更等工程信息资料，为正确的处理可能发生的索赔提供依据；

5）密切注视对方合同执行的情况，以寻求合同索赔的机会；同时也要密切关注自己履行合同的情况，以防止被对方索赔；

6）参与合同修改、补充工作，着重考虑它对成本的影响。

7.1.5   施工阶段成本计划与控制的主要工作内容

施工阶段的成本计划与控制工作，一方面受设计阶段成本计划与控制成果质量的影响；另一方面与参与该阶段工作的单位和人员有关。该阶段的成本计划与控制工作须实行"全员"参与，全面控制与重点控制相结合，目标控制与过程控制相结合，以优良的控制工作质量来确保该阶段成本控制成果的质量。

从目前国内外的工程实践来看，以下几方面的因素对施工阶段的成本有明显的影响，从而构成了建设单位施工阶段成本计划与控制的主要工作内容：

1）施工方案的技术经济分析；

2）投资目标的分解与资金使用计划的编制；

3）工程计量与价款结算；

4）工程变更的控制；

5）索赔控制；

6）投资偏差分析。

7.2   工程项目施工方案的技术经济分析

施工方案的优化选择是降低工程成本的主要途径。施工方案是否先进、合理不仅直接关系到施工质量，也必然会直接影响工程项目的目标成本和工程项目的利润。按照最优方案施工可以降低成本、加快进度、保证质量和安全，实现工程项目投入少产出大、提高经济效益。

构成施工方案的主要技术文件是施工组织设计或施工项目管理实施规划。施工组织设计是指导施工准备和组织施工的全面性技术、经济文件，从而协调各施工单位、各工种之间、资源与时间之间、各个资源之间的合理关系。在整个施工过程中，按照客观的经济、技术规律，做出合理、先进、科学的安排，使整个工程在施工中取得相对最优的效果。施工组织设计和施工项目管理实施规划具有相近的作用和内容。当前我国建筑承包商仍然主要以编制施工组织设计来代替项目管理规划。因此，本文以施工组织设计为对象来进行相关技术经济分析。

7.2.1   施工组织设计的审查

1. 施工组织设计的内容

根据《建筑施工组织设计规范》(GB/T 50502—2009)，施工组织设计是以施工项目为对象编制的，用以指导施工的技术、经济和管理的综合性文件，单位工程施工组织设计包括：工程概况、施工部署、施工进度计划、施工准备与资源配置计划、主要施工方案和施工现场平面布置等内容。

其中施工方案的选择是单位工程施工组织设计的核心。方案选择的恰当与否，直接关系到工程的施工质量和施工效果，以及承发包双方各目标的实现。施工方案的选择应是在若干可行的施工方案中，经过技术经济比较和分析，选择最优的施工方案，以此作为安排施工进度计划和设计施工平面的依据。

2. 施工组织设计的编制

编制施工组织设计的主要目的是根据已确定项目的质量、工期、成本要求，选择合理的施工方案，即选择合理的施工方法和施工机械，拟定技术上先进、经济上合理的技术措施；确定合理的施工顺序和施工进度；采用有效的组织形式，并计算劳动力、材料、机械设备等的需要量；确定合理的施工平面布置，合理组织基本生产、附属生产及辅助生产在内的全部生产活动。

施工组织设计按详细程度和使用目的可以分为投标阶段的施工组织设计大纲和施工准备阶段的施工组织设计。投标阶段的施工组织设计是为了满足投标的需要编制而成。它主要对投标项目拟采用的主要施工方案、进度计划和技术措施等内容进行明确，是投标单位编制的指导建设全过程各项施工活动的技术、经济、组织、协调和控制的综合性文件，其目的是为了中标。而施工准备阶段的施工组织设计是在招标阶段施工组织设计大纲的基础上，由施工项目的负责人根据更详细的工程资料及工程客观情况编制的，是承包方进行施工作业的纲领性文件。

3. 施工组织设计的审查

施工组织设计除了是承包方进行施工作业的纲领性文件外，还是发包方明确和控制工程质量、工期、成本目标的主要依据，也是承发包双方正确处理索赔、工程变更的重要依据。施工组织设计的编制质量密切关系到工程承发包双方的质量、进度、成本控制目标。对施工组织设计进行审查是建设单位在施工准备及施工阶段实施有效项目管理的主要措施之一。

1）施工组织设计应由施工单位的施工项目负责人组织编写，并需要由施工企业的技术负责人审查批准。在工程项目开工前施工组织设计还需要得到建设单位的审核认可。施工单位应当按照经过审核批准的施工组织设计施工，如果需要对其内容做较大的变更，应在变更前获得建设单位的同意。

2）建设单位对施工组织设计的审核主要包括对施工方案、施工进度计划、主要技术措施、安全措施等的审查。审查包括技术上的可行性和经济上的合理性两方面，需要对施工方案进行技术经济分析。

3）在制定施工方案时，要以合同工期为依据，综合考虑项目规模、复杂程度、现场条件、装备情况、人员素质、施工经验等多种因素，进行创新研究。一些优秀的施工方案创新，通常会带来十分显著的成本节约和工期提前。

4）发包人应认真审核承包人的方案或措施，以减少不合理的方案或不必要措施带来的额外费用。

5）应注意审查施工进度计划。合理的施工进度是保证施工任务按时完成的基础，也会影响工程费用支出。经过批准的施工进度计划，将是承包人进行施工组织、部署和发包人进行项目管理的依据，对双方正确处理索赔具有重要意义。

6）应注意承包人施工组织设计的针对性、可操作性；应注意遵循施工方案选择、总平面图布置、施工进度计划安排中的一般经济性规律。施工方案的优选应遵循"科学、经济、合理"的原则。

7.2.2　施工方法的选择

施工方法，尤其是关键的施工方法，对工程成本具有显著影响。通常项目的关键施工方案、技术路线需要在招投标阶段予以确定，而这些方案直接与投标人的报价密切相关，在不同投标人提供的不同施工方案之间选择技术先进、经济合理的施工方案，对控制项目建设成本具有重要意义。

一些大型工程，施工方案则很大程度上受结构形式和建筑特征的制约，需要在结构设计阶段就要考虑。这时施工方案的选择、建设、结构设计等成为一个需要共同决策的整体，施工方案对项目的各项控制目标均有关键影响。

在工程实施过程中，采用的其他各种施工方案、技术措施不但会影响到承包人的施工成本，根据工程承包合同形式不同，也会直接影响发包人的工程建设费用支出。

因此，对施工方法的选择，应该是建立在深入技术经济分析的基础之上。当前，随着科学技术的快速发展，新的施工方法也随着工程规模的不断扩大及施工难度的不断增加而不断出现。在针对某施工项目选择合理的施工方法时，由于先进的施工方法体现了施工企业的技术创新能力，因此，施工中应用新工艺、新技术、新方法通常可以起到降低成本、缩短工期的效果。因此，采用先进合理的施工方法的施工方案应作为重要的方案予以考虑。

当然，并不能一味追求采用最新、最先进的施工方法。而必须要结合项目特征和施工企业的实际能力来选择适宜的施工方法。先进性、科学性、可行性与经济合理性并重。

7.2.3　施工顺序的确定

施工顺序是按照项目工期的要求，结合建筑结构特点，劳动力、材料、机械供应等具体情况，考虑工期、质量、成本目标等因素综合确定的。判断施工顺序的合理性，是审核施工方案和施工进度计划需要考虑的主要问题。施工顺序对工程成本有着显著影响。表现为：

（1）合理安排施工顺序可以提高人、材、机械等的使用效率，防止窝工，均衡资源的使用，从而直接降低项目成本。

（2）合理安排施工顺序在不影响总工期的情况下，可以利用对非关键线路工序的调整，进行资源的优化，达到降低工程成本，合理安排资金使用的目的。

（3）施工顺序影响工期，从而对项目建设成本产生影响。工期调整变化对成本的影响有如下几方面：

1）工期的调整变化，直接影响到项目的直接费与间接费，从而影响到项目的成本。一般而言，在一定的范围内，缩短工期会引起直接费的增加和间接费的减少；而延长工期会引起直接费的减少和间接费的增加。当工期变化时，总有一工期使得直接费和间接费的总和最小，该工期即为使总费用最小的最优工期，如图 7-2 所示。这也正是进行工期—费用优化的基本原理。

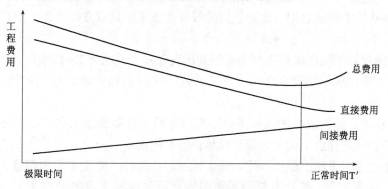

图 7-2 工期—费用优化图

2）对承包商而言，工期的缩短，可以获得合同规定的工期奖励；对项目建设单位而言，工期的缩短可以使项目尽快地发挥投资效益。

确定施工顺序的一般原则：

工业与民用建筑工程确定施工顺序的一般原则通常有：

1）必须符合施工工艺程序的要求；

2）必须要与施工方法和施工机械协调一致；

3）考虑施工组织的要求；

4）满足质量、安全的要求；

5）考虑气候条件的影响；

6）一般遵循"先地下后地上"、"先深后浅"、"先主体后装饰"的原则等。

7.2.4　施工机械的选择

现代化的施工条件下，许多时候是以选择施工机械设备为主来确定施工方法，并且机械和设备成本在项目施工成本中占了很大的比重，所以施工机械的选择往往成为施工中的主要问题。施工机械的选择需要结合考虑施工现场条件、建筑结构特征、施工工艺和方法、施工组织与管理、机械设备性能、建筑技术经济等因素。

施工机械的选择除了对承包商的施工成本有明显的影响之外，对建设单位的建设成本也有一定的影响。这些影响主要体现在：

1）施工机械的选择是施工方法的中心环节，关键或主导施工方法对项目的设计方案、投标价格等均有重要的影响；

2）施工机械的选择关系到项目的施工效率和施工进度，从而进一步影响到项目的建设成本和投资效益的及时发挥；

3）承包商施工机械的选择直接影响到承包商的分部分项工程报价和施工过程中的一些技术措施费用，而承包商的报价在施工中是双方结算和变更价款确定的依据；

4）承包商不同的机械选择会影响到承发包双方的机械费用索赔；

5）若采用成本加酬金合同，施工机械的选择直接影响承包商的施工成本，从而进一步影响建设单位的建设成本；

6）此外，施工机械的选择还会影响到建设单位对整个公共现场的分配和使用，从而在一定程度上间接影响建设单位的费用支出。

除上述施工方法、施工顺序、施工机械的选择外，施工平面图布置、施工技术准备、资源优化、废物重复利用等因素对承包商施工成本均会产生一定的影响，从而进一步根据合同内容可能会影响到建设工程项目成本。

施工机械的选择应该考虑到使用机械的任务特点、运营费用、机械性能特征等因素，具体如下：

1. 任务特点及工程量，施工任务必须在规定的场地条件及规定的时间内完成。任务特点决定了所需机械类型，工作进度中的允许时间决定了工作效率，工作效率明确了所需的机械产出能力，机械效率确定了其成本效用。

2. 机械使用成本，如机械状况、融资成本、机械的经济寿命等因素。机械使用成本可按下式计算：机械使用成本 = 拥有成本 + 运行成本。

（1）机械拥有成本

机械拥有成本表示机械的所有权成本，包括折旧成本和投资成本。

1）折旧成本。折旧是由于机械使用、磨损或老化造成的一段时间内机械市场价值降低。年折旧在项目中吸收以补偿资金成本。年折旧的计算方法有直线折旧法、双倍余额递减法、年数总和法等，可根据公司政策、市场趋势、使用性质采用合适的折旧方法。

2）投资成本。投资成本包括投资到机械上的资金、各种税费、保险、租金和仓储费用。小时投资成本按下式计算：小时投资成本＝平均投资×年利率/年使用小时。

（2）机械运行成本

机械运行成本包括燃料费、日常维修费、大修费、操作人员工资、轮胎更换费用和杂项费用。

1）燃料费。现场的大多数施工机械使用点燃式发动机作为基本动力，需要的燃料可根据发动机飞轮额定功率估算：每小时燃料消耗费用＝每升燃料价格×小时燃料消耗量；小时燃料消耗量＝满载下每小时燃料消耗量×运行系数。

2）日常维修费。日常维修费包括服务费、人工（机械）费和小修费，这些费用与机械类型及项目环境有关，可以近似按每小时燃料费用的比例计算。

3）大修费。大修费与机械类型、机械条件、配件价格、收费和运行条件有关，通常可以粗略认为等于（折旧费×维修系数）。

7.3 资金使用计划的编制

工程建设成本控制的基本原理是将计划投资额作为成本控制的目标值，在施工过程中定期地进行支出实际值与目标值的比较，通过比较及时发现偏差并纠偏。而比较和控制的前提是确定明确的投资目标，包括建设项目的总目标、分目标和各项目标值，而施工阶段的成本控制目标是通过项目资金使用计划的编制来确定的，因此编制资金使用计划对施工阶段成本控制具有非常重要的意义。施工阶段是资金大量支出的阶段，资金使用计划对于合理开支具有指导作用。

资金使用计划编制过程中最重要的步骤是目标的分解。根据成本控制目标和要求的不同，成本目标可以用按成本费用构成、按项目构成、按时间分解三种分解类型。

7.3.1 按成本费用构成分解的资金使用计划

工程费用包括建筑工程费用、设备及工器具购置费用、安装工程费用和工程建设其他费用，设备及工器具购置费用可分解为设备购置费用和工器具购置费用，如图 7-3 所示。

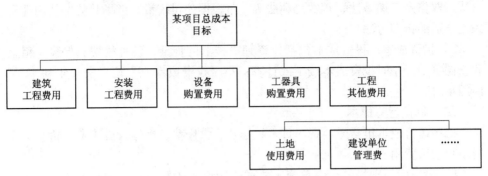

图 7-3　按成本费用构成分解资金使用计划示意图

7.3.2　按项目构成分解的资金使用计划

　　大中型建设项目通常是由若干个单项工程构成的，每个单项工程又包含若干个单位工程，每个单位工程又可分解为若干分部分项工程。为了满足成本控制的需要，可按照项目的构成将项目总投资进行分解，如图 7-4 所示。

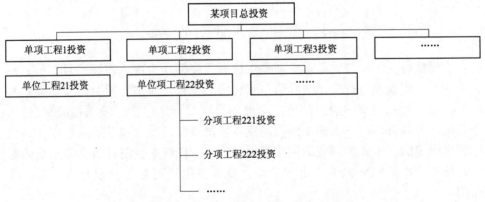

图 7-4　按项目构成分解资金使用计划

7.3.3　按时间进度分解的资金使用计划

　　建设项目的投资总是随着建设项目的进度分阶段、分期支出，在施工阶段就是随着各项工程的进展与完成来支付的，因此编制施工阶段资金使用计划就离不开施工进度计划，可根据施工进度计划来编制资金使用计划。

　　编制施工进度计划时，通常采用网络计划技术，以网络图来表示施工进度计划。所以编制按时间进度的资金使用计划，也可以利用网络图进行。即在建立网络图或横道图时，一方面确定完成各项活动所需花费的时间；另一方面同时确定完成这一活动所需的成本支出计划。在编制网络计划时应在充分考虑进度控制对项目划分要求的同时，还要考虑确定投资支出预算对项目划分的要求，做到二者兼顾。

通过对施工成本目标按时间进行分解，在网络计划基础上，可获得项目进度计划的横道图。并在此基础上编制成本计划。其表示方式有两种：一种是在时标网络图上按月编制的成本计划，见图7-5；另一种是利用时间—成本曲线（S形曲线）表示，见图7-6。

时间—成本累积曲线的绘制步骤如下：

1）确定工程项目进度计划，编制进度计划的横道图；

2）根据每单位时间内完成的实物工程量或投入的人力、物力和财力，计算单位时间（月或旬）的成本，在时标网络图上按时间编制成本支出计划，如图7-5所示。

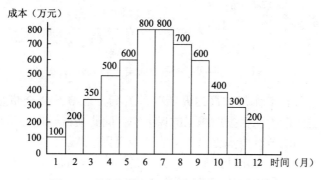

图7-5 时标网络图上按月编制的成本计划

3）计算规定时间 t 计划累计支出的成本额，其计算方法为：各单位时间计划完成的成本额累加求和，可按下式计算：

$$Q_t = \sum_{n=1}^{t} q_n \tag{7-1}$$

式中：Q_t——某时间 t 计划累计支出成本额；

q_n——单位时间 n 的计划支出成本额；

t——某规定计划时刻。

4）按各规定时间的 Q_t 值，绘制S形曲线，如图7-6所示。

每一条S形曲线都对应某一特定的工程进度计划。因为在进度计划的非关键路线中存在许多有时差的工序或工作，因而S形曲线（成本计划值曲线）必然包络在由全部工作都按最早开始时间开始和全部工作都按最迟必须开始时间开始的曲线所组成的"香蕉图"内。项目经理可根据编制的成本支出计划来合理安排资金，同时项目经理也可以根据筹措的资金来调整S形曲线，即通过调整非关键路线上的工序项目的最早或最迟开工时间，力争将实际的成本支出控制在计划的范围内。

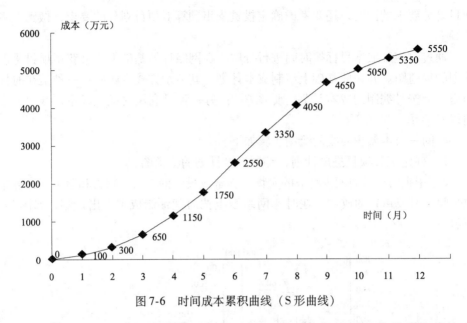

图 7-6   时间成本累积曲线（S 形曲线）

一般而言，所有工作都按最迟开始时间开始，对节约资金贷款利息是有利的，但同时，也降低了项目按期竣工的保证率，因此项目经理必须合理地确定成本支出计划，达到既节约成本支出，又能控制项目工期的目的。

以上三种编制资金使用计划的方式并不是相互独立的。在实践中，往往是将这几种方式结合起来使用，从而可以取得扬长避短的效果。例如：将按项目构成分解资金使用计划与按成本费用构成分解资金使用计划两种方式相结合，横向按成本构成分解，纵向按项目构成分解，或相反。这种分解方式有助于检查各分部分项工程资金使用计划是否完整，有无重复计算或漏算；同时还有助于检查各项具体的施工成本支出的对象是否明确或落实，并且可以从数字上校核分解的结果有无错误。或者还可将按项目构成分解与按时间进度分解资金使用计划结合起来，一般纵向按项目构成分解，横向按时间分解。

7.4   工程计量与价款结算

7.4.1   工程计量

工程成本的确定需要以工程实体的数量即工程量为依据，对工程量进行的计算和核实工作就是工程计量。工程计量是确定建设单位费用支出的基础，也是对工程成本进行控制的基础。

1. 工程计量的重要性

1）工程计量是项目工程款项支付的前提，通过计量可以控制项目投资的支出；

2）只有质量合格，且符合合同、图纸规定的工程内容才可以得到计量，因此，工程计量是约束承包商履行合同义务的手段；

3）工程师通过计量可以及时掌握承包商工作的进展情况。

2. 工程计量的原则和要求

工程量应按承包人在履行合同义务过程中实际完成的工程量计量。若发现工程量清单中出现漏项、工程量计算偏差，以及工程变更引起工程量的增减变化应按实调整，正确计量。《建设工程工程量清单计价规范》（GB 50500—2008）规定了对承包人与发包人进行工程计量的要求。

当发、承包双方在合同中未对工程量的计量时间、程序、方法和要求作约定时，按以下规定办理：

1）承包人应在每个月末或合同约定的工程段完成后向发包人递交上月或上一工程段已完工程量报告；

2）发包人应在接到报告后7天内按施工图纸（含设计变更）核对已完工程量，并应在计量前24小时通知承包人。承包人应提供条件并按时参加。

3. 计量结果

1）如发、承包双方均同意计量结果，则双方应签字确认；

2）如承包人收到通知后不参加计量核对，则由发包人核实的计量应认为是对工程量的正确计量；

3）如发包人未在规定的核对时间内进行计量核对，承包人提交的工程计量视为发包人已经认可；

4）如发包人未在规定的核对时间内通知承包人，致使承包人未能参加计量核对的，则由发包人所作的计量核实结果无效；

5）对于承包人超出施工图纸范围或因承包人原因造成返工的工程量，发包人不予计量；

6）如承包人不同意发包人核实的计量结果，承包人应在收到上述结果后7天内向发包人提出，申明承包人认为不正确的详细情况。发包人收到后，应在2天内重新核对有关工程量的计量，或予以确认，或将其修改。

发、承包双方认可的核对后的计量结果，应作为支付工程进度款的依据。

4. 工程量计算依据

1）质量合格证书。对承包商已完的工程，并不是全部进行计量，而是质量达到合同标准的已完工程才予以计量。

2）工程设计文件、施工图纸及答疑、设计说明书、相关图集、设计变更资料、会审记录等。

3）经审定的施工组织设计或施工方案。

4）工程施工合同、招标文件的商务条款。

7.4.2   工程价款的结算

1. 建筑安装工程费用的主要结算方式

建筑安装工程费用的结算可以根据不同情况采取多种方式：

（1）按月结算   即先预付部分工程款，在施工过程中按月结算工程进度款，竣工后进行竣工结算。

（2）竣工后一次结算   建设项目或单项工程全部建筑安装工程建设期在12个月以内，或者工程承包合同价值在100万元以下的，可以实行工程价款每月月中预支，竣工后一次结算。

（3）分段结算   即当年开工，当年不能竣工的单项工程或单位工程按照工程形象进度，划分不同阶段进行结算。分段结算可以按月预支工程款。

（4）结算双方约定的其他结算方式

实行竣工后一次结算和分段结算的工程，当年结算的工程款应与分年度的工作量一致，年终不另清算。

2. 工程预付款

《建设工程工程量清单计价规范》（GB50500—2008）规定：发包人应按照合同约定支付工程预付款。支付的工程预付款，按照合同约定在工程进度款中抵扣。

当合同对工程预付款的支付没有约定时，按照财政部、建设部印发的《建设工程价款结算暂行办法》（财建［2004］369号）的规定办理：

（1）工程预付款的额度：包工包料的工程原则上预付比例不低于合同金额（扣除暂列金额）的10%，不高于合同金额（扣除暂列金额）的30%；对重大工程项目，按年度工程计划逐年预付。实行工程量清单计价的工程，实体性消耗和非实体性消耗部分应在合同中分别约定预付款比例（或金额）。

（2）工程预付款的支付时间：在具备施工条件的前提下，发包人应在双方签订合同后的一个月内或约定的开工日期前的7天内预付工程款。

（3）若发包人未按合同约定预付工程款，承包人应在预付时间到期后10天内向发包人发出要求预付的通知，发包人收到通知后仍不按要求预付，承包人可在发出通知14天后停止施工，发包人应从约定应付之日起按同期银行贷款利率计算向承包人支付应付预付款的利息，并承担违约责任。

（4）凡是没有签订合同或不具备施工条件的工程，发包人不得预付工程款，不得以预付款为名转移资金。

3. 工程预付款的扣回

发包人支付给承包人的工程预付款其性质是预支。随着工程进度的推进，拨付的工程进度款数额不断增加，工程所需主要材料、构件的用量逐渐减少，原已支付的预付款应以抵扣的方式予以陆续扣回，扣款的方法有以下几种：

（1）发包人和承包人通过洽商用合同的形式予以确定，可采用等比率或等额扣款的方式。也可针对工程实际情况具体处理，如有些工程工期较短、造价较低，就无需分期扣还；有些工期较长，如跨年度工程，其预付款的占用时间很长，根据需要可以少扣或不扣。

（2）从未完施工工程尚需的主要材料及构件的价值相当于工程预付款数额时扣起，从每次中间结算工程价款中，按材料及构件比重扣抵工程价款，至竣工之前全部扣清。因此确定起扣点是工程预付款起扣的关键。工程预付款起扣点可按式（7-2）计算：

$$T = P - M/N \tag{7-2}$$

式中　T——起扣点，即工程预付款开始扣回的累计完成工程金额；

　　　P——承包工程合同总额；

　　　M——工程预付款数额；

　　　N——主要材料、构件所占比重。

【例 7-1】某工程合同总额 200 万元，工程预付款为 24 万，主要材料、构件所占比重为 60%，问：起扣点为多少万元？

【解】按起扣点计算公式：$T = P - M/N = 200 - \dfrac{24}{60\%} = 160$ 万元

则当工程完成 160 万元时，本项工程预付款开始起扣。

4. 工程进度款

《建设工程工程量清单计价规范》（GB 50500—2008）有关工程计量与价款支付的规定如下：

（1）发包人支付工程进度款，应按照合同约定计量和支付，支付周期同计量周期。

（2）工程计量时，若发现工程量清单中出现漏项、工程量计算偏差，以及工程变更引起工程量的增减，应按承包人在履行合同义务过程中实际完成的工程量计算。

（3）承包人应按照合同约定，向发包人递交已完工程量报告。发包人应在接到报告后按合同约定进行核对。

（4）承包人应在每个付款周期末，向发包人递交进度款支付申请，并附相应的证明文件。除合同另有约定外，进度款支付申请应包括下列内容：

1）本周期已完成工程的价款；

2）累计已完成的工程价款；

3）累计已支付的工程价款；

4）本周期已完成计日工金额；

5）应增加和扣减的变更金额；

6）应增加和扣减的索赔金额；

7）应抵扣的工程预付款；

8）应扣减的质量保证金；

9）根据合同应增加和扣减的其他金额；

10）本付款周期实际应支付的工程价款。

（5）发包人在收到承包人递交的工程进度款支付申请及相应的证明文件后，发包人应在合同约定时间内核对和支付工程进度款。发包人应扣回的工程预付款，与工程进度款同期结算抵扣。

（6）发包人未在合同约定时间内支付工程进度款，承包人应及时向发包人发出要求付款的通知，发包人收到承包人通知后仍不按要求付款，可与承包人协商签订延期付款协议，经承包人同意后延期支付。协议应明确延期支付的时间和从付款申请生效后按同期银行贷款利率计算应付款的利息。

（7）发包人不按合同约定支付工程进度款，双方又未达成延期付款协议，导致施工无法进行时，承包人可停止施工，由发包人承担违约责任。

5. 竣工结算

《建设工程工程量清单计价规范》（GB 50500—2008）有关竣工结算作了以下规定：

（1）工程完工后，发、承包双方应在合同约定时间内办理工程竣工结算。

（2）工程竣工结算由承包人或受其委托具有相应资质的工程造价咨询人编制，由发包人或受其委托具有相应资质的工程造价咨询人核对。

（3）工程竣工结算应依据：

1）《建设工程工程量清单计价规范》（GB 50500—2008）；

2）施工合同；

3）工程竣工图纸及资料；

4）双方确认的工程量；

5）双方确认追加（减）的工程价款；

6）双方确认的索赔、现场签证事项及价款；

7）投标文件；

8）招标文件；

9）其他依据。

（4）分部分项工程费应依据双方确认的工程量、合同约定的综合单价计算；如发生调整的，以发、承包双方确认调整的综合单价计算。

（5）措施项目费应依据合同约定的项目和金额计算；如发生调整的，以发、承包双方确认调整的金额计算，其中安全文明施工费应按规范的规定计算。

（6）其他项目费用应按下列规定计算：

1）计日工应按发包人实际签证确认的事项计算；

2）暂估价中的材料单价应按发、承包双方最终确认价在综合单价中调整；专业工程暂估价应按中标价或发包人、承包人与分包人最终确认价计算；

3）总承包服务费应依据合同约定金额计算，如发生调整的，以发、承包双方确认调整的金额计算；

4）索赔费用应依据发、承包双方确认的索赔事项和金额计算；

5）现场签证费用应依据发、承包双方签证资料确认的金额计算；

6）暂列金额应减去工程价款调整与索赔、现场签证金额计算，如有余额归发包人。

（7）规费和税金应按规范的规定计算。

（8）承包人应在合同约定时间内编制完成竣工结算书，并在提交竣工验收报告的同时递交给发包人。

承包人未在合同约定时间内递交竣工结算书，经发包人催促后仍未提供或没有明确答复的，发包人可以根据已有资料办理结算。

（9）发包人在收到承包人递交的竣工结算书后，应按合同约定时间核对。

同一工程竣工结算核对完成，发、承包双方签字确认后，禁止发包人又要求承包人与另一个或多个工程造价咨询人重复核对竣工结算。

（10）发包人或受其委托的工程造价咨询人收到承包人递交的竣工结算书后，在合同约定时间内，不核对竣工结算或未提出核对意见的，视为承包人递交的竣工结算书已经认可，发包人应向承包人支付工程结算价款。

承包人在接到发包人提出的核对意见后，在合同约定时间内，不确认也未提出异议的，视为发包人提出的核对意见已经认可，竣工结算办理完毕。

（11）发包人应对承包人递交的竣工结算书签收，拒不签收的，承包人可以不交付竣工工程。

承包人未在合同约定时间内递交竣工结算书的，发包人要求交付竣工工程，承包人应当交付。

（12）竣工结算办理完毕，发包人应将竣工结算书报送工程所在地工程造价管理机构备案。竣工结算书作为工程竣工验收备案、交付使用的必备文件。

（13）竣工结算办理完毕，发包人应根据确认的竣工结算书在合同约定时间内向承包人支付工程竣工结算价款。

（14）发包人未在合同约定时间内向承包人支付工程结算价款的，承包人可催告发包人支付结算价款。如达成延期支付协议的，发包人应按同期银行同类贷款利率支付拖欠工程价款的利息。如未达成延期支付协议，承包人可以与发包人协商将该工程折价，或申请人民法院将该工程依法拍卖，承包人就该工程折价或者拍卖的价款优先受偿。

6. 竣工结算的审查

竣工结算的核对是工程造价计价中发、承包双方应共同完成的重要工作。按照交易的一般原则,任何交易结束,都应做到钱、货两清,工程建设也不例外。工程施工的发、承包活动作为期货交易行为,当工程竣工验收合格后,承包人将工程移交给发包人时,发、承包双方应将工程价款结算清楚,即竣工结算办理完毕。按照交易结束时钱、货两清的原则,规定了发、承包双方在竣工结算核对过程中的权、责。主要体现在以下方面:

1)竣工结算的核对时间:按发、承包双方合同约定的时间完成。

最高人民法院《关于审理建设工程施工合同纠纷案件适用法律问题的解释》(法释〔2004〕14号)第二十条规定:"当事人约定,发包人收到竣工结算文件后,在约定期限内不予答复,视为认可竣工结算文件的,按照约定处理。承包人请求按照竣工结算文件结算工程价款的,应予支持"。根据这一规定,要求发、承包双方不仅应在合同中约定竣工结算的核对时间,并应约定发包人在约定时间内对竣工结算不予答复,视为认可承包人递交的竣工结算的条款。

合同中对核对竣工结算时间没有约定或约定不明的,根据财政部、建设部印发的《建设工程价款结算暂行办法》(财建〔2004〕369号)第十四条(三)项规定,按表7-1规定时间进行核对并提出核对意见。

竣工结算时间   表 7-1

	工程竣工结算书金额	核 对 时 间
1	500 万元以下	从接到竣工结算书之日起 20 天
2	500 万 ~ 2000 万元	从接到竣工结算书之日起 30 天
3	2000 万 ~ 5000 万元	从接到竣工结算书之日起 45 天
4	5000 万元以上	从接到竣工结算书之日起 60 天

建设项目竣工总结算在最后一个单项工程竣工结算核对确认后15天内汇总,送发包人后30天内核对完成。

合同约定或规范规定的结算核对时间含发包人委托工程造价咨询人核对的时间。

2)发、承包双方签字确认后,表示工程竣工结算完成,禁止发包人又要求承包人与另一或多个工程造价咨询人重复核对竣工结算。

7. 建筑安装工程费用的动态结算

建筑安装工程费用的动态结算就是要把各种动态因素渗透到结算过程中,使结算大体能反映实际的消耗费用。下面介绍几种常用的动态结算办法。

(1)按实际价格结算法

在我国，由于建筑材料需市场采购的范围越来越大，有些地区规定对钢材、木材、水泥三大材的价格采取按实际价格结算的办法。工程承包人可凭发票按实报销。这种方法方便。但由于是实报实销，因而承包人对降低成本不感兴趣，为了避免副作用，造价管理部门要定期公布最高结算限价，同时合同文件中应规定建设单位或监理工程师有权要求承包人选择更廉价的供应来源。

（2）按主材计算价差

发包人在招标文件中列出需要调整价差的主要材料表及其基期价格（一般采用当时当地工程造价管理机构公布的信息价或结算价），工程竣工结算时按竣工当时当地工程造价管理机构公布的材料信息价或结算价，与招标文件中列出的基期价比较计算材料差价。

（3）竣工调价系数法

按工程价格管理机构公布的竣工调价系数及调价计算方法计算差价。

（4）调值公式法（又称动态结算公式法）

即在发包方和承包方签订的合同中明确规定调值公式。

（5）标准施工招标文件对物价波动引起的价格调整的规定

按照国家发改委、财政部、建设部等九部委第 56 号令发布的标准施工招标文件中的通用合同条款，对物价波动引起的价格调整规定了以下两种方式：

1）采用价格指数调整价格差额

①价格调整公式。因人工、材料和设备等价格波动影响合同价格时，根据投标函附录中的价格指数和权重表约定的数据，按以下公式计算差额并调整合同价格：

$$\Delta P = P_0\Big[A + \Big(B_1 \times \frac{F_{t1}}{F_{01}} + B_2 \times \frac{F_{t2}}{F_{02}} + B_3 \times \frac{F_{t3}}{F_{03}} + \cdots + B_n \times \frac{F_{tn}}{F_{0n}} \Big) - 1 \Big] \quad (7\text{-}3)$$

式中　　　　　　　ΔP——需调整的价格差额；

P_0——约定的付款证书中承包人应得到的已完成工程量的金额。此项金额应不包括价格调整、不计质量保证金扣留和支付、预付款的支付和扣回。约定的变更及其他金额已按现行价格计价的，也不计在内；

A——定值权重（即不调部分的权重）；

$B_1，B_2，B_3\cdots\cdots B_n$——各可调因子的变值权重（即可调部分的权重），为各可调因子在投标函投标总报价中所占的比例；

$F_{t1}，F_{t2}，F_{t3}\cdots\cdots F_{tn}$——各可调因子的现行价格指数，指约定的付款证书相关周期最后一天的前 42 天的各可调因子的价格指数；

$F_{01}，F_{02}，F_{03}\cdots\cdots F_{0n}$——各可调因子的基本价格指数，指基准日期的各可调因子的价格指数。

以上价格调整公式中的各可调因子、定值和变值权重，以及基本价格指数及其来源在投标函附录价格指数和权重表中约定。价格指数应首先采用有关部门提供的价格指数，缺乏上述价格指数时，可采用有关部门提供的价格代替。

②暂时确定调整差额。在计算调整差额时得不到现行价格指数的，可暂用上一次价格指数计算，并在以后的付款中再按实际价格指数进行调整。

③权重的调整。约定的变更导致原定合同中的权重不合理时，由监理人与承包人和发包人协商后进行调整。

④承包人工期延误后的价格调整。由于承包人原因未在约定的工期内竣工的，则对原约定竣工日期后继续施工的工程，在使用第 1 条的价格调整公式时，应采用原约定竣工日期与实际竣工日期的两个价格指数中较低的一个作为现行价格指数。

2）采用造价信息调整价格差额

施工期内，因人工、材料、设备和机械台班价格波动影响合同价格时，人工、机械使用费按照国家或省、自治区、直辖市建设行政管理部门、行业建设管理部门或其授权的工程造价管理机构发布的人工成本信息、机械台班单价或机械使用费系数进行调整；需要进行价格调整的材料，其单价和采购数应由监理人复核，监理人确认需调整的材料单价及数量，作为调整工程合同价格差额的依据。

上述物价波动引起的价格调整中的第 1 种方法适用于使用的材料品种较少，但每种材料使用量较大的土木工程，如公路、水坝等工程。第 2 种方法适用于使用的材料品种较多，相对而言，每种材料使用量较小的房屋建筑与装饰工程。

【例 7-2】某工程合同总价为 1000 万元。其组成为：土方工程费 100 万元，占 10%；砌体工程费 400 万元，占 40%；钢筋混凝土工程费 50 万元，占 50%。这 3 个组成部分的人工费和材料费占工程价款 85%，人工材料费中各项费用比例如下：

（1）土方工程：人工费 50%，机具折旧费 26%，柴油 24%。

（2）砌体工程：人工费 53%，钢材 5%，水泥 20%，骨料 5%，空心砖 12%，柴油 5%。

（3）钢筋混凝土工程：人工费 53%，钢材 22%，水泥 10%，骨料 7%，木材 4%，柴油 4%。

假定该合同的基准日期为 2008 年 1 月 4 日，2008 年 9 月完成的工程价款占合同总价的 10%，有关月报的工资、材料物价指数如表 7-2 所示。（注：F_{t1}；F_{t2}；F_{t3}……F_{tn} 等应采用 8 月份的物价指数）。

工资、物价指数表 表 7-2

费用名称	代号	2008 年 1 月指数	代号	2008 年 8 月指数
人工费	F_{01}	100.0	F_{t1}	116.0
钢材	F_{02}	153.4	F_{t2}	187.6
水泥	F_{03}	154.8	F_{t3}	175.0
骨料	F_{0t4}	132.6	F_{t4}	169.3
柴油	F_{05}	178.3	F_{t5}	192.8
机具折旧	F_{06}	154.4	F_{t6}	162.5
空心砖	F_{07}	160.1	F_{t7}	162.0
木材	F_{08}	142.7	F_{t8}	159.5

求 2008 年 9 月实际价款的变化值。

【解】该工程其他费用，即不调值的费用占工程价款的 15%，计算出各项参加调值的费用占工程价款比例如下：

人工费：（50%×10%＋53%×40%＋53%×50%）×85%≈45%

钢材：（5%×40%＋22%×50%）×85%≈11%

水泥：（20%×40%＋10%×50%）×85%≈11%

骨料：（5%×40%＋7%×50%）×85%≈5%

柴油：（24%×10%＋5%×40%＋4%×50%）×85%≈5%

机具折旧：26%×10%×85%≈2%

空心砖：12%×40%×85%≈4%

木材：4%×50%×85%≈2%

不调值费用占工程价款的比例为：15%

根据公式（7-3），得：

$$\Delta P = 10\% \times 1000 \left[0.15 + \left(0.45 \times \frac{116}{100} + 0.11 \times \frac{187.6}{153.4} + 0.11 \times \frac{175.0}{154.8} + \right. \right.$$

$$0.05 \times \frac{169.3}{132.6} + 0.05 \times \frac{192.8}{178.3} + 0.02 \times \frac{162.5}{154.4} + 0.04 \times \frac{162.0}{160.1} +$$

$$\left. \left. 0.02 \times \frac{159.5}{142.7} \right) - 1 \right] = 10.33 \text{（万元）}$$

7.5 工程变更控制

7.5.1 工程变更的概念

《建设工程监理规范》（GB 50319—2000）中对工程变更作了明确的说明：在工程项目施工过程中，按照合同约定的程序对部分或全部工程在材料、工艺、功能、构造、尺寸、技术指标、工程数量及施工方法等方面做出的改变。由此理解，工程变更不只是图纸内容的改变，如材料替换、设备参数修改、施工方法的改变、功能调整、尺寸变化等都属工程变更范畴。

7.5.2   工程变更的分类

1. 施工单位所提出的工程变更

1）施工单位对图纸或设计说明有不明确的问题向设计单位提出询问。

2）施工单位提出技术修改，如对某些材料、设备参数的选用提出变更请求。

3）施工单位对施工方法、施工议案提出修改。如地下室防水工程、屋面防水保温工程、管道保温材料选用等，做法多种，使用材料也各不相同。

4）施工单位要求修改图纸。比如实际的管路走向与图纸不符时，管线交叉相互碰撞时，施工单位提出修改图纸。

5）施工单位往往还会因材料采购，资金安排和人力组织方面的原因而提出变更施工组织设计施工方案的要求。

2. 监理单位提出的工程变更

监理工程师有着丰富的专业实践经验，在施工过程中他们经常在现场巡视，往往会发现工程中存在的问题，并提出工程变更建议。

3. 设计单位提出的工程变更

在施工过程中，设计单位或其驻工地代表会对原设计中存在的错、漏、碰、缺提出设计修改和完善。

4. 业主提出工程变更

为考虑市场因素，完善使用功能，或为了保证工程质量、降低工程造价，加快工程进度等原因，在施工过程中，业主往往也会提出工程变更要求。

7.5.3   工程变更程序

施工单位按照施工图施工。但在工程实施过程中往往还会遇到许多预想不到的问题，工程实体与设计图纸，设备、材料确定过程与技术说明、参数要求多少会有些变化，这些变更无论是哪一方提出工程变更，都要填写表格履行工程变更手续，交总监，由总监召集专业监理工程师进行审查，认为可行后，由业主报设计单位、设计单位签署意见或重新出图、总监发布工程变更令后方可交由施工单位执行，工程变更控制流程如图7-7所示。

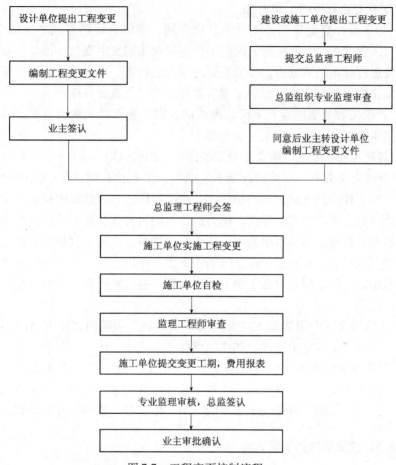

图 7-7 工程变更控制流程

7.5.4 工程变更管理

1. 工程变更对工程成本管理的重要性

由于建筑工程的复杂性、多变性和其生产过程的单一性、不可逆性,带来了工程管理较大的风险和特殊性。

工程项目管理是一个复杂的系统,由人员、技术资源、时间、空间和信息等多种要素组成,成本控制不单是费用管理问题,而是经济技术和管理的综合问题:如技术人员总体素质、施工组织水平、工期控制、质量与安全、材料消耗等。项目成本管理和控制还受到系统外部的影响,如工程变更、通货膨胀,能源供应、交通、气候环境、地质条件等的影响,这些因素均直接影响工程项目的成本。因此,加强项目成本管理和控制,保证项目目标在约定的条件下实现是项目成本管理的重要内容。

2. 工程变更管理的工作内容

1）加强设计变更控制，无论是总价合同，单价合同还是成本加酬金合同，一旦发生工程变更，将不可避免地使工程造价和工期发生变化。因此，在变更审批时，要进行技术经济分析，检查变更的理由、依据，单价、数量和金额的变化情况，确认变更不会从根本影响工程质量和工期以及投资目标。

2）严禁工程变更内容在未得到确认前，即已施工造成既成事实。对工程变更应做到事前把关，主动监控，规范操作。

3）规避无效监理签证给业主带来的额外支出的风险。

① 合同协议书中，有关设计变更、索赔、工程价款增减等相关条款应尽可能详实，对工程价款增减成立的条件，办理的程序、工程结算中报价与审核价之间差距幅度都应予以明确的界定。因为造价咨询机构收费有时是按核减量的百分比来计取的，若施工单位申报的竣工结算水分越多，核减量就越大，则业主支出的咨询费用就越多，给业主带来新的额外支出。所以，应在施工合同中增加竣工结算核减量的比例，规定对施工单位竣工结算不根据实际而编纂的行为，要给予一定经济处罚。

② 在监理合同中明确业主与监理责、权、利。明确因监理方面原因造成工程造价不合理增加的应由监理方赔偿的责任。

③ 聘请专业中介机构参与全过程的工程造价控制，因为造价咨询单位长期从事工程造价咨询工作、有丰富的实践经验和专业人才，能够在变更事项发生之前或发生之时，控制不合理或不必要的支出，使工程造价得到有效控制。

7.5.5　变更价款的确定方法

由于建设工程项目周期长、涉及的关系复杂、受自然条件和客观因素的影响大，导致项目的实际施工情况与招标投标时的情况不一致，出现工程变更。由于工程变更所引起的工程量的变化、工程延误等，都有可能使项目成本超出原来的预算成本，需要重新调整合同价款。

1.《建设工程施工合同（示范文本）》约定的工程变更价款的确定方法

1）乙方在工程变更确定后 14 天内，提出变更工程价款的报告，经工程师确定后调整合同价款，变更合同按下列方法进行。

① 合同中已有适用于变更工程的价格，按合同已有的价格变更合同价款；

② 合同中只有类似于变更工程的价格，可以参照类似价格变更合同价款；

③ 合同中没有适用或类似于变更工程的价格，由承包人或发包人提出适当的变更价格，经对方确认后执行。

2）乙方在双方确定变更后 14 天内不向工程师提出变更工程价款的报告时，视为该项变更不涉及合同价款的变更。

3）工程师收到变更价款报告之日起 14 天内，应予以确认。工程师无正当理由不确认时，自变更价款报告送达之日起 14 天后变更工程价款报告自动生效。

4）工程师不同意乙方提出的变更价款，可以和解或者要求合同管理及其他有关主管部门调解。和解和调解不成的，双方可以采用仲裁或向人民法院起诉的方式解决。

5）工程师确认增加的工程价款作为追加合同价款，与工程款同期支付。

6）因乙方自身原因导致的工程变更，乙方无权要求追加合同价款。

【例7-3】 某合同钻孔桩的工程情况是，直径为 1.0m 的共计长 1501m；直径为 1.2m 的共计长 8178m；直径为 1.3m 的共计长 2017m。原合同规定选择直径为 1.0m 的钻孔桩做静载破坏试验。显然，如果选择直径为 1.2m 的钻孔桩做静载破坏试验对工程更具有代表性和指导意义。因此监理工程师决定变更。但在原工程量清单中仅有直径为 1.0m 静载破坏试验的价格，没有直接或其他可套用的价格供参考。经过认真分析，监理工程师认为，钻孔桩做静载破坏试验的费用主要由两部分构成，一部分为试验费用，另一部分为桩本身的费用，而试验方法及设备并未因试验桩直径的改变而发生变化。因此，可认为试验费用没有增减，费用的增减主要由钻孔桩直径变化而引起的桩本身的费用的变化。直径为 1.2m 的普通钻孔桩的单价在工程量清单中就可以找到，且地理位置和施工条件相近。因此，采用直径为 1.2m 的钻孔桩做静载破坏试验的费用为：直径为 1.0m 静载破坏试验费 + 直径为 1.2m 的钻孔桩的清单价格。

【例7-4】 某合同路堤土方工程完成后，发现原设计在排水方面考虑不周，为此发包人同意在适当位置增设排水管涵。在工程量清单上有 100 多道类似管涵，但承包人不同意直接从中选择适合的作为参考依据。理由是变更设计提出时间较晚，其土方已经完成并准备开始路面施工，新增工程不但打乱了其进度计划，而且二次开挖土方难度较大，特别是重新开挖用石灰土处理过的路堤，与开挖天然表土不能等同。监理工程师认为承包人的意见可以接受，不宜直接套用清单中的管涵价格。经与承包人协商，决定采用工程量清单上的几何尺寸、地理位置等条件相近的管涵价格作为新增工程的基本单价，但对其中的"土方开挖"一项在原报价基础上按某个系数予以适当提高，提高的费用叠加在基本单价上，构成新增工程价格。

2. FIDIC 施工合同条件下工程变更价款的确定方法

（1）工程变更价款确定的一般原则

承包人按照工程师的变更指令实施变更工作后，往往会涉及对变更工程价款的确定问题。变更工程的价格或费率，往往是双方协商时的焦点。计算变更工程应采用的费率或价格，可分为三种情况：

1）变更工作在工程量表中有同种工作内容的单价，应以该费率计算变更工程费用。

2）工程量表中虽然列有同类工作的单价或价格，但对具体变更工作而言已不适用，则应在原单价和价格的基础上制定合理的新单价或价格。

3）变更工作的内容在工程量表中没有同类工作的费率和价格，应按照与合同单价水平相一致的原则，确定新的费率或价格。

（2）工程变更采用新费率或价格的情况

FIDIC 施工合同条件（1999 年第一版）约定：在以下情况下宜对有关工作内容采用新的费率或价格。

1）第一种情况

① 如果此项工作实际测量的工程量比工程量表或其他报表中规定的工程量的变动大于 10%；

② 工程量的变化与该项工作规定的费率的乘积超过了中标的合同金额的 0.01%；

③ 此工程量的变化直接造成该项工作单位成本的变动超过 1%；及

④ 此项工作不是合同中规定的"固定费率项目"。

2）第二种情况

① 此工作是根据变更与调整的指示进行的；

② 合同没有规定此项工作的费率或价格；及

③ 由于该项工作与合同中的任何工作没有类似的性质或不在类似的条件下进行，故没有一个规定的费率或价格适用。

每种新的费率或价格应考虑以上描述的有关事项对合同中相关费率或价格加以合理调整后得出。如果没有相关的费率或价格可供推算新的费率或价格，应根据实施该工作的合理成本和合理利润，并考虑其他相关事项后得出。

3.《建设工程工程量清单计价规范》（GB 50500—2008）有关工程价款调整的规定

（1）招标工程以投标截止日前 28 天，非招标工程以合同签订前 28 天为基准日，其后国家的法律、法规、规章和政策发生变化影响工程造价的，应按省级或行业建设主管部门或其授权的工程造价管理机构发布的规定调整合同价款。

（2）若施工中出现施工图纸（含设计变更）与工程量清单项目特征描述不符的，发、承包双方应按新的项目特征确定相应工程量清单项目的综合单价。

（3）因分部分项工程量清单漏项或非承包人原因的工程变更，造成增加新的工程量清单项目，其对应的综合单价按下列方法确定：

1）合同中已有适用的综合单价，按合同中已有的综合单价确定；

2）合同中有类似的综合单价，参照类似的综合单价确定；

3）合同中没有适用或类似的综合单价，由承包人提出综合单价，经发包人确认后执行。

（4）因分部分项工程量清单漏项或非承包人原因的工程变更，引起措施项目发生变化，造成施工组织设计或施工方案变更，原措施费中已有的措施项目，按原措施费的组价方法调整；原措施费中没有的措施项目，由承包人根据措施项目变更情况，提出适当的措施费变更，经发包人确认后调整。

（5）因非承包人原因引起的工程量增减，该项工程量变化在合同约定幅度以内的，应执行原有的综合单价；该项工程量变化在合同约定幅度以外的，其综合单价及措施项目费应予以调整。在合同履行过程中，因非承包人原因引起的工程量增减与招标文件中提供的工程量可能有偏差，该偏差对工程量清单项目的综合单价将产生影响，是否调整综合单价以及如何调整应在合同中约定。若合同未作约定，规范条文说明指出，按以下原则办理：

1）当工程量清单项目工程量的变化幅度在 10% 以内时，其综合单价不作调整，执行原有综合单价。

2）当工程量清单项目工程量的变化幅度在 10% 以外，且其影响分部分项工程费超过 0.1% 时，其综合单价以及对应的措施费（如有）均应作调整。调整的方法是由承包人对增加的工程量或减少后剩余的工程量提出新的综合单价和措施项目费，经发包人确认后调整。

（6）若施工期内市场价格波动超出一定幅度时，应按合同约定调整工程价款；合同没有约定或约定不明确的，应按省级或行业建设主管部门或其授权的工程造价管理机构的规定调整。

（7）因不可抗力事件导致的费用，发、承包双方应按以下原则分别承担并调整工程价款。

1）工程本身的损害、因工程损害导致第三方人员伤亡和财产损失以及运至施工场地用于施工的材料和待安装的设备的损害，由发包人承担；

2）发包人、承包人人员伤亡由其所在单位负责，并承担相应费用；

3）承包人的施工机械设备损坏及停工损失，由承包人承担；

4）停工期间，承包人应发包人要求留在施工场地的必要的管理人员及保卫人员的费用，由发包人承担；

5）工程所需清理、修复费用，由发包人承担。

（8）工程价款调整报告应由受益方在合同约定时间内向合同的另一方提出，经对方确认后调整合同价款。受益方未在合同约定时间内提出工程价款调整报告的，视为不涉及合同价款的调整。

收到工程价款调整报告的一方应在合同约定时间内确认或提出协商意见，否则，视为工程价款调整报告已经确认。

（9）经发、承包双方确定调整的工程价款，作为追加（减）合同价款与工程进度款同期支付。

【例 7-5】某实施监理的工程项目，采用以直接费为计算基础的全费用综合单价计价，混凝土分项工程的全费用综合单价为 446 元/m³，直接费为 350 元/m³，间接费费率为 12%，利润率为 10%，营业税税率为 3%，城市维护建设税税率为 7%，教育费附加费率为 3%。施工合同约定：工程无预付款；进度款按月结算；工程量以监理工程师计量的结果为准；工程保留金按工程进度款的 3% 逐月扣留；监理工程师每月签发进度款的最低限额为 25 万元。

施工过程中，按建设单位要求设计单位提出了一项工程变更，施工单位认为该变更使混凝土分项工程量大幅减少，要求对合同中的单价作相应调整。建设单位则认为应按原合同单价执行，双方意见分歧，要求监理单位调解。经调解，各方达成如下共识：若最终减少的该混凝土分项工程量超过原先计划工程量的 15%，则该混凝土分项的全部工程量执行新的全费用综合单价，新的全费用综合单价的间接费和利润调整系数分别为 1.1 和 1.2，其余数据不变。该混凝土分项工程的计划工程量和经专业监理工程师计量的变更后实际工程量如表 7-3 所示。

混凝土分项工程计划工程量和实际工程量表　　　　　　表 7-3

月　　份	1	2	3	4
计划工程量（m³）	500	1200	1300	1300
实际工程量（m³）	500	1200	700	800

问题：

1. 如果建设单位和施工单位未能就工程变更的费用等达成协议，监理单位将如何处理？该项工程款最终结算时应以什么为依据？

2. 计算新的全费用综合单价，将计算方法和计算结果填入下表相应的空格中。

3. 每月的工程应付款是多少？总监理工程师签发的实际付款金额应是多少？

【解】

1.（1）监理单位应提出一个暂定的价格，作为临时支付工程进度款的依据。

（2）经监理单位协调：

1）如建设单位和施工单位达成一致，以达成的协议为依据。

2）如建设单位和施工单位不能达成一致，以法院判决或仲裁机构裁决为依据。

2. 计算新的全费用综合单价，见表 7-4。

新的全费用综合单价　　　　　　　　　　　表 7-4

序　　号	费用项目	全费用综合单价（元/m³）	
		计　算　方　法	结　　果
①	直接费	……	350
②	间接费	①×12%×1.1	46.2
③	利润	（①+②）×10%×1.2	47.54
④	计税系数	{1/[1−3%×(1+7%+3%)]−1}×100%	3.41%
⑤	含税造价	（①+②+③）×(1+④)	459

注:计税系数的计算方法也可表示为:
{3%×(1+7%+3%)/[1−3%×(1+7%+3%)]}×100%

3. 各月工程应付款分别为

一月:

（1）完成工程款:500×446=223000（元）

（2）本月应付款:223000×(1−3%)=216310（元）

（3）216310元<250000元,不签发付款凭证

二月:

（1）完成工程款:1200×446=535200（元）

（2）本月应付款:535200×(1−3%)=519144（元）

（3）519144+216310=735454（元）>250000（元）

应签发的实际付款金额:735454元

三月:

（1）完成工程款:700×446=312200（元）

（2）本月应付款:312200×(1−3%)=302834（元）

（3）302834元>250000元

应签发的实际付款金额:302834元

四月:

（1）最终累计完成工程量:500+1200+700+800=3200（m³）

较计划减少:（4300−3200)/4300×100%=25.6%>15%

（2）本月应付款:3200×459×(1−3%)−735454−302834=386448（元）

（3）应签发的实际付款金额:386448元

7.6　索赔管理

7.6.1　索赔的概念及意义

"索赔"，源自英文的 Claim 一词。《中华人民共和国民法通则》第一百一十一条规定：当事人一方不履行合同义务或者履行合同义务不符合合同条件的，另一方有权要求履行或者采取补救措施，并有权要求赔偿损失。这即是"索赔"的法律依据。《建设工程工程量清单计价规范》（GB 50500—2008）第 2.0.10 条规定："索赔"是专指工程建设的施工过程中发、承包双方在履行承发包合同时，对于非自己过错的责任事件并造成损失时，向对方提出经济补偿和（或）工期顺延要求的行为。

索赔对加强施工企业内部管理，提高市场竞争力和企业管理素质；对学习掌握国际惯例，发展对外工程承包；对保护企业合法权益，建立市场经济新秩序；对提高工程建设效益，加快经济建设的健康与快速发展，对强化合同意识，提高合同履约等，都具有非常重要的意义和作用。

7.6.2　索赔的分类

1. 按照干扰事件的性质分类

（1）工期拖延索赔

由于业主未能按合同规定提供施工条件，如未及时交付设计图纸、技术资料、场地、道路等；或非承包商原因业主指令停止工程实施；或其他不可抗力因素作用等原因，造成工程中断，或工程进度放慢，使工期拖延。承包商对此提出索赔。

（2）不可预见的外部障碍或条件索赔

如在施工期间，承包商在现场遇到一个有经验的承包商通常不能预见到的外界障碍或条件，例如地质与预计的（业主提供的资料）不同、出现未预见到的岩石、淤泥或地下水等。

（3）工程变更索赔

由于业主或工程师指令修改设计、增加或减少工程量、增加或删除部分工程、修改实施计划、变更施工次序，造成工期延长和费用损失。

（4）工程终止索赔

由于某种原因，如不可抗力因素影响，业主违约，使工程被迫在竣工前停止实施，并不再继续进行，使承包商蒙受经济损失，因此提出索赔。

（5）其他索赔

如货币贬值、汇率变化、物价、工资上涨、政策法令变化、业主推迟支付工程款等原因引起的索赔。

2. 按合同类型分类

按所签订的合同的类型，索赔可以分为：

1）总承包合同索赔，即承包商和业主之间的索赔。

2）分包合同索赔，即总承包商和分包商之间的索赔。

3）联营合同索赔，即联营成员之间的索赔。

4）劳务合同索赔，即承包商与劳务供应商之间的索赔。

5）其他合同索赔，如承包商与设备材料供应商、与保险公司、与银行等之间的索赔。

3. 按索赔要求分类

1）工期索赔，即要求业主延长工期，推迟竣工日期。

2）费用索赔，即要求业主补偿费用损失，调整合同价格。

4. 按索赔的起因分类

索赔的起因是指引起索赔事件的原因，通常有如下几类：

1）业主违约，包括业主和监理工程师没有履行合同责任；没有正确地行使合同赋予的权力，工程管理失误，不按合同支付工程款等。

2）合同错误，如合同条文不全、错误、矛盾、有二义性，设计图纸、技术规范错误等。

3）合同变更，如双方签订新的变更协议、备忘录、修正案，业主下达工程变更指令等。

4）工程环境变化，包括法律、市场物价、货币兑换率、自然条件的变化等。

5）不可抗力因素，如恶劣的气候条件、地震、洪水、战争状态、禁运等。

5. 按索赔所依据的理由分类

1）合同内索赔。即发生了合同规定给承包商以补偿的干扰事件，承包商根据合同规定提出索赔要求。这是最常见的索赔。

2）合同外索赔。指施工过程中发生的干扰事件的性质已经超过合同范围。在合同中找不出具体的依据，一般必须根据适用于合同关系的法律解决索赔问题。例如施工过程中发生重大的民事侵权行为造成承包商损失。

3）道义索赔。承包商索赔没有合同理由，例如对干扰事件业主没有违约，或业主不应承担责任。可能是由于承包商失误（如报价失误、环境调查失误等），或发生承包商应负责的风险，造成承包商重大的损失。这将极大地影响承包商的财务能力、履约积极性、履约能力甚至危及承包企业的生存。承包商提出要求，希望业主从道义，或从工程整体利益的角度给予一定的补偿。

6. 按索赔的处理方式分类

按索赔的处理方式和处理时间，索赔又可分为：

1）单项索赔。是针对某一干扰事件提出的。索赔的处理是在合同实施过程中，干扰事件发生时，或发生后立即进行。它由合同管理人员处理，并在合同规定的索赔有效期内进行。

2）总索赔，又叫一揽子索赔或综合索赔。这是在国际工程中经常采用的索赔处理和解决方法。一般在工程竣工前，承包商将施工过程中未解决的单项索赔集中起来，提出一份总索赔报告。合同双方在工程交付前或交付后进行最终谈判，以一揽子方案解决索赔问题。

通常在以下几种情况下采用一揽子索赔：

① 在施工过程中，有些单项索赔原因和影响都很复杂，不能立即解决，或双方对合同解释有争议，但合同双方都要忙于合同实施，可协商将单项索赔留到工程后期解决。

② 业主拖延答复单项索赔，使施工过程中的单项索赔得不到及时解决，最终不得已提出一揽子索赔。在国际工程中，许多业主就以拖的办法对待承包商的索赔要求，常常使索赔和索赔谈判旷日持久，使许多单项索赔要求集中起来。

③ 在一些复杂的工程中，当干扰事件多，几个干扰事件一齐发生，或有一定的连贯性、互相影响大，难以一一分清，则可以综合在一起提出索赔。

④ 工期索赔一般都在施工后期一揽子解决。

7.6.3   索赔原则

（1）索赔必须以合同为依据

遇索赔事件时，监理工程师应站在客观公正的立场上，依合同为依据审查索赔要求的合理性、索赔价款的正确性。另外，承包商也只有以合同为依据提出索赔时，才容易索赔成功。

（2）及时、合理处理索赔

如承包方的合理索赔要求长时间得不到解决，积累下来可能会影响其资金周转，从而影响工程进度。此外，索赔初期可能只是普通的信件来往的单项索赔，拖到后期综合索赔，将使索赔问题复杂化（如涉及利息、预期利润补偿、工程结算及责任的划分、质量的处理等），大大增加处理索赔的难度。

（3）必须注意资料的积累

积累一切可能涉及索赔论证的资料，技术问题、进度问题和其他重大问题的会议应做好文字记录，并争取会议参加者签字，作为正式文档资料。同时应建立严密的工程日志，建立业务往来文件编号档案等制度，做到处理索赔时以事实和数据为依据。

（4）加强索赔的前瞻性，有效避免过多的索赔事件的发生

监理工程师应对可能引起的索赔有所预测，及时采取补救措施，避免过多索赔事件的发生。

7.6.4 索赔的证据和文件

1. 索赔证据

索赔事件确立的前提条件是必须有正当的索赔理由，正当的索赔理由的说明须有有效证据。

（1）对索赔证据的要求

1）事实性。

2）全面性，即所提供的证据应能说明事件的全过程，不能零乱和支离破碎。

3）关联性，即索赔证据应能互相说明，相互具关联性，不能互相矛盾。

4）及时性，索赔证据的取得及提出应当及时。

5）具有法律效力。

一般要求证据必须是书面文件，有关记录、协议、纪要须是双方签述的；工程中的重大事件、特殊情况的记录、统计必须由监理工程师签证认可。

（2）索赔证据的种类

1）本工程合同协议书

2）中标通知书

3）投标书及附件

4）本合同专用条款

5）本合同通用条款

6）标准、规范及有关技术文件

7）图纸

8）工程量清单

9）工程报价单或预算书

工程变更、来往信函、指令、通知、答复、会议纪要等应视为合同协议书的组成部分。由于构成索赔证据的内容广泛，有时会形成相互抵触（或矛盾），或作不同解释的情况，导致合同纠纷。根据我国有关规定，合同文件应能互相解释、互为说明，除合同另有约定外，上述索赔证据的种类排序即为其组成和解释顺序。

2. 索赔文件

它是承包商向业主索赔的正式书面材料，也是业主审议承包商索赔请求的主要依据，它包括索赔信、索赔报告、附件三部分。

（1）索赔信

它是一封承包商致业主或其代表的简短信函，应提纲挈领地把索赔文件的各部分贯通起来，它包括：①说明索赔事件；②列举索赔理由；③提出索赔金额与理由；④索赔附件说明。

（2）索赔报告

它是索赔材料的正文，一般包括三个主要部分。首先是报告的标题，应言简意赅地概括出索赔的核心内容；其次是事实与理由，该部分陈述客观事实，合理引用合同规定，建立事实与索赔损失间的因果关系，说明索赔的合理合法性；最后是损失与要求索赔金额与工期，在此只需列举各项明细数字及汇总即可。编制索赔报告时应注意以下几方面：①对索赔事件要叙述清楚明确，避免采用"可能"、"也许"等估计猜测性语言，造成索赔说服力不强。②报告中要强调事件的不可预见性和突发性，并且承包商为避免和减轻该事件的影响和损失已尽了最大的努力，采取了能够采取的措施，从而使索赔理由更加充分，更易于对方接受。③责任要分析清楚，报告中要明确对方的全部责任。④计算索赔值要合理、准确。要将计算的依据、方法、结果详细说明列出，这样易于对方接受，减少争议和纠纷。

（3）附件

内容包括①索赔报告中所列举事实、理由、影响等证明文件和证据；②详细计算书，为简明起见也可以用大量图表。

费用索赔申请表如表 7-5 所示。

费用索赔申请（核准）表　　　　表 7-5

工程名称：××中学教师住宅工程	标段：	编号：001

致：××中学住宅建设办公室

根据施工合同条款第 12 条的约定，由于你方工作需要的原因，我方要求索赔金额（大写）贰仟壹佰叁拾伍元捌角柒分（小写2135.87 元），请予核准。

附：1. 费用索赔的详细理由和依据：根据发包人"关于暂停施工的通知"（详附件 1）

2. 索赔金额的计算：详附件 2

3. 证明材料：监理工程师确认的现场工人、机械、周转材料数量及租赁合同（略）

承包人（章）（略）

承包人代表 ×××

日　　　期×××年×月×日

复核意见：	复核意见：
根据施工合同条款第 12 条的约定，你方提出的费用索赔申请经复核： □不同意此项索赔，具体意见见附件。 ☑同意此项索赔，索赔金额的计算，由造价工程师复核。 监理工程师 ××× 日　　　期×××年×月×日	根据施工合同条款第 12 条的约定，你方提出的费用索赔申请经复核，索赔金额为（大写）贰仟壹佰叁拾伍元捌角柒分（小写2135.87 元）。 造价工程师　××× 日　　　期×××年×月×日

审核意见：

□不同意此项索赔

☑同意此项索赔，与本期进度款同期支付。

发包人（章）（略）

发包人代表 ×××

日　　　期×××年×月×日

注：1. 在选择栏中的"□"内作标识"√"。

2. 本表一式四份，由承包人填报，发包人、监理人、造价咨询人、承包人各存一份。

7.6.5 索赔的基本程序及时限

在工程项目施工阶段，每出现一个索赔事件，都应按国家有关规定、国际惯例和工程项目合同条件的规定，认真及时协商解决。一般索赔程序如下：

1. 索赔意向通知

在索赔事件发生后，承包商应抓住索赔机会，迅速作出反应。承包商应在索赔事件发生后的 28 天内向工程师递交索赔意向通知，声明将对此索赔事件提出索赔。该意向通知是承包商就具体的索赔事件向工程师和业主表示的索赔愿望和要求。如果超过这个期限，工程师和业主有权拒绝承包商的索赔要求。

2. 索赔的准备

当索赔事件发生，承包商就应进行索赔处理工作，直到正式向工程师和业主提交索赔报告。这一阶段包括许多具体的复杂的工作，主要有：

1）事态调查，即寻找索赔机会。通过对合同实施的跟踪、分析、诊断，发现索赔机会，则应对它进行详细的调查和跟踪，以了解事件经过、前因后果，掌握事件翔实情况；

2）损害事件原因分析。即分析这些损害事件是由谁引起的，它的责任应由谁承担。一般只有非承包商责任的损害事件才有可能提出索赔；

3）索赔根据，即索赔理由，主要指合同文件。必须按合同判明这些索赔事件是否违反合同，是否在合同规定的索赔范围之内，只有符合合同规定的索赔要求才有合法性；

4）损失调查，即为索赔事件的影响分析。它主要表现在工期的延长和费用的增加。如果索赔事件不造成损失，则无索赔可言。调查损失的重点是收集、分析、对比实际和计划的施工进度，工程成本和费用方面的资料，在此基础上计算索赔值；

5）收集证据，索赔事件发生，承包商就应抓紧收集证据，并在索赔事件持续期间一直保持有完整的当时记录。同样，这也是索赔要求有效的前提条件。如果在索赔报告中提不出证明其索赔理由、索赔事件的影响、索赔值的计算等方面的详细资料，索赔要求是不能成立的。在实际工程中，许多索赔要求都因没有或缺少书面证据而得不到合理的解决。所以承包商必须对这个问题有足够的重视。通常承包商应按工程师的要求做好并保持当时记录，并接受工程师的审查；

6）起草索赔报告，索赔报告是上述各项工作的结果和概括，它表达了承包商的索赔要求和支持这个要求的详细依据，它决定了承包商索赔的地位，是索赔要求能否获得有利和合理解决的关键。

3. 索赔报告递交

索赔意向通知提交后 28 天内，或工程师可能同意的其他合理时间内，承包商应递交正式的索赔报告。索赔报告的内容包括：事件发生的原因、证据资料、索赔的依据、此项索赔要求补偿的款项和工期展延天数的详细计算等有关材料。如果索赔事件持续存在，28 天还不能算出索赔额和工期展延天数时，承包商应按工程师合理要求的时间间隔（一般为 28 天），定期陆续报出每个时间段内的索赔证据资料和索赔要求，在该项索赔事件的影响结束后的 28 天内，报出最终详细报告，提出索赔论证资料和累计索赔额。

承包商从签署合同协议书以后，至他出具的同意与业主解除合同关系的"结清单"生效，都拥有索赔的权利。

7.6.6 索赔的内容

1. 承包商施工索赔的内容

承包商向业主的索赔是由于业主或其他非承包商方面原因，致使承包商在项目中付出了额外的费用或造成了损失，承包商通过合法途径和程序，运用谈判、仲裁或诉讼等手段，要求业主偿付其在施工中的费用损失或延长工期。

施工索赔的内容包括：

1）不利的自然条件与人为障碍引起的索赔。这类障碍或条件指一个有经验的承包商无法合理预见到的并在施工中发生了的，增加了施工的难度并导致承包商花费更多的时间和费用。

2）工期延长和延误索赔。它包括工期索赔和费用索赔两方面，应分别编制，因为这两方面索赔不一定同时成立。凡纯属业主和工程师方面的原因造成的工期的拖延，不仅应给承包商适当地延长工期，还应给予相应的费用补偿。

3）加速施工的索赔。有时业主或工程师会发布加速施工指令（其原因应非承包商的任何责任和原因引起），会导致施工成本增加，引起索赔，按 FIDIC 合同条款规定，可采取奖励方法解决施工的费用补偿，激励承包商克服困难，提前（或按时）完工。

4）因非承包商的任何责任和原因引起施工临时中断和工效降低引起索赔。

5）业主不正当地终止工程而引起索赔。

6）业主风险和特殊风险引起索赔。

7）物价上涨引起索赔。

8）拖欠支付工程款引起索赔。

9）法规、货币及汇率变化引起的索赔。

2. 业主反索赔的内容

（1）对承包商履约中的违约责任进行索赔

它包括以下内容：

1）工期延误反索赔。由于承包商的原因造成工期延误的。业主可要求支付延期竣工违约金，确定违约金的费率时可考虑的因素有：业主盈利损失；由于工程延误引起的贷款利息的增加；工程延期带来的附加监理费用及租用其他建筑物时的租赁费。

2）施工缺陷反索赔。如工程存在缺陷，承包商在保修期满前（或规定的时限内）未完成应负责的修补工程，业主可据此向承包商索赔，并有权雇用他人来完成工作，发生的费用由承包商承担。

3）对超额利润的索赔。如工程量增加很多（超过有效合同价的15%），使承包商在不增加任何固定成本的情况下预期收入增大，或由于法规的变化导致实际施工成本降低，业主可向承包商索赔，收回部分超额利润。

4）业主合理终止合同或承包商不正当放弃合同的索赔。此时业主有权从承包商手中收回由新承包商完成工程所需的工程款与原合同未付部分的差额。

5）由于工伤事故给业主方人员和第三方人员造成的人身或财产损失的索赔，及承包商运送建材、施工机械设备时损坏公路、桥梁或隧道时，道桥管理部门提出的索赔等。

6）对指定分包商的付款索赔。在承包商未能提供已向指定分包商付款的合理证明时，业主可据监理工程师的证明书将承包商未付给指定分包商的所有款项（扣除保留金）付给该分包商，并从应付给承包商的任何款项中扣除。

（2）对承包商提出的索赔要求进行评审、反驳与修正

它包括以下内容：

1）此项索赔是否具有合同依据、索赔理由是否充分及索赔论证是否符合逻辑。

2）索赔事件的发生是否为承包商的责任，是否为承包商应承担的风险。

3）在索赔事件初发时承包商是否采取了控制措施。据国际惯例，凡遇偶然事故发生影响工程施工时，承包商有责任采取力所能及的一切措施，防止事态扩大，尽力挽回损失。如确有事实证明承包商在当时未采取任何措施，业主可拒绝其补偿损失的要求。

4）承包商是否在合同规定的时限内（一般为发生索赔事件后的28天内）向业主和监理工程师报送索赔意向通知。

5）认真核定索赔款额，肯定其合理的索赔要求，反驳修正其不合理的要求，使之更加可靠准确。

7.6.7 加强索赔管理、控制工程成本

索赔工作关系着工程成本。应重视索赔，知道索赔，善于索赔。必须做到理

由充分，证据确凿，按时签证，讲究谈判技巧，并把索赔工作贯穿于施工的全过程。

1. 业主索赔管理措施

1）取得合同规定的各种法律上的许可，及时按合同要求向承包商提供现场进入和占用权。按合同规定将施工所需水、电、电讯线路从施工场地外部接至约定地点；开通施工场地与城乡公共道路的通道或施工场地内的主要交通干道；及时将水准点与坐标控制点以书面形式交给承包商；妥善协调处理好施工现场周围地下管线和邻接建筑物、构筑物的保护。因为如果业主不能按合同规定取得各项许可并及时提供进入现场的条件，可能会导致工程不能按照预定的时间开工或者工程拖期，从而引起承包商就工期和费用损失的索赔。

2）严格控制工程变更，特别是设计变更。通常工程变更都会造成费用的变动和时间的变化。如果变更属非承包商原因引起的，则会造成承包商的索赔。因此，业主要严格控制工程变更指令的签发。针对可以事先控制的变更原因，进行分析，预先采取有效措施加以控制。如及时向承包商提供真实准确的施工场地的工程地质和地下管网线路资料；及时组织有关单位和承包商进行图纸会审来控制由于设计错误引起的变更；不要轻易变动设计采用的材料、构件等。通常这部分费用在索赔额中占有相当大的比例，所以控制此项费用可大大降低索赔额度，这就要求业主派驻现场的代表或工程师必须有公正的立场、良好的合作精神和处理问题的能力，必须熟悉国家建设法规和建设程序，掌握建筑施工规范和验收标准，熟悉图纸和有关技术文件，并及时向设计单位反映监理、施工单位遇到的图纸问题，及时向施工、监理单位送达有关技术文件，及时处理施工单位提出的意见等。

3）按时支付工程款。业主一定要依据合同按时支付工程款。如果长期大量拖欠支付工程款，会引起承包商对工程款及其利息的索赔，或者导致承包商依据合同暂停施工、放慢施工速度，甚至终止合同，由此而带来一系列的承包商索赔。

4）按合同规定认真履行业主的义务，尽量提供施工条件，不干扰承包商的施工。例如按照合同的规定及时提供符合规定的应由业主提供的建筑材料、机械设备；及时进行图纸的批准、隐蔽工程的验收，对承包商所提问题及时进行答复；不随意变更建设计划，或改变承包商的作业顺序等。

5）加强协调与沟通，尽量避免索赔事件的发生。许多索赔事件都是由于协调与沟通不畅造成的。例如，对于合同条款或技术规范或设计图中的要求理解差异，如果经常沟通，则可能在施工之前通过协调来解决，避免索赔事件的发生；多个承包商在同一施工现场交叉干扰引起工效降低所发生的额外支出，就是进度计划协调不好所造成的。

6）加强合同管理，避免合同文件的缺陷。合同文件规定的不严谨甚至矛盾，合同中的遗漏或错误导致承包人履行合同时引起歧义而进行索赔，合同中对实际可能发生的情况未做预料和规定，缺少某些必不可少的条款，这些潜在的索赔好比定时炸弹必须要在签订合同时及时铲除掉。

2. 承包商索赔管理措施

1）加强进度计划管理。制定切实可行的进度计划，建立完善的进度控制体系，可避免由于进度计划不合理或进度管理不善造成工期延误。在进度计划编制方面，承包方应视项目的特点和施工进度的需要，编制深度不同的控制性、指导性和实施性施工的进度计划，以及按不同计划周期（年度、季度、月度和旬）的施工计划等，有了切实可行的进度计划，再辅以组织、管理、经济、技术措施来对进度进行控制，来保证工程项目总进度目标的实现。

2）加强质量管理。质量问题缺陷是业主进行索赔的一个很重要的原因，所以承包商一定要加强质量管理进行质量控制。首先要制定合理的施工方案，如果施工技术落后，方法不当，机具有缺陷，施工顺序、劳动组织安排不当，都将对工程质量的形成产生影响。其次要建立各项保证质量的技术组织措施，按照施工图和相关的技术规范组织施工，建立切实可行的质量保证体系，将责任落实到每个人、每个班组。通过对形成质量的各个影响因素进行控制，如提高人的质量意识和质量能力；正确合理地选择材料、构配件，控制材料、构配件及工程用品的质量规格、性能特性是否符合设计规定标准；制定和采用先进合理的施工工艺；对施工所用的机械设备，包括起重设备、各项加工机械、专项技术设备、检查测量仪表设备及人货两用电梯等，应根据工程需要从设备选型、主要性能参数及使用操作要求等方面加以控制；环境因素对质量的形成一般难以避免，要消除其对施工质量的不利影响，主要采取预测预防的控制方法。通过一系列的质量保证和控制作业，承包商就可以有效控制由于自身原因造成的质量缺陷，也就有效地避免了业主的索赔。

7.7 费用偏差分析

在工程的进展中，应当以资金使用计划为依据进行费用偏差分析，即定期地进行计划费用与实际费用的比较，当比较发现发生偏离时，分析偏差原因，采取适当的纠偏措施进行动态控制；同时，根据已完工程的实际支出，对工程项目进行重新的认识，并做出项目费用趋势分析，提出改进和预防偏差措施对费用进行严格控制，费用偏差分析流程如图7-8所示。

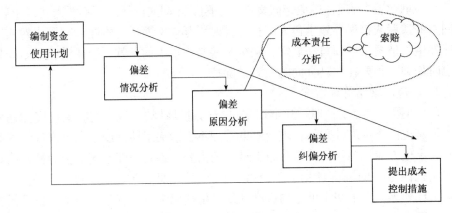

图 7-8　费用偏差分析流程

7.7.1 赢得值法

1. 赢得值法的概念

赢得值法（Earned Value Management，EVM）作为一项先进的项目管理技术，最初是美国国防部于 1967 年首次确立的。到目前为止国际上先进的工程公司已普遍采用赢得值法进行工程项目的费用、进度综合分析控制。用赢得值法进行费用、进度综合分析控制，基本参数有三项，即已完工作预算费用、计划工作预算费用和已完工作实际费用。

2. 赢得值法的三个基本参数

（1）已完工作预算费用

已完工作预算费用为 BCWP（Budgeted Cost for Work Performed），是指在某一时间已经完成的工作（或部分工作），以批准认可的预算为标准所需要的资金总额，由于业主正是根据这个值为承包人完成的工作量支付相应的费用，也就是承包人获得（挣得）的金额，故称赢得值或挣值。

$$已完工作预算费用（BCWP）=已完成工作量×预算单价 \qquad (7-4)$$

（2）计划工作预算费用

计划工作预算费用，简称 BCWS（Budgeted Cost for Work Scheduled），即根据进度计划，在某一时刻应当完成的工作（或部分工作），以预算为标准所需要的资金总额，一般来说，除非合同有变更，BCWS 在工程实施过程中应保持不变。

$$计划工作预算费用（BCWS）=计划工作量×预算单价 \qquad (7-5)$$

（3）已完工作实际费用

已完工作实际费用，简称 ACWP（Actual Cost for Work Performed），即到某一时刻为止，已完成的工作（或部分工作）所实际花费的总金额。

$$已完工作实际费用（ACWP）=已完成工作量×实际单价 \qquad (7-6)$$

3. 赢得值法的四个评价指标

在这三个基本参数的基础上，可以确定赢得值法的四个评价指标，它们也都是时间的函数。

（1）费用偏差 CV（Cost Variance）

$$费用偏差(CV) = 已完工作预算费用(BCWP) -$$
$$已完工作实际费用(ACWP) \tag{7-7}$$

当费用偏差（CV）为负值时，即表示项目运行超出预算费用；当费用偏差（CV）为正值时，表示项目运行节支，实际费用没有超出预算费用。

（2）进度偏差 SV（Schedule Variance）

$$进度偏差(SV) = 已完工作预算费用(BCWP) -$$
$$计划工作预算费用(BCWS) \tag{7-8}$$

当进度偏差（SV）为负值时，表示进度延误，即实际进度落后于计划进度；当进度偏差（SV）为正值时，表示进度提前，即实际进度快于计划进度。

（3）费用绩效指数（CPI）

$$费用绩效指数(CPI) = 已完工作预算费用(BCWP)/$$
$$已完工作实际费用(ACWP) \tag{7-9}$$

当费用绩效指数 $CPI<1$ 时，表示超支，即实际费用高于预算费用；
当费用绩效指数 $CPI>1$ 时，表示节支，即实际费用低于预算费用。

（4）进度绩效指数（SPI）

$$进度绩效指数(SPI) = 已完工作预算费用(BCWP)/$$
$$计划工作预算费用(BCWS) \tag{7-10}$$

当进度绩效指数 $SPI<1$ 时，表示进度延误，即实际进度比计划进度拖后；
当进度绩效指数 $SPI>1$ 时，表示进度提前，即实际进度比计划进度快。

在项目的费用、进度综合控制中引入赢得值法，可以克服过去进度、费用分开控制的缺点，即当我们发现费用超支时，很难立即知道是由于费用超出预算，还是由于进度提前。相反，当我们发现费用消耗低于预算时，也很难立即知道是由于费用节省，还是由于进度拖延。而引入赢得值法即可定量地判断进度、费用的执行效果。

7.7.2 费用偏差分析工具

为了清楚、形象地表达费用偏差和进度偏差，更好地进行费用偏差分析，可以借助相应的图表直观地加以反映，常用的有横道图、表格和 S 曲线。

1. 横道图

用横道图进行费用偏差分析，是用不同的横道标识已完工作预算费用（$BCWP$）、计划工作预算费用（$BCWS$）和已完工作实际费用（$ACWP$），横道的长度与其金额成正比例。见图 7-9。

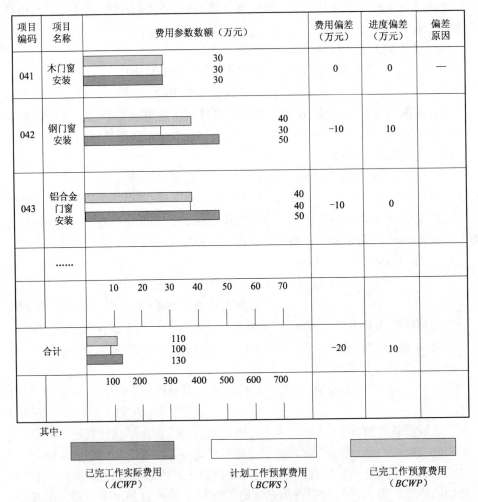

图 7-9 横道图法的费用偏差分析

横道图法具有形象、直观、一目了然等优点，它能够准确表达出费用的绝对偏差，而且能一眼感受到偏差的严重性。但这种方法反映的信息量少，一般在项目的较高管理层应用。

2. 表格法

表格法是进行偏差分析最常用的一种方法。它将项目编号、名称、各费用参数以及费用偏差数综合归纳入一张表格中，并且直接在表格中进行比较。由于各偏差参数都在表中列出，使得费用管理者能够综合地了解并处理这些数据。

用表格法进行偏差分析具有如下优点：

1）灵活、适用性强。可根据实际需要设计表格，进行增减项。

2）信息量大。可以反映偏差分析所需的资料，从而有利于费用控制人员及时采取针对性措施，加强控制。

3）表格处理可借助于计算机，从而节约大量数据处理所需的人力，并大大提高速度。

表 7-6 是用表格法进行偏差分析的例子。

费用偏差分析表　　　　　　　　　　　　　　　　　　　　表 7-6

项目编码	(1)	041	042	043
项目名称	(2)	木门窗安装	钢门窗安装	铝合金门窗安装
单　　位	(3)			
预算(计划)单价	(4)			
计划工作量	(5)			
计划工作预算费用(BCWS)	(6) = (5) × (4)	30	30	40
已完成工作量	(7)			
已完工作预算费用(BCWP)	(8) = (7) × (4)	30	40	40
实际单价	(9)			
其他款项	(10)			
已完工作实际费用(ACWP)	(11) = (7) × (9) + (10)	30	50	50
费用局部偏差	(12) = (8) − (11)	0	− 10	10
费用绩效指数 CPI	(13) = (8) ÷ (11)	1	0.8	0.8
费用累计偏差	(14) = $\sum$ (12)			
进度局部偏差	(15) = (8) − (6)	0	10	0
进度绩效指数 SPI	(16) = (8) ÷ (6)	1	1.33	1
进度累计偏差	(17) = $\sum$ (15)			

3. S 形曲线

在项目实施过程中，以上三个参数可以形成三条曲线，即计划工作预算费用（BCWS）、已完工作预算费用（BCWP）、已完工作实际费用（ACWP）曲线，如图 7-10 所示。

图中：$CV = BCWP − ACWP$，由于两项参数均以已完工作为计算基准，所以两项参数之差，反映项目进展的费用偏差。

$SV = BCWP − BCWS$，由于两项参数均以预算值（计划值）作为计算基准，所以两者之差，反映项目进展的进度偏差。

采用赢得值法进行费用、进度综合控制，还可以根据当前的进度、费用偏差情况，通过原因分析，对趋势进行预测，预测项目结束时的进度、费用情况。图中：

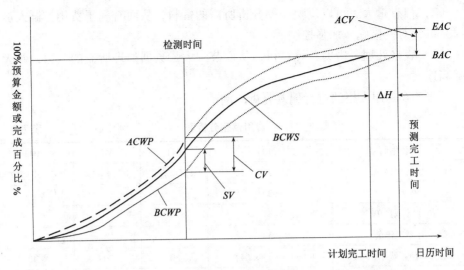

图 7-10   赢得值法评价曲线

BAC（budget at completion）——项目完工预算；

EAC（estimate at completion）——预测的项目完工估算（费用）；

ACV（at completion variance）——预测项目完工时的费用偏差；

$ACV = BAC - EAC$。

【**例 7-6**】某工程项目施工合同于 2003 年 12 月签订，约定的合同工期为 20 个月，2004 年 1 月开始正式施工，施工单位按合同工期要求编制了混凝土结构工程施工进度时标网络计划（如图 7-11），并经专业监理工程师审核批准。

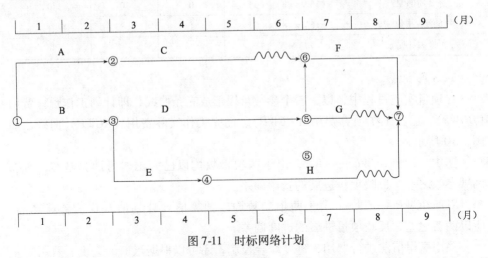

图 7-11   时标网络计划

该项目的各项工作均按最早开始时间安排，且各工作每月所完成的工程量相等。各工作的计划工程量和实际工程量如表 7-7 所示。工作 D、E、F 的实际工持续时间与计划工作持续时间相同。

计划工程量和实际工程量表　　　　　表 7-7

工　作	A	B	C	D	E	F	G	H
计划工程量（m³）	8600	9000	5400	10000	5200	6200	1000	3600
实际工程量（m³）	8600	9000	5400	9200	5000	5800	1000	5000

合同约定，混凝土结构工程综合单价为 1000 元/m³，按月结算。结算价按项目所在地混凝土结构工程价格指数进行调整，项目实施期间各月的混凝土结构工程价格指数如表 7-8 所示。

施工期间，由于建设单位原因使工作 H 的开始时间比计划的开始时间推迟 1个月，并由于工作 H 工程量的增加使该工作的工作持续时间延长了 1 个月。

工程价格指数表　　　　　表 7-8

时　　间	2003 年 12 月	2004 年 1 月	2004 年 2 月	2004 年 3 月	2004 年 4 月	2004 年 5 月	2004 年 6 月	2004 年 7 月	2004 年 8 月	2004 年 9 月
混凝土结构工程价格指数（%）	100	115	105	110	115	110	110	120	110	110

问题：

1. 请按施工进度计划编制资金使用计划（即计算每月和累计计划工作预算费用），并简要写出其步骤。计算结果填入表 7-9 中。

2. 计算工作 H 各月的已完工作预算费用和已完工作实际费用。

3. 计算混凝土结构工程已完工作预算费用和已完工作实际费用，计算结果填入表 7-9 中。

4. 列式计算 8 月末的费用偏差 CV 和进度偏差 SV。

【解】

1. 将各工作计划工程量与单价相乘后，除以该工作持续时间，得到各工作每月计划工作预算费用；再将时标网络计划中各工作分别按月纵向汇总得到每月计划工作预算费用；然后逐月累加得到各月累计计划工作预算费用。

2. H 工作 6～9 份每月完成工程量为：5000÷4＝1250（m³/月）；

H 工作 6～9 月已完工作预算费用均为：1250×1000＝125（万元）；

H 工作已完工作实际费用：

6 月份：125×110%＝137.5（万元）；

7 月份：125×120%＝150.0（万元）；

8 月份：125×110%＝137.5（万元）；

9 月份：125×110%＝137.5（万元）。

3. 计算结果填表 7-9。

计算结果（单位：万元）   表7-9

项　　目	费 用 数 据								
	1	2	3	4	5	6	7	8	9
每月计划工作预算费用	880	880	690	690	550	370	530	310	
累计计划工作预算费用	880	1760	2450	3140	3690	4060	4590	4900	
每月已完工作预算费用	880	880	660	660	410	355	515	415	125
累计已完工作预算费用	880	1760	2420	3080	3490	3845	4360	4775	4900
每月已完工作实际费用	1012	924	726	759	451	390.5	618	456.5	137.5
累计已完工作实际费用	1012	1936	2662	3421	3872	4262.5	4880.5	5337	5474.5

4. 费用偏差 CV = 已完工作预算费用 – 已完工作实际费用 = 4775 – 5337 = –562（万元），超支562万元。

进度偏差 SV = 已完工作预算费用 – 计划工作预算费用 = 4775 – 4900 = –125（万元），进度拖后125万元。

7.7.3　偏差原因分析与纠偏措施

1. 偏差原因分析

在实际执行过程中，最理想的状态是已完工作实际费用（$ACWP$）、计划工作预算费用（$BCWS$）、已完工作预算费用（$BCWP$）三条曲线靠得很近、平稳上升，表示项目按预定计划目标进行。如果三条曲线离散度不断增加，则预示可能发生关系到项目成败的重大问题。

偏差分析的一个重要目的就是要找出引起偏差的原因，从而有可能采取有针对性的措施，减少或避免相同原因的再次发生。在进行偏差原因分析时，首先应当将已经导致和可能导致偏差的各种原因逐一列举出来。导致不同工程项目产生费用偏差的原因具有一定共性，因而可以通过对已建项目的费用偏差原因进行归纳、总结，为该项目采用预防措施提供依据。

一般来说，产生费用偏差的原因有以下几种，见图7-12。

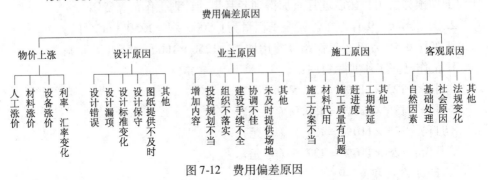

图7-12　费用偏差原因

2. 纠偏措施

通常要压缩已经超支的费用，而不损害其他目标是十分困难的，一般只有当给出的措施比原计划已选定的措施更为有利，或使工程范围减少，或生产效率提高，成本才能降低，例如：

1）寻找新的、更好更省的、效率更高的设计方案；

2）购买部分产品，而不是采用完全由自己生产的产品；

3）重新选择供应商，但会产生供应风险，选择需要时间；

4）改变实施过程；

5）变更工程范围；

6）索赔，例如向业主、承（分）包商、供应商索赔以弥补费用超支。

【案例7-1】施工方案技术经济分析

某六层单元式住宅共 54 户，建筑面积为 3949.62m²。原设计方案为砖混结构，内、外墙为 240mm 砖墙。现拟定的新方案为内浇外砌结构，外墙做法不变，内墙采用 C20 混凝土浇筑。新方案内横墙厚为 140mm，内纵墙厚为 160mm，其他部位的做法、选材及建筑标准与原方案相同。

两方案各项指标见表 7-10。

设计方案指标对比表 表 7-10

设 计 方 案	建筑面积（m²）	使用面积（m²）	概算总额（元）
砖混结构	3949.62	2797.20	4163789
内浇外砌结构	3949.62	2881.98	4300342

问题：

1. 请计算两方案如下技术经济指标：

（1）两方案建筑面积、使用面积单方造价各多少？每平方米差价多少？

（2）新方案每户增加使用面积多少平方米？多投入多少元？

2. 若作为商品房，按使用面积单方售价 5647.96 元出售，两方案的总售价相差多少？

3. 若作为商品房，按建筑面积单方售价 4000 元出售，两方案折合使用面积单方售价各为多少元？相差多少？

分析要点：

本案例主要考核利用技术经济指标对设计方案进行比较和评价，要求能准确计算各项指标值，并能根据评价指标进行设计方案的分析比较。

【答案】

问题1：

（1）两方案的建筑面积、使用面积单方造价及每平方米差价见表 7-11。

建筑面积、使用面积单方造价及每平方米差价计算表   表7-11

方 案	建 筑 面 积			使 用 面 积		
	单方造价（元/m²)	差价（元/m²)	差率（%）	单方造价（元/m²)	差价（元/m²)	差率（%）
砖混结构	4163789/3949.62 =1054.23	34.57	3.28	4163789/2797.20 =1488.56	3.59	0.24
内浇外砌结构	4300342/3949.62 =1088.80			4300342/2 881.98 =1492.15		

由表7-11可知，按单方建筑面积计算，新方案比原方案每平方米高出34.57元，约高3.28%；而按单方使用面积计算，新方案则比原方案高出3.59元，约高0.24%。

（2）每户平均增加的使用面积为：$(2881.98 - 2\,797.20)/54 = 1.57 m^2$

每户多投入：$(4300342 - 4163789)/54 = 2528.76$ 元

折合每平方米使用面积单价为：$2528.76/1.57 = 1610.68$ 元/m²

计算结构是每户增加使用面积 $1.57 m^2$，每户多投入2528.76元。

问题2：

若作为商品房按使用面积单方售价5647.96元出售，则

总销售差价 $= 2881.98 \times 5647.96 - 2797.20 \times 5647.96 = 478834$ 元

总销售额差率 $= 478834/(2797.20 \times 5647.96) = 3.03\%$

问题3：

若作为商品房按建筑面积单方售价4000元出售，则两方案的总售价均为：$3949.62 \times 4000 = 15798480$ 元

折合成使用面积单方售价：

砖混结构方案：单方售价 $= 15798480/2797.20 = 5647.96$ 元/m²

内浇外砌结构方案：单方售价 $= 15798480/2881.98 = 5481.81$ 元/m²

在保持销售总额不变的前提下，按使用面积计算，两方案

单方售价差额 $= 5647.96 - 5481.81 = 166.15$ 元/m²

单方售价差率 $= 166.15/5647.96 = 2.94\%$

【案例7-2】 工程价款结算与竣工决算

某施工单位承包某内资工程项目，甲、乙双方签订的关于工程价款的合同内容有：

1. 建筑安装工程造价660万元，建筑材料及设备费占施工产值的比重为60%；

2. 预付工程款为建筑安装工程造价的20%，工程实施后，预付工程款从未施工工程尚需的主要材料及购件的价值相当于工程款数额时起扣；

3. 工程进度款逐月计算；

4. 工程保修金为建筑安装工程造价的3%，竣工结算月一次扣留；

5. 材料价差调整按规定进行（按有关规定上半年材料价差上调10%，在6月份一次调增）。

工程各月实际完成产值见表 7-12。

各月实际完成产值（单位：万元） 表 7-12

月　　份	二	三	四	五	六
完成产值	55	110	165	220	110

问题：

1. 通常工程竣工结算的前提是什么？

2. 工程价款结算的方式有哪几种？

3. 该工程的预付工程款、起扣点为多少？

4. 该工程 2 月至 5 月每月拨付工程款为多少？累计工程款为多少？

5. 6 月份办理工程竣工结算，该工程结算造价为多少？甲方应付工程结算款为多少？

6. 该工程在保修期间发生屋面漏水，甲方多次催促乙方修理，乙方一再拖延，最后甲方另请施工单位修理，修理费 1.5 万元，该项费用如何处理？

【答案】

本案例主要考核工程结算方式，按月结算工程款的计算方法，工程预付工程款和起扣点的计算等；要求针对本案例对工程结算方式、工程预付工程款和起扣点的计算、按月结算工程款的计算方法和工程竣工结算等内容进行全面、系统地学习掌握。

问题 1：工程竣工结算的前提条件是承包商按照合同规定的内容全部完成所承包的工程，并符合合同要求，经验收质量合格。

问题 2：工程价款的结算方式主要分为按月结算、竣工后一次结算、分段结算、和双方议定的其他方式等。

问题 3：预付工程款：660 万元 × 20% = 132 万元；

起扣点：660 万元 – 132 万元/60% = 440 万元

问题 4：各月拨付工程款为：

2 月：工程款 55 万元，累计工程款 55 万元

3 月：工程款 110 万元，累计工程款 165 万元

4 月：工程款 165 万元，累计工程款 330 万元

5 月：工程款 220 万元 – （220 万元 + 330 万元 – 440 万元）× 60% = 154 万元

累计工程款 484 万元

问题 5：工程结算总造价为：660 万元 + 660 万元 × 0.6 × 10% = 699.6 万元，甲方应付工程结算款：699.6 万元 – 484 万元 – （699.6 万元 × 3%）– 132 万元 = 62.612 万元

问题 6：1.5 万元维修费应从乙方（承包方）的保修金中扣除。

8 工程项目竣工决算

【内容概述】 本章重点介绍了竣工决算的内容、编制步骤以及新增资产价值的确定等有关内容，通过综合、全面地反映竣工项目从开始建设到竣工为止的全部建设成果和财务情况，工程项目竣工决算可以为分析和检查设计概算的执行情况、考核和评价投资效果提供依据，为今后制定建设计划、降低建设成本、提高投资效果提供必要的资料。

8.1 概　　述

8.1.1　工程项目竣工决算的概念

工程项目竣工决算是指所有工程建设项目竣工后，建设单位按照国家有关规定在新建、改建和扩建工程建设项目竣工验收阶段所编制的竣工决算报告。竣工决算是以实物数量和货币指标为计量单位，综合反映竣工项目从筹建开始到项目竣工交付使用为止的全部建设费用、建设成果和财务情况的总结性文件，是竣工验收报告的重要组成部分。其中全部实际费用包括建筑工程费、安装工程费、设备工器具购置费等费用。

竣工决算是正确核定新增固定资产价值，考核分析投资效果，建立健全经济责任制的依据，是反映建设项目实际造价和投资效果的文件。建设单位要认真执行有关的财务核算办法，实事求是的编制基本工程建设项目竣工财务决算，做到编制及时，数字准确，内容完整。

8.1.2　工程项目竣工决算的作用

基本建设项目竣工财务决算是正确核定新增固定资产价值，反映竣工项目建设成果的文件，是办理固定资产交付使用手续的依据。基本建设项目竣工决算对总结基本建设过程的财务管理工作，检查竣工项目设计概算和建设计划的执行情况、考核投资效果等都具有重要作用。各编制单位要认真执行有关的财务核算办法，严肃财经纪律，实事求是地编制基本建设项目竣工财务决算，做到编报及时，数字准确，内容完整。建设项目竣工决算的作用主要表现在以下方面：

（1）建设项目竣工决算是综合、全面地反映竣工项目建设成果及财务情况的总结性文件，它采用货币指标、实物数量、建设工期和各种技术经济指标综合、全面地反映建设项目自开始建设到竣工为止的全部建设成果和财物状况。

（2）建设项目竣工决算是办理交付使用资产的依据，也是竣工验收报告的重要组成部分。建设单位与使用单位在办理交付资产的验收交接手续时，通过竣工决算反映了交付使用资产的全部价值，包括固定资产、流动资产、无形资产和长期待摊费用的价值。同时，它还详细提供了交付使用资产的名称、规格、数量、型号和价值等明细资料，是使用单位确定各项新增资产价值并登记入账的依据。

（3）建设项目竣工决算是分析和检查设计概算的执行情况，考核投资效果的依据。竣工决算反映了竣工项目计划、实际的建设规模、建设工期以及设计和实际的生产能力，反映了概算总投资和实际的建设成本，同时还反映了所达到的主要技术经济指标。通过对这些指标计划数、概算数与实际数进行对比分析，不仅可以全面掌握建设项目计划和概算执行情况，而且可以考核建设项目投资效果，为今后制订基建计划，降低建设成本，提高投资效果提供必要的资料。

8.1.3　工程项目竣工决算管理规定

1. 时限要求

项目建设单位应在项目竣工后三个月内完成竣工财务决算的编制工作，并报主管部门审核。主管部门收到竣工财务决算报告后，对于按规定由主管部门审批的项目，应及时审核批复，并报财政部备案；对于按规定报财政部审批的项目，一般应在收到决算报告后一个月内完成审核工作，并将经其审核后的决算报告报财政部（经济建设司）审批。

已具备竣工验收条件的项目，三个月内不办理竣工验收和固定资产移交手续的，视同项目已正式投产，逾期发生的费用不得从建设投资中支付，所实现的收入作为生产经营收入，不再作为基建收入管理。

2. 组织管理要求

主管部门应督促项目建设单位加强对基本建设项目竣工财务决算的组织领导，组织专门人员，及时编制竣工财务决算。设计、施工、监理等单位应积极配合建设单位做好竣工财务决算编制工作。在竣工财务决算未经批复之前，原机构不得撤销，项目负责人及财务主管人员不得调离。

8.1.4　工程结算与竣工决算

工程结算，又称为工程价款的结算，它是指施工单位（承包商）与建设单位（业主或发包人）之间，根据承包合同中的相关规定进行的财务结算。工程结算一般是由施工单位根据合同价格和实际发生的增加或减少费用的变化等情况进行编制，建设单位审核同意后，按合同规定签字盖章，最后通过相关银行按照规定的程序向业主收取工程价款的一项经济活动。

工程价款结算可以根据不同情况采取多种结算方式，主要有按月结算、分段结算、竣工后一次结算以及双方约定的其他结算方式等，单位工程或工程项目竣工后进行竣工结算。

工程项目竣工决算是以工程竣工结算为基础进行编制的，是在整个建设项目竣工结算的基础上，加上从筹建开始到工程全部竣工有关基本建设的其他工程费用支出，便构成了工程建设项目竣工决算的主体。

工程结算和工程项目竣工决算的区别主要表现在以下几个方面：

（1）编制单位不同。工程结算是由施工单位编制的，竣工决算是由建设单位编制的。

（2）编制范围不同。工程结算可以是按月结算、分段结算，对于投资较少或建设期较短的工程项目也可以是竣工后一次结算。而竣工决算是针对建设项目编制的，必须在整个工程建设项目全部竣工后，才可以进行编制。

（3）编制作用不同。工程结算是建设单位和施工单位结算工程价款的依据，是核对施工单位生产成果和考核工程成本的依据，是建设单位编制工程建设项目竣工决算的依据。而竣工决算是建设单位考核基本建设投资效果的依据，是正确确定新增固定资产价值的依据。

8.2　工程项目竣工决算的内容

竣工决算由竣工决算报告情况说明书、竣工财务决算报表、建设工程竣工图和工程造价比较分析等四部分组成。前两部分又称工程建设项目竣工财务决算，是竣工决算的核心内容。基本建设项目竣工时，应编制基本工程建设项目竣工财务决算。建设周期长、建设内容多的项目，单项工程竣工，具备交付使用条件的，可编制单项工程竣工财务决算。建设项目全部竣工后应编制竣工财务总决算。

8.2.1　竣工决算报告情况说明书

竣工决算报告情况说明书主要反映竣工工程建设成果和经验，是对竣工决算报表进行分析和补充说明的文件，是全面考核分析工程投资与造价的书面总结，其内容主要包括：

（1）建设项目概况，对工程总的评价。一般从进度、质量、安全和造价、施工方面进行分析说明。进度方面主要说明开工和竣工时间，对照合理工期和要求工期分析是提前还是延期；质量方面主要根据竣工验收委员会的验收评定等级、合格率和优良品率；安全方面主要根据劳动工资和施工部门的记录，对有无设备和人身事故进行说明；造价方面主要对照概算造价，说明节约还是超支，用金额和百分率进行分析说明。

（2）资金来源及运用等财务分析。主要包括工程价款结算、会计账务的处理、财产物资清理及债权债务的清偿情况。

（3）基本建设支出预算、投资计划和资金到位情况，以及基本建设收入、投资包干结余、竣工结余资金的上交分配情况。通过对基本建设投资包干情况的分析，说明投资包干数、实际支用数和节约额、投资包干节余的有机构成和包干节余的分配情况。

（4）基建结余资金形成等情况。

（5）概算、项目预算执行情况及各项经济技术指标分析，主要分析决算与概算的差异及原因。概算执行情况分析，根据实际投资完成额与概算进行对比分析；新增生产能力的效益分析，说明支付使用财产占总投资额的比例、占支付使用财产的比例，不增加固定资产的造价占投资总额的比例，分析有机构成和成果。

（6）尾工及预留费用情况。

（7）历次审计、核查、稽查及整改情况。

（8）主要技术经济指标的分析、计算情况。

（9）基本建设项目管理经验、项目管理和财务管理工作以及竣工财务决算中有待解决的问题。

（10）预备费动用情况。

（11）招投标情况、工程政府采购情况、合同（协议）履行情况。

（12）征地拆迁补偿情况、移民安置情况。

（13）需说明的其他事项。

（14）编表说明。

8.2.2 竣工财务决算报表

基本建设项目竣工财务决算大中小型划分标准为：经营性项目投资额在5000万元（含5000万元）以上、非经营性项目投资额在3000万元（含3000万元）以上的为大中型项目，其他项目为小型项目。建设项目竣工财务决算报表要根据大、中型建设项目和小型建设项目分别制定。

大、中型建设项目竣工决算报表
{
建设项目竣工财务决算审批表
大、中型建设项目概况表
大、中型建设项目竣工财务决算表
大、中型建设项目交付使用资产总表
}

小型建设项目竣工财务决算报表
{
建设项目竣工财务决算审批表
竣工财务决算总表
建设项目交付使用资产明细表
}

图 8-1　各种不同类型建设项目决算报表的组成

1. 建设项目竣工财务决算审批表

该表作为竣工决算上报有关部门审批时使用，其格式按照中央级小型项目审批要求设计的，地方级项目可按审批要求作适当修改，大、中、小型项目均要按照下列要求填报此表（表8-1）。

建设项目竣工财务决算审批表　　　　　　　　　　表 8-1

建设项目法人（建设单位）		建设性质	
建设项目名称		主管部门	

开户银行意见：

（盖章）
年 月 日

专员办审批意见：

（盖章）
年 月 日

主管部门或地方财政部门审批意见：

（盖章）
年 月 日

（1）表中"建设性质"按照新建、改建、扩建、迁建和恢复建设项目等分类填列。

（2）表中"主管部门"是指建设单位的主管部门。

（3）所有建设项目均须经过开户银行签署意见后，按照有关要求进行报批：中央级小型项目由主管部门签署审批意见；中央级大、中型建设项目报所在地财政监察专员办事机构签署意见后，再由主管部门签署意见报财政部审批；地方级项目由同级财政部门签署审批意见。

（4）已具备竣工验收条件的项目，三个月内应及时填报审批表；如三个月内不办理竣工验收和固定资产移交手续的视同项目已正式投产，其费用不得从基本建设投资中支付，所实现的收入作为经营收入，不再作为基本建设收入管理。

2. 大、中型建设项目概况表

该表综合反映大、中型建设项目的基本概况，内容包括该项目总投资、建设起止时间、新增生产能力、主要材料消耗、建设成本、完成主要工程量和主要技术经济指标及基本建设支出情况（表8-2）。为全面考核和分析投资效果提供依据，可按下列要求填写：

大、中型建设项目竣工工程概况表 表 8-2

建设项目名称		建设地址				项 目	概算（元）	实际（元）	备注
主要设计单位		主要施工企业			基建支出	建筑安装工程			
占地面积（m²）	设计	实际	总投资（万元）	设计	实际	设备工具器具			
						待摊投资			
新增生产能力	能力（效益）名称		设计	实际		其中：建设单位管理费			
						其他投资			
建设起止时间	设计	自 年 月 日				待核销基建支出			
		至 年 月 日							
	实际	自 年 月 日				非经营性项目转出投资			
		至 年 月 日							
设计概算批准文号						合计			

完成主要工程量	建 设 规 模		设备（台、套、吨）	
	设 计	实 际	设 计	实 际

收尾工程	工程项目内容	已完成投资额	尚需投资额	完成时间
	小 计			

（1）建设项目名称、建设地址、主要设计单位和主要施工单位，要按全称填列；

（2）表中各项目的设计、概算、计划等指标，根据批准的设计文件和概算、计划等确定的数字填列；

（3）表中所列新增生产能力、完成主要工程量、主要材料消耗的实际数据，根据建设单位统计资料和施工单位提供的有关成本核算资料填列；

（4）表中"主要技术经济指标"包括单位面积造价、单位生产能力投资、单位投资增加的生产能力、单位生产成本和投资回收年限等反映投资效果的综合性指标，根据概算和主管部门规定的内容分别按概算和实际填列；

（5）表中基建支出是指建设项目从开工起至竣工为止发生的全部基本建设支出，包括形成资产价值的交付使用资产，如固定资产、流动资产、无形资产、长期待摊费用支出，还包括不形成资产价值按照规定应核销的非经营项目的待核销基建支出和转出投资。上述支出，应根据财政部门历年批准的"基建投资表"

中的有关数据填列。按照财政部印发财基字〔1998〕4号关于《基本建设财务管理若干规定》的通知，需要注意以下几点：

① 建筑安装工程投资支出、设备工器具投资支出、待摊投资支出和其他投资支出构成建设项目的建设成本。

② 待核销基建支出是指非经营性项目发生的江河清障、补助群众造林、水土保持、城市绿化、取消项目可行性研究费、项目报废等不能形成资产部分的投资。对于能够形成资产部分的投资，应计入交付使用资产价值。

③ 非经营性项目转出投资支出是指非经营项目为项目配套的专用设施投资，包括专用道路、专用通信设施、送变电站、地下管道等，其产权不属于本单位的投资支出，对于产权归属本单位的，应计入交付使用资产价值。

（6）表中"初步设计和概算批准日期、文号"，按最后经批准的日期和文件号填列；

（7）表中收尾工程是指全部工程项目验收后尚遗留的少量收尾工程，在表中应明确填写收尾工程内容、完成时间，这部分工程的实际成本可根据实际情况进行估算并加以说明，完工后不再编制竣工决算。

3. 大、中型建设项目竣工财务决算表

该表反映竣工的大中型建设项目从开工到竣工为止全部资金来源和资金运用的情况，它是考核和分析投资效果，落实结余资金，并作为报告上级核销基本建设支出和基本建设拨款的依据。在编制该表前，应先编制出项目竣工年度财务决算，根据编制出的竣工年度财务决算和历年财务决算编制项目的竣工财务决算。此表采用平衡表形式，即资金来源合计等于资金支出合计（表8-3）。具体编制方法是：

大、中型建设项目竣工财务决算表（单位：元）　　　　表8-3

资 金 来 源	金额	资 金 占 用	金额	补 充 资 料
一、基建拨款		一、基本建设支出		1. 基建投资借款期末余额
1. 预算拨款		1. 交付使用资产		
2. 基建基金拨款		2. 在建工程		2. 应收生产单位投资借款期末余额
其中：国债专项资金拨款		3. 待核销基建支出		
3. 专项建设基金拨款		4. 非经营项目转出投资		3. 基建结余资金
4. 进口设备转账拨款		二、应收生产单位投资借款		
5. 器材转账拨款		三、拨付所属投资借款		
6. 煤代油专用基金拨款		四、器材		
7. 自筹资金拨款		其中：待处理器材损失		
8. 其他拨款		五、货币资金		

续表

资 金 来 源	金额	资 金 占 用	金额	补 充 资 料
二、项目资本		六、预付及应收款		
1. 国家资本		七、有价证券		
2. 法人资本		八、固定资产		
3. 个人资本		固定资产原价		
4. 外商资本		减：累计折旧		
三、项目资本公积		固定资产净值		
四、基建借款		固定资产清理		
其中：国债转贷		待处理固定资产损失		
五、上级拨入投资借款				
六、企业债券资金				
七、待冲基建支出				
八、应付款				
九、未交款				
1. 未交税金				
2. 其他未交款				
十、上级拨入资金				
十一、留成收入				
合　　　计		合　　　计		

补充资料：基建投资借款期末余额；
　　　　　应收生产单位投资借款期末数；
　　　　　基建结余资金。

（1）资金来源

资金来源包括基建拨款、项目资本金、项目资本公积金、基建借款、上级拨入投资借款、企业债券资金、待冲基建支出、应付款和未交款以及上级拨入资金和企业留成收入等。

① 项目资本金是指经营性投资者按国家有关项目资本金的规定，筹集并投入项目的非负债资金，在项目竣工后，相应转为生产经营企业的国家资本金、法人资本金、个人资本金和外商资本金；

② 项目资本公积金是指经营性项目对投资者实际缴付的出资额超过其资金的差额（包括发行股票的溢价净收入）、资产评估确认价值或者合同、协议约定价值与原账面净值的差额、接收捐赠的财产、资本汇率折算差额，在项目建设期间作为资本公积金、项目建成交付使用并办理竣工决算后，转为生产经营企业的资本公积金。

（2）表中"交付使用资产"、"预算拨款"、"自筹资金拨款"、"其他拨款"、"项目资本"、"基建投资借款"、"其他借款"项目，是指自开工建设至竣工的累计数，上述有关指标应根据历年批复的年度基本建设财务决算和竣工年度的基本建设财务决算中资金平衡表相应项目的数字进行汇总填写。

（3）表中其余项目费用办理竣工验收时的结余数，根据竣工年度财务决算中资金平衡表的有关项目期末数填写。

（4）资金支出反映建设项目从开工准备到竣工全过程资金支出的情况，内容包括基建支出、应收生产单位投资借款、库存器材、货币资金、有价证券和预付及应收款以及拨付所属投资借款和库存固定资产等，资金支出总额应等于资金来源总额。

（5）补充材料的"基建投资借款期末余额"反映竣工时尚未偿还的基本投资借款额，应根据竣工年度资金平衡表内的"基建投资借款"项目期末数填写；"应收生产单位投资借款期末数"，根据竣工年度资金平衡表内的"应收生产单位投资借款"项目的期末数填写；"基建结余资金"反映竣工的结余资金，根据竣工决算表中有关项目计算填写。

（6）基建结余资金可以按下列公式计算：

$$基建结余资金 = 基建拨款 + 项目资本 + 项目资本公积金 + 基建投资借款 +$$
$$企业债券基金 + 待冲基建支出 - 基本建设支出 -$$
$$应收生产单位投资借款 \tag{8-1}$$

4. 大、中型建设项目交付使用资产总表

该表反映建设项目建成后新增固定资产、流动资产、无形资产和长期待摊费用价值的情况和价值，作为财产交接、检查投资计划完成情况和分析投资效果的依据（表8-4）。小型项目不编制"交付使用资产总表"，直接编制"交付使用资产明细表"；大、中型项目在编制"交付使用资产总表"的同时，还需编制"交付使用资产明细表"。大、中型建设项目交付使用资产总表具体编制方法是：

大、中型建设项目交付使用资产总表（单位：元）　　　表8-4

序号	单项工程项目名称	总计	固定资产				流动资产	无形资产	长期待摊费用
			合计	建安工程	设备	其他			
1	2	3	4	5	6	7	8	9	10

交付单位：　　　　负责人：　　　　　接收单位：　　　　负责人：
盖章　　　　　　　年 月 日　　　　盖单　　　　　　　年 月 日

（1）表中各栏目数据根据"交付使用明细表"的固定资产、流动资产、无形资产、长期待摊费用的各相应项目的汇总数分别填写，表中总计栏的总计数应与竣工财务决算表中的交付使用资产的金额一致。

（2）表中第2、7、8、9、10栏的合计数，应分别与竣工财务决算表交付使用的固定资产、流动资产、无形资产、长期待摊费用的数据相符。

5. 建设项目交付使用资产明细表

该表反映交付使用的固定资产、流动资产、无形资产和长期待摊费用及其价值的明细情况，是办理资产交接的依据和接收单位登记资产账目的依据，是使用单位建立资产明细账和登记新增资产价值的依据。大、中型和小型建设项目均需编制此表（表8-5）。编制时要做到齐全完整，数字准确，各栏目价值应与会计账目中相应科目的数据保持一致。建设项目交付使用资产明细表具体编制方法是：

（1）表中"建筑工程"项目应按单项工程名称填列其结构、面积和价值。其中"结构"是指项目按钢结构、钢筋混凝土结构、混合结构等结构形式填写；面积则按各项目实际完成面积填列；价值按交付使用资产的实际价值填写。

（2）表中"固定资产"部分要在逐项盘点后，根据盘点实际情况填写，工具、器具和家具等低值易耗品可分类填写。

（3）表中"流动资产"、"无形资产"、"长期待摊费用"项目应根据建设单位实际交付的名称和价值分别填列。

建设项目交付使用资产明细表　　　　　　　　　表 8-5

单项工程项目名称	建筑工程			设备、工具、器具、家具						流动资产		无形资产		长期待摊费用	
	结构	面积(m²)	价值(元)	名称	规格型号	单位	数量	价值(元)	设备安装费(元)	名称	价值(元)	名称	价值(元)	名称	价值(元)
合计															

交付单位：　　　负责人：　　　　接收单位：　　　负责人：
盖章　　　　　年 月 日　　　盖单　　　　　年 月 日

6. 小型建设项目竣工财务决算总表

由于小型建设项目内容比较简单，因此可将工程概况与财务情况合并编制一张"竣工财务决算总表"，该表主要反映小型建设项目的全部工程和财务情况（表8-6）。具体编制时可参照大、中型建设项目概况表指标和大、中型建设项目竣工财务决算表指标口径填写。

小型建设项目竣工财务决算总表　　　　　表 8-6

建设项目名称			建设地址				资金来源		资金运用	
初步设计概算批准文号							项　目	金额（元）	项　目	金额（元）
							一、基建拨款 其中：预算拨款		一、交付使用资产	
									二、待核销基建支出	
占地面积	计划	实际	投资（万元）	计划		实际		二、项目资本		三、非经营项目转出投资
				固定资产	流动资产	固定资产	流动资产			
							三、项目资本公积金			
新增生产能力	能力（效益）名称		设计	实际			四、基建借款		四、应收生产单位投资借款	
							五、上级拨入借款			
建设起止时间	计划		从　年　月开工 至　年　月竣工				六、企业债券资金		五、拨付所属投资借款	
	实际		从　年　月开工 至　年　月竣工				七、待冲基建支出		六、器材	
基建支出	项　目			概算（元）	实际（元）		八、应付款		七、货币资金	
	建筑安装工程						九、未付款 其中：未交基建收入 未交包干收入		八、预付及应收款	
	设备、工具、器具								九、有价证券	
	待摊投资 其中：建设单位管理费								十、原有固定资产	
							十、上级拨入资金			
	其他投资						十一、留成收入			
	待核销基建支出									
	非经营性项目转出投资									
	合计						合计		合计	

8.2.3 建设工程竣工图

建设工程竣工图是真实地记录各种地上、地下建筑物、构筑物等情况的技术文件，是工程进行竣工验收、维护改建和扩建的依据，是国家的重要技术档案。国家规定：各项新建、扩建、改建的基本建设工程，特别是基础、地下建筑、管线、井巷、桥梁、隧道、港口、水坝以及设备安装等隐蔽部位，都要编制竣工图。为确保竣工图质量，必须在施工过程中（不能在竣工后）及时做好隐蔽工程检查记录，整理好设计变更文件。其具体要求有：

（1）凡按图竣工没有变动的，由施工单位（包括总包和分包施工单位，下同）在原施工图上加盖"竣工图"标志后，即作为竣工图；

（2）凡在施工过程中，虽有一般性设计变更，但能将原施工图加以修改补充作为竣工图的，可不重新绘制，由施工单位负责在原施工图（必须是新蓝图）上注明修改的部分，并附以设计变更通知单和施工说明，加盖"竣工图"标志后，作为竣工图。

（3）凡结构形式改变、施工工艺改变、平面布置改变、项目改变以及有其他重大改变，不宜再在原施工图上修改、补充时，应重新绘制改变后的竣工图。由原设计原因造成的，由设计单位负责重新绘制；由施工原因造成的，由施工单位负责重新绘图；由其他原因造成的，由建设单位自行绘制或委托设计单位绘制。施工单位负责在新图上加盖"竣工图"标志，并附以有关记录和说明，作为竣工图。

（4）为了满足竣工验收和竣工决算需要，还应绘制反映竣工工程全部内容的工程设计平面示意图。

8.2.4　工程造价比较分析

在竣工决算报告中必须对控制工程造价所采取的措施、效果及其动态的变化进行认真的比较对比，总结经验教训。批准的概算是考核建设工程造价的依据。为考核概算执行情况，正确核定建设工程造价，财务部门需要积累概算动态变化资料，如材料价差、设备价差、人工价差、费率价差以及对工程造价有重大影响作用的设计变更资料。

在核查竣工形成的实际工程造价节约或超支的数额时，可先对比整个项目的总概算，然后将建筑安装工程费、设备工器具费和其他工程费用逐一与竣工决算表中所提供的实际数据和相关资料及批准的概算、预算指标、实际的工程造价进行对比分析，以确定竣工项目总造价是节约还是超支，并在对比的基础上，总结先进经验，找出节约和超支的内容和原因，提出改进措施。在实际工作中，应主要分析以下内容：

（1）主要实物工程量。概预算编制主要实物工程量的增减必然使工程概预算造价和竣工决算实际工程造价随之增减，因此要认真对比分析和审查工程项目的建设规模、结构、标准、工程范围等是否遵循批准的设计文件规定，其中的变更是否是按照规定的程序办理，以及它们对造价的影响如何。对于实物工程量出入比较大的情况，还必须查明原因。

（2）主要材料消耗量。在建筑安装工程投资中，材料费一般占直接工程费的70%以上，因此考核材料费的消耗是重点。在考核主要材料消耗量时，要按照竣工决算表中所列明的三大材料实际超概算的消耗量，查明是在工程的哪个环节超出量最大，再进一步查明超耗的原因。

（3）主要材料、机械台班、人工的单价。主要材料及人工的单价对工程造价的影响较大，因此，在工程竣工时应与计划价格进行比较，为工程造价分析和工程造价指数的计算提供基础，为以后类似工程提供借鉴。

以上所列内容是工程造价对比分析的重点，应侧重分析，但对具体项目应进行具体分析，究竟选择哪些内容作为考核分析的重点，应因地制宜，视项目的具体情况而定。

8.2.5   竣工决算编制的其他内容

竣工决算编制的其他内容还包括项目立项、可行性研究及初步设计批复文件（复印件）；项目历年投资计划及中央财政预算文件（复印件）；经有关部门或单位进行决算审计或审核的，需附完整的审计审核报告，报告内容应详实，其主要内容应包括：工程概况、资金来源、审核说明、审核依据、审核结果、意见和建议，并附有项目竣工决算审核汇总表、待摊投资明细表、转出投资明细表、待摊投资分配明细表；以及其他与工程项目决算相关的资料。

8.3   工程项目竣工决算的编制

8.3.1   竣工决算的编制依据

竣工决算的编制依据如下：

（1）国家有关法律法规及制度；

（2）可行性研究报告、投资估算书、初步设计或扩大初步设计、概算调整及其批准文件；

（3）历年投资计划、历年财务决算及批复文件；

（4）设计变更记录、施工记录或施工签证单及其他施工发生的费用记录；

（5）经批准的施工图预算或标底造价、招投标文件，项目合同（协议）、工程结算等有关资料；

（6）设备、材料调价文件和调价记录；

（7）有关的财务核算制度、办法以及其他有关资料。

在编制竣工决算文件之前，应系统地整理所有的相关资料，并分析它们的准确性、完整性，为准确而迅速的编制竣工决算提供必要的条件。

8.3.2   竣工决算的编制要求

为了严格执行建设项目竣工验收制度，正确核定新增固定资产价值，考核分析投资效果，建立健全经济责任制，所有新建、扩建和改建等建设项目竣工后，都应及时、完整、正确的编制好竣工决算。在编制基本建设项目竣工财务决算前，建设单位要做好各项清理工作。清理工作主要包括基本建设项目档案资料的归集整理、账务处理、财产物资的盘点核实及债权债务的清偿，做到账账、账证、账实、账表相符。各种材料、设备、工具、器具等，要逐项盘点核实，填列清单，妥善保管，或按照国家规定进行处理，不准任意侵占、挪用。

（1）按照规定组织竣工验收，保证竣工决算的及时性。及时组织竣工验收，是对建设工程的全面考核，所有的建设项目（或单项工程）按照批准的设计文件所规定的内容建成后，具备了投产和使用条件的，都要及时组织验收。对于竣工验收中发现的问题，应及时查明原因，采取措施加以解决，以保证建设项目按时交付使用和及时编制竣工决算。

（2）积累、整理竣工项目资料，保证竣工决算的完整性。积累、整理竣工项目资料是编制竣工决算的基础工作，它关系到竣工决算的完整性和质量的好坏。因此，在建设过程中，建设单位必须随时收集项目建设的各种资料，并在竣工验收前，对各种资料进行系统整理，分类立卷，为编制竣工决算提供完整的数据资料，为投产后加强固定资产管理提供依据。在工程竣工时，建设单位应将各种基础资料与竣工决算一起移交给生产单位或使用单位。

（3）清理、核对各项账目，保证竣工决算的正确性。工程竣工后，建设单位要认真核实各项交付使用资产的建设成本；做好各项账务、物资以及债权的清理结余工作，应偿还的及时偿还，该收回的应及时收回，对各种结余的材料、设备、施工机械工具等，要逐项清点核实，妥善保管，按照国家有关规定进行处理不得任意侵占；对竣工后的结余资金，要按规定上交财政部门或上级主管部门。做完上述工作，核实了各项数字的基础上，正确编制从年初起到竣工月份止的竣工年度财务决算，以便根据历年的财务决算和竣工年度财务决算进行整理汇总，编制建设项目决算。

按照规定竣工决算应在竣工项目办理验收交付手续后一个月内编好，并上报主管部门，有关财务成本部分，还应送经办行审查签证。主管部门和财政部门对报送的竣工决算审批后，建设单位即可办理决算调整和结束有关工作。

8.3.3 竣工决算的编制步骤

（1）收集、整理和分析有关依据资料

在编制竣工决算文件之前，就系统地整理所有的技术资料、工料结算的经济文件、施工图纸和各种变更与签证资料，并分析它们的准确性。完整、齐全的资料，是准确而迅速编制竣工决算的必要条件。

（2）清理各项财务、债务和结余物资

在收集、整理和分析有关资料中，要特别注意建设工程从筹建到竣工投产或使用的全部费用的各项账务，债权和债务的清理，做到工程完毕账目清晰，既要核对账目，又要查点库有实物的数量，做到账与物相等，账与账相符，对结余的各种材料、工器具和设备，要逐项清点核实，妥善管理，并按规定及时处理，收回资金。对各种往来款项要及时进行全面清理，为编制竣工决算提供准确的数据和结果。

（3）重新核实各单位工程、单项工程造价

将竣工资料与原设计图纸进行查对、核实，必要时还可实地测量。确认实际变更情况；根据经审定的施工单位竣工结算等原始资料。按照有关规定对原概预算进行增减调整，重新核定工程造价。

（4）编制建设工程竣工决算说明

按照建设工程竣工决算说明的内容要求，根据编制依据材料填写在报表中的结果，编写文字说明。

（5）填写竣工决算报表

安装建设工程决算表格中的内容，根据编制依据中的有关资料进行统计或计算各个项目和数量，并将其结果填到相应表格的栏目内，完成所有报表的填写。

（6）做好工程造价对比分析

（7）清理、装订好竣工图

（8）上报主管部门审查

将上述编写的文字说明和填写的表格经核对无误，装订成册，即为建设工程竣工决算文件。在建设单位或委托咨询单位自查的基础上，应及时将其上报主管部门并把其中财务成本部分送交开户银行签证。竣工决算在上报主管部门的同时，抄送有关设计单位。大、中型建设项目的竣工决算还应抄送财政部、建设银行总行和省、市、自治区的财政局和建设银行分行各一份。

主管部门应对项目建设单位报送的项目竣工财务决算认真审核，严格把关。审核的重点内容：项目是否按规定程序和权限进行立项、可行性研究和初步设计报批工作；项目建设超标准、超规模、超概算投资等问题审核；项目竣工财务决算金额的正确性审核；项目竣工财务决算资料的完整性审核；项目建设过程中存在主要问题的整改情况审核等。对于报财政部审批的项目竣工财务决算需附主管部门对项目竣工财务决算的审核意见及项目建设过程中存在主要问题的处理意见。

建设工程竣工决算的文件，由建设单位负责组织人员编写，在竣工建设项目办理验收使用一个月之内完成。

8.3.4   竣工决算的编制实例

【例 8-1】某一大、中型建设项目 1999 年开工建设，2000 年底有关财务核算资料如下：

1. 已经完成部分单项工程，经验收合格后，已经交付使用的资产包括：

(1) 固定资产价值 75540 万元。

(2) 为生产准备的使用期限在一年以内的备战备件、工具，器具等流动资产价值 30000 万元，期限在一年以上，单位价值在 1500 元以上的工具 60 万元。

(3) 建造期间购置的专利权、非专利技术等无形资产 2000 万元，摊销期 5 年。

(4) 筹建期间发生的开办费 80 万元。

2. 基本建设支出的项目包括：

(1) 建筑安装工程支出 16000 万元。

(2) 设备工器具投资 44000 万元。

(3) 建设单位管理费、勘察设计费等待摊投资 2400 万元。

(4) 通过出让方式购置的土地使用权形成的其他投资 110 万元。

3. 非经营项目发生的待核销基建支出 50 万元。

4. 应收生产单位投资借款 1400 万元。

5. 购置需要安装的器材 50 万元，其中待处理器材 16 万元。

6. 货币资金 470 万元。

7. 预付工程款及应收有偿调出器材款 18 万元。

8. 建设单位自用的固定资产原值 60550 万元，累计折旧 10022 万元。

反映在《资金平衡表》上的各类资金来源的期末余额是：

9. 预算拨款 52000 万元。

10. 自筹资金拨款 58000 万元。

11. 其他拨款 520 万元。

12. 建设单位向商业银行借入的借款 110000 万元。

13. 建设单位当年完成交付生产单位使用的资产价值中，200 万元属于利用投资借款形成的待冲基建支出。

14. 应付器材销售商 40 万元货款和尚未支付的应付工程款 1916 万元。

15. 未交税金 30 万元。

根据上述有关资料编制该项目竣工财务决算表（表 8-7）。

大、中型建设项目竣工财务决算表　　　　表 8-7

建设项目名称：××建设项目

资　金　来　源	金额	资　金　占　用	金额	补　充　资　料
一、基建拨款	110520	一、基本建设支出	170240	1. 基建投资借款
1. 预算拨款	52000	1. 交付使用资产	107680	期末余额
2. 基建基金拨款		2. 在建工程	62510	2. 应收生产单位
其中：国债专项资金拨款		3. 待核销基建支出	50	投资借款期末余额

续表

资　金　来　源	金额	资　金　占　用	金额	补　充　资　料
3. 专项建设基金拨款		4. 非经营项目转出投资		3. 基建结余资金
4. 进口设备转账拨款		二、应收生产单位投资借款	1400	
5. 器材转账拨款		三、拨付所属投资借款		
6. 煤代油专用基金拨款		四、器材	50	
7. 自筹资金拨款	58000	其中：待处理器材损失	16	
8. 其他拨款	520	五、货币资金	470	
二、项目资本		六、预付及应收款	18	
1. 国家资本		七、有价证券		
2. 法人资本		八、固定资产	50528	
3. 个人资本		固定资产原价	60550	
4. 外商资本		减：累计折旧	10022	
三、项目资本公积		固定资产净值	50528	
四、基建借款	110000	固定资产清理		
其中：国债转贷		待处理固定资产损失		
五、上级拨入投资借款				
六、企业债券资金				
七、待冲基建支出	200			
八、应付款	1956			
九、未交款	30			
1. 未交税金	30			
2. 其他未交款				
十、上级拨入资金				
十一、留成收入				
合　　　计	222706	合　　　计	222706	

根据财政部财建［2002］394号文件《基本建设财务管理规定》的要求

8.4　新增资产价值的确定

8.4.1　新增资产价值的分类

按照新的财务制度和企业会计准则，新增资产按资产性质可分为固定资产、流动资产、无形资产、长期待摊费用和其他资产等几大类。资产性质不同，核算方法也不同。

1. 固定资产

依据我国《企业会计准则——固定资产》的规定，固定资产是指同时具有以下特征的有形资产：为生产商品、提供劳务、出租或经营管理而持有的；使用年限超过一年；单位价值较高。不同时具备以上条件的资产为低值易耗品，应列入流动资产范围内，如企业自身使用的工具、器具、家具等。

2. 流动资产

流动资产是指可以在一年或者超过一年的营业周期内变现或者耗用的资产。它是企业资产的重要组成部分。流动资产按资产的占用形态可分为现金、银行存款、存货（指企业的库存材料、在产品、产成品、商品等）、短期投资、应收账款及预付账款。

3. 无形资产

我国《企业会计制度》和《企业会计准则——无形资产》将无形资产定义为"企业为生产商品或提供劳务、出租给他人，或为管理目的而持有的、没有物质形态的非货币性长期资产。"也就是说，无形资产是指那些由特定主体所控制的，不具有实物形态的，而对生产经营长期持续发挥作用且能带来经济效益的资源，包括专利权、商标权、著作权、土地使用权、特许经营权、非专利技术和商誉等。

4. 长期待摊费用

长期待摊费用是指企业发生的不能全部计入当年损益，应当在以后年度内分期摊销的各项费用。包括企业开办费、租入固定资产的改良支出以及摊销期限在1年以上的其他待摊费用如固定资产大修理支出、股票发行费用等。长期待摊费用应在以后年度内分期摊销，应由本期负担的借款利息、租金等，不得作为长期待摊费用处理。

5. 其他资产

其他资产是指除固定资产、无形资产、流动资产和长期待摊费用以外的资产，包括特准储备物资、银行冻结存款、冻结物资、涉及诉讼中的财产等。

8.4.2 新增资产价值的确定方法

1. 新增固定资产价值的确定

新增固定资产是建设项目竣工投产后所增加的固定资产价值，是以价值形态表示的固定资产投资最终成果的综合性指标。新增固定资产包括已经投入生产或交付使用的建筑安装工程造价、达到固定资产标准的设备工器具的购置费用、增加固定资产价值的其他费用，包括土地征用及迁移补偿费、联合试运转费、勘察设计费、项目可行性研究费、施工机构迁移费、报废工程损失、建设单位管理费等。

新增固定资产价值是以独立发挥生产能力的单项工程为对象的。单项工程建成经有关部门验收鉴定合格，正式移交生产或使用，即应计算新增固定资产价值。一次交付生产或使用的工程一次计算新增固定资产价值，分期分批交付生产或使用的工程，应分期分批计算新增固定资产价值。在计算时应注意以下几种情况：

（1）对于为了提高产品质量、改善劳动条件、节约材料消耗、保护环境而建设的附属辅助工程，只要全部建成，正式验收交付使用后就要计入新增固定资产价值。

（2）对于单项工程中不构成生产系统，但能独立发挥效益的非生产性项目，如住宅、食堂、医务所、托儿所、生活服务网点等，在建成并交付使用后，也要计算新增固定资产价值。

（3）凡购置达到固定资产标准不需安装的设备、工具、器具，应在交付使用后计入新增固定资产价值。

（4）属于新增固定资产价值的其他投资，应随同受益工程交付使用的同时一并计入。

（5）交付使用财产的成本，应按下列内容计算：

① 房屋、建筑物、管道、线路等固定资产的成本包括建筑工程成本和应分摊的待摊投资；

② 动力设备和生产设备等固定资产的成本包括需要安装设备的采购成本、安装工程成本、设备基础支柱等建筑工程成本或砌筑锅炉及各种特殊炉的建筑工程成本、应分摊的待摊投资；

③ 运输设备及其他不需要安装的设备、工具、器具、家具等固定资产一般仅计算采购成本，不计分摊的"待摊投资"。

（6）共同费用的分摊方法。新增固定资产的其他费用，如果是属于整个建设项目或两个以上单项工程的，在计算新增固定资产价值时，应在各单项工程中按比例分摊。分摊时，什么费用应由什么工程负担应按具体规定进行。一般情况下，建设单位管理费按建筑工程、安装工程、需安装设备价值总额按比例分摊，而土地征用费、勘察设计费等费用则按建筑工程造价分摊。

【例8-2】某工业建设项目及其总装车间的建筑工程费、安装工程费，需安装设备费以及应摊入费用见表8-8，计算总装车间新增固定资产价值。

分摊费用计算表（单位：万元）   表8-8

项目名称	建筑工程	安装工程	需安装设备	建设单位管理费	土地征用费	勘察设计费
建设单位竣工决算	2000	400	800	60	70	50
总装车间竣工决算	500	180	320	18.75	17.5	12.5

计算过程如下：

（1）应分摊的建设单位管理费 $= \dfrac{500 + 180 + 320}{2000 + 400 + 800} \times 60 = 18.75$（万元）

（2）应分摊的土地征用费 $= \dfrac{500}{2000} \times 70 = 17.5$（万元）

（3）应分摊的勘察设计费 $= \dfrac{500}{2000} \times 50 = 12.5$（万元）

总装车间新增固定资产价值 $= (500 + 180 + 320) + (18.75 + 17.5 + 12.5)$
$$= 1000 + 48.75 = 1048.75 \text{（万元）}$$

2. 流动资产价值的确定

流动资产是指可以在一年内或者超过一年的一个营业周期内变现或者运用的资产，包括现金及各种存款以及其他货币资金、短期投资、存货、应收及预付款项以及其他流动资产等。

（1）货币性资金。货币性资金是指现金、各种银行存款及其他货币资金，其中现金是指企业的库存现金，包括企业内部各部门用于周转使用的备用金；各种存款是指企业的各种不同类型的银行存款；其他货币资金是指除现金和银行存款以外的其他货币资金，根据实际入账价值核定。

（2）应收及预付款项。应收账款是指企业因销售商品、提供劳务等应向购货单位或受益单位收取的款项；预付款项是指企业按照购货合同预付给供货单位的购货定金或部分货款。应收及预付款项包括应收票据、应收款项、其他应收款、预付货款和待摊费用。一般情况下，应收及预付款项按企业销售商品、产品或提供劳务时的成交金额入账核算。

（3）短期投资包括股票、债券、基金。股票和债券根据是否可以上市流通分别采用市场法和收益法确定其价值。

（4）存货。存货是指企业的库存材料、在产品、产成品等。各种存货应当按照取得时的实际成本计价。存货的形成，主要有外购和自制两个途径。外购的存货，按照买价加运输费、装卸费、保险费、途中合理损耗、入库前加工、整理及挑选费用以及缴纳的税金等计价；自制的存货，按照制造过程中的各项实际支出计价。

3. 无形资产价值的确定

无形资产的计价，原则上应按取得时的实际成本计价。企业取得无形资产的途径不同，所发生的支出不一样，无形资产的计价也就不一样。

（1）无形资产的计价原则

1）投资者按无形资产作为资本金或者合作条件投入时，按评估确认或合同、协议约定的金额计价；

2）购入的无形资产，按照实际支付的价款计价；

3）企业自行开发并依法申请取得的无形资产，按开发过程中的实际支出计价；

4）企业接受捐赠的无形资产，按照发票账单所持金额或者同类无形资产的市价作价；

5）无形资产计价入账后，应在其有效使用期内分期摊销。

（2）无形资产的计价方法

1）专利权的计价。专利权分为自创和外购两类。自创专利权的价值为开发过程中的实际支出，主要包括专利的研制成本和交易成本。研制成本包括直接成本和间接成本：直接成本是指研制过程中直接投入发生的费用（主要包括材料费用、工资费用、专用设备费、资料费、咨询鉴定费、协作费、培训费和差旅费等）；间接成本是指与研制开发有关的费用（主要包括管理费、非专用设备折旧费、应分摊的公共费用及能源费用）。交易成本是指在交易过程中的费用支出（主要包括技术服务费、交易过程中的差旅费及管理费、手续费、税金）。由于专利权是具有独占性并能带来超额利润的生产要素，因此，专利权转让价格不按成本估价，而是按照其所能带来的超额收益计价。

2）商标权的计价。如果商标权是自创的，一般不作为无形资产入账，而将商标设计、制作、注册、广告宣传等发生的费用直接作为销售费用计入当期损益。只有当企业购入或转让商标时，才需要对商标权计价。商标权的计价一般根据被许可方新增的收益确定。

3）著作权的计价。著作权是作者依法对自己在文学、艺术、自然科学、社会科学和工程技术领域创作的作品所享有的专有权利。我国著作权法规定，作品的著作权一经创作完成即产生，依法取得作品原件所有权并不等于取得作品的著作权。作品的作者和作品所有权的合法受让人双方应协议区分作品著作权价值和所有权价值。其中作品的著作权价值视为无形资产，应按无形资产进行摊销。作品的所有权价值则需根据实际情况确定，若属于固定资产，则按固定资产进行折旧。在著作财产权受保护期内，很难区分著作财产权价值和作品原件所有权孰重孰轻。当著作权和作品所有权计价明显不合理的，应按合理的方法重新进行核定调整。

4）土地使用权的计价。根据取得土地使用权的方式，计价有两种情况：一种是建设单位向土地管理部门申请土地使用权并为之支付一笔出让金，在这种情况下，应作为无形资产进行核算；另一种方式是建设单位获得土地使用权是原来通过行政划拨的，这时就不能作为无形资产进行核算，只有在将土地使用权有偿转让、出租、抵押、作价入股和投资，按规定补交土地出让价款时，才能作为无形资产核算。

5）特许经营权。指在某一地区经营或销售某种特定商品的权利或是一家企业接受另一家企业使用其商标、商号、技术秘密等的权利。如：邮电通信等专营权、烟草专卖权、连锁店的分店等都属于特许经营权。

6）非专利技术的计价。非专利技术具有使用价值和价值，使用价值是非专利技术本身应具有的，非专利技术的价值在于非专利技术的使用所能产生的超额获利能力，应在研究分析其直接和间接的获利能力的基础上，准确计算出其价值。如果非专利技术是自创的，一般不作为无形资产入账，自创过程中发生的费用，按当期费用处理。对于外购非专利技术，应由法定评估机构确认后再进行估价，其方法往往通过能产生的收益采用收益法进行估价。

7）商誉的计价。商誉是指在同等条件下，由于其所处地理位置的优势，或由于经营效率高、历史悠久、人员素质高等多种原因，能获取高于正常投资报酬率所形成的价值，是能在未来期间为企业经营带来超额利润的潜在经济价值。按国际会计惯例，只有外购的商誉才能确认入账，即在企业合并时才可能予以入账。自创商誉不能入账，即使某种费用的发生与商誉的形成有某种关系，但也应确认为费用，其理由在于，无法确定哪笔支出是专为创立商誉而支出。商誉只能采取整体的方法进行计算，而不能像其他可确指的无形资产那样单项进行计算。

4. 长期待摊费用价值的确定

（1）开办费是指在筹集期间发生的费用，不能计入固定资产或无形资产价值的费用，主要包括筹建期间人员工资、办公费、员工培训费、差旅费、印刷费、注册登记费以及不计入固定资产和无形资产的构建成本的汇兑损益、利息支出等。根据现行财务制度规定，企业筹建期间发生的费用，除购置和建造固定资产以外，应先在长期待摊费用中归集，于开始生产经营起一次计入开始生产经营当期的损益。企业筹建期间开办费的价值可按其账面价值确定。

（2）以经营租赁方式租入的固定资产改良工程支出的计价，可在租赁有限期限内摊入制造费用或管理费用，也可按照预计可使用年限进行摊销。一般选择在租赁期限与预计可使用年限两者中较短的期限内平均摊销。

（3）其他长期待摊费用一般应当在受益期内平均摊销。固定资产大修理支出采取待摊方法的，实际发生的大修理支出应当在大修理间隔期内平均摊销。股票发行费是指与股票发行直接有关的费用（股票按面值发行时发生的费用或股票溢价不足以支付的费用）。股份有限公司委托其他单位发行股票支付的手续费或佣金减去发行股票冻结期间的利息收入后的相关费用，从发行股票的溢价中不够抵消的，或者无溢价的，作为长期待摊费用，在不超过 2 年的期限内平均摊销，计入管理费用。

5. 其他资产

其他资产按照实际入账价值进行核算。

9 工程项目成本风险分析与管理

【内容概述】 由于现代工程向着大型化、复杂化的趋势发展，工程项目成本成为越发难以控制的问题。一个工程项目从计划构想开始，到竣工投入使用，再到最后全寿命周期的结束，都面临着许许多多可预计、不可预计的风险因素，比如政治风险、市场风险、环境风险等，而这些风险因素往往直接影响到项目成本，因此风险管理是造价管理中非常重要的一部分。

经过多年的研究与实践，风险管理理论体系已基本建成，各种风险管理的方法和手段的运用也越来越广泛。本章从企业成本风险管理谈起，然后深入探讨了项目成本风险的管理过程，按阶段逐一分析了管理流程及具体的管理工具，能给予成本风险控制人员一定的指导。

对于建筑企业来说，成本风险管理有两个层次，位于上部的层次是企业成本风险管理，项目成本风险管理则位于下部。项目要以企业为依托，企业的发展以项目为动力，两者紧密相连，不可分割。因此，我们这里的工程项目成本风险管理也应该从企业层面和项目层面分别来论述。

9.1 建筑企业成本风险管理

企业风险管理（Enterprise Risk Management，ERM）最初是由保险业发展起来的，如今已在世界各大型企业中得到广泛运用。如果说传统意义上的风险管理是一种在风险和收益之间找到平衡点的方法，那么 ERM 视野则更加开阔。根据2004 年 10 月美国虚假财务报告委员会下属的发起人委员会 COSO（The Committee of Sponsoring Organizations of the Tread-way Commission）在 1992 年报告的基础上，结合《萨班斯——奥克斯利法案》（Sarbanes-Oxley Act）发布的《企业风险管理整合框架》，可将企业的风险管理定义为："企业风险管理是一个过程，它由一个主体的董事会、管理当局和其他人员实施，应用于战略制订并贯穿于企业之中，旨在识别可能会影响主体的潜在事项，管理风险以使其在该主体的风险容量（Risk Appetite）之内，并为主体目标的实现提供合理保证。"ERM 框架对内部控制的定义明确了以下内容：（1）是一个过程；（2）被人影响；（3）应用于战略制定；（4）贯穿整个企业的所有层级和单位；（5）旨在识别影响组织的事件并在组织的风险偏好范围内管理风险；（6）合理保证；（7）为了实现各类目标。由于新 COSO 报告提出了风险偏好、风险容忍度等概念，使得 ERM 的定义更加明确、具体。

9.1.1 建筑企业风险管理的意义

（1）美国安然、世界电信和施乐等世界知名大公司的一系列财务丑闻暴露了企业内部控制存在的问题：内部控制无法与企业的风险管理相结合。

（2）大型建筑企业既要面临着技术革新，全球化，金融衍生品市场的繁荣带来的挑战，同时也要满足各利益相关方的利益、为股东创造价值的迫切要求，企业的风险管理作为企业战略管理中的核心登上了公司治理的舞台。

（3）中国面临着自身独有的风险，如：作为世界最大的发展中国家并且是资本输出大国，但金融风险防御体系构建还很不完善；国有企业改革正处在关键的时期；企业的管理还存在种种违反规定的现象。

（4）企业全面风险管理关系到国有资产保值增值和企业持续、健康、稳定发展。2006 年，"国务院国有资产监督管理委员会"制定并下发了《中央企业全面风险管理指引》，用于指导和完善国有企业的风险管理水平。

（5）成本风险管理是企业风险管理的重要组成部分，企业成本风险管理就像是一块坚硬的磐石，是企业风险管理这座大厦最稳固的基础。控制好企业的成本风险是维持企业现金流、提高组织运行效率的有效手段。

（6）建立健全企业风险管理体系是建筑企业强化管理，增加效益的有效途径，也是整个建筑业应对新挑战，增强竞争力的有效途径。

9.1.2 建筑企业风险管理的流程和做法

不论是企业层面还是项目层面的风险管理都包括六大基本流程和八大构成要素。风险管理的基本流程为：（1）风险规划；（2）风险识别；（3）风险估计；（4）风险评价；（5）风险应对；（6）风险监控。要想实现风险管理的六个流程，就需要在企业内部设定积极的风险管理组织基调，主要包括规范的公司法人治理结构、风险管理职能部门、内部审计部门和法律事务部门以及其他有关职能部门；在每一个项目上设立专门的风险管理部门，由专人组织和负责风险管理事务；树立企业风险文化，促进企业风险管理水平、员工风险管理素质的提升；将良好的企业风险文化渗透到企业的每一个项目中去，使项目相关人员的风险管理活动成为一种自觉行为；确保相关的信息的获取和传递，以便员工以适当的方式、在适当的时机履行其职责。以上内容可以总结为企业风险管理的八大要素：内部环境、目标设定、事项识别、风险评估、风险应对、控制活动、信息与沟通、监控。风险管理人员应该以重大风险、重大事件、重大决策、重要管理和业务流程为重点，进行全面风险管理，最后建立企业的和项目的风险管理数据库。

企业管理包含了风险管理，项目管理也包含了风险管理，而企业风险管理又是项目风险管理的基础和先决条件。因此，本书的主题——建设工程成本控制在风险管理的意义上也产生了两个层面：企业的成本风险管理；以及项目的成本风险管理。建筑企业和项目是分不开的，为了更好地进行项目成本风险管理，要考虑以下建筑企业层面成本风险管理的做法：

（1）与业主、分包商建立伙伴关系

应抛弃传统的建设工程合同各方之间的对立关系，选择伙伴（Partnering）协作的工程项目管理模式，业主与建设工程参与各方在相互信任、资源共享的基础上达成协议，充分考虑各方利益，确定共同的目标，及时沟通以尽量避免争议和诉讼，相互合作解决工程建设过程中出现的问题，共同分担工程风险，保证各方利益的实现。

（2）编制企业内部定额

一个优秀的承包企业一般都有其企业定额，企业根据自身所在的地区和行业，参考预算定额，编制能够反映内部实际成本、体现企业市场竞争能力的内部定额，供投标报价和内部核算使用。它可以提高报价的准确度，也减小了实际造价与平均定额不相符情况下的成本风险。定额管理是实行计划管理，进行成本核算、成本控制和成本分析的基础。实行定额管理，对于节约使用原材料，合理组织劳动，调动劳动者的积极性，提高设备利用率和劳动生产率，降低成本，提高经济效益，都有重要的作用。

（3）培养企业风险文化

为了企业的长远发展，应在企业内部培养全体员工的风险意识，组织定期的风险管理讨论会与培训，使他们在每一个项目中能主动发挥风险意识，切实抓好成本管理。

（4）加强建筑企业本身的内部控制

企业内部控制体系，具体应包括三个相对独立的控制层次：1）在施工一线的管理人员中，必须明确业务处理权限和应承担的责任；管理层对项目部直接委派会计，对重大财务事项实施监督，确保会计信息真实，防止资产流失。2）管理层建立事后监督机制，即在会计部门常规性的会计核算的基础上，对其各个岗位、各项业务进行日常性和周期性的核查。可以在会计部门内设立一个具有相应职务的专业岗位，配备责任心强、工作能力全面的人员担任此职，并纳入程序化、规范化管理，将监督的过程和结果定期直接反馈给财务部门的负责人。3）以现有的稽核、审计、纪律检查部门为基础，成立一个独立于被审计部门的审计委员会。审计委员会通过内部常规稽核、离任审计、落实举报、监督审查企业的会计报表等手段，对会计部门实施内部控制，及时发现问题，防范和化解企业经营风险和会计风险。

（5）加强信息流动与沟通

企业须按某种形式辨别取得适当的信息，并加以沟通，使员工顺利履行其职责。企业的信息系统应包括企业的财务信息系统和管理信息系统，在条件满足时也可以建立企业的风险数据库。一个良好的信息和沟通系统可以使企业及时掌握企业营运的状况和组织中发生的问题；确保组织中每个员工均清楚地知道其所承担的特定职务及所需承担的风险，了解内控制度如何生效以及在控制制度中所扮演的角色、所担负的责任以及所负责的活动怎样与他人的工作发生关联等。

9.2 项目成本风险控制的动态过程

从系统和过程的角度来看，项目风险管理是一种系统过程活动，是项目管理过程的有机组成部分，涉及诸多因素，应用到许多系统工程的管理技术方法。根据美国项目管理学会的报告，风险管理有三个定义：

（1）风险管理是系统识别和评估风险因素的形式化过程；

（2）风险管理是识别和控制能够引起不希望变化的潜在领域和时间的形式、系统的方法；

（3）风险管理是在项目期间识别、分析风险因素、采取必要对策的决策科学与艺术的结合。

综上所述，项目风险管理是指项目管理组织对项目可能遇到的风险进行规划、识别、估计、评价、应对、监控的过程，是以科学的管理方法实现最大安全保障的实践活动的总称。

项目的风险来源、风险的形成过程、风险潜在的破坏机制、风险影响的范围和破坏力等错综复杂，单一的管理技术或单一的工程技术、财务、组织、教育和程序措施都有其局限性，都不能完全奏效。因此风险管理通过计划、组织、协调、控制等过程，综合、合理地运用各种科学方法、手段和工具，对风险进行识别、估计和评价，提出应对方法，随时监控项目进展，注视风险动态，妥善地处理风险事件造成的不利后果。

为了以最小的成本控制或避免项目损失的发生，在风险管理的过程中，必须遵循以下几个原则：

（1）经济性原则。风险管理人员在实施管理的过程中应以总成本最低为总目标。这就要求风险管理人员对效益和费用进行科学的分析和严格的估算。

（2）战略上藐视而战术上重视的原则。通过有效的风险管理，消除项目人员对风险的恐惧感，使全体项目人员团结一致，对控制风险充满信心。

（3）满意原则。不管采用什么方法，投入多少资源，项目风险的确定性是绝对的，而不确定性是相对的，即风险无法彻底消除。因此将风险控制到一定程度，能达到满意要求即可。

（4）社会性原则。项目风险管理计划和措施必须考虑项目所在范围内的受影响者；同时风险管理还应充分注意有关方面的各种法律、法规，使风险管理过程的每一步都有法可依。

9.2.1   风险规划

1. 风险规划的含义

美国的 PMBOK 认为，风险规划（Risk Planning）就是项目风险管理的一整套计划，主要包括定义项目组及成员风险管理的行动方案及方式，选择适合的风险管理方法，确定风险判断的依据等，用于对风险管理活动的计划和实践形式进行决策。它的结果将是整个项目风险管理的战略性的和寿命期的指导性纲领。在进行风险规划时，主要考虑的因素有：项目图表、风险管理策略、预定义角色和职责、雇主的风险容忍度（Tolerance）、风险管理模板和工作分解结构（WBS）等。

2. 风险规划的目的

风险规划是一个迭代过程，包括评估、控制、监控和记录项目风险的各种活动，其结果就是风险管理规划（Risk Management Plans，RMP）。风险管理规划的成果是形成一份风险管理计划文件，其中包括项目风险形式估计、风险管理计划和风险规避计划。这一套策略和方法用于辨识和跟踪风险区，拟定风险缓解方案，进行持续的风险评估，从而确定风险变化情况并配置充足的资源。

通过制定风险规划，实现下列目的：

（1）尽可能消除风险；

（2）隔离风险并使其发生可能性尽量降低；

（3）制定若干备选行动方案；

（4）建立时间和经费储备以应对不可避免的风险。

风险管理规划的目的，简单地说，就是强化有效组织、有目的的风险管理思路和途径，以预防、减轻、遏制或消除不良事件的发生及产生的影响。

3. 风险规划的过程和工具

风险规划标识了与项目相关的风险，所采取的风险评估、分析手段，制定了风险规避策略以及具体实施措施。可以从内部和外部两种视角来看待风险规划过程：外部视角详细说明过程控制、输入、输出和机制；内部视角详细说明用机制将输入转变为输出的过程活动。

根据 PMBOK，风险规划过程的定义参见图 9-1 的 IDEFO 图。IDEFO 是一个标准过程定义的符号表示法，用于为可预见的风险行动计划描述可重复的过程组件。控制（位于顶部）调节过程，输入（位于左侧）进入过程，输出（位于右侧）退出过程，机制（位于底部）支持过程。

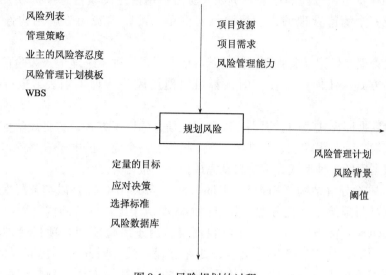

图 9-1　风险规划的过程

　　风险规划的过程活动是将按优先级排列的风险列表转变为风险应对计划所需的任务，是一种系统活动过程。风险规划的早期工作是确定项目风险管理目的和目标，明确具体区域的职责，明确需要补充的技术专业，规定评估过程的和需要考虑的区域，规定选择处理方案的程序，规定评级图，确定报告的文档需求，规定报告要求和监控衡量标准等。风险规划活动包括以下内容：

　　（1）为严重风险确定风险设想；

　　（2）制定风险应对备用方案；

　　（3）选择风险应对途径；

　　（4）制定风险行动计划；

　　（5）确定风险模板；

　　（6）确定风险数据库模式。

以上步骤可以重复使用，也可以同时使用。

　　风险管理规划的主要工具是召开风险规划会议，参加人员包括项目经理、项目主要的相关方和负责项目风险管理的团队成员。通过风险管理规划会议，可以决定风险管理的方法、工具、报告和跟踪形式以及具体的时间计划等。在风险规划会议上常用的风险规划和分析方法如下所述。

　　（1）风险管理图表

　　风险管理图表是将输入转变为输出的过程中所用的技巧和工具。它帮助人们清楚地看到风险信息的组成方式。风险管理的三个重要图表是风险核对表、风险管理表格和风险数据库模式。

风险核对表将各个侧重点进行分类以理解不同风险的特点，它可以帮助人们彻底识别在特定领域内的风险。例如，所需费用占建设项目总投资较大的事件便可组成一个亟待管理的进度风险核对清单，可以用费用分解结构作为核对清单。

风险管理表格记录着管理风险的基本信息，是一种系统地记录风险信息并跟踪到底的方式。任何人在任何时候都可以使用风险管理识别表，也可以匿名评阅。

风险数据库模式表明了识别风险和相关信息的组织方式，它将风险信息组织起来供人们查询、跟踪状态、排序和产生报告。一个简单的电子表格就可以是实现风险数据库的一种形式，它能自动完成排序、报告等。

（2）风险分解结构（Risk Breakdown Structure，RBS）是以细节层次渐增的方式描述项目风险结构化分类，其结构形式类似于工作分解结构（Work Breakdown Structure，WBS）。对于一个项目而言，由于风险管理与项目管理具有相同的生命周期，且信息产生、交换、处理过程一致，因此可以用同样的方式，将风险数据组织化和结构化。即使用WBS的分层结构方法和思想解决风险管理结构化问题，这样的风险源的分层结构就称为风险分解结构（RBS）。RBS可以定义为：基于风险源的项目风险集合，其主要作用是用于组织或定义项目所面临的全面风险。每一递降的层次表示了对项目风险更加详细的定义。RBS可以充分反映风险的层次性、有效表示风险的结构，确保找出项目所面临的所有风险要素，有助于风险管理人员全面理解项目面临的风险并指导风险管理过程。风险分解过程应该与工作分解结构同步，以提供风险管理所必需的资源和技术支持。

建立风险分解结构关键的一步是确定分解层次。多数情况下，第一层是项目总体风险，第二层是前面所确定的主要风险要素，一般要求其能完全考虑潜在的风险源，第三、第四层则是对主要风险要素的进一步细分。

9.2.2　风险识别

1. 风险识别的含义

风险识别（Risk Identification）是系统、全面地识别出影响建设工程项目目标实现的风险事件，并加以适当归类的过程。风险识别过程是描述发现风险、确认风险的主要活动和方法。在这个过程中，项目经理和风险管理团队的成员需要识别出可能对项目成本与进展有影响的风险因素、性质及风险产生的条件，记录具体风险的特征，这些特征至少应包括：

（1）风险来源（Risk Sources），描述项目背景和项目目标，指出项目的未来性和复杂性、项目环境的不确定性和项目中人的因素；

（2）风险事件（Risk Events），可能发生的会给项目带来积极或消极影响的事件；

（3）风险征兆（Risk Symptoms），又称为触发器（Triggers），指出实际风险事件的间接表现。

2. 风险识别的目的

没有风险识别的风险管理是盲目的，通过风险识别，才能使理论联系实际，把风险管理的注意力集中到具体的事件上来。通过风险识别，可以将那些可能给项目带来危害或者机遇的因素标识出来。风险识别是制定风险应对计划的依据，其主要作用有以下几点：

（1）风险识别是风险管理的基础，直接影响风险管理的决策质量和最终结果；

（2）区分项目的内在风险和外在风险，以便制作更有针对性的应对方案。内在风险指项目管理人员能加以控制和影响的风险，如人事任免和成本估计等；外在风险指超出项目管理人员控制力和影响力之外的风险，如某些市场风险或自然风险等；

（3）发现存在的或潜在的风险因素；

（4）为风险分析提供必要的信息，为风险分析打下基础；

（5）确定被研究体系的工作量；

（6）通过项目风险识别，有利于项目组成员树立项目成功的信心。

3. 风险识别的过程与工具

项目资源、项目需求和风险管理能力调节风险识别过程。成本、时间和人等项目资源将限制风险识别的范围。根据 PMBOK，风险识别过程定义参见图 9-2 的 IDEFO 图。

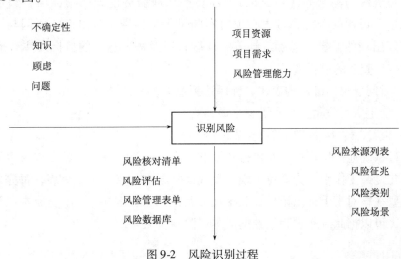

图 9-2 风险识别过程

项目风险识别过程活动的基本任务是将项目的不确定性转变为可理解的风险描述。具体来说，识别项目风险的过程一般分为5步：

第一步，确定目标，明确最重要的参与者；

第二步，收集资料，可供参考的资料有风险管理计划、本项目计划、相似项目的历史资料、工程项目环境方面的数据资料和设计施工文件、合同文件等；

第三步，估计项目风险形势，判断项目目标的现实性并确定其不确定性，分析保证项目目标实现的战略方针和战略方法，弄清项目有多少可以动用的资源；

第四步，确定风险事件并归类，根据不同的标准和原则，对风险进行组的划分，可以使用风险登记单（Risk Register）；

第五步，输出风险识别的成果，包括风险来源表、风险分类与分组、风险症状以及项目管理其他方面要求的内容。

在项目风险识别过程中一般要借助于一些技术和工具，不但识别风险的效率高而且操作规范，不容易产生遗漏。在具体应用过程中要结合项目的具体情况，组合起来应用这些工具。常用的风险识别工具叙述如下：

（1）风险检查表

风险检查表（Checklist）是项目中可能发生的许多潜在风险的列表。检查表是基于以前类比项目信息及其他相关信息编制的，其内容一般按照风险来源排列。利用检查表进行风险识别的主要优点是快而简单，缺点是受到项目可比性的限制。风险检查表的主要内容包括过去项目管理过程中成功与失败的原因；项目其他方面规划的结果（范围、融资、成本、质量、进度、采购与合同、人力资源与沟通等计划成果）；项目产品或服务的说明书；项目组成员的技能，项目可用的资源，过去在项目实施过程中种种风险出现的原因与经验教训；可能出现的差错、遗漏、缺陷和问题；以及需要达到的目标或注意事项。

制定检查表的过程如下：

1）对问题提出准确的表述，确保达到意见统一；

2）确定资料收集人员和资料来源；

3）设计一个方便实用的检查表。

经过系统地搜集资料，并进行初步的整理、分类和分析，就可以着手制作检查表。在复杂工作中，为避免出现重复或遗漏，应采取工作核对表，每完成一项任务就要在核对表上标出记号，表示任务已经结束。表9-1给出了成本风险识别的例子，可以据此制作更为细致的成本风险检查表。

成本风险检查表 表 9-1

成本风险来源	成本风险事件
内因	预算、估算不当
	成本控制部门管理能力欠佳
	项目人员决策不佳
外因	通货膨胀或汇率变化
	设计变更
	不可抗力造成的损害

（2）流程图

流程图是又一种项目风险识别时常用的工具。流程图帮助项目风险识别人员分析和了解项目风险所处的具体项目环节、项目各个环节之间存在的风险以及项目风险的起因和影响程度。

项目流程图是用于给出一个项目的工作流程，项目各个不同部分之间的相互关系等信息的图表。项目流程图包括：项目系统流程图、项目实施流程图、项目作业流程图等多种形式。绘制项目流程图的步骤是：

1）确定工作过程的起点（输入）和终点（输出）；

2）确定工作过程经历的所有步骤和判断点；

3）按顺序连接成流程图。

流程图用来描述工作的标准流程，和网络图的不同之处在于：流程图的关键在判断点，而网络图不能出现闭环和判断点；流程图描述工作的逻辑步骤，而网络图用于安排工作时间。

（3）故障树和事件树法

故障树分析（Fault Tree Analysis，FTA）是一种逻辑图表，用来表示所有可能产生损失的风险事件，从而表明"系统是怎样失效的"，此法是可靠性和安全分析的一种技术。

故障树是由门和事件（块）建立的，连接线则表示事件之间的某种特定关系，如图 9-3 所示。其中门包括或门和与门。或门指任何一个事件的发生都引起顶事件发生，与门指两个事件同时发生才能引起顶事件的发生。

事件树分析（Event Tree Analysis，ETA）起源于决策树分析，是一种按事故发展的时间顺序由初始事件开始推论可能的后果，从而进行危险源辨识的方法。在给定一个初因事件的情况下，分析此初因事件可能导致的各种事件序列的结果，从而定性或定量地评价系统中的风险因素和其抗风险能力。

（4）头脑风暴法

头脑风暴法（Brain Storm）又称智力激励法、BS 法、自由思考法，是由美国创造学家亚历克斯·奥斯本于 1939 年首次提出、1953 年正式发表的一种激发性思维的方法。此法经各国创造学研究者的实践和发展，至今已经形成了一个发明技法群，如奥斯本智力激励法、默写式智力激励法、卡片式智力激励法等。

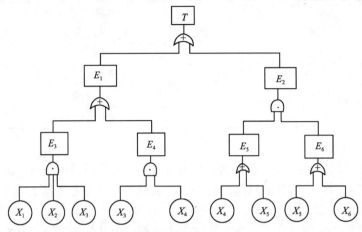

图 9-3   故障树分析示意图

采用头脑风暴法组织群体决策时，要集中有关专家召开专题会议，主持者以明确的方式向所有参与者阐明问题，说明会议的规则，尽力创造融洽轻松的会议气氛。主持者一般不发表意见，以免影响会议的自由气氛。由专家们自由提出尽可能多的方案。

头脑风暴法以共同的目标为中心，参会人员在他人的看法上提出自己的新意见，可以充分发挥集体的智慧，提高风险识别的正确性和效率。头脑风暴法包括收集意见和对意见进行评价，具体过程是：人员选择、明确中心议题、发言并记录、发言终止，最后对意见进行评价。

（5）风险问卷法

风险问卷法（Risk Questionnaire）是问卷调查法在风险识别阶段的应用。项目风险管理人员首先有目的地选择接受调查的对象，然后设计好风险识别调查问卷及问卷发放形式，最后搜集有效问卷并对其中的信息进行整理和分析。风险问卷法也可以作为头脑风暴法、德尔菲法等识别方法的辅助工具，帮助风险管理人员在更广的范围内获取有益信息。

（6）情景分析法

情景分析法（Scenarios Analysis）就是通过有关数字、图表和曲线等，对项目未来的某个状态或某种情况进行详细的描绘和分析，从而识别引起项目风险的关键因素及其影响程度的一种风险识别方法。它注重说明某些事件出现风险的条件和因素，并且还要说明当某些因素发生变化时，又会出现什么样的风险及产生什么后果等。

情景分析法可以通过筛选、检测和诊断，给出某些关键因素对于项目风险的影响。

1）筛选：按一定的程序将具有潜在风险的产品过程、事件、现象和人员进行分类选择。

2）监测：风险出现后对事件、过程、现象和后果进行观测、记录和分析的过程。

3）诊断：对项目风险及损失的前兆、风险后果与各种起因进行评价与判断。

（7）德尔菲法

德尔菲法（Delphi Method）又称专家预测法，是在20世纪40年代由赫尔姆和达尔克首创，经过戈尔登和兰德公司进一步发展而成的。德尔菲法依据系统的程序，采用匿名发表意见的方式，即团队成员之间不得互相讨论，不发生横向联系，只能与调查人员发生关系。德尔菲法是用来构造团队沟通流程，应对复杂任务和难题的管理技术。

德尔菲法是预测项目风险时的一项重要工具，在实际应用中通常可以划分三个类型：经典型德尔菲法（Classical）、策略型德尔菲法（Policy）和决策型德尔菲法（Decision Delphi）。

德尔菲法的具体实施步骤如下：

1）组成专家小组。按照课题所需要的知识范围，确定专家。

2）向所有专家提出所要预测的问题及有关要求，并附上有关这个问题的所有背景材料，同时请专家提出还需要什么材料。然后，由专家做书面答复。

3）各个专家根据他们所收到的材料，提出自己的预测意见。

4）将各位专家第一次判断意见汇总，列成图表，进行对比，再分发给各位专家，让专家比较自己同他人的不同意见，修改自己的意见和判断。

5）将所有专家的修改意见收集起来，汇总，再次分发给各位专家，以便做第二次修改。逐轮收集意见并为专家反馈信息是德尔菲法的主要环节。收集意见和信息反馈一般要经过三、四轮。在向专家进行反馈的时候，只给出各种意见，但并不说明发表各种意见的专家的具体姓名。这一过程重复进行，直到每一个专家都不再改变自己的意见为止。

6）对专家的意见进行综合处理。

德尔菲法同常见的召集专家开会、通过集体讨论、得出一致预测意见的专家会议法既有联系又有区别。德尔菲法能发挥专家会议法的优点，但这种方法的过程比较复杂，花费时间较长。

9.2.3 风险估计

1. 风险估计的含义

风险估计（Risk Estimation）又称风险分析，它是在风险规划和识别之后，通过对项目所有不确定性和风险要素全面系统地分析风险发生的概率和对项目的影响程度。风险估计分析的对象是工程项目各阶段的风险事件（而不是项目的整体风险），估计其发生的可能性、可能出现的后果、可能发生的时间和影响范围的大小。风险估计能找出主要风险，是风险评价和应对的依据。根据帕累托20/80原理，项目中只有一小部分因素对项目威胁最大，有时高风险是由于风险耦合作用引起的。

风险估计根据项目风险的特点，对已确认的风险，通过定性和定量的分析测量其发生的可能性和破坏程度，对风险按潜在危险大小进行优先排序和评价。

2. 风险估计的目的

风险估计是风险评价及应对的基础，对制定风险对策和选择风险控制方案有很大的作用。风险估计活动是为了：

（1）估计风险事件发生的可能性大小；

（2）估计风险事件发生可能的结果范围和危害程度；

（3）估计风险事件发生时间；

（4）估计风险事件发生的频率等。

3. 风险估计的过程与工具

风险估计过程活动是将识别的项目风险转变为按优先顺序排列的风险列表所需的活动。风险估计过程活动主要包括以下内容：

（1）系统研究项目风险背景信息；

（2）详细研究已辨识项目中的关键风险；

（3）使用风险估计分析方法和工具；

（4）确定风险的发生概率及其后果；

（5）作出主观判断；

（6）排列风险优先顺序。

可以用图9-4来简洁地表示风险估计的过程。

（1）风险的度量

风险可以用概率来度量，表示某个风险事件在一定条件下发生的可能性的大小。概率可以分为客观概率和主观概率，客观概率的数值客观存在，不以计算者或决策者的意志为转移；主观概率则是人们根据经验结果所作出的主观上的量度。

风险可以用函数来度量：$R = f(I, P, L)$。其中 R 指某一风险事件发生后影响项目管理目标的程度，I 指该风险因素的所有风险后果集，P 指对应于所有风险结果的概率值集，L 指人们对风险的态度或感觉。

（2）运用概率模型

风险的定义就是某个风险事件发生的不确定性，如果这种不确定性能找到一个确定的值来描述，并且将这个风险事件的后果也量化，那么我们就能根据上述两个数值的乘积来得出这个风险事件对项目的影响值。这是简单的概率加权模型在风险估计中的应用，通过这个方法，能大致确定各种风险事件的优先排序。

图 9-4　风险估计的过程

概率－影响矩阵是从这个简单的原理发展而来的实用估计方法。风险的大小由两个方面决定：风险发生的可能性；风险事件发生后对项目的影响程度，可以通过概率－影响矩阵来发现发生可能性大并且影响程度也大的风险事件，从而在接下来的风险评价和风险应对过程中重点关注。

（3）盈亏平衡分析

盈亏平衡分析（Break-Even Analysis）是通过盈亏平衡点（Break-Even Point，BEP）分析项目成本与收益的平衡关系的一种方法。各种不确定因素（如投资、成本、销售量、产品价格、项目寿命期等）的变化会影响投资方案的经济效果，当这些因素的变化达到某一临界值时，就会影响方案的取舍。盈亏平衡分析的目的就是找出这种临界值，即盈亏平衡点，判断投资方案对不确定因素变化的承受能力，为决策提供依据。盈亏平衡点越低，说明项目盈利的可能性越大，亏损的可能性越小，因而项目有较大的抗经营风险能力。

因为盈亏平衡分析是分析产量（销量）、成本与利润的关系，所以又称量本利分析。盈亏平衡点的表达形式有多种。它可以用实物产量、单位产品售价、单位产品可变成本以及年固定成本总量表示，也可以用生产能力利用率（盈亏平衡点率）等相对量表示。其中产量与生产能力利用率，是项目不确定性分析中应用较广的指标。根据生产成本、销售收入与产量（销售量）之间是否呈线性关系，盈亏平衡分析可分为：线性盈亏平衡分析和非线性盈亏平衡分析。

（4）敏感性分析

敏感性分析（Sensitivity Analysis）是指通过分析、预算项目的主要制约因素发生变化时引起项目评价指标变化的幅度，以及各种因素变化对实现预期目标的影响程度，从而确认项目对各种风险的承受能力。敏感性因素一般可选择主要参数（如销售收入、经营成本、生产能力、初始投资、寿命期、建设期、达产期等）进行分析。若某参数的小幅度变化能导致经济效果指标的较大变化，该风险因素能在很大程度上影响项目的成败，则称此参数为敏感性因素，反之则称其为非敏感性因素。敏感性分析是经济决策中常用的一种不确定分析方法，可以对单因素进行分析，也可以做多因素分析，其目的是了解各种不确定因素，区分敏感性因素和不敏感性因素，并了解它们对项目活动的影响程度。这样就使管理人员掌握项目风险水平，明确进一步的项目风险管理途径和技术方法。

（5）不确定型风险估计

不确定型风险是指那些不但它们出现的各种状态发生的概率未知，而且究竟会出现哪些状态也不能完全确定的风险。在实际的项目管理活动中，一般需要通过信息的获取把不确定型决策转化为风险型决策。由于掌握的有关项目风险的情况很少，缺乏参考资料，人们在长期的管理实践中，总结归纳了一些公认的原则作为参考，它们有等概率准则、乐观准则、悲观准则和最小后悔值准则等。

（6）贝叶斯概率法

项目风险事件的概率估计往往是在历史数据资料缺乏的情况下作出的，这种概率称之为先验概率。先验概率具有较强的不确定性，需要通过各种途径和手段（如试验、调查、统计分析等）来获得更为准确、有效的补充信息，以修正和完善先验概率。这种通过对项目进行更多、更广泛的调查研究或统计分析后，再对项目风险进行估计的方法，称为贝叶斯概率法。

贝叶斯概率法是利用概率论中的贝叶斯公式来改善对风险后果出现概率的估计，这种改善后的概率称为后验概率。为了得到这个准确度大大提高的后验概率，风险管理人员往往要付出一定的代价。

（7）主观评分法

主观评分法又称调查打分法或综合评估法，是指风险评估者利用风险调查打分表，运用主观经验和判断对风险作出评估。此法的第一步是识别出可能遇到的所有风险，列出风险表。第二步是请数位专家根据其经验，评估风险表中的风险事件的重要性。在这个过程里，专家也可以被赋予不同的权重，专家需要确定每个风险因素的权重、每个风险因素的可能性等级并打分；再将权重与其相应的等级值相乘，求出该风险因素的得分。第三步将各项风险因素的得分相加得出工程项目风险因素的总分，总分越高，项目风险越大。

9.2.4 风险评价

1. 风险评价的含义

风险评价（Risk Evaluation）是在项目风险规划、识别和估计的基础上，通过建立项目风险的系统评价模型，对项目风险因素影响进行综合分析，从而找到项目的关键风险，确定项目的整体风险水平。风险评价一般有定性和定量两种。由于各种风险的可接受或危害程度互不相同，因此就产生了哪些风险应该首先或者是否需要采取措施的问题。进行风险评价还要提出预防、减少、转移或消除风险损失的初步方法。

2. 风险评价的目的

风险评价一般有以下几个目的：

（1）对项目各风险进行比较分析和综合评价，确定他们的先后顺序。

（2）挖掘项目风险间的内在联系。例如，若遇到意料之外的技术难题，则会造成费用超支、进度拖延、质量不合格等多种后果。风险评价就是要从项目整体出发，挖掘项目各风险之间的因果关系。

（3）综合考虑各种不同风险之间相互转化的条件，研究如何才能将威胁转化为机遇。

（4）进行项目风险量化研究，进一步量化已识别风险的发生概率和后果，减少风险发生概率和后果估计中的不确定性，为风险应对和监控提供依据和管理策略。

3. 风险评价的过程和工具

风险评价过程活动是依据项目目标和评价标准，将识别和估计的结果进行系统分析，明确项目风险之间的因果联系。风险评价过程活动主要包括以下内容：

（1）系统研究项目风险背景信息。

（2）确定风险评价基准，这个基准是针对项目主体每一种风险后果确定的可接受水平。

（3）使用风险评价方法确定项目整体风险水平，在综合了所有单个风险的基础上完成。

（4）使用风险评价工具挖掘风险因素之间的关系，确定关键因素。

（5）作出项目风险的综合评价，确定项目风险状态。

通过风险评价过程，风险管理人员的成果应有风险整体水平等级、风险表和风险管理策略。

风险评价方法一般可分为定性、定量、定性与定量相结合三类，有效的项目风险评价方法一般采用定性与定量相结合的系统方法。常用的评价方法如下所述：

（1）层次分析法

层次分析法（Analytic Hierarchy Process，AHP）是美国运筹学家 T. L. Saaty 教授于 20 世纪 70 年代初期提出的，AHP 是对定性问题进行定量分析的一种简便、灵活而又实用的多准则决策方法。它的特点是把复杂问题中的各种因素通过划分为相互联系的有序层次，使之条理化，根据对一定客观现实的主观判断结构把专家意见和分析者的客观判断结果直接而有效地结合起来，将一层次元素两两比较的重要性进行定量描述。而后，利用数学方法计算反映每一层次元素的相对重要性次序的权值，通过所有层次之间的总排序计算所有元素的相对权重并进行排序。

层次分析法处理问题的基本步骤是：

1）确定评价目标，再明确方案评价的准则。

2）根据评价目标、评价准则构造递阶层次结构模型。

3）应用两两比较法构造所有的判断矩阵。

4）确定项目风险要素的相对重要度。

5）计算综合重要度。

图 9-5 简明地表示了 AHP 方法的运用过程。

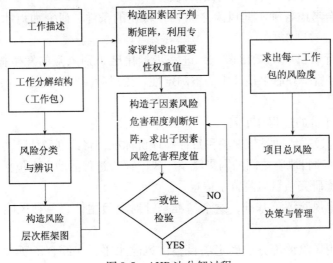

图 9-5　AHP 法分解过程

（2）决策树法

决策树（Decision Tree）由一个决策图和可能的结果（包括资源成本和风险）组成，用来创建达到目标的规划方法。决策树把方案的一系列因素按他们的相互关系用树状结构表示处理，再按一定程序进行优化和决策，是应用最广泛的归纳推理算法之一。决策树适用于多方案多阶段决策，具有形象化、有次序、直观且周密等优点。

决策树的组成部分有决策节点、分支和叶子。决策树中最上面的节点称为根节点，是整个决策树的开始。每个分支是一个新的决策节点，如果这个分支是树的结尾则称其为叶子。在沿着决策树从上到下进行分析的过程中，在每个节点都会遇到一个问题，对这个问题不同的回答导致走向不同的分支，最后会到达一个叶子节点。这个过程就是利用决策树进行分类的过程，利用几个变量（每个变量对应一个问题）来判断所属的类别（最后每个叶子会对应一个类别）。

（3）蒙特卡洛分析法

蒙特卡洛模拟法是指，当系统中各个单元的可靠性特征量已知，但系统的可靠性过于复杂，难以建立可靠性预计的精确数学模型或模型太复杂而不便应用则可用随机模拟法近似计算出系统可靠性的预计值。随着模拟次数的增多，其预计精度也逐渐提高。由于需要大量反复的计算，蒙特卡洛方法一般均用计算机来完成。

蒙特卡洛模拟法求解步骤如下：

1）根据提出的问题构造一个简单、适用的概率模型或随机模型，使问题的解对应于该模型中随机变量的某些特征（如概率、均值和方差等）。

2）根据模型中各个随机变量的分布，在计算机上产生随机数，实现一次模拟过程所需的足够数量的随机数。

3）根据概率模型的特点和随机变量的分布特性，设计和选取合适的抽样方法，并对每个随机变量进行抽样（包括直接抽样、分层抽样、相关抽样、重要抽样等）。

4）按照所建立的模型进行仿真试验、计算，求出问题的随机解，即变量的一个特征值。

5）统计分析模拟试验结果，给出问题的概率解以及解的精度估计。

9.2.5 风险应对

1. 风险应对的含义

通过对工程项目风险的识别、估计、评价，风险管理者应该对其存在的种种风险，及其可能造成的影响和潜在损失等方面有了一定的了解，接下来，风险管理者的任务就是进行风险应对（Risk Response），又称风险处置。在分析出风险概率及其风险影响程度的基础上，风险管理者根据风险性质和决策主体对风险的承受能力而制定的回避、承受、降低或者分担风险等相应防范计划。制定风险应对策略主要考虑四个方面的因素：可规避性、可转移性、可缓解性、可接受性。

通过制定风险应对计划，选择既符合实际，又会有明显效果的策略和措施，力图使风险转化为机会或使风险所造成的影响降到最低。

2. 风险应对的目的

风险应对过程活动就是要得到项目风险应对计划，这个计划是一个制定应对风险策略（或方案）及应对措施的过程,．目的是提升实现工程项目目标的机会，降低风险对其的威胁。编写风险应对计划应详细到能够采取行动的细节层面。风险应对计划应该包括以下几个方面的内容：

（1）对已识别的风险进行描述和定义，包括它所影响的项目模块（WBS 要素）、风险成因以及风险如何影响项目目标。

（2）确定风险承担人和所担负的责任，明确职责。

（3）风险分析及其信息处理过程的安排。

（4）定性和定量风险分析过程及结果。

（5）针对风险应对计划中的每一种风险，确定采取的应对措施，包括规避、转移、减轻或接受。

（6）实施选定的应对战略所需的具体行动。应对策略和应对战略如何具体操作。

（7）确定在应对策略实施后期望的残留风险水平是多少。

3. 项目风险应对方法

在制定完风险应对计划之后，要按照应对计划中的安排，对所识别出的工程项目面临的风险采取相应的处置措施。常见的风险应对措施包括：风险回避，风险减轻与分散，风险自留与利用，风险转移以及风险监控。

（1）风险回避

风险回避（Risk Avoidance）是一种最彻底地消除风险影响的方法，对一些十分重要和敏感的工程项目，回避是一种重要的手段。

风险回避主要应用于：风险事件发生概率很大且可能发生的后果损失也很大的项目；发生损失的概率并不大，但是灾难性的、无法弥补的；或者是客观上不需要的项目。

（2）风险减轻与分散

风险减轻（Risk Mitigation）是将风险发生的概率或后果降低或分散到可以接受的水平。

具体的风险减轻与分散手段主要有：

1）增加风险承担者，以达到减轻总体风险压力的目的，如单价合同；

2）降低风险事件发生的概率，从损失根源上控制风险；

3）遏制损失继续扩大；

4）预防风险源的产生；

5）减少构成风险的因素；

6）防止已经存在的风险的扩散；

7）降低风险扩散的速度，限制风险的影响空间；

8）在时间和空间上将风险和被保护对象隔离；

9）借助物质障碍将风险和被保护对象隔离。

风险管理的核心问题是考虑项目的综合成本效益，过度的风险管理措施并不一定符合综合成本最低的原则。风险的减轻并不能从改变上消除风险，还会存在残留的风险，有时可能造成错觉，反而增加风险。

风险要分配给最有能力控制风险的、也有最好的控制动机的一方，如果拟分担风险的一方具备这样的条件，就没有理由将风险传递给它们，否则反而会增大风险。

（3）风险自留与利用

风险自留（Risk Acceptance）是指许多风险发生的概率很小，且造成的损失也很小，采用风险回避、降低、分散或者是转移的手段都难以发挥其效果，以至于项目参与方不得不自己承担这样的风险。

从项目参与方的角度出发，有时必须承担一定的风险，才有可能获得较好的收益。另外，不论采用了何种的风险管理技术，都无法完全彻底的消除风险，也不是所有的风险都可以转移出去，或者是不符合风险管理的成本效益原则。因此风险自留是不可避免的。

风险自留是一种建立在风险评估基础上的财务技术，主要依靠项目参与主体自己的财力去弥补财务上的损失。如果采用风险自留的方案，所承担的风险必须和所能获得的收益相平衡。风险自留所造成的损失不应超过项目参与主体的承担能力，也就是说，风险自留的前提是决策者应掌握较完备的风险信息。

当企业采用自留的方式应对风险时，一般会提前准备一笔预备费，并制定详尽的进度后备措施和技术后备措施。

（4）风险转移

风险转移（Risk Transfer）是风险管理的一个十分重要和常用的手段，风险转移并不是纯粹地向他人转嫁风险，是通过某种方式将某些风险的后果连同对风险应对的权力和责任转移给他人；风险转移是合法的、正当的，一种高水平管理的体现，主要有非保险转移和保险转移两个大的类别。风险转移主要有以下几种形式：

1）采用保证担保方式转移风险，是一种风险量不变的转移方式，只是风险承担的主体发生了变化；

2）采用适当的分包方式转移风险，是专业化施工的必然产物，是一种改变风险量的转移方式；

3）采用适当的合同条件转移风险；

4）工程保险是一种非常有效的风险转移方式；它引入了由市场利益驱动的风险转移机制，是一种补偿性的转移方式。需要注意的是，并不是任何风险都可以通过保险来得到转移，必须是可保风险。

9.2.6　风险监控

1. 风险监控的含义

风险监控（Risk Monitoring）就是通过对风险规划、识别、估计、评价、应对全过程的监视和控制，从而保证风险管理能到达预期的目标。监控风险实际就是考察各种风险控制行动产生的实际效果、确定风险减少的程度、监视残留风险的变化情况，进而考虑是否需要调整风险管理计划以及是否启动相应的应急措施等。

2. 风险监控的目的

风险监控就是监视项目的进展和项目环境，即项目情况的变化，其目的是：

（1）核对风险管理策略和措施的实际效果是否与预计的相同；

（2）寻找机会改善和细化风险规避计划，获取反馈信息，以便将来的决策更符合实际。

无论什么时候，只要在风险监控的过程中发现有新的风险因素，就要对其进行重新估算。除此之外，在风险管理的进程中，即使没有新的风险出现，也需要在项目的里程碑等关键时段对风险进行重新估计。

3. 风险监控的过程与工具

风险监控过程活动包括监视项目风险的状况，如风险是已经发生、仍然存在还是已经消失；检查风险应对策略是否有效。其主要内容包括：

（1）监控风险设想。

（2）跟踪风险管理计划的实施。

（3）跟踪风险应对计划的实施。

（4）制定风险监控标准。

（5）采用有效的风险监视和控制方法、工具。

（6）报告风险状态。

（7）发出风险预警信号。

（8）提出风险处置新建议。

风险监控技术可分为两大类：一类用于监控与项目、产品有关的风险；一类用于监控与过程有关的风险。风险监控技术有很多，本书第七章详细介绍的盈得值法就是常用的风险监控方法；另外本章介绍的一些方法也可用于风险监控，如风险检查表、流程图、故障树等，下面再介绍一些风险监控的方法：

（1）风险预警系统

风险预警系统是指对于项目管理过程中可能出现的风险，采取超前或预先防范的管理方式，一旦在监控过程中发现有发生风险事件的征兆，及时采取校正行动并发出预警信号，以最大限度地控制不利后果的发生。因此，项目风险管理的良好开端是建立一个有效的预警系统，及时察觉计划的偏离。

（2）风险应急计划

风险应急计划是为控制实施过程中有可能出现或发生的特定情况提前制定完备的准备计划。应急计划包括风险的描述，完成计划的假设，风险发生的可能性，风险影响以及适当而迅速的反应等。

一个有效的应急计划往往把风险事件看做是由某种"触发器"（Trigger）引起的，即项目中的风险存在着某种因果关系。应急计划的基本格式是：决定目的，分析判断，设计"如果是怎么办"情景，预测影响，制度控制及控制方法，获得反馈。

（3）风险跟踪报告

成功的风险管理工作都要及时报告风险监控过程的结果。风险报告要求，包括报告格式和提交频率，一般应作为制定风险管理计划的内容同样考虑并纳入风险管理计划。编制和提交此类报告一般是项目管理的一项日常工作。为了看出技术、进度和费用方面有无影响项目目标实现和里程碑要求满足的障碍，可将这些报告纳入项目管理审查。

（4）因果分析图

因果分析图（Cause and Effect Diagram），简称因果图，俗称鱼刺图。因果分析图是以结果作为特性，以原因作为因素，在它们之间用箭头联系表示因果关系。因果分析图是一种充分发动员工动脑筋，查原因，集思广益的好办法，也特别适合于工作小组中实行质量的民主管理。当出现了成本超支问题，未搞清楚原因时，可针对问题发动大家寻找可能的原因，使每个人都畅所欲言，把所有可能的原因都列出来。

使用因果分析图进行分析的步骤是：确定需要分析的风险事件的特征或结果；召开调查研究会，分析造成风险的原因；按大小原因顺序，用箭线逐层逐个标记在图上；逐步分析找出关键性原因；反复讨论、核对查实，确定关键性原因，采取相应对策。

因果分析图示例见图9-6。

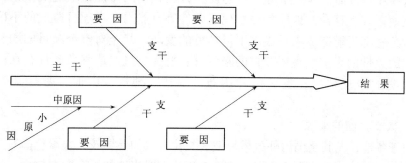

图9-6 因果分析图示例

9.3 项目的成本风险管理

9.3.1 项目成本风险来源

工程的成本风险因素错综复杂，可以从不同的角度对其进行分类。为了便于进行成本风险的分析和应对，根据风险的来源对其进行分类，因为不同来源的风险其应对方法往往也不同，一般可将其分为以下几类风险：

1. 技术方面的来源

技术方面的风险来源大致可根据它们所处的阶段将其分为勘察、设计、施工、运行这四个阶段的技术性风险来源，主要有地质地基条件复杂、勘察不到位、规范引用不当、设计不合理、施工方案不完善、施工技术不成熟、工艺设计流程不符合要求等。

2. 经济方面的来源

这类风险来源根据影响范围可以分为两类，一类是影响了整个社会经济大环境的风险来源，如眼下的金融危机、通货膨胀以及汇率、税收的变动；另一类风险来源的影响则仅限于建筑行业，如行业的景气程度、国家基本建设投资总量的变化、建材和人工费的涨落以及一些仅限于建筑市场的税收及税率变化。这一方面的风险来源对成本的影响具有两面性，不利影响可能导致项目成本的增加，但有利的影响比如材料价格的下跌可能节省一定的项目成本。因此建筑企业在考虑经济环境对成本的影响时要充分估计到双方面的影响。

3. 政治、政策方面的来源

这方面的风险不仅包括与建筑行业有关的法律、政策等发生变动而因此带来的风险，还包括国家发生政变，工人发动罢工情况给工程成本带来的风险。

4. 自然环境方面的来源

自然环境方面的风险来源是指建设项目实施期间可能碰上的气候条件，以及所在地区客观存在的地质条件、现场条件等自然因素对项目造成的不确定性影响。这些都可能造成项目成本不可预见的变动，甚至对整个项目的顺利实现也造成毁灭性的影响。主要存在的来源有：恶劣的气候或气象条件；在开工前无法探明的地理情况；现场条件困难；火山、地震、山崩、泥石流等不可抗力。

5. 人文方面的来源

由于各地，尤其是国内外风俗习惯、文化背景的差异较大，承包商对工程所在地的人文环境要有一个适应期。建设工程往往对当地的社会影响较大，承包商从工程一开始就要注意处理好与当地人民的关系，相互体谅，努力实现双赢。

6. 管理方面的来源

管理风险通常是由于管理失误而造成的。风险是无法完全被预见的，需要管理人员凭借丰富的工程经验配以科学的方法来进行管理。管理人员在进行项目决策、报价、签订合同、实施项目等过程中一旦出现失误将对项目成本产生直接的影响。比如签订合同时，对工作范围定义不清，就容易出现工程量增多而使项目成本增加。

由于建筑工程具有一次性、工期长、技术复杂、风险较大的特点，容易出现"三超"现象，因此需要对成本风险进行有效的控制。成本风险主要指项目实施期间影响项目的一些不确定因素，如政治、经济、自然环境等方面。

9.3.2 项目成本风险管理的原则

在进行项目成本风险管理时，除了要遵循风险管理的一般原则以外，还需考虑到一些成本风险管理中特有的原则。

（1）责权相符。通过目标的设定、分解，赋予项目的每一成员一定的权利，并使其相应地承担着一定的责任，做到权力与责任结合。权力与责任两者是相互制约，相互联系，不可分割的一个整体，一旦割裂，必然会导致双方的失衡，权力与责任的不对等。项目一旦出现权责不清、权责混淆、权责不当的现象则定会增加实现项目的成本风险。

（2）合理设定质量等级。在一定范围内适当的增加在质量方面的投入，可以极大的降低工程发生事故风险，从而降低成本控制的风险；但当质量达到一定程度时，若再进一步强化，反而会增加项目成本的风险。

（3）合理编制进度计划。工期对成本风险的影响，一般情况下表现为成本随着工期的延长而降低；但是，若工期延长达到一定的程度，亦会增加工程的成本风险，因此我们可以通过寻找工期——成本的最佳平衡点，从而将成本风险控制在最低点。通过将为保证工期所额外支出的费用与由于工期延长而造成的损失相互比较，选择其中有利于降低工期成本风险的一方，从而正确处理好工期与成本风险的关系。

项目的成本、质量、工期三者是相互制约、相互影响的。在同一项目中，三者无法同时达到最优，所以必须正确平衡这三个方面，使项目的整体效益达到最优。

9.4 建设项目全生命周期成本风险管理

随着管理理论的发展，项目全寿命周期管理的观念备受关注。传统的项目管理中，可研单位、设计单位、施工单位之间的联系较少，每个单位考虑问题的出发点往往局限于自己的专业角度，各个环节之间相互脱节，没有一个统一的协调平台，无法形成一个统一的成本风险管理系统，因此应对工程项目实施全生命周期管理，将各个环节联系起来，实现对工程的动态跟踪。即为建设一个满足功能需求和经济上可行的项目，对其从工程前期策划、到招投标、签订合同、施工、试运、投入运营，直至项目报废回收的全寿命全过程进行管理和控制。在进行全寿命周期的成本风险管理时，不可将这几个阶段割裂开来分别考虑，应将他们作为一个整体进行综合考虑，相互协调，最终达到成本风险控制的目的。

全过程的成本风险管理，应同时坚持全面控制原则。全面控制原则就是在成本控制过程中，要求全员参与，对项目成本发生的整个周期进行科学合理的安排，包括全员、全过程、全项目的控制，也叫"三全"控制。

在全寿命周期中，成本的风险管理要标准化、规范化和科学化。在下面叙述的所有过程中，都应合理运用上文提到的一些风险管理手段，以加强成本风险管理的可靠性和有效性。比如，在选择投标项目时可以运用决策树法和 AHP 层次分析法；在进行现场的一些管理时可以使用风险检查表法。

9.4.1　决策阶段成本风险管理的重点及控制

业主在整个建设项目全过程中最大的风险来自于能否真正获得这个项目的经济利润，同理，对于承包企业来说，项目全过程中最大的风险来自于得到的项目是否是本企业最需要的项目。若是承包商无法有效控制已承揽工程的成本，那这个工程可能对整个企业有重大的不利影响；若是因为投标策略的错误导致中标率过低，则大大浪费了企业的人力和物力；并且以上两种情况都会对企业声誉造成损害。

1. 选择合适的项目进行投标

建筑企业在投标时，往往面临着许多决策。得到一个工程的投标信息后，要决定是否参加该项目的投标，一旦决定要参加投标，就要投入一定的力量，花费一定的资金，还要承担中标或不中标的风险；不参加投标，又有可能失去一次良好的机会，有时会面对几个投标项目，要做出参加哪个工程投标的决策，而此时的投标条件往往还比较模糊，因此，需要根据实际经验和资料信息权衡利弊，做出科学的决策。在选择项目进行投标时，应至少考虑到以下几个方面：

（1）此项目是否符合本企业的长远发展规划；

（2）业主的资金来源是否可靠，与业主是否能形成合作伙伴关系；

（3）工程规模大小及施工难易程度是否与企业的能力（管理能力、劳务、机械设备等方面）相符；

（4）标书条件、主要合同条件是否苛刻；

（5）工程不确定因素是否过多；

（6）类似工程经验，及竞争对手情况。

2. 确定合理的报价策略

合理的投标报价是做好工程造价过程管理所采取的事前措施。投标报价是进行工程投标的核心，报价过高会失去承包机会；而报价过低，虽然可能中标，但会给工程承包带来亏损的风险，这就要求报价人员必须做出合理的报价，编制出既能中标，又能获利的投标报价。

比如，当投标企业实力明显比对手高、施工任务较为饱满、信誉好、招标项目正是本企业的专长时，报价可以适度提高，以获得较大的利润；当各投标企业实力相当、任务不足，施工条件好、工程单一，一般采取保本微利的报价，目的是中标，以求生存发展；当投标企业实力悬殊大，企业施工任务严重不足，面临生存危机，为争夺市场，投标商报价只计算工程的直接费和少量间接费，采取"不寻常"报价，但是企业承担的风险较大，一般情况下不宜作此决策。

同时建筑企业可以适当运用不平衡报价法、前重后轻等报价方法来提高中标率，但也需要注意，随着业主越来越有经验以及项目不确定性的增加，建筑企业也面临着采用不平衡报价法、前重后轻报价法带来的风险。

9.4.2　勘察设计阶段成本风险管理的重点及控制

工程勘察设计是对建设项目进行全面规划的过程，这一阶段对技术性要求较高，勘察结果是否准确，设计方案考虑的因素是否全面，采取的措施是否可靠完整，设计成果是否到达要求规范规程和业主要求的深度，将直接影响项目的成本，直接决定了人力、物力等资源的投入量，如果忽视了这一阶段的成本风险控制将会导致工程成本风险发生的概率大大提高，从而增加项目的全生命周期成本。因此抓住勘察设计这个关键，对工程的成本风险的控制可以取得事半功倍的效果。这一阶段的成本风险管理主要采取以下几项措施：

只有具备相应资质的工程单位才能承担相应的勘察业务工作，这是确保勘察结果全面、避免因地质勘察报告提供不准确而导致成本风险发生概率增加的最基本的方法。

其次，总承包商在进行设计时应考虑多种方案，通过比较来选择最优设计方案，这样可以确保设计质量、确保施工难度在企业能力范围内，并且又不过分追求完美，大大降低了成本风险发生的概率。且可以运用价值工程，在保证安全和不降低功能的前提下优化设计。

再者可以推行限额设计。限额设计是控制项目成本风险的有效手段，它是将上阶段审定的投资额作为下一设计阶段投资控制的总体目标，在保证使用功能的前提下，通过成本和工程量的分解控制设计，严格控制不合理变更，将总投资控制在原先设定的范围以内。通过限额设计将技术经济统一起来，这样不仅可以达到成本控制的目的，而且还可以提高工作人员的成本风险意识。在设计过程中可以通过采用设计标准和标准设计的，进一步降低工程发生成本风险的概率。

最后可以请业主、有关部门或单位对项目进行设计监督和审查。审查设计编制是否符合法律文件的规定以及一些强制性标准的实施情况，这是保证设计质量的关键环节，也是控制成本风险的强有力措施，对设计过程进行严密的监督，对设计成果进行翔实的审查，可以大大减少在后续工作中发生成本风险的概率。

9.4.3   施工阶段成本风险管理的重点及控制

施工阶段是将项目设计变为实体的阶段，成本风险发生较为集中的阶段，且施工阶段没有足够的缓冲时间，风险一旦发生，必将会对工程的进展等各方面造成无法挽回的影响，因此对这一阶段进行成本风险的管理是至关重要的。施工阶段的成本风险影响因素主要来源于劳工、外汇、信贷、税收、保险、当地的一些运输条件（如港口、海关、运输）、材料设备的价格以及施工单位对该项目的了解情况等，该阶段的成本风险管理的措施主要包括以下方面。

1. 项目层面的成本风险控制措施

（1）合理融资

在项目建设期，应扩大项目融资渠道，保证项目能够筹集足够的建设资金，确保项目成本或代价最低，最节省地实现项目的必要功能。要充分考虑融资成本，精确计算融资额。

（2）加强合同管理

由于工程项目周期比较长、不可预见的因素太多，工程建设中的合同管理就成为施工企业合理控制工程成本风险的有效手段之一。合同是双方行使权力和履行义务的主要的法律依据，虽然合同双方具有共同的目的，但是因为双方的立场不相同，利益也不完全相同，利益的不一致，必然导致签订合同的双方在签订合同、履行合同的过程中采取策略和手段来达到自己的目的，这就加大了成本的风险。因此，为了尽量避免此种情况的发生，签订合同时双方要对文件中的支付条款、技术规范、费用、工期以及对法律使用条款、争议解决条款的约定等方面的条款要高度注意，签订对双方都相对比较公平的合同。合同是具有法律效力的，一经签订就不得单方更改，合同便成为日后双方行为的准则，但是在工程施工的过程中，会受到很多事件的干扰，合同变更会很频繁，因此需对合同实行全过程、系统的动态管理，合同的实施需要根据不断变化的情况适时的进行变更、修订及补充等。

（3）加强设计变更的管理

设计变更在整个项目实施过程中是不可避免的，它与工程的质量、工期都有着紧密的联系，工程设计变更也是造成工程成本风险发生概率增加的重要原因，加强设计变更的管理对工程成本风险的管理有着重要的意义。因此一旦出现工程变更，不可盲目执行，应对工程变更的合理性进行评定，严格控制变更，减少不必要变更。设计变更应尽量提前，变更发生得越早则损失越小，引发成本风险的可能性也就越小。设计变更发生后，其审查尤为重要。设计变更应由监理部门会同建设单位、设计单位、施工单位协商，经确认后由总监理工程师办理签发后付诸实施。

（4）控制汇率风险

对于国际工程承包而言，汇率风险对成本的影响是必须引起各国承包商们足够重视的。一旦忽视汇率的变动问题，即使原本可以获得比较可观利益的项目也极有可能面临亏损。为了能够有效地控制由于汇率变化而带来的成本风险，可以在合同条款中采取选择货币法和合理利用含有汇率调整因子的调价公式等方式来进行。除此之外，在施工期间，与工程的相关利益方保持良好的沟通也有助于降低成本风险。对于工程担保，它可以使各关联方市场行为后果及责任界定更加清晰化、价值化，有利于强化各方的风险意识，可以确保合同的正常履行，因此加强对工程担保的管理对整个项目成本风险的管理也具有极其重要的意义。

（5）加强对分包商的管理

为了合理的实现资源的配置，减少成本风险，承包商可以将项目中的一些专业工程部分分包给其他的承包商进行，但是必须要加强对分包商的承包风险管理，首先必须对分包商的资质、履约能力以及之前承包的一些项目情况等进行详细的调查。一旦确定了分包商，在其实施工程的过程中，总承包商还需对其进行严密的监控，以尽量避免或减少由于分包而带来的成本风险。

（6）合理进行过程索赔

由于建设项目的复杂性和不可预计性，在项目各个阶段总是容易出现承包商无法控制的意外事件，甚至预备费也无法弥补项目成本的上升，因此承包商要善于利用合同中的索赔条款。通过工程索赔将风险转化为利润，工程索赔是承包商的一种权利要求。其根本原因在于合同条件的变化和外界的干扰。这正是影响项目实施的众多变化因素的动态反映。工程索赔贯穿项目实施的全过程，重点在施工阶段，涉及范围相当广泛。

（7）做好现金流分析

在项目建设期认真做好项目的现金流分析有利于最大程度地增大现金流入和控制项目的现金流出。项目成本管理的基础是编制财务报表，主要有财务现金流量表、损益表、资金来源与运用表、借款偿还计划表等。

无论在工程进展到何种程度，管理及施工人员均应根据事前的目标成本，做好事中成本核算。以项目为单位单独列账，建立完整的成本财务系统，以项目部为独立核算单位，所有收支单独列账逐月分析各分部分项成本计划的执行结果，查明成本节约和超支的原因及其影响因素，寻求进一步降低成本的途径和方法，并编写出成本分析报告和盈亏预测报告，以便公司领导和项目经理随时掌握项目的成本情况，采取有力措施，防止工程竣工时成本超支。

(8) 联合体投标

联合体投标是一种非常有效的分担工程风险、实现优势互补的工程承包方式。现今的建设项目有向大型化发展的趋势，同时项目的复杂性大大增加，很难有一家工程公司能独立承揽整个项目，因此可以通过联合投标的方式提高项目建设的成功率，也大大降低了每一家工程公司的风险承担量。

(9) 工程担保和工程保险

在项目谈判时，还应争取工程担保、工程保险等减少工程风险损失和赔偿纠纷的风险控制措施，适当转移、有效分散和合理避免各种风险，提高工程成本的控制效果。

保险是迄今采用最普遍也是最有效的风险管理手段之一。通过保险，企业或个人可将许多威胁企业或者个人利益的风险因素转移给保险公司，从而可通过取得损失赔偿以保证企业或个人财产免受损失。

建设工程参与各方都可以作为投保人，与保险公司合作，以降低工程风险的不确定性，增强投保人承担风险的能力，提高项目各参与方的风险防范和管理能力。

对于不同的项目，承包商可以考虑投保以下险种：工程一切险、安装工程一切险、第三者责任险、社会保险、机动车辆保险、十年责任险等。

2. 现场的成本风险管理

(1) 节省开支

减少直接成本减少人工费开支，选择真正有实力、有信誉、技术过硬、价格合理的劳务队伍、材料供应商和分包商；减少材料费开支；减少机械使用费开支；减少现场经费开支，精减现场管理机构和人员数量；管理人员不要铺张浪费，要精打细算；制定各部门的岗位责任制，把责任落实到部门，落实到个人；加强预算人员的责任心和专业培训，避免在预决算过程中有费用遗漏现象；加强质量检查人员的责任心和专业培训，要求质检员对项目的全过程进行仔细的、面对面的检查监督，避免因质量不合格返工造成浪费；技术人员要熟悉图纸和招标文件，做到正确指导施工；及时办理工程变更和索赔；正确处理成本和质量、安全的关系，不要在强调质量和安全的同时，盲目地增加成本，造成不必要的浪费。在施工过程中，可以采用一些先进可行的新技术或新设备从而提高工作效率，通过此种方式也可以相应地节省成本。

（2）工程质量监督及检查

在工程施工过程中，质量与成本是紧密联系的，一旦质量出现问题极易引发事故，从而最终会导致工程成本的增加，如果这样，成本风险的控制便无从谈起，因此，在施工过程中建立一套切实可行、完善的质量管理体系，对于工程中已经完成的部分尤其是一些隐蔽工程和主控项目进行及时的检查对于成本风险的控制有着举足轻重的意义。一旦发现不符合要求或不符合标准的要及时地要求进行返修或返工，直至检查合格后方可进行下一步工作。通过对工程建设中间产出品和最终产品的质量验收，从过程控制和终端验收把关这两个方面进行工程项目的质量控制，强化中间验收和工程的竣工验收，从而更好地进行成本风险的控制加强对资源的利用率。

（3）控制工程进度来控制成本

可以说，工程进度是控制工程成本的关键。进度落后，则要加大资源的投入才能满足业主的工期要求；进度过于提前意味着进度计划的制订有不合理之处，也间接说明在机械、人员等资源的调配上出现了问题，从而使闲置或赶工的情况出现造成成本的增加。因此只有工程进度与计划相匹配，成本才能得到有效的控制。

在施工项目的实施过程中，一般采用目标责任制的管理方式。进度、成本、质量是项目的三大主要目标，因此，在项目的实施过程中，项目经理部对进度、成本、质量按进度—成本计划进行了层层分解，各部门负责人对工作责任分配计划中分配的任务的进度与成本负责。作业人员也需对自己所从事的工作的进度与成本负责。对于非客观原因造成的进度落后和超支要追究有关人员的责任。在各项工作开始前，各责任人要在计划书上签字。这在计划实施的主体上使进度控制与成本控制得到了统一，达到进度—成本管理的目的。

计划在实施过程中，由于主客观条件的变化，实际执行情况和计划可能有差异，因此，应定期和不定期地检查计划的执行情况，观察进度是否提前或落后，成本是超支还是节约。通过观察确定项目总进度和总成本目标是否能实现。若总进度滞后或总成本超支，应采取措施进行纠偏，以保证项目总进度和总成本目标的实现。

（4）加强施工现场的物资管理

要精打细算，强化责任制，制定各部门的岗位责任制，以免造成资源浪费的现象。为了提高资源的利用率，避免浪费现象的发生，还要做好现场物资的登记与管理工作，尤其是定期对进场的物资进行核对工作，同时对于物资采购也应给予足够的重视。物资的不及时到位有可能会导致工期延误，成本增加，因此需建立一套完善的物资采购系统来保证工程所需物资及时采购，并且按时进场。

（5）做好竣工结算时的成本风险管理

竣工结算是工程施工阶段成本风险控制的最后阶段，控制的关键在于核实增减成本项目的工作量，防止施工方不合理的增加工作量。应根据施工合同的约定、竣工资料、现场签证和工程变更等材料进行审核，从而把好施工阶段成本风险管理的最后一道关。

采用工程量清单计价的工程，结算时应重点审查工程量。结算的工程量应以招标文件和承包合同中的工程量为依据，考虑变更工程量。审查时要熟悉图纸、掌握工程量计算规则，并对整个工程的设计和施工有系统的认识；对于仍用定额计价的工程还必须对定额的套用和取费进行审查。

工程竣工后，做好竣工总成本决算，根据结果评价项目成本管理工作的得失，全面总结项目管理的经验教训，为将来的项目中各环节提供必要的资料，落实奖罚制度。

9.4.4　运行阶段成本风险管理的重点及控制

在国际工程中，BOT 或 EPCO 这样的承包方式越来越受到业主的欢迎，建筑企业在此情况下通常都要负责项目建成初期或初期至中期的运营，并自负盈亏。因此运营期也加入到项目的全寿命周期中去，它是建设项目投入运行发挥效用的时期（特别是对于承包商垫资建设、运营期收益还款的情况），该阶段的延续期长，在项目全寿命周期总成本中所占的比重也比较大。因此做好项目运行阶段的成本风险的管理对于项目全生命的成本风险管理有着极其重要的意义。

运行阶段的成本风险管理最重要的是要做好成本管理工作，将权责利三者相结合，建立比较完善的成本责任制度，并深入执行，如此便可提高员工们的风险意识，运行阶段的成本风险控制的目标就比较容易达到。

9.4.5　报废阶段成本风险管理的重点及控制

报废回收阶段的成本风险是建设项目产品报废处理和再生产利用过程中所产生的成本风险，必须采取合理科学的措施减少废弃物本身对环境产生的污染，同时必须不断的改进废弃物处理方法从而达到降低处理成本以及控制建筑废弃物、建筑粉尘以及噪音等对环境带来的污染。

【案例 9-1】

风险管理是贯穿于整个项目管理的一个系统过程。站在建筑企业的角度，从项目一开始就要运用风险管理的理念和方法。

以我国承包商在阿尔及利亚某工程项目为例，成本风险管理可以分两个阶段进行。一是投标或价格谈判阶段：在报价中充分考虑各种技术和商务因素，提出合理且具有可实施性的报价。分析报价本身需要考虑的因素，表 9-2 给出了此项

目的现场调查清单和信息采集表，可以以此为基础来制作项目成本风险检查表
（Checklist）。同时，报价的准备必须要与合同的谈判（或合同条款的研究）同时
进行。与价格有关的合同因素，都要尽量将其量化，考虑在报价中。另外，对很
多欠发达，政局不稳定地区的佣金和政治风险一定要充分考虑。

第二是工程实施阶段：除了按照正常的施工组织计划实施外，更应充分注意
的环节有：物资采购，劳工管理，对当地习惯施工方法的了解和掌握，与政府、
咨询、分包商合作也存在很多的技巧，这对项目的顺利实施和成本控制也是非常
关键的。

项目的现场调查清单和信息采集表　　　　　表 9-2

风险来源	所 需 信 息	备　注
1. 劳工	1）当地劳工法对外籍劳工有何限制，有无社保费	
	2）是否要为外籍员工办理工作许可，及其费用	
	3）签证的种类和签证费用	
	4）对劳工的工作时间有无限制	
	5）是否有最低工资要求	
	6）雇主是否要为工人购买各类福利和保险	
	7）当地工资支付习惯及劳工的宗教习俗	
	8）解雇工人有无特殊限制	
	9）调查以下当地工人的基本工资	另填写表 9-3
2. 外汇	1）外汇汇款和携带出境的限制	
	2）是否是外汇管制国家？利润汇出，个人收入汇出等有无限制	
	3）是否有外汇管制法，能否自由兑换，能否在官方交易所兑换，汇兑手续费如何	
3. 银行	1）信誉可靠的当地银行有哪些	
	2）中国的银行在当地的分支机构有哪些	
4. 税收	1）当地政府是否要求承包商注册当地公司，注册资金需要多少，税收如何	
	2）其他税收规定	另填写表 9-4
5. 保险	1）与工程有关的保险	另填写表 9-5
	2）雇佣劳工有关的保险（劳动保险，失业险等）	
6. 港口	1）工地附近可利用的港口名称	
	2）装卸条件	
	3）有无对货物最大尺寸和重量的限制	
	4）各种港口费用 ①装卸费（基本费率，起重费附加费率） ②港杂费（包括驳运费，靠港费，仓储费，装卸费，港口使用费，码头使用费，托运费，引水费等） ③其他有关费用	可以联系当地物流公司，询问设备的清关及运输报价

续表

风险来源	所 需 信 息	备　　注
6. 港口	5）了解工地的陆地运输路线（公路/铁路）及费用单价（了解路面，路宽，桥隧情况，有无龙门吊，混凝土搅拌站等大型设备运输通过的条件）	
7. 海关	1）关税的税率（了解免税的可能性）	
	2）清关费用	
	3）清关代理人及其费用	
8. 运输	1）各种当地建筑材料供应点至工地的运输路线及费用单价	
	2）了解工地与既有专用线的相对位置情况，有无利用既有干线和专用线进行设备及建筑材料运输的条件，同时询问铁路公路运输单价	
9. 临建	1）工地周围三通一平情况，水电引入情况。有无修建临时运输便道的必要。如有，提供工地至最近公路的距离	
	2）有无饮用水接入工地，其供给能力与价格	
	3）有无工业用水（施工和运营用水）接入条件，（其供给能力与价格）是否需要引入海水进行淡化	
	4）打井供水的必要性，工地周围是否有其他水源可供饮用和施工用，如果有相对位置是多少	
	5）排水条件及排放规则	
	6）有无施工用电接入条件，及其供给能力与价格（电源［伏特，赫兹，相，线]），停电频率如何	
10. 基础价格	1）了解当地材料的料源，单价及运输至工地的路线及运输单价	另填写表 9-6
	2）了解当地租赁设备的价格。了解租赁方需交纳税收否，税收属于生产型还是消费型，租赁费含机操手否，每天工作小时有无限制，加班费如何计算	需调查清单随后提供
11. 业主应准备的其他材料	1）工地的位置、地形	
	2）当地的自然气候条件	指与施工密切相关的，如：有无特别不利于施工的雨季，旱季，沙尘暴，洪水，地震等自然灾害
	3）提供详细的工程所在地平面图	
	4）关于商务方面的系列要求，如保函，支付计划，保险，调价等	
	5）是否已准备好了拟签合同的草稿	

当地工人的基本工资 表 9-3

职　　　业	工　　　资	现有情况（指劳动力市场供应情况）
工程师		
技术员		
工长（一般工种）		
普工（一般工种）		
焊工		
电工		
安装工		
钢筋工		
混凝土工		
砖砌工		
其他		

税制 表 9-4

种　　类	税率	税款计算基础	免税范围	申报时间	支付方式	税法相应的描述
个人所得税						
公司所得税						
交易税						
营业税						
增值税						
印花税						
其他与本工程有关的税收						

保险体系和保险费率 表 9-5

种　　　　类	条 例 概 要	保 险 费 率
工程保险		
第三方责任险		
运输保险		
汽车保险		
失业保险		
工人伤亡险		

需调查的材料价格   表 9-6

描　述	规　格	单　位	单价（USD）	来　源	运距（至工地）/运输单价
中厚钢板	根据调查	t			
成型薄钢板	根据调查	t			
角钢	t				
钢模板	t				
圆钢	根据调查	kg			
螺纹钢	根据调查				
碳钢管	根据调查	t			
镀锌管	根据调查	t			
钢丝绳	根据调查	m			
钢绞线	根据调查	t			
铁丝		kg			
波纹管		m			
电力电缆	根据调查	m			
波特兰水泥	425#	kg			
波特兰水泥	325#	kg			
白水泥		kg			
砂	细	m^3			
砂	中粗	m^3			
碎石	15mm	m^3			
碎石	20mm	m^3			
碎石	40mm	m^3			
砂砾	10mm	m^3			
砂砾	20mm	m^3			
砂砾	40mm	m^3			
卵石		m^3			
红砖	根据调查	块			
道砟		m^3			
沥青		kg			
石灰		kg			
木枕		Pcs			
木料	根据调查	m^3			
一级方型木料	根据调查	m^3			

续表

描　述	规　格	单　位	单价（USD）	来　源	运距（至工地）/ 运输单价
一级木板	根据调查	m³			
二级木板	根据调查	m³			
木模板	根据调查	m²			
胶合板	五层板	m²			
石膏板		m²			
纤维板		m²			
玻璃	3～5mm	m²			
瓷砖及地板砖		m²			
装饰面板		m²			
汽油		Ltr/kg			
柴油		Ltr/kg			
机油		Ltr/kg			
润滑油		Ltr/kg			
水费	民用/工业用	t			
电费	工业用	kW			
PVC 管	根据调查	m			
柴油发电机	根据调查	个			

＊"根据调查"指根据当地供应的规格填写，并根据多个规格，视需要增加行数。

10 工程项目成本管理信息系统

【内容概述】 计算机的广泛应用、网络通信技术的空前发展，为工程项目成本（造价）管理信息化提供了坚实的基础。通过本章的学习，应该了解目前市场上主要的工程项目成本管理软件的功能和分类。

10.1 概　　述

目前我国还很少有以建设方角度真正能实现全过程成本（造价）管理的信息系统，很多都是各阶段成本（造价）编制的工具类软件，如计价软件、工程量计算软件、造价审核软件、工程价款的计量支付软件等，或是某阶段局部业务的管理系统，如招投标管理系统、施工项目成本管理系统等。

计价软件目前主要是针对概算、预（结）算进行编制，一般根据计价方式分为定额计价软件和清单计价软件。定额计价软件直接套用定额和根据造价管理部门定期颁布的市场指导价及其相应的费用的费率来计算工程成本（造价），对定额依赖很大，软件所起的作用主要是套价、人材机用量分析。清单计价软件以工程量清单列项为标准，根据工程项目的特征和内容，参考预算定额或依据企业定额和市场价格进行组价。工程量清单计价完全是由市场形成工程造价，如何有效保证建设方和承包方各自的利益，造价的合理性等问题，越来越显得重要，工程项目在建筑市场上采用招投标方式是一个非常有效的解决问题的办法。

工程量计算软件主要是依据施工图纸准确快速地计算工程量，大大减轻造价人员手工计算工程量的工作强度，提高了计算工程量的精度。近几年来，工程量计算软件从表格算量、参数法算量发展到图形计算工程量。图形计算工程量是基于三维模型进行计算实体工程量和钢筋抽样。算量软件的模型数据可以应用到施工过程的成本（造价）管理，利用三维模型以 WBS（工作分解结构）为核心挂接合同成本（造价）数据，形成 5D 的项目管理模式。主要解决工程计量支付、设计变更等造价的确定和审核，大大提高成本（造价）管理的可控性和工作效率。

随着招投标法规不断推出和完善，配套软件相应推出，如适用于招标方或招标代理的招标文件编制软件、电子标书、计算机辅助评标系统。网络通信和网络安全技术的日益发展，实现网上招投标和评标已成为可能。这些软件不仅能实现招投标全过程电子化管理，还能严格执行招投标流程及评标办法进行数据处理和流程控制，保证投标人在报价过程中不能修改招标文件中的工程量清单，提高了评标的科学性、公正性和评标效率。

对现有的工具软件和阶段性成本（造价）管理系统进行整合，实现建设工程项目全过程成本（造价）管理信息化，提高工程造价管理岗位的工作效率，提高企业的效益，辅助决策，这已成为工程项目成本（造价）管理信息化系统的重大目标。

10.2 工程项目成本（造价）管理软件

工程项目成本（造价）管理软件是指在工程项目投资决策阶段、设计阶段、招投标阶段、施工阶段、竣工验收阶段，参与工程建设管理的各方（项目主管单位、勘察设计单位、建设单位、施工承包公司、监理公司、咨询公司等）使用的各类专用或通用的造价软件。具体内容参见表 10-1。

建设项目各阶段成本（造价）软件　　　　　　　　　　表 10-1

工程项目成本（造价）管理信息系统								
软　件　分　类		决策阶段	设计阶段		招投标阶段	施　工　阶　段		竣工阶段	
工程成本（造价）计算	计价软件	编制投资估算	编制概算	编制预算	编制工程量清单	计量、支付管理	编制变更预算	编制结算	编制决算
	工程量计算软件	计算工程量							
工程成本（造价）控制	资金计划软件					资金计划软件			
	造价审核软件	审核投资估算	审核概算	审核预算	招标管理；投标管理；评标	审核计量、支付	审核变更预算	审核结算	
	合同管理软件					施工合同造价管理			

将工程项目成本（造价）管理软件分为两大类：一是工程项目成本（造价）计算类软类。另一个是工程项目成本（造价）控制类软件。

工程项目成本（造价）计算软件包括：计价软件和计算工程量软件。计价软件包括：编制投资估算软件、编制概算软件、定额计价预算编制软件、清单计价的预算编制软件（含编制工程量清单软件、编制标底软件和投标报价软件）、工程计量支付软件、编制变更预算软件、编制结算软件、编制决算软件。计算工程量软件，为计价产品提供清单项目和子目的工程量，适用于设计阶段、招投标阶段和施工阶段，满足工程量清单计价规范的计算规则、各种概算定额和预算定额的工程量计算规则的工程量计算。

工程项目成本（造价）控制软件类包括：施工阶段的资金计划软件、合同造价管理软件和各阶段的造价审核软件。施工阶段合同造价管理软件可集成本阶段的工程计量支付软件、编制变更预算软件、造价审核软件，为建设方实现施工成本（造价）管理信息系统。

根据建设项目各阶段业务关联关系及特点，可将全过程成本（造价）管理分成三大块，即工程项目预（决）算管理、招投标管理和施工项目成本（造价）管理。工程项目预（决）算管理完成投资估算、概算、预算、结算和决算编制和控制，实现项目的三算对比（概算与估算对比，预算与概算对比，结算与预算对比）、不同设计方案成本（造价）对比。招投标管理主要解决招投标阶段工程项目和材料设备的造价确定和控制，工程项目招标需要完成工程量清单的编制、标底编制，发布统一数据格式要求的工程量清单，对各个投标方报价进行评标，选择出中标候选人；材料设备采购招标，需要发布招标信息，对各个供应商报价进行对比分析，选择合理报价的供应商。

工程项目成本（造价）管理信息系统的建立，应满足全过程各阶段工程成本（造价）管理职能部门的需求以及作为用户的建设主体各方的需求。系统是由基础数据管理子系统、工程项目预（决）算子系统、招投标管理子系统、施工项目成本（造价）控制子系统。其构成图参见图 10-1。

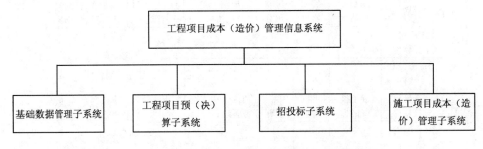

图 10-1   工程项目成本（造价）管理信息系统构成图

10.2.1   基础数据管理子系统

基础数据管理子系统主要解决编制成本（造价）依据的数据管理，包括消耗量定额、工程量清单计价规范、工程造价指标和人材机价格管理，其中造价指标和人材机价格又具有很强的时效性，需要定期进行维护。子系统构成参见图 10-2。

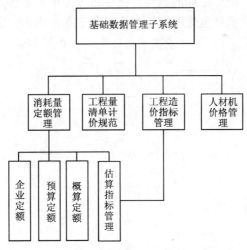

图 10-2 基础数据管理子系统构成图

1. 消耗量定额管理

量的消耗反应了一个时期社会（或企业）的生产力水平。定额作为一种规定性的额度，具有统一性与层次性的特点。消耗量定额主要包括估算指标、概算定额、预算定额和企业定额，是编制投资估算、概算、施工图预算及投标报价等重要依据。在消耗量定额管理模块中，除了定额的基础数据外，还应包括各个定额配套的取费文件模板。

功能要求：第一要满足各个定额的基础数据维护；第二满足补充定额的维护；第三实现子目单价、人材机单价等由其组成项自动汇总与生成；第四定额信息描述要完整。

2. 工程量清单计价规范清单管理

工程量清单计价规范实现了"四统一"，但没有规定消耗量和单价，建立清单库目的是方便编制工程量清单。但现在很多房地产开发企业，由于其开发的项目有很多的相似性，为了提高编制工程量清单和标底效率，加强成本（造价）控制，依据清单规范及建设项目的特点，建立一套基于工程量清单项目口径的企业定额，该定额中确定了其组价内容和消耗标准，定期调整人材机价格，更新其综合单价。这样的清单库建立、生成和维护未来会有较强的市场需求。下面给出一个示例说明工程量清单综合单价库生成、维护、发布和在计价软件上应用的过程，参见图 10-3。

3. 工程造价指标管理

将建设项目进行工程分类，以工程项目预（结）算数据为基础按照一定的指标口径进行指标加工，生成的指标数据进行分类、集中管理，用于各阶段造价编制、审核和控制。按照项目构成，指标可分为建设项目综合指标、单项工程指标和单位工程指标；按照指标的内容，指标可分为单方造价指标、单方消耗量指标、造价比值指标、消耗量比值指标。为了便于指标应用，需要进行统一的项目划分和指标项的定义。图10-4 说明了指标生成、积累和应用的流程。

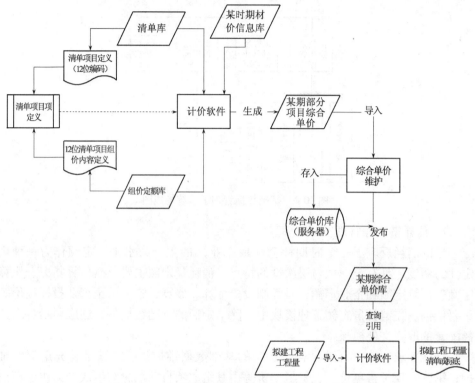

图 10-3   工程量清单综合单价库生成及应用流程

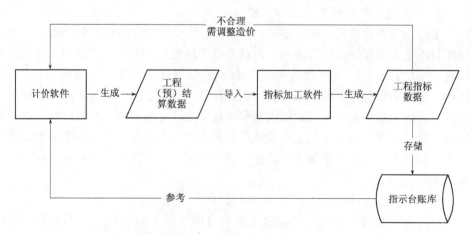

图 10-4   工程造价指标生成及应用流程

4. 人材机价格管理

人材机价格是工程项目成本（造价）编制的重要数据之一。需要将企业自身积累的人材机价格、造价管理部分发布的人材机价格等进行集中管理，供造价编制、审核时使用。材料价格管理的前提是需要有一个统一的材料分类编码，避免在材料价格维护和使用时产生歧义。图 10-5 说明企业材料价格维护系统建立和应用的流程。

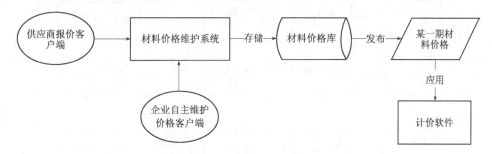

图 10-5　材料价格维护系统建立和应用流程

10.2.2　工程项目预（决）算子系统

工程项目预（决）算子系统涉及建设项目的决策阶段、设计阶段的投资估算、概算、施工图预算的预算管理，还包括竣工阶段的决算管理。造价管理的重点是准确计算各阶段的工程造价、进行三算对比、加强预算管理和投资控制。

工程项目预（决）算子系统包括的主要软件有：投资估算编制，投资估算审核软件，概算编制软件，概算审核软件，工程量计算软件，预算编制软件、预算审核软件，决算编制软件，决算审核软件。为建设方提供预（决）算管理信息系统解决方案时，除了进行上述软件的集成之外（包括界面集成和功能集成），还包括成本（造价）管理业务流程控制（如业务流程设计、用户管理、权限管理）、造价数据的集中管理（即数据集成和业务集成）。

工程项目预（决）算子系统涉及的工程项目建设阶段及其成本（造价）管理的主要业务，参见图 10-6。

实现概算与估算对比、预算与概算对比、结算与预算对比的三算对比功能，其操作流程参见图 10-7。

预（决）算子系统的参与方参见图 10-8：

预（决）算子系统的业务构架参见图 10-9。

本系统采用 C/S（客户端/服务器）结构进行开发，后台采用 MS-SQLServer 数据库。通过 WebServices 实现局域网或广域网系统应用。

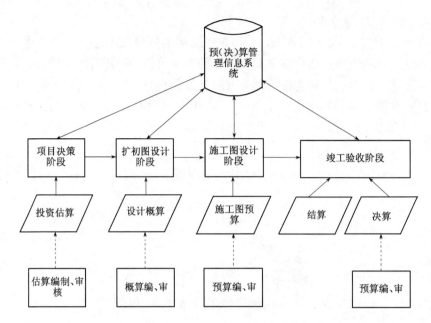

图 10-6　预（决）算管理信息系统核心业务构成

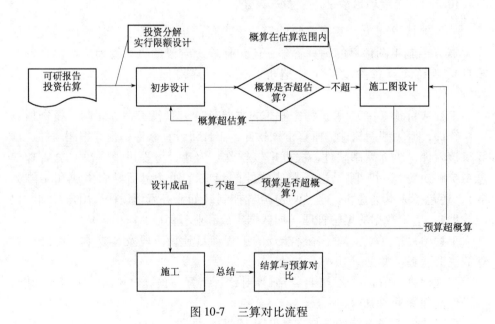

图 10-7　三算对比流程

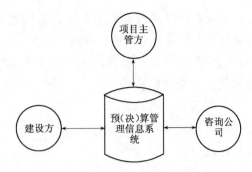

图 10-8 预（决）算子系统参与方

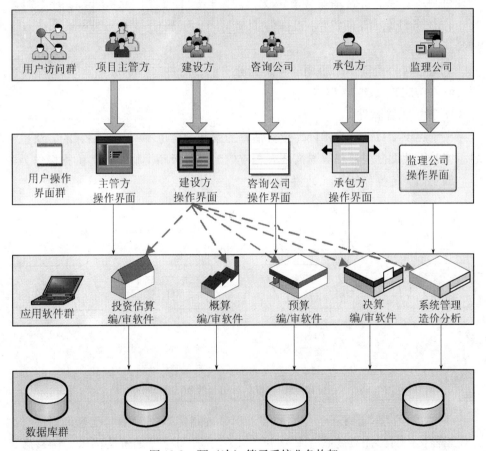

图 10-9 预（决）算子系统业务构架

　　用户访问群及操作界面：用户通过客户端，输入用户名和密码经系统确认后进入本系统，用户根据系统分配的权限，处理和自己相关的业务，比如浏览、编辑、审核、报表、接收和发送消息给相关人员等。

应用软件群开发：可以考虑针对现有市场上成熟的相关软件进行界面集成，也可以寻找技术实力强的专业化软件公司进行开发，考虑进行功能集成和业务集成，采用 C/S 结构/可配置性/可扩展性设计理念，支持 WebServices 应用。应用软件群中的系统管理模块，为系统提供统一的用户身份认证、组织机构、基础信息资源及系统配置的管理；普通用户、系统管理员根据所分配的权限的不同，访问的内容也不同，实现用户的访问控制和分级管理机制；实现造价管理业务流定义，包括工作任务流转/消息提醒/工作协同管理等。

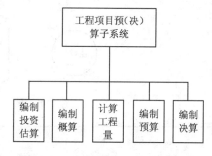

图 10-10   预决算子系统软件构成

下面针对一些具体的应用软件进行介绍，软件构成参见图 10-10。

1. 投资估算软件

由于建设项目的类型不同，投资估算的编制内容也不一样，估算的方法也不尽相同，因此编制投资估算时需要有相应的工作模板和类似工程造价指标作为参考。编制估算的操作流程参见图 10-11。

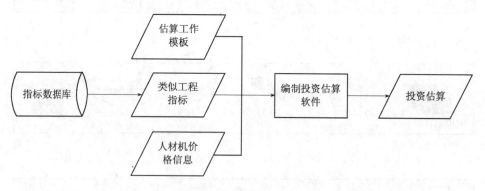

图 10-11   投资估算编制操作流程

类似工程指标需要从企业或社会上积累的指标数据库中匹配查询得出。在计算工程费用时，需要考虑工程项目的实际情况和建设期价格因素，调整后再计算。

投资估算审核软件，通过导入投资估算数据，对送审的各项费用时效性、准确性、符合性以及对编制方法的适用性、科学性等进行审核，最终给出相应的审核报告。

2. 概算软件

一般采取投资估算给出的限额进行设计，根据设计结果进行概算编制，对于超过限额的设计方案需要重新调整，直至满足限额要求。概算编制主要包括建设项目总概算、单项工程综合概算的编制和单位工程概算的编制。建设项目总概算的编制内容与建设项目投资估算编制内容基本相同，总概算第一部分的"工程费用"是单项工程综合概算的汇总，单项工程综合概算是建筑工程概算和安装工程概算等单位工程概算的汇总。编制单位工程概算的主要基础数据为概算定额（或概算指标）、设计工程量及设备材料价格等，由于此阶段的设计成果有待深化、细化与优化，于是在以还不够完善的初步设计信息为基础编制概算时，一是需要人机交互方式把项目客观不确定因素与人为的主观判断综合考虑，二是要充分利用设计中的技术参数转成利于概算编制的数据。单位工程概算编制和审核方法与单位工程预算方法类似。

3. 计算工程量软件

计算工程量软件主要包括图形算量、表格算量、参数法算量等，主要用于计算工程量和钢筋抽样。现在市场上非常流行的算量软件是基于三维模型的图形算量及钢筋抽样软件。图形算量软件主要是利用专用的绘图功能，将设计图纸以构件输入的形式或通过导入 CAD 设计图纸文件的方式进行建模，并对构件利用内置的清单工程量计算规则或定额工程量计算规则进行做法定义，自动计算工程量，还能够很好地与清单项目或定额子目挂接，直接导入到计价产品进行组价。平法设计在施工设计图纸中应用越来越广泛，基于上述的三维模型的钢筋抽样软件，利用内置的平法规则可以自动计算钢筋工程量和钢筋下料，大大提高钢筋的统计效率。

4. 预算软件

施工图预算是编制工程量清单、确定标底或投标报价以及承包合同价的依据。由于计价方式不同计价软件分为清单计价软件和定额计价软件。清单计价软件，基于工程量清单规则库、配套的定额库、人材机价格信息和准确的工程量编制工程成本（造价），由招标方承担工程量准确性的风险。清单计价软件能正确套取清单项目和需要组价的定额子目，并能进行相应的定额换算，根据组价内容和工程量，进行人材机消耗量分析，以此今后可以组织施工，调配人力、机械和组织材料设备供应，人材机可根据市场信息价（或企业掌握的价格）进行调整，计算出符合实际或有竞争力的工程造价。项目的招标方采用清单计价软件编制招标文件中的工程量清单/标底，投标方则可导入招标方提供的工程量清单项目，根据配套定额进行组价，实现投标报价，所以由于项目主体不同，确定项目成本（造价）的基础数据会有所不同，则对计价软件的功能要求会有一定的差异，会细化出招标方使用模块和投标方使用模块。预算数据是工程造价的基础数据，项目建设后续阶段需要使用，由于市场上计价软件厂家很多，需要制订一个数据交换标准，依据此标准各家计价软件均能导入和生成，实现造价数据共享。计价软件在编制工程量清单、工程量计算、标底和投标报价时操作流程参见图10-12。

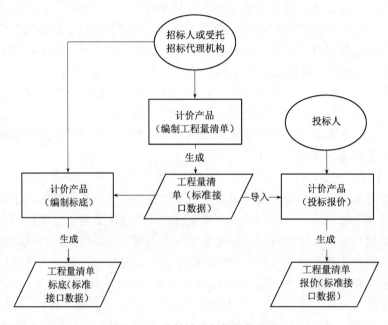

图 10-12   清单计价软件操作流程

5. 决算软件

所有的建设项目竣工后，建设单位应按照国家有关规定编制反应建设项目实际造价与投资效果的文件即竣工决算报告。竣工决算报告是以实物数量和货币指标为计量单位，综合反应竣工项目从筹建开始到竣工交付使用为止的全部建设费用、建设成果和财务情况的总结性文件，是竣工报告的重要组成部分。与前阶段造价即预期造价相比，竣工决算属于终结造价，它考虑了项目的设计变更、工程量的增减以及人材机价差调整等各种实际变化，同时考虑进度、质量、安全等方面对造价的影响。决算编制软件中的决算报告反映的是决算造价的明细数据。

10.2.3   招投标管理子系统

招投标管理子系统分为材料设备招投标管理和工程项目招投标管理。材料设备采购招投标管理系统及模块构成参见图10-13。

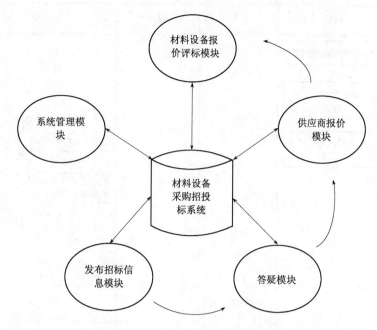

图 10-13　材料设备采购招标系统功能

　　材料设备采购招投标管理系统主要满足建设方自主进行材料设备采购招标管理（也可以是建设方分包的工程项目招标），系统采用 B/S 结构进行开发，将建设方材料设备采购招标需求在网上发布，对招标信息不明确之处，可以在网上答疑，供应商根据招标信息情况进行报价，在截止报价日期后，建设方组织进行报价评审，建设方也可根据情况设置规则允许多次报价，最终建设方从中选择质量满足要求、价格最优的供应商。经过项目多次合作后，建设方可对合作的供应商进行评价和管理，便于今后的选择。

　　工程项目招投标管理是依据《建设工程工程量清单计价规范》（GB 50500—2008）和招标投标法，随着清单计价规范的颁布实施，规范了建设工程招投标操作过程中的经济标部分的招标人和投标人的双方的行为。规范中规定，工程量清单应由具有编制招标文件能力的招标人或受其委托具有相应资质的中介机构进行编制，投标人不能自行修改工程量清单，严格按照招标人提供的工程量清单和招标文件要求进行报价。工程造价完全由市场形成，最终以承发包合同形式得到有效控制，工程量清单是承发包合同的重要组成部分。招投标子系统就是基于这些需求进行开发的，以电子招标文件、工程量清单、投标书为基础，通过计算机辅助完成招标、投标、清标、评标等工作。招投标管理子系统的操作流程参见图 10-14。

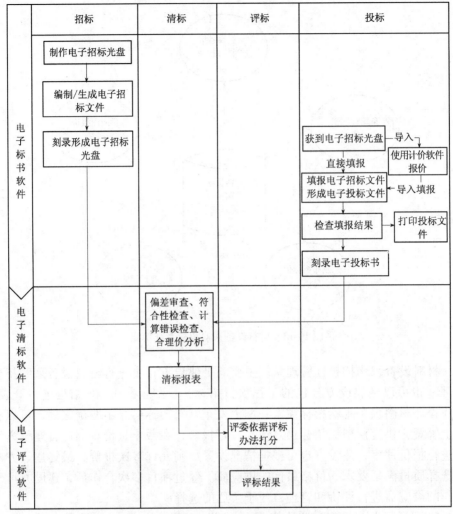

图 10-14   招投标整体解决方案业务运作模式

这里的电子标书就是前面讲到的数据交换标准，为了保证数据的安全性，电子标书格式采用专用格式，必须由专用软件才能打开和使用。若采用与各专用软件无关的通用数据格式作为数据交换标准，就要考虑数据存储和传输的安全性，对数据进行加密不能随意打开，即使数据正常打开后又不能随意修改。系统应用的安全性可采用智能 IC 卡和密码组合应用的形式由领导授权功能权限，大大保证的系统的安全性。所以随着计算机安全技术的不断发展和完善，会逐渐降低系统使用的复杂度。现阶段，有技术实力专业软件公司，开始将招标管理、投标管理与计价产品整合形成一套完整的、操作简便的招投标解决方案。

下面就工程项目招标投标管理的软件进行介绍，主要包括编制工程量清单软件、招标管理软件、投标管理软件和评标软件，如图10-15所示。

1. 编制工程量清单软件

该软件与清单计价软件相似，主要由招标方或中介代理机构使用。本软件一般采用清单计价软件，与招标管理软件共同使用。现在已有很多招标方开始积累企业自己的清单项目的综合单价库，将其作为编制工程量清单的重要数据来源，根据拟建工程的实际情况，进行适当调整后，不仅快速编制出工程量清单，而且还能编制出标底。

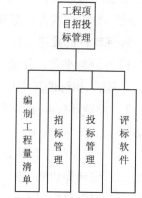

图10-15 招投标管理系统构成

2. 招标管理软件

招标管理软件主要为招标方使用，导入清单计价软件编制的单位工程的工程量清单数据，由本软件形成标段的工程量清单数据，最后生成统一标准格式的工程量清单（电子标书）和编制标底。电子标书采用专用的光盘介质进行存储，发布给投标方，保证了招标方提供的电子标书不能修改和调整。

3. 投标管理软件

投标管理软件为投标方使用，与清单计价软件配合使用。清单计价软件导入电子标书中的单位工程的工程量清单数据，进行组价，组价结果导入到投标管理软件中来，由投标管理软件自动汇总各个单位工程报价数据后，将投标数据及相关文件刻录到光盘返回给招标方。

4. 评标软件

评标软件包括清标和评分两大功能模块，其业务模式是：开标时导入电子标书文件，清标环节系统进行符合性检查和计算错误检查，并且筛选出投标文件中可能存在价格不合理的清单项，供评委审核参考；评分环节系统按照预先设置的评分标准自动计算得分，帮助评委进行快速准确的计算。

工程量清单计价模式下的清标，就是对投标方清单报价的初步审核，即将各投标方的清单报价进行汇总分析，得出各清单项目的相对报价，依据工程量清单招标文件、招标方编制的标底或控制指标等进行对比审查，找出偏差。清标是保证专家评委在投标书公平并且符合招标要求的基础上进行专业评标之前的重要工作。清标工作主要由评标委员会及发包人委托的造价咨询或监理公司中的投资控制人员进行的。清标环节现在暴露的最大问题不是清标流程的问题，而是投标数据的有效性问题，清标中需要评审的项目越来越细，不仅要评审工程总报价，还要对分部分项工程量清单总价、分部分项工程量清单的综合单价、措施项目清单总价、其他项目清单总价、主要材料价格以及计算错误等需要逐项进行检查，仅依靠人力手工进行审查，不仅工作量巨大且繁琐，而且评标时间又短，在短时间内完成这么巨大的清标工作，几乎难以实现。因此，如何保证清标工作的有效性，在合理的时间、人力成本情况下能完成审查项目数据巨大的清标工作成为业内人士、专业技术人员都渴望解决的问题。

评标软件的操作流程归纳如下：

（1）评标准备，完成以下三项功能：

1）输入招标的基本信息：从电子招标文件中自动导入；

2）设置评标办法与评标参数：根据招标文件的要求，设置各种评标办法和参数；

3）专家库管理及确定：实现评标专家的管理、抽签、到会短信通知、专家评标业绩记录等功能。输入或抽取参与本标段评审的评委名单，并赋予评委相应的权限，权限包括技术标、经济标、评标负责人。

（2）接收投标文件，开标。导入招标文件的电子标书、标底和各投标方的投标电子标书，显示唱标信息。

（3）初步评审，即清标，实现对投标人投标资格审查、报价审查、响应性审查以及偏差审核。经初步评审后，确定合格的投标文件和作废的投标文件，形成清标报告。此阶段清标的重点工作包括：

1）偏差审查：对照招标文件，查看投标人的投标文件是否完全响应招标文件。

2）符合性审查：对投标文件中是否存在更改招标文件中工程量清单内容进行审查；自动分析投标书的分部分项清单项目数、编码、名称、单位、工程量等是否做了调整，是否做了报价。

3）计算错误审查：对投标文件的报价是否存在算术性错误进行审查。

4）合理价分析：对工程量大且综合单价高等影响造价较大的清单项目进行重点审查；分析各项报价的平均值或基准价与报价比较计算，列出报价异常的项目。

5）措施项目审查：实行合价包干的项目，要对照施工方案的可行性进行审查。

6）对工程总价、各项目单价及其组成要素价格的合理性进行分析、测算。

7）对投标人所采用的报价技巧，要辩证地分析判断其合理性。

针对以上这些审查，在清标过程中如发现问题或不合理现象，都应在答辩会上提出，由投标人做出解释或在保证投标报价不变的情况下，由投标人对其不合理单价进行变动。

（4）详细评审，得出评标结果，产生推荐中标候选人和定标。根据选择的评标办法和设置的参数计算各投标方的得分，供评委签字确认，并从高到低进行得分排序，配列出中标候选人，打印中标通知书，实现定标功能。

（5）招投标数据的分析和积累，将数据导入到指标分析软件中进行各种指标分析，为今后投资估算编制和评标定标提供重要参考数据。

10.2.4 施工项目成本（造价）控制子系统

在工程项目完成初步设计或施工图设计后，建设方运用市场手段确定工程成本（造价），通过合同造价技术控制好工程成本（造价）。工程项目施行招投标操作后，工程造价进入了市场定价模式，建筑产品的买方和卖方在建筑市场上根据供求状况、信息状况进行自由竞价，通过招投标形式确定中标价格，签订工程的合同价，从此，工程成本（造价）通过合同形式进行控制。运用合同造价管理技术控制工程造价，区别于工程项目施工阶段之前的造价管理手段，本阶段的主要业务包括：合同造价管理、洽商变更管理、计量支付管理、工程结算管理。

需要建立一套以建设方为主导的施工阶段的成本（造价）管理信息系统，主要参与方（包括监理公司、咨询公司、承包商）均能使用，还需集成计价软件和工程量计算软件。下面分别介绍合同管理软件和工程结算软件。

1. 合同管理软件

建设项目的不同阶段均会签订相关合同，均需要对建设工程项目所签订的各种类型的合同（如建设工程勘察设计合同、施工合同、监理合同、咨询合同、物资采购合同等）进行全面科学地管理，存储合同有关条款及相关资料，便于查阅。本合同管理软件主要针对施工合同进行管理，其功能主要包括：

（1）合同文件管理模块

收集、整理合同管理工作中形成的有关资料，进行合同文件的检索、查询、合同数据的输入、修改等。其涉及的数据有：合同协议条款，合同条件，洽谈、变更、明确双方权利和义务的纪要、协议，招标工程中标通知书，投标书，招标文件，工程量清单，标准规范和其他有关资料、技术要求等。

（2）补充合同子模块

主要是对于合同实施过程中，原合同文件中没有涉及而后来由于工程变更等其他原因新补充的合同文件。

（3）合同条款检索模块

可对各类合同条款进行检索，以便监督合同的履行和合同的实现。

（4）合同管理模块

它主要涉及的数据是在工程建设中，关于工程质量、费用、进度等方面的信息。它分为合同实施控制子模块，合同变更管理子模块，索赔管理子模块，计量支付子模块。

1）合同实施控制子模块：主要是对工程费用、进度等方面信息进行分析，制订资金使用计划和实施动态管理，将合同造价实施结果与合同计划目标对比，找出两者之间存在的差异，从而及时调整合同资金使用计划。

2）合同变更管理子模块：对工程施工过程中经常发生的合同变更，进行记录，进行统一管理，计算变更费用，进行变更审核管理，输出变更后与原合同的对照分析表，并及时反映变更后的造价变化情况。

3）合同索赔管理子模块：主要包括索赔证据管理，索赔鉴别管理，索赔计算管理，索赔文件管理及有关数据库的管理等，为管理人员提供有关收集、查询、加工、更新有关索赔的各类工程数据的服务，提供索赔意向通知书，索赔报告，进行索赔计算等。

4）计量支付子模块：根据合同条款要求制订进度款支付计划，支付过程中进行预付款、质保金等抵扣，进行支付申请管理、监理和咨询公司审核管理、建设方审批管理等。

2.　工程结算软件

竣工结算一般由施工单位编制，经建设单位或其委托咨询公司审核、签字确认后，来办理工程价款的竣工结算。编制竣工结算书是在原合同价的基础上，对施工过程中的洽商变更、索赔等产生的工程价差、量差的费用变化进行调整，计算出竣工工程的造价和实际结算价格的一系列计算过程。为此工程结算软件需要集成计价软件、工程量计算软件、合同造价管理软件，实现结算审核管理，进行工程主要实物量、主要材料消耗量、工程造价及相关费用指标分析。

清单计价的预（结）算审核软件，导入承包商送审的预（结）算单位工程数据（采用数据接口标准格式）和原合同清单数据分别存入送审工程量、送审综合单价、送审合价和合同工程量、合同综合单价、合同合价等相关列。对原合同清单项目能自动进行送审量、价与合同量、价的比较，计算差值，对审后工程量可以调整，自动计算审后合价；新增项目没有对应的原合同数据，允许进行审后工程量、审后综合单价的调整，自动计算审后合价。对分部分项工程量清单、措施项目清单、其他项目和计价程序分别进行对比审核，最后输出审核报告。

10.3　项目成本管理数字化信息资源

如果说计算机及技术和网络基础设施是工程造价管理信息化的物质基础，那么工程造价管理信息资源是工程造价管理信息化的内容基础，工程造价管理数字化信息资源库的建立是实现工程造价管理信息化的基本条件，是工程造价领域信息化发展的战略资源，也是工程造价领域信息化建设的核心内容。对工程造价信息资源的开发利用要强调数字化、网络化和市场化，实施数字化，就必须建立数据库。工程造价管理相关部委及省市建设工程造价信息网主要栏目见表10-2。从工程造价管理信息化需求、支持业务信息处理、提供信息共享服务等几方面考虑，信息资源数据库可分以下几个方面进行建立：

工程造价管理相关部委及省市建设工程造价信息网主要栏目介绍表　　　表 10-2

网站名称	网　　址	主　要　栏　目　介　绍
中国建设工程造价信息网	http：//www.ccost.com	中国建设工程造价信息网由建设部标准定额司、中国工程造价协会委托建设部信息中心主办，依托政府系统共建共享的电子信息资源库，面向全国工程建设市场和各级工程造价管理单位提供权威、全面和标准化的信息服务与技术支持。该网站栏目主要包括：政策法规，管理信息动态，造价咨询单位，造价工程师园地，计价依据，指数指标，招标中标，造价论坛等
中国采购与招标投标网	http：//www.chinabidding.com.cn	中国采购与招标投标网由国家发展和改革委员会根据国务院授权，指定为国内发布招标公告的唯一网络媒体，也是国家政府机关采购中心以及各地发改委指定的发布采购和招标信息的网络媒体。该网站栏目主要包括：招标信息，采购信息，项目信息，咨询中心，供应商中心，电子采购中心，法规中心，会员中心等
中国价格信息网建材和房地产价格栏目	http：//www.cpic.gov.cn	中国价格信息网是由国家发展改革委价格监测中心主办，北京中价网数据技术有限公司承办的市场价格监测网站。中国价格信息网建材和房地产价格栏目收集了全国各地150个城市的建材和房地产价格。建材和房地产价格栏目包含以下内容：建材价格（品种涉及钢材、水泥、玻璃、木材），房地产价格（土地出让价格、经济适用房、普通商品住宅、高档商品住宅、非住宅商品房、存量房交易），市场动态，分析预测，建材价格政策，房地产价格政策，价格走势图等
中国工程建设信息网	http：//www.cein.gov.cn	中国工程建设信息网是由建设部主办的专业性政府网站。网站承担着发布全行业政策法规、工程信息、企业及人员信息、统计信息和其他各类信息的职能，同时通过网络开展施工、监理及招标代理机构的资质申报和评审以及网上招标投标等业务，逐步实现对工程及企业基本情况的动态管理，并面向所有建设系统主管部门和企事业单位提供包括信息服务、电子商务、网站建设、软件开发等在内的全方位服务

网站名称	网　　址	主　要　栏　目　介　绍
北京建设工程造价网	http：//www. BJZJ. NET	北京建设工程造价网是由北京建设工程造价管理处主办，栏目包括主要内容：政策法规（各级造价管理部门的文件汇编、相关法律及规章制度），企业看台（建设单位、施工单位、建材厂商、设计咨询单位等），工程案例，价格在线，厂商信息员报价等
天津建设工程信息网	http：//www. tjconstruct. cn	天津建设工程信息网是由天津市工程建设交易服务中心主办，栏目包括主要内容：政策法规，建设程序，工程信息、分包信息、企业信息查询，专业人士查询，造价信息，建材信息等栏目
上海建设工程标准与造价信息网	http：//203. 95. 6. 186/new/index1. asp	上海建设工程标准与造价信息网是由上海市建设工程标准定额管理总站主办，栏目包括主要内容：政策法规，政务公开，行业动态，标准管理，定额管理，造价信息，监督管理，在线上传等
广东造价信息网	http：//www. gdcost. com	广东造价信息网是由广东省建设工程造价管理总站主办，栏目主要内容：行业动态，政策法规，造价管理，资质管理（造价咨询资质、造价工程师、造价员），理论探讨，在线解答，造价资料，造价软件等栏目
重庆市建设工程造价管理信息网	http：//www. cqgszj. cn	重庆市建设工程造价管理信息网是由重庆市建设工程造价管理总站主办，栏目主要包括：政策法规，造价管理，资质管理，经济指标，专业论坛，造价工程师、造价员相关资讯等
黑龙江工程造价信息网	http：//www. hljgczj. cn	黑龙江省工程造价信息网是由黑龙江省建设厅定额研究站主办，栏目主要内容：新闻动态，政策法规，清单定额，造价分析，合同管理，价格信息，造价软件，造价监管，供求中心，造价论坛，造价软件，网上书店，网员天地，资质管理（造价咨询资质、造价工程师、造价员）等
吉林省工程造价信息网	http：//www. jlgczj. cn	吉林省工程造价信息网是由吉林省工程造价管理站主办，栏目主要内容包括：行业新闻，政策法规，价格信息，预算定额，造价分析，资质查询，建筑书店，造价软件，网员天地，供求中心，造价论坛等
辽宁工程造价信息网	http：//www. lncci. com	辽宁省工程造价信息网是由辽宁省建设工程造价管理总站主办，栏目主要包括：造价管理窗口（造价协会、结算文件、规费查询、造价咨询单位查询等），工程担保、合同（文件、工程索赔、知识问答、建设工程合同示范文本、专业论坛等），资质，资格管理（造价咨询机构、造价工程师、造价员、培训与考试、学习园地），工程量清单计价，指导价格，市场价格，造价指标与指数，政策指南，网络与软件，综合信息，建筑论坛等

续表

网站名称	网　址	主　要　栏　目　介　绍
山东省工程建设标准造价信息网	http://www.gczj.sd.cn	山东省工程建设标准造价信息网是由山东省工程建设标准定额站和各市定额站（造价办）创办，栏目主要包括：焦点中心，政策法规，造价管理，标准管理，综合管理，价格动态，人员管理，资质管理，专业学习，造价指标，建材供应信息等
河北工程造价信息网	http://www.hb-cec.com/hbcec	河北工程造价信息网是由河北省工程建设造价管理总站和河北省建设工程造价管理协会联合主办，主要包括：新闻动态，政策法规，价格信息，培训园地，网上书店，供求信息，企业之窗，造价管理，造价专题，造价联盟，文件下载等栏目
河南省工程造价信息网	http://www.hncost.com	河南省工程造价信息网是由河南省建筑工程标准定额站和河南省注册造价工程师协会联合主办，主要包括：政策法规，材料价格，定额清单，标准规范，求职招聘，建筑知识，造价论坛，工程招标，材料动态，咨询企业等栏目
山西省工程建设标准定额信息网	http://dez.sxjs.gov.cn	山西省工程建设标准定额信息网是由山西省工程建设标准定额站主办，主要包括：山西定额，定额解释，标准规范，建筑法规，价格信息，造价指数，文件汇编，专业人员，咨询企业，经验交流，造价软件，相关下载等栏目
陕西工程造价信息网	http://www.sxzj.net/structure/indexzj	陕西工程造价信息网是由陕西省建设工程造价总站和陕西省建设工程造价管理协会联合主办，主要包括：政策法规，造价管理，价格信息，造价指标，招标信息，资质管理，学习园地，造价软件，入网企业，造价论坛等栏目
甘肃工程造价信息网	http://www.gsgczj.com.cn	甘肃工程造价信息网是由甘肃省建设工程造价管理总站主办，主要包括：政策规范，材料信息，指导价格，计价依据，资质管理，资质查询，网上刊物，造价资料，下载中心，造价软件等栏目
新疆工程造价信息网	http://www.xjzj.com	新疆工程造价信息网是由新疆维吾尔自治区工程造价管理总站主办，主要包括：价格信息，造价管理，定额管理，理论园地，业内动态，法律法规，清单计价，会议信息，企业信息，造价软件，论坛等栏目
安徽工程造价信息网	http://www.ahzj.com.cn	安徽工程造价信息网是由安徽省建设工程造价总站和安徽省建设工程造价管理协会联合主办，主要包括：行业动态（建设动态，本省造价动态，外省造价动态），政策法规（法律法规、部委文件、地方文件、造价文件），工程计价（清单计价、定额计价、计价释疑、造价软件），指数指标（造价指数、造价指标），资质资格（资质资格查询、咨询企业管理、造价师注册管理、造价员注册管理、造价咨询企业资质动态管理），价格信息（建筑材料、劳务信息、机械与租赁），工程交易（招标信息、中标信息、交易指南、行业资讯），机构指南，网员天地，学习园地等栏目

续表

网站名称	网　　址	主　要　栏　目　介　绍
江苏工程造价信息网	http：//www. jszj. com. cn	江苏工程造价信息网是由江苏省建设工程造价管理总站主办，主要包括：行业动态，政策法规，清单计价，定额计价，计价软件，建材资讯，造价资质，造价师、造价员管理，学习交流，下载中心，价格信息，指数指标，实例分析，造价期刊，企业之窗，询价报价，造价论坛等栏目
浙江建设工程造价信息网	http：//www. zjzj. net	浙江建设工程造价信息网是由浙江省建设工程造价管理总站主办，主要包括：政策法规，价格信息，定额天地，工程项目（工程招投标、造价指标、中标信息、工程报建），资质管理（中介机构、造价师、概预算人员），商务资源（供求信息、网员天地、发布供求信息），服务指南（软件、考试培训、专题信息、论文交流、下载中心、网上书讯、造价论坛）等栏目
湖北建设工程造价信息网	http：//www. hbzj. net	湖北建设工程造价信息网是由湖北省建设工程造价管理总站主办，主要包括：政策法规，造价管理，市场信息，协会园地（协会文件、造价师），清单软件，造价员，资料发行（各种定额资料及相关书籍），造价论坛，考试信息，电子期刊等栏目
湖南省建设工程造价信息网	http：//www. hnccic. com	湖南省建设工程造价信息网是由湖南省建设工程造价管理总站主办，主要包括：政策法规，资质管理，湖南定额，解释汇编，造价刊物，招标公示，造价天地，常用资料，理论园地，新材料新工艺，人才交流，基价库下载，会员服务，造价师管理，配套软件等栏目
四川省工程造价信息网	http：//www. sceci. net	四川省工程造价信息网是由四川省建设工程造价管理总站主办，主要包括：综合新闻，政策法规，建筑动态（材料技术、建材市场、建筑市场、专家论坛），学习园地（法制学习、清单计价、合同管理、造价管理），资料下载、勘误信息等栏目
云南省建设工程造价信息网	http：//www. yncost. com	云南省建设工程造价信息网是由云南省建设厅标准定额处和云南建设工程造价管理协会联合主办，主要包括：行政办公，政策法规，信息快报，造价资讯，造价信息，商务互动，人才频道，造价论坛，下载服务等栏目
贵州工程建设信息网	http：//www. gzztb. com	贵州工程建设信息网是由贵州省建设厅贵州省建设工程交易中心主办，主要包括：政策法规，建设信息，有形建筑市场，工程信息，专业人员，产品服务推介，企业信息等栏目
江西工程造价信息网	http：//www. jxzj. net. cn	江西工程造价信息网是由江西省建设工程造价管理站主办，主要包括：法律规范，造价管理，清单定额，价格信息，协会动态，企业之窗，下载园地，政务公开，网员单位，造价论坛等栏目

续表

网站名称	网　址	主　要　栏　目　介　绍
广西工程建设标准造价信息网	http：//www.gxzj.com.cn	广西工程建设标准造价信息网是由广西建设工程造价管理总站主办，主要包括：行业新闻，政策法规，造价管理、行业管理，建材价格、指标指数（各地建材信息），招标信息、供求信息，周末考场、网上书城、单位招聘、人才求职，学习园地、造价论坛，软件服务与数据下载，企业形象及产品介绍等栏目
福建省建设工程造价信息网	http：//www.fjgczj.com	福建省建设工程造价信息网是由福建省建设工程造价管理总站主办，主要包括：相关文件，造价监管，价格信息，造价刊物，标准定额，造价软件，预算员园地等栏目
内蒙古建设工程造价信息网	http：//www.nmeci.net	内蒙古建设工程造价信息网是由内蒙古建设工程造价管理总站主办，主要包括：政策法规，定额清单，价格信息，造价软件，资质管理，招标投标，协会管理等栏目
海南工程造价信息网	http：//www.hngczj.net	海南工程造价信息网是由海南省建设标准定额站主办，主要包括：行业动态，政策法规，工程定额，建设标准，造价指标，资质管理，价格信息，网上书店，知识园地，造价软件，造价论坛等栏目

1. 政策法规信息数据库：按照建设工程造价管理、确定、控制中使用的内容进行不同划分，可划分为法律、法规、规章、综合管理、计价依据、从业单位管理、从业人员管理及其他等，再按照文件发布的时间先后顺序，进行排序。

2. 工程标准定额数据库：各专业标准定额库、费用定额库等。定额类可分为国家各类定额、各专业部定额、本地和外省（市）发布使用的定额以及补充定额等，包括各定额的使用范围、施行时间、主要章节、定额子目及其组成、定额人材机及其价格等信息。标准类可分为国家发布的清单计价规范、图集和地方发布的标准、规范、图集，包括编号、名称、颁布时间、实施时间、终止使用时间（即有效性）等。需要建立各图集与配套定额的对应关系，建立定额换算标准库、建筑面积计算规则库、工程量计算规则库等。此标准库能在网上维护和实现共享，便于各计价软件的开发和使用。目前定额发布还主要以纸为介质，对于勘误、新增补充项目和定额使用等不是很便利。此部分还主要是由各个计价软件开发商自己建库，数据库没有统一的格式和标准，各阶段使用的软件又不同，不能通用。现急需定额管理部门，制订统一数据格式的标准，实现定额数据库建立的标准化，实现资源的最大共享，降低使用单位的投资，提高社会效益。

3. 工程造价指标数据库：划分不同类型的已完建设工程数据库，根据已完工程项目特征，生成工程造价指标，形成造价指标数据库。

4. 工程造价管理数据库：包括从业人员和从业企业的基本信息、资质、信誉等管理。工程造价管理人才（预算员、造价工程师）资源和工程技术人才资源基本情况，预算员管理和造价工程师管理模块应当包括姓名、性别、学历（学位）、职称、单位名称、通讯地址、联系方式（固定电话、移动电话、Email 地址）、预算员证书号码、身份证号码、取得证书时间、年检情况、不良行为情况、完成业绩情况、参加培训学习情况。从业企业管理包括建筑企业、中介咨询单位、设计研究单位以及管理部门的基本情况、登记管理，企业资信及财务状况等。具体包括单位名称、通讯地址、联系方式（固定电话、移动电话、Email 地址）、法人代表情况、单位资质、资质取得时间、经营范围、年检情况、不良行为情况、完成业绩（包括业绩内容、产值、工程类别、投资性质、工程建设条件等）情况以及从业人员有关情况［姓名、性别、学历（学位）、职称、预算员证书号码、身份证号码、取得证书时间、参加培训学习情况］。中国建设工程造价协会网站可以进行相关信息的查询。

5. 综合咨询信息数据库：咨询知识库、咨询案例库等。

6. 建设工程报建项目数据库：包括报建工程概况、招投标概况、在建工程情况等。各种情况应该包括的字段为工程名称、结构质式、工程基本特征、建设地点、房屋用途、工程造价（合同价格、中标价格、概算预算价格、竣工结算价格、投资估算价格）、合同工期（含报建或招标或完成情况）、施工进度、施工单位及资质、主要材料名称及数量。

7. 各类市场信息数据库：建设项目各种类型产品市场分布的基本情况和商品行情，主要建设材料流通、市场供求与价格行情、建设产品市场供求和价格等。其中：

人工工资市场价模块可分为日工资价格、实物量价格两种。

工程材料市场价格应按照统一材料分类编码体系进行价格维护和发布。工程材料市场价格应该包括的字段为价格信息所在地区、价格信息发布地时间、材料编码、生产厂家、品牌、类别、材料（设备）名称、型号规格（技术特征）、单位、单价、备注等。

机械台班（租赁）价格：分为土石方及筑路机械、桩机机械、起重机械、水平运输机械、垂直运输机械、混凝土及砂浆机械、加工机械、泵类机械、焊接机械、动力机械、地下工程机械、其他机械。

市场供求与价格行情包括的字段为供应或求购、货物名称、供应地点或求购货物使用地点、运输方式选择、价格协商办法、货款支付方式、货物接收方式确认、合同签定方法选择等。

8. 案例资源库：分为投标案例、定额案例、索赔案例等标准案例库，主要为文字、图片与表格等。

9. 行业人才数据库：主要包括人才劳务资源、毕业生资源、招聘待聘信息等。

10. 投资环境数据库：主要包括各地的地理位置、投资政策、基础设施状况、鼓励投资领域（项目）、立项管理办法、程序等。

11. 自备资料信息库：主要包括国家、本省、外省和地方的工程造价管理刊物、造价协会刊物目录、工程造价信息管理、工程造价信息查询；各种反映建设工程项目的反馈信息以及必须解决的基础资料等。

12. 其他信息库：最新的业内信息，主要为文字、图片与表格等。

参 考 文 献

[1] 王雪青. 工程估价. 北京：中国建筑工业出版社. 2006.

[2] 王雪青. 建设工程投资控制. 北京：知识产权出版社，2003.

[3] 王雪青. 国际工程项目管理. 北京：中国建筑工业出版社，2000.

[4] 王雪青. 工程建设投资控制. 北京：知识产权出版社，2000.

[5] 刘国冬，王雪青主编. 工程项目组织与管理. 北京：中国计划出版社，2004.

[6] 丁士昭，王雪青等. 建设工程经济. 北京：中国建筑工业出版社，2004.

[7] 丁士昭，王雪青等. 建设工程项目管理. 北京：中国建筑工业出版社，2004.

[8] 建设工程工程量清单计价规范 GB 50500—2008. 北京：中国计划出版社，2008.

[9] 建设工程工程量清单计价规范 GB 50500—2008 宣贯辅导教材. 北京：中国计划出版社，2008.

[10] 谭大璐. 建筑工程估价. 北京：中国计划出版社. 2005.

[11] 任宏. 建设工程成本计划与控制. 北京：高等教育出版社. 2004.

[12] 全国造价工程师执业资格考试培训教材编审组. 工程造价计价与控制. 北京：中国计划出版社 2009.

[13] 马楠，张国兴，韩英爱. 工程造价管理. 北京：机械工业出版社. 2009.

[14] 刘元芳. 建设项目的价格理论与采购. 北京：中国电力出版社. 2006 .

[15] 尹贻林. 工程造价新技术. 天津：天津大学出版社. 2006.

[16] 王秀燕，李锦华. 工程招投标与合同管理. 北京：机械工业出版社. 2009.

[17] 全国造价工程师执业资格考试培训教材编审组. 工程造价案例分析. 北京：中国城市出版社. 2009.

[18] 全国招标师职业水平考试辅导教材指导委员会. 招标采购法律与政策. 北京：中国计划出版社. 2009.

[19] 何红锋. 工程建设中的合同法与招标投标法. 北京：中国计划出版社 2008.

[20] 陈建国. 工程计量与造价管理. 上海：同济大学出版社，2001.

[21] 孙慧. 项目成本管理. 北京：机械工业出版社，2005.

[22] 李锦华. 工程计量与计价. 北京：电子工业出版社，2009.

[23] 杨俊杰. 工程承包项目案例及解析. 北京：中国建筑工业出版社，2007：p192-193.

[24] 王振强. 日本工程造价管理. 天津：南开大学出版社，2002.

[25] 郝建新. 工程造价管理的国际惯例. 天津：天津大学出版社，2005.

[26] 何伯森. 工程项目管理的国际惯例. 北京：中国建筑工业出版社，2007.

[27] 严玲，尹贻林. 工程估价学. 北京：人民交通出版社，2007.

[28] 戚安邦. 现代项目集成计划与控制的内容、原理和与方法研究，项目管理技术，2007(3).

[29] 全国注册咨询工程师(投资)资格考试教材编写委员会.项目决策分析与评价.北京:中国计划出版社,2008.

[30] 郭树荣,王红平主编.工程造价案例分析.北京:中国建筑工业出版社,2007.

[31] 郭婧娟.工程造价管理.北京:清华大学出版社,北京交通大学出版社,2005.

[32] 王楠,刘永前.建设工程造价控制与案例分析.武汉:武汉理工大学出版社,2005.

[33] Ivor H. Seeley 著,郝建新等译.建筑经济学.天津:南开大学出版社,2006.

[34] 本书编写委员会编著.工程造价新技术.天津:天津大学出版社,2006.

[35] 李亚楠.基于全寿命周期的建筑可持续性设计技术系统以及方案优选.华中科技大学硕士学位论文,2005.

[36] 沈其明.建筑技术经济.成都:成都科技大学出版社,1996.

[37] 余平.建筑技术经济.北京:中国环境科学出版社,1995.

[38] 徐大图.工程造价管理.北京:机械工业出版社,1990.

[39] 谢文蕙.建筑技术经济.北京:清华大学出版社,1984.

[40] 沈建明,王汉功.项目风险管理.北京:机械工业出版社,2006.

[41] 陈守科,韦灼彬.建设项目风险管理的发展.建筑经济,2008(2).

[42] 杨文安,吴唤群,谢晓如.风险分解结构应用于 BOT 项目的风险管理.中南公路工程,2004,Vol.29 No.4.

[43] 周立新.项目风险计划 PPT.北京大学软件与微电子学院 http://www.ss.pku.edu.cn/project/ppt/14 - 项目风险计划.ppt.

[44] 美国 COSO 编,方红星,王宏译.企业风险管理——整合框架.大连:东北财经大学出版社,2005.

[45] 国务院国有资产监督管理委员会.中央企业全面风险管理指引,国资发改革[2006]108 号.

[46] 樊行健,付洁.企业风险管理与内部控制.会计之友,2007(10).

[47] 程电光.谈建筑企业的内部控制.山西建筑,2004,30(10).

[48] 贺德斌,彭再和.建设项目全过程工程造价管理与控制研究.广东科技,2009(14).

[49] 王京燕.浅析建设项目全寿命周期成本风险的来源及控制.中国科技信息,2008(20).

[50] 王振金.工程项目管理成本风险及其控制措施.管理视野·网络财富,2009.3.

[51] 王吉永.建设工程成本风险控制探讨.能源技术与管理,2008(6).

[52] 李霞.浅谈工程项目成本管理.企业家天地,2008.5.

[53] 童得奎.浅谈工程造价的管理和控制.华章,2009.6.

[54] 雷胜强.国际工程风险管理与保险(第二版).北京:中国建筑工业出版社,2006.

[55] 王晶.工程保险在工程风险管理中的应用.中国过程咨询,2009(5).

[56] 肖刚.企业定额管理对策.决策信息,2009(4 下旬刊)127-128.

[57] Jeffrey K. Pinto. Project Management: Achieving Competitive Advantage. Pearson Education, Inc, 2007.

[58] Denny McGeoge, Angela Palmer, Patrich XW Zou. Construction Management in a Market

Economy. Blackwell Science, 1997.

[59] Parviz F. Rad. Project Estimating and Cost Management. Management Concepts, Inc, 2002.

[60] Anonymous. A Guide to Project Management Body of Knowledge (PMBOK). Sylva, NC: Project Management Institute, 2008.

[61] Juneau, Alaska. Life Cycle Cost Analysis Handbook. Education Support Services / Facilities, 1999.